实例 001
打开与合并 3ds Max 模型

实例 007
如何使用【捕捉】

实例 008
快速复制

实例 009
【阵列】复制

实例 010
【镜像】复制

实例 013
【长方体】——方角茶几

实例 014
【长方体】——储物架

实例 015
【长方体】——花箱

实例 016
【圆柱体】——圆茶几

实例 017
【管状体】——屏风

实例 018
【管状体】——笔筒

实例 019
【圆锥体】——会议桌

实例 020
【圆锥体】——简易台灯

实例 021
【四棱锥】——简易屋

实例 022
【茶壶】——茶壶

实例 023
【几何球体】——藤球吊灯

实例 024
【切角长方体】——桌椅

实例 025
【切角长方体】——长凳

实例 026
【切角长方体】——移动柜

实例 027
【切角圆柱体】——坐垫

U0287785

实例 028
【切角圆柱体】——沙发凳

实例 029
【异面体】——水晶珠帘
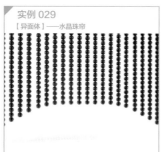

实例 030
【植物】——植物

实例 031
【楼梯】——直线楼梯

实例 032
【窗】——旋开窗户

实例 033
【门】——推拉门

实例 034
【栏杆】——栅栏

实例 035
【墙】——墙体

实例 036
【线】——人字牌

实例 037
【线】——衣架

实例 038
【线】——铁艺招牌

实例 039
【圆】——吧凳

实例 040
【矩形】——淋水架

实例 041
【矩形】——公告牌

实例 042
【螺旋线】——便签架

实例 043
【弧】——扇形中式画框

实例 044
【挤出】——组合柜
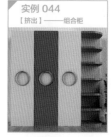

实例 045
【挤出】——简易餐桌

实例 046
【挤出】——实木床凳
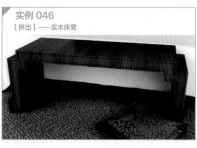

实例 047
【挤出】——挂钩

实例 048
【车削】——酒瓶

实例 049
【车削】——玻璃果盘

实例 050
【倒角】——星形奖杯

实例 051
【倒角】——四叶草墙饰

实例 052
【倒角】——交通护栏

实例 053
【倒角剖面】——罗汉床

实例 054
【倒角剖面】——盆栽花盆

实例 055
【扫描】——装饰画

实例 056
【弯曲】——前台

实例 057
【弯曲】——木桶

实例 058
【扭曲】——蜡烛
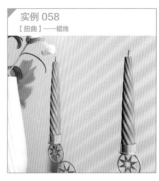

实例 059
【扭曲】——烛台

实例 060
【锥化】——玻璃花瓶

实例 061
【锥化】——沙发墩

实例 062
【噪波】——石头

实例 063
【壳】——调料瓶

实例 064
【编辑网格】——飘窗

实例 065
【编辑网格】——电视

实例 066
【编辑多边形】——竹节花瓶
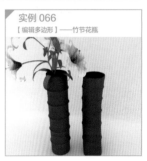

实例 067
【FFD 变形】——肥皂盒

实例 068
【FFD 变形】——休闲沙发
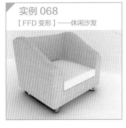

实例 069
【晶格】——装饰摆件

实例 070
【晶格】——铁艺垃圾桶

实例 071
【置换】——欧式画

实例 072
【网格平滑】——青花笔架

实例 073
【放样】——大蒜灯

实例 074
【放样】——窗帘

实例 075
【多截面放样】——圆桌布

实例 076
【多截面放样】——欧式柱

实例 077
【布尔】——时尚凳

实例 078
【布尔】——草坪灯

实例 079【ProBoolean】
（超级布尔）——插座

实例 080
【ProBoolean】（超级布尔）——手机

实例 081
【连接】——哑铃

实例 082
【地形】——假山

实例 083
【NURBS 曲面】——酒杯

实例 084
【NURBS 曲面】——棒球棒

实例 085
【编辑多边形】——麦克

实例 086
【可编辑多边形】——洗发水

实例 088
【标准材质】——塑料材质

实例 089
【多维 / 子对象材质】——石装饰

实例 090
【光线跟踪材质】——渐变杯子

实例 091
【双面材质】——山水画

实例 092
【混合材质】——碗碟垫

实例 093
【位图贴图】——地面效果

实例 094
【光线跟踪贴图】——木纹反射效果

实例 095
【平面镜贴图】——镜面反射效果

实例 096
【颜色校正贴图】——调整木纹颜色

实例 097
【平铺贴图】——砖墙

实例 098
【衰减贴图】——绒毛布

实例 099
【噪波贴图】——墙面

实例 100
【渐变贴图】——渐变工艺瓷器

实例 101
玻璃材质

实例 102
地毯材质

实例 103
麻布沙发材质

实例 104
丝绸材质

实例 105
釉面陶瓷材质

实例 106
不锈钢材质

实例 107
土豪金材质

实例 108
软牛皮材质

实例 109
毛巾材质

实例 110
苔藓路面材质

实例 111
电视屏幕发光材质

实例 112
镂空盆栽

实例 113
【目标灯光】——台灯光效 1

实例 114
【自由灯光】——台灯光效 2

实例 115
【泛光灯】——筒灯灯光

实例 116
【目标聚光灯】——射灯光效

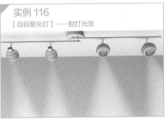

实例 117
【目标平行光】——太阳投影

实例 118
【天光】——乡村小屋

实例 119
静物灯光的模拟

实例 120
户外小品灯光的模拟

实例 121
室内日景

实例 122
室内夜景

实例 123
室外日景

实例 124
室外夜景

实例 125
如何快速设置摄影机

实例 126
摄影机景深的使用

实例 127
室内摄影机的创建

实例 128
亭子摄影机的创建

实例 129
香水瓶

实例 130
装饰盘

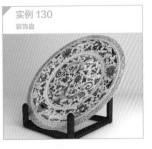

实例 131
铁艺果盘

实例 132
植物

实例 133
收纳盒

实例 134
茶杯

实例 135
托盘

实例 136
台历

实例 137
文件架
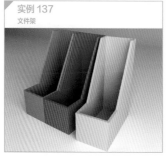

实例 138
玻璃鱼缸

实例 139
中式吸顶灯

实例 140
欧式吸顶灯
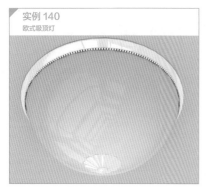

实例 141
时尚吊灯

实例 142
中式落地灯

实例 143
时尚落地灯

实例 144
欧式壁灯

实例 145
新中式壁灯

实例 146
圆筒灯

实例 147
方筒灯

实例 148
美式布艺餐椅

实例 149
现代时尚餐椅

实例 150
沙发躺椅

实例 151
休闲藤椅

实例 152
办公椅

实例 153
沙发凳

实例 154
鼓凳

实例 155
博古架

实例 156
边几

实例 157
斗柜

实例 158
鞋柜

实例 159
铁艺床

实例 160
中式木床

实例 161
廊架

实例 162
路灯

实例 163
石灯

实例 164
建筑围墙

实例 165
交通护栏

实例 166
小喷泉

实例 167
遮阳伞

实例 168
大理石花坛

实例 169
路标

实例 170
中式窗

实例 171
欧式花窗

实例 172
百叶窗

实例 173
飘窗

实例 174
月亮门

实例 175
新中式推拉门

实例 176
现代客厅模型的建立

实例 177
卫生间模型的建立

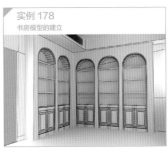
实例 178
书房模型的建立

实例 179
卧室模型的建立

实例 180
会议室模型的建立

实例 181
现代客厅的渲染制作

实例 182
卫生间的渲染制作

实例 183
书房的渲染制作

实例 184
卧室的渲染制作

实例 185
会议室的渲染制作

实例 186
现代客厅的后期处理

实例 187
卫生间的后期处理

实例 188
书房的后期处理

实例 190
会议室的后期处理

实例 191
商务楼模型的建立

实例 192
设置商务楼的材质和灯光

实例 193
配景素材的摆放及渲染

实例 194
商务楼的后期制作

实例 195
别墅模型的建立

实例 196
别墅的材质、地形和渲染

实例 197
别墅的园林小品及最终渲染

实例 198
别墅的后期制作

实例 199
室内浏览动画

实例 200
室外建筑动画

3ds Max 2014/VRay
效果图制作实战
从入门到精通

新视角文化行◎编著

人民邮电出版社
北 京

图书在版编目（ＣＩＰ）数据

3ds Max 2014/VRay效果图制作实战从入门到精通 /
新视角文化行编著. — 北京：人民邮电出版社，2017.4（2024.7重印）
ISBN 978-7-115-44285-7

Ⅰ．①3… Ⅱ．①新… Ⅲ．①三维动画软件－教材
Ⅳ．①TP391.41

中国版本图书馆CIP数据核字(2016)第319076号

内 容 提 要

本书由浅入深，全面、详细地介绍了利用 3ds Max 2014 和 VRay 进行室内外设计及浏览动画的各项核心技术与精髓内容，通过室内、外各种场景的 200 个实例深入地讲解了它们应用于实践的原理和流程，案例讲解与知识点相结合，具有很强的实用性，帮助读者在较短的时间内掌握室内效果图的制作。

全书共分为 23 章，包括 3ds Max 2014 的基本操作，标准基本体的应用，扩展及特殊基本体的应用，二维图形的应用，二维图形转三维对象的应用，三维变形修改器的应用，高级建模的应用，3ds Max 材质及贴图的应用，VRay 真实材质的表现，3ds Max 默认的灯光，VRay 真实灯光的表现，摄影机的应用，室内装饰物的制作，室内各种灯具的制作，室内家具模型的制作，室外建筑环境的制作，各种门窗的制作，室内框架模型的建立，室内效果图的渲染制作，室内效果图的后期处理，室外商务楼的制作，室外别墅的制作，以及效果图漫游动画的设置等内容。

随书附带下载资源，包括 30 多个小时 200 个实例的具体操作过程的多媒体教学视频，还提供了所有实例的场景文件、效果文件及所有实例需要的 890 张贴图素材，供读者对比学习，直接实现书中案例，掌握学习内容的精髓。

本书既适合作为 3ds Max 2014 和 VRay 的初、中级读者的自学参考书，也适合作为大中专院校相关专业、各类社会培训班，以及建筑、工业设计的教辅教材，是一本实用的 3ds Max 2014 和 VRay 技术参考手册和操作宝典。

♦ 编　著　新视角文化行
责任编辑　杨　璐
责任印制　陈　犇

♦ 人民邮电出版社出版发行　　北京市丰台区成寿寺路 11 号
邮编　100164　电子邮件　315@ptpress.com.cn
网址　http://www.ptpress.com.cn
固安县铭成印刷有限公司印刷

♦ 开本：787×1092　1/16　　彩插：4
印张：30　　　　　　　　2017 年 4 月第 1 版
字数：794 千字　　　　　　2024 年 7 月河北第 22 次印刷

定价：59.80 元

读者服务热线：(010)81055410　印装质量热线：(010)81055316
反盗版热线：(010)81055315

前言
CONTENTS

3ds Max集三维建模、材质制作、灯光设定、摄影机设置、动画设定及渲染输出于一身，提供了三维动画及静态效果图全面完整的解决方案的三维制作软件。

本书主要内容

本书结合3ds Max 2014、VRay 2.40.03和Photoshop CS6制作各种精品模型、室内外全套效果图和浏览动画。全书共分为23章，包括3ds Max 2014的基本操作，标准基本体的应用，扩展及特殊基本体的应用，二维图形的应用，二维图形转三维对象的应用，三维变形修改器的应用，高级建模的应用，3ds Max材质及贴图的应用，VRay真实材质的表现，3ds Max默认的灯光，VRay真实灯光的表现，摄影机的应用，室内装饰物的制作，室内各种灯具的制作，室内家具模型的制作，室外建筑环境的制作，各种门窗的制作，室内框架模型的建立，室内效果图的渲染制作，室内效果图的后期处理，室外商务楼的制作，室外别墅的制作，以及效果图漫游动画的设置等内容。

本书特点

· 完善的学习模式

"效果展示+操作步骤+技巧提示+同步视频" 4大环节保障了可学习性。明确每一阶段的学习目的，做到有的放矢。200个实际案例，涵盖了大部分常见应用。

· 进阶式知识讲解

全书共23章，每一章都是一个技术专题，从基础入手，逐步进阶到灵活应用。基础讲解与操作紧密结合，内容全面、丰富，读者不但能学习到专业的制作方法与技巧，还能提高实际应用的能力。

配书资源

· 全程同步的教学视频

200个实例共30多个小时的多媒体语音教学视频，由一线教师亲授，详细记录了所有案例的具体操作过程，边学边做，同步提升操作技能。

· 配套源文件和贴图素材

附赠书中所有实例需要的890张贴图素材，便于读者直接实现书中案例，掌握学习内容的精髓。还提供了所有实例的场景文件和效果文件，供读者对比学习。

资源下载及其使用说明

本书正文知识讲解的配套资源已作为学习资料提供下载，扫描右侧二维码即可获得文件下载方式。

如果大家在阅读或使用过程中遇到任何与本书相关的技术问题，或者需要什么帮助，请发邮件至seys@ptpress.com.cn，我们会尽力为大家解答。

本书读者对象

本书既适合作为3ds Max 2014/VRay的初、中级读者的自学参考书，也适合作为大中专院校相关专业、各类社会培训班，以及建筑、工业设计专业的教辅教材，是一本实用的3ds Max 2014/VRay技术参考手册和操作宝典。

由于编者水平有限，书中难免存在不足和疏漏之处，恳请读者批评指正。

目录

CONTENTS

3ds Max 2014 的基本操作

第 **01** 章

在学习3ds Max 2014之前，首先要认识它的操作界面，以及如何打开与合并3ds Max模型、如何归档3ds Max模型，还要熟悉各控制区的用途和操作方法，这样才能在建模操作过程中得心应手地使用各种工具和命令，并可以节省大量的工作时间。下面就对3ds Max 2014的基本操作过程进行介绍。

<table>
<tr><td>实例
001</td><td>打开与合并3ds Max模型</td></tr>
</table>

- **案例场景位置**｜DVD ＞ 案例源文件 ＞ Cha01 ＞ 实例1打开与合并3ds Max模型
- **效果场景位置**｜DVD ＞ 案例源文件 ＞ Cha01 ＞ 实例1打开与合并3ds Max模型场景
- **贴图位置**｜DVD ＞ 贴图素材
- **视频教程**｜DVD ＞ 教学视频 ＞ Cha01 ＞ 实例1
- **视频长度**｜3分12秒
- **制作难度**｜★ ☆ ☆ ☆ ☆

┃操作步骤┃

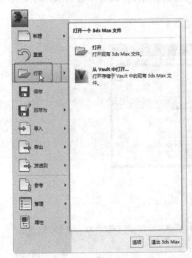

01 运行3ds Max 2014软件，在标题栏中单击 ![] （应用程序）按钮，在弹出的下拉菜单中选择"打开"选项；在弹出的对话框中选择随书资源文件中的"DVD ＞ 案例源文件 ＞ Cha01 ＞ 实例1打开与合并3ds Max模型.max"文件，单击"打开"按钮，打开的场景如图1-1所示。

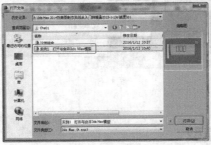

图1-1

02 继续单击 ![] （应用程序）按钮，在弹出的下拉菜单中选择"导入 ＞ 合并"选项，在弹出的对话框中选择随书资源文件中的"DVD ＞ 案例源文件 ＞沙发组合.max"场景文件，单击"打开"按钮，如图1-2所示。

03 在弹出对话框的左侧列表中单击选择"床和床头柜"，单击"确定"按钮，如图1-3所示。

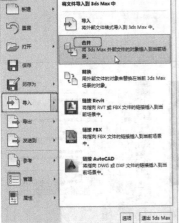

图1-2

图1-3

04 在弹出的对话框中勾选"应用于所有重复情况"复选框，单击"使用合并材质"按钮，如图1-4所示。

05 在场景中调整模型的大小、角度和位置。调整后的场景如图1-5所示。

图1-4　　　　　　　　　　　　　　　　图1-5

技巧

除了可以单击 🔳（应用程序）按钮，在弹出的下拉菜单中选择"导入 > 合并"选项来合并场景外，还可以选择需要打开的场景文件，将其拖动到已经启动的 3ds Max 2014 的操作界面中，并在弹出的快捷菜单中选择"合并文件"命令，最后在弹出的对话框中勾选"应用于所有重复情况"复选框，单击"使用合并材质"按钮即可将场景合并，如图 1-6 所示。同样是使用这种方法还可以"打开"文件。

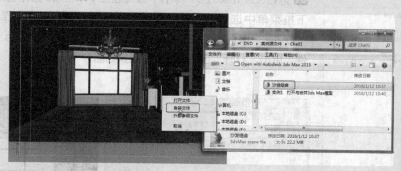

图1-6

实例 002　归档3ds Max模型

- **案例场景位置** | DVD > 案例源文件 > Cha01 > 实例2归档3ds Max模型
- **贴图位置** | DVD > 贴图素材
- **视频教程** | DVD > 教学视频 > Cha01 > 实例2
- **视频长度** | 2分01秒
- **制作难度** | ★ ☆ ☆ ☆ ☆

▌操作步骤▐

01 打开随书资源文件中的"DVD > 案例源文件 > Cha01 >实例2归档3ds Max模型"文件，如图1-7所示。

02 单击 🔳（应用程序）按钮，在弹出的下拉菜单中选择"另存为 > 归档"选项，如图1-8所示。

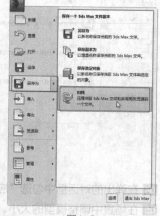

图1-7　　　　　　　　　　　　　　　図1-8

03 在弹出的对话框中为其选择存储路径，单击"保存"按钮，如图1-9所示。

04 接下来会弹出一个窗口，系统会自动把贴图、模型和场景中用到的灯光等放进一个压缩文件中，这样就算以后原贴图改变了路径或者被删除，也不会影响归档文件，归档文件解压后模型及贴图都是完整的，如图1-10所示。

05 打开压缩文件后可以看到，场景中用到的相关文件已经都在里面了，如图1-11所示。

提示

要养成做完一个文件后随时将其归档的习惯，因为不确定的因素太多，压缩到一个文件中比较保险，日后省时省心省力。

图1-9

图1-10

图1-11

实例 003　缩放、旋转、移动模型

- **视频教程** | DVD > 教学视频 > Cha01 > 实例3
- **视频长度** | 2分37秒
- **制作难度** | ★ ☆ ☆ ☆ ☆

▌操作步骤 ▌

01 单击"■（创建）> ◎（几何体）> 标准基本体 > 茶壶"按钮，在"顶"视图中创建茶壶，单击"■（创建）> ◎（几何体）> 标准基本体 > 球体"按钮，在"顶"视图中创建球体，创建两个模型可以作为参照，如图1-12所示。

02 选择茶壶模型，在工具栏中单击◙（选择并均匀缩放）工具，将鼠标指针放置到操纵轴中心的三角区域，

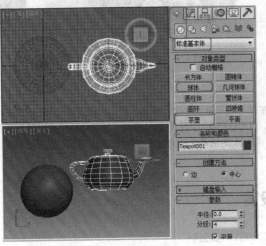
图1-12

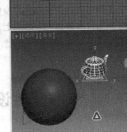
图1-13

当"透视"视图中所有轴向都显示为黄色时，拖动鼠标对模型进行等比例缩放，如图1-13所示。

提示

缩放工具由3个按钮组成，选择并均匀缩放工具只会改变模型体积的大小，不会改变模型的形状；选择并非均匀缩放工具会同时改变模型的体积和形状；选择并挤压工具不会改变模型的体积，但会使模型的形状发生改变。

03 将鼠标指针放置到操纵轴需要缩放的区域，当"透视"视图中两个轴显示为黄色时便可对模型进行不等比例缩放，如图1-14所示。

04 在"透视"视图中将鼠标指针放置到单独一个轴向上并拖动，可以对模型进行挤压缩放，如图1-15所示。

图1-14　　　　　　　　　　　　图1-15

提示

旋转工具可以将对象按照定义的坐标轴进行旋转操作，激活旋转工具后选择一个对象，对象上方会出现旋转操纵标志。将坐标放置到操纵轴的中心，操纵轴会变成灰色，这时可以在 3 个轴向上进行自由旋转。将鼠标指针放置到一个轴向上只能沿着选中的轴向进行旋转。

05 在场景中选择模型，在工具栏中单击 ◎（选择并旋转）工具，按住鼠标左键并拖动便可对模型进行旋转，如图1-16所示。

06 在场景中选择模型，在工具栏中单击 ✥（选择并移动）工具，按住鼠标左键并拖动便可移动模型的位置，如图1-17所示。

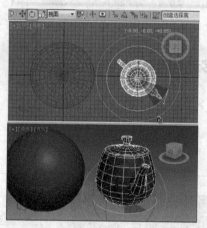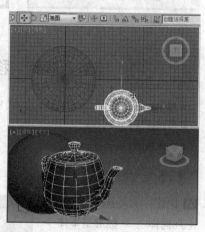

图1-16　　　　　　　　　　　　图1-17

提示

移动工具可以让对象按照定义的坐标轴在视图中进行移动。使用移动工具选择一个对象后，对象上会出现移动操纵标志。将鼠标指针放置到一个轴向上，就可以把移动限制在该轴向内，被选中的轴会以黄色高亮的方式显示。将鼠标指针放置到移动操纵标志中心的轴平面上，可以同时沿两个轴向对模型进行移动。

实例 004　对象属性设置

● **视频教程** | DVD > 教学视频 > Cha01 > 实例4

● **视频长度** | 2分39秒

● **制作难度** | ★☆☆☆☆

│ 操作步骤 │

01 单击"▣（创建）> ◯（几何体）> 标准基本体 > 茶壶"按钮，在场景中创建茶壶，如图1-18所示。

02 在场景中选择模型并右击，在弹出的四元菜单中选择"对象属性"命令，如图1-19所示。

03 在弹出的对话框中勾选"显示属性"组中的"显示为外框"复选框，如图1-20所示。

"渲染控制"组中的"可渲染"选项用来设置某个对象或选定对象在渲染输出中是否可见。不可渲染对象不会投射阴影，也不会影响渲染场景中的可见组件。不可渲染对象（例如，虚拟对象）可以操纵场景中的其他对象。

在"G缓冲区"组中将
"对象 ID"设置为非零
值意味着对象将接收与
"渲染效果"中编号为
该值的通道相关的渲染效
果，以及与Video Post
中编号为该值的通道相关
的后期处理效果。

在"运动模糊"组中通过
选择"对象"和"图像"
选项，即可激活"倍增"
参数，通过设置倍增参数

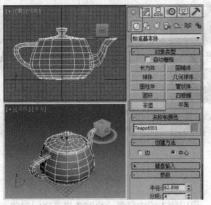

图1-18　　　　　　　　　　　图1-19　　　　　　　　　　　图1-20

可以设置运动模糊的模糊程度，倍增参数越高对象或运动的图像越模糊。

提示

通过对"显示属性"组中"显示为外框"复选框的勾选可以确定对象的显示方式：3D对象还是2D图形。该选项可将几何
复杂性降到最低，以便在视口中快速显示，默认设置为禁用状态。

其他选项可以参考3ds Max软件自带的帮助文件进行设置。

实例 005　设置使用【组】

- **案例场景位置 |** DVD > 案例源文件 > Cha01 > 实例5设置使用【组】
- **贴图位置 |** DVD > 贴图素材
- **视频教程 |** DVD > 教学视频 > Cha01 > 实例5
- **视频长度 |** 2分30秒
- **制作难度 |** ★ ☆ ☆ ☆ ☆

┨ 操作步骤 ┠

01 打开随书资源文件中的"DVD > 案例源文件 > Cha01 > 实例5设置使用【组】.max"文件，如图1-21所示。

02 在场景中选择所有的模型，在菜单栏中选择"组 > 组"命令，在弹出的"组"对话框中设置"组名"为组
001，单击"确定"按钮，即可将选择的所有模型成组，如图1-22所示。

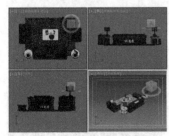
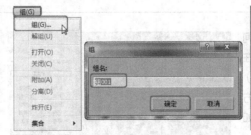

图1-21　　　　　　　　　　　　　　　　图1-22

03 选择成组的模型，在菜单栏中选择"组 > 解组"命令，便可将已经成组的模型解开，如图1-23所示。

04 选择模型，在菜单栏中选择"组 > 打开"命令，可以暂时对组进行解组，并访问组内的对象。可以在组内独立于组
的剩余部分变换和修改对象，如图1-24所示。

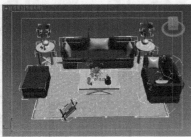

图1-23　　　　　　　　　　　　　　　　　　图1-24

提示

将对象成组后，可以将其视为场景中的单个对象。可以单击组中任意一个对象来选择组对象。可将组作为单个对象进行变换，也可如同对待单个对象那样为其应用修改器。组可以包含其他组，包含的层次不限。

05 选择模型，在菜单栏中选择"组 > 关闭"命令即可重新组合打开的组。对于嵌套组，"关闭"命令可以关闭最外层的组对象，关闭所有打开的内部组，如图1-25所示。

06 选择模型，在菜单栏中选择"组 > 炸开"命令即可解组组中的所有对象，无论嵌套组的数量如何；这与"解组"不同，后者只解组一个层级。如同"解组"命令一样，所有炸开的实体都保留在当前选择集中，如图1-26所示。

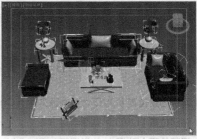

图1-25　　　　　　　　　　　　　　　　　　图1-26

实 例 006　　**设置使用【对齐】**

- ● 视频教程 | DVD > 教学视频 > Cha01 > 实例6
- ● 视频长度 | 2分22秒
- ● 制作难度 | ★ ☆ ☆ ☆ ☆

┃ 操作步骤 ┃

01 单击"■（创建）> ○（几何体）> 标准基本体 > 茶壶"按钮，在场景中创建茶壶，单击"■（创建）> ○（几何体）> 标准基本体 > 长方体"按钮，在场景中创建长方体，如图1-27所示。

02 在场景中选择茶壶模型，在工具栏中单击■（对齐）按钮，在场景中选择需要对齐的长方体模型，如图1-28所示。

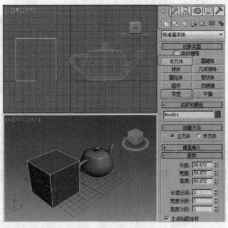
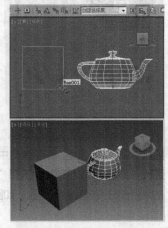

图1-27　　　　　　　　　　　　　　　　　　图1-28

03 在弹出的对话框中设置"对齐位置（屏幕）"为"X位置、Y位置、Z位置"、"当前对象"为"轴点"、"目标对象"为"轴点"，单击"确定"按钮，将模型对齐到中心位置，如图1-29所示。

04 继续设置"对齐位置（屏幕）"为"Y位置"、"当前对象"为"最小"、"目标

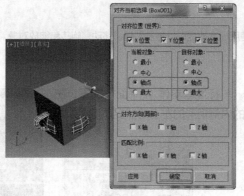 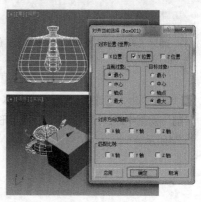

图1-29　　　　　　　图1-30

对象"为"最大"，单击"确定"按钮，将模型对齐到底部位置，如图1-30所示。

> **提示**
>
> 使用对齐工具可以将物体进行位置、方向和比例的对齐，还可以进行法线对齐、放置高光、对齐摄影机视图等操作。对齐工具有实时调节、实时显示效果的功能。

> **注意**
>
> 在使用对齐工具时，选择的视图不同，设置的对齐位置选项也不同。

实例 007　如何使用【捕捉】

- **案例场景位置** | DVD ＞ 案例源文件 ＞ Cha01 ＞ 实例7如何使用【捕捉】
- **效果场景位置** | DVD ＞ 案例源文件 ＞ Cha01 ＞ 实例7如何使用【捕捉】场景
- **贴图位置** | DVD ＞ 贴图素材
- **视频教程** | DVD ＞ 教学视频 ＞ Cha01 ＞ 实例7
- **视频长度** | 2分29秒
- **制作难度** | ★☆☆☆☆

操作步骤

01 单击"　（创建）＞　（图形）＞ 扩展样条线 ＞ 墙矩形"按钮，在"前"视图中创建墙矩形，在"参数"卷展栏中设置"长度"为200、"宽度"为200、"高度"为20，如图1-31所示。

02 切换到　（修改）命令面板，在"修改器列表"中选择"挤出"修改器，在"参数"卷展栏中设置"数量"为12，如图1-32所示。

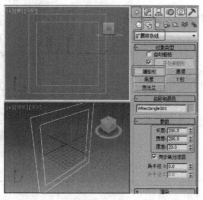 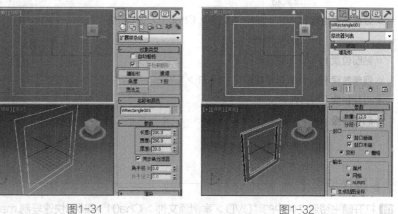

图1-31　　　　　　　图1-32

03 在工具栏中的　（捕捉开关）按钮上右击，再在弹出的对话框中勾选"顶点"和"边/线段"复选框，如图1-33所示。

提示

捕捉工具是功能很强大的建模工具，使用标准捕捉可以控制创建、移动、旋转和缩放对象。熟练使用该工具可以极大地提高工作效率。

04 单击"（创建）>（几何体）> 标准基本体 > 平面"按钮，在"前"视图中通过顶点捕捉，在墙矩形的内侧矩形的左上角捕捉顶点，如图1-34所示。

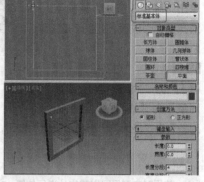

图1-33   图1-34

05 拖动鼠标指针到内侧右下角捕捉的顶点处，松开鼠标创建出矩形，在"参数"卷展栏中设置"长度分段"和"宽度分段"均为1，如图1-35所示。

06 在"顶"视图

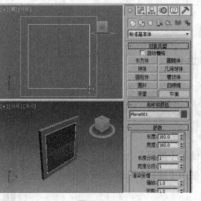

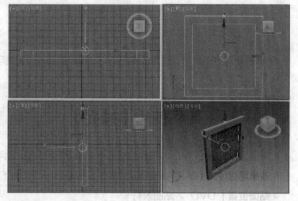

图1-35   图1-36

中使用工具，通过对边的捕捉，在"顶"视图中将其放置到如图1-36所示的位置。

实 例
008　**快速复制**

● **案例场景位置** | DVD > 案例源文件 > Cha01 > 实例8快速复制

● **效果场景位置** | DVD > 案例源文件 > Cha01 > 实例8快速复制场景

● **贴图位置** | DVD > 贴图素材

● **视频教程** | DVD > 教学视频 > Cha01 > 实例8

● **视频长度** | 1分47秒

● **制作难度** | ★ ☆ ☆ ☆

操作步骤

01 打开随书资源文件中的"DVD > 案例源文件 > Cha01 >实例8快速复制.max"文件，如图1-37所示。

02 在"左"视图中选择靠背模型，使用（选择并移动）工具，按住〈Shift〉键移动复制模型，在弹出的对话框中选择"复制"选项，单击"确定"按钮，如图1-38所示。

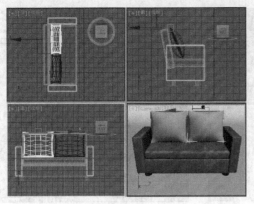
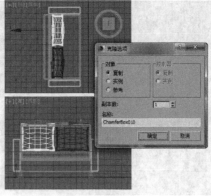

图1-37　　　　　　　　　　　　　　　　　图1-38

> **提示**
>
> 按住键盘上的〈Shift〉键不放，同时进行缩放、移动、旋转操作，在操作结束后会打开"克隆选项"对话框。在该对话框中可选择复制对象的属性。复制：复制一份独立的对象，复制的对象会继承原始对象的所有属性。实例：以原始对象为模板进行复制，改变一个对象的属性，另一个属性也会发生同样的变化。参考：以单向关联方式复制对象。改变原始对象，参考对象同样产生变化，而参考对象的变化不会影响到原始对象。

03 复制完成的沙发模型效果如图1-39所示。

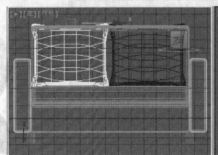

图1-39

实例 009　【阵列】复制

- **案例场景位置** | DVD > 案例源文件 > Cha01 > 实例9【阵列】复制
- **效果场景位置** | DVD > 案例源文件 > Cha01 > 实例9【阵列】复制场景
- **贴图位置** | DVD > 贴图素材
- **视频教程** | DVD > 教学视频 > Cha01 > 实例9
- **视频长度** | 2分22秒
- **制作难度** | ★ ☆ ☆ ☆ ☆

操作步骤

01 打开随书资源文件中的"DVD > 案例源文件 > Cha01 > 实例9【阵列】复制.max"文件，如图1-40所示。

02 在场景中选择需要复制的模型"螺丝"，切换到 （层次）命令面板，在"调整轴"卷展栏中单击"仅影响轴"按钮，在场景中调整轴的位置，如图1-41所示。之后关闭"仅影响轴"按钮。

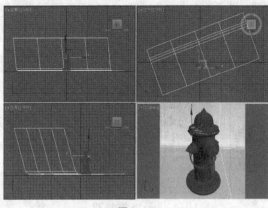
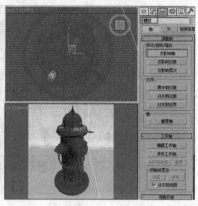

图1-40　　　　　　　　　　　　　　　　　图1-41

03 在菜单栏中选择"工具 > 阵列"命令，在弹出的"阵列"对话框中单击"总计"组中"旋转"右侧的 ▶ 按钮，设置"Z"为360，在"对象类型"组中选择"实例"选项，在"阵列维度"组中选择"1D"选项，设置"数量"为6，单击"确定"按钮，如图1-42所示。

04 阵列出的模型如图1-43所示。

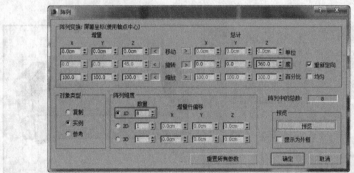

图1-42　　　　　　　　　　　　　　　　　图1-43

> **提示**
>
> 阵列工具位于浮动工具栏中。在工具栏的空白处单击鼠标右键，在弹出的菜单中选择"附加"命令，如图1-44所示，弹出"附加"浮动工具栏，单击 ■（阵列）按钮即可弹出阵列对话框。

图1-44

实 例 010 【镜像】复制

- **案例场景位置** | DVD > 案例源文件 > Cha01 > 实例10【镜像】复制
- **效果场景位置** | DVD > 案例源文件 > Cha01 > 实例10【镜像】复制场景
- **贴图位置** | DVD > 贴图素材
- **视频教程** | DVD > 教学视频 > Cha01 > 实例10
- **视频长度** | 2分08秒
- **制作难度** | ★☆☆☆☆

操作步骤

01 打开随书资源文件中的"DVD＞案例源文件＞Cha01＞实例10【镜像】复制.max"文件，在场景中选择需要复制的模型，如图1-45所示。

02 在工具栏中单击 **[图标]**（镜像）工具，在弹出的"镜像：屏幕 坐标"对话框中选择"镜像轴"组中的"X"选项，设置"克隆当前选择"为"实例"，再设置合适的偏移数值，单击"确定"按钮，完成的模型如图1-46所示。

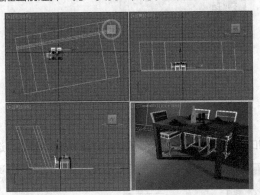

图1-45　　　　　　　　　　　　　　　　　　　图1-46

提示

使用镜像复制应该熟悉轴向的设置，选择物体后单击镜像工具，可以依次选择镜像轴，观察镜像复制物体的轴向，视图中的复制物体是随镜像对话框中镜像轴的改变实时显示的，选择合适的轴向后单击"确定"按钮即可，单击"取消"按钮则取消镜像。

实例 011　指定贴图路径

● **视频教程** | DVD＞教学视频＞Cha01＞实例11

● **视频长度** | 4分46秒

● **制作难度** | ★☆☆☆☆

操作步骤

　　在打开场景时一般都会弹出"缺少外部文件"窗口，这是由于之前场景指定贴图、光域网文件、VR代理文件的路径改变所致，未找到路径的信息都会在该窗口中显示，如图1-47所示。

　　在"缺少外部文件"窗口中单击"浏览"按钮，可指定贴图、光域网文件、VR代理文件的路径，一般打开场景后都会做调整，所以不推荐在此处解决贴图问题，单击"继续"按钮或右上角的关闭按钮即可，在调试好场景后我们再解决贴图路径问题。

　　缺少贴图、光域网文件、VR代理文件路径的解决方法大致分为以下两种。

　　①贴图、光域网文件、VR代理文件分别位于较多不同路径。

　　②贴图、光域网文件、VR代理文件位于一个路径文件夹或2至3个路径文件夹中。

　　当贴图、光域网文件位于较多路径文件夹中时的解决方法如下。

01 切换到 **[图标]**（实用程序）选项卡，单击"更多"按钮，在弹出的"实用程序"窗口中选择"位图/光度学路径"，单击"确定"按钮，如图1-48所示。

02 此时在"实用程序"卷展栏下会出现"路径编辑器"卷展栏，如图1-49所示。

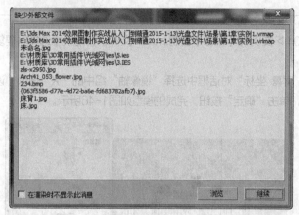

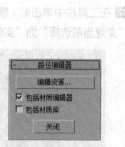

图1-47 图1-48 图1-49

03 单击"编辑资源"按钮，弹出"位图/光度学路径编辑器"窗口，左侧列表中会显示场景中所有的贴图，单击"选择丢失的文件"按钮，丢失的贴图会在窗口中被标注，如图1-50所示。

04 单击"新建路径"后的 （指定路径）按钮，在弹出的"选择新路径"窗口中指定贴图路径，单击"使用路径"按钮，如图1-51所示。

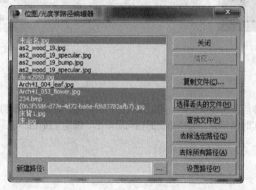
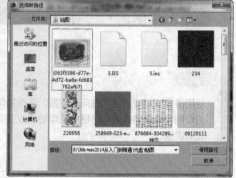

图1-50 图1-51

05 返回"位图/光度学路径编辑器"窗口，单击"设置路径"按钮，再次单击"选择丢失的文件"按钮确认下贴图和光域网文件是否都指定上，如图1-52所示。如果未全指定可多次重复之前操作，直到将路径都指定好为止。

该方法适用贴图较多，且不知道具体每个贴图在哪个路径文件中的情况，但该方法不能指定VR代理物体路径，解决方法用第2种指路径方法。

当贴图、光域网文件位于同一文件夹或较少路径文件夹中时的解决方法如下。

06 按〈Shift+T〉组合键打开"资源追踪"窗口，单击 （刷新）按钮更新下信息状态，在列表中丢失路径的文件后"状态"栏中会显示"文件丢失"，选择丢失文件，如果有相隔的，可先选需要指定路径的第一个文件，按住〈Shift〉键选相连的最后一个，再按住〈Ctrl〉键选相隔的第一个文件，再按住〈Ctrl+Shift〉组合键选最后一个文件，如图1-53所示。

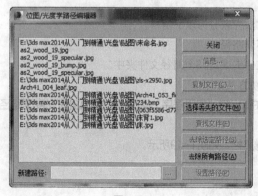
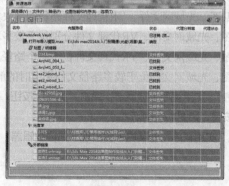

图1-52 图1-53

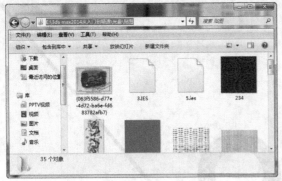

07 选择"路径>设置路径"命令，弹出"指定资源路径"窗口，找到贴图、光域网文件、VR代理文件所在的文件夹，单击路径，按〈Ctrl+C〉组合键复制路径，回到3ds Max中，单击"指定路径"下的路径，按〈Ctrl+V〉组合键粘贴路径，单击"确定"按钮，如图1-54所示。

图1-54

08 指定好路径后，在"资源管理"中"状态"栏下均显示为"确定"，如图1-55所示。

图1-55

实例 012　**快捷键的设置**

- 视频教程 | DVD > 教学视频 > Cha01 > 实例12
- 视频长度 | 2分02秒
- 制作难度 | ★ ☆ ☆ ☆ ☆

┤ 操作步骤 ├

　　在工作中熟练地使用快捷键是非常有必要的。在使用快捷键前先将▣（键盘快捷键覆盖切换）改为▣弹起状态。

　　在菜单栏中选择"自定义>自定义用户界面"选项，在弹出的"自定义用户界面"窗口中可以创建一个完全自定义的用户界面，包括快捷键、四元菜单、菜单、工具栏和颜色。其中在"键盘"选项卡中用户可以自定义快捷键，如图1-56所示。

　　在"键盘"选项卡的操作列表中先随便选一项，输入修改器名称，如："挤出修改器"可输入汉字"挤出修改器"，则会自动找到需要的修改器，先按〈Caps Lock〉（大小写切换）键锁定大写，再在"热键"后输入想要设置的快捷键，单击"指定"按钮即可。快捷键的设置基础为标准触键姿势下以左手能快速覆盖的位置为宜。

　　最常用的几个快捷键更改为："隐藏选定对象"设置为〈Alt+S〉组合键；"编辑网格"修改器设置为〈Y〉键；"挤出"修改器设置为〈U〉键；"后"视图改为〈B〉键；"显示变换Gizmo"改为〈X〉键。

　　用户可以根据自己的喜好设置常用快捷键。

图1-56

第
02
章

标准基本体的应用

在3ds Max中进行场景建模首先需要掌握的是标准基本体的创建，只需在场景中拖动鼠标光标就可以创建一个几何体，而这些标准基本体是靠更改参数来改变模型形态的。使用标准基本体只能创建一些简单的模型，通过一些简单模型的拼凑就可以制作一些比较复杂的三维模型。但如果想做更加精致的模型，则需要在这些标准基本体的基础上为其施加一些修改命令，只需通过对基本模型的节点、线、面的编辑修改就能制作出想要的模型。下面我们就来看看如何创建标准基本体的模型。

实例 013 【长方体】——方角茶几

- **案例场景位置** | DVD > 案例源文件 > Cha02 > 实例13
  【长方体】——方角茶几
- **效果场景位置** | DVD > 案例源文件 > Cha02 > 实例13
  【长方体】——方角茶几场景
- **贴图位置** | DVD > 贴图素材
- **视频教程** | DVD > 教学视频 > Cha02 > 实例13
- **视频长度** | 5分03秒
- **制作难度** | ★☆☆☆☆

操作步骤

01 单击 " （创建）> （几何体）>标准基本体>长方体" 按钮，在 "顶" 视图中创建长方体作为茶几面，在 "参数" 卷展栏中设置 "长度" 为600、"宽度" 为800、"高度" 为100，如图2-1所示。

02 按〈Ctrl+V〉组合键原地复制模型作为玻璃面，在弹出的 "克隆选项" 对话框中选择 "复制"，单击 "确定" 按钮，如图2-2所示。

03 切换到 （修改）命令面板，在 "参数" 卷展栏中修改模型参数，设置 "宽度" 为300、"高度" 为10，调整模型至合适的位置，如图2-3所示。

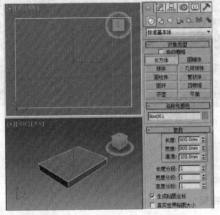

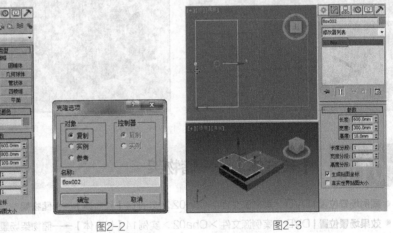

图2-1　　　　　　　　　　　　　图2-2　　　　　　　　　　　　图2-3

04 按〈Ctrl+V〉组合键再复制一个长方体作为侧玻璃面，使用 （选择并旋转）工具调整模型的角度，切换到 （修改）命令面板，在 "参数" 卷展栏中设置合适的 "长度" 参数，调整模型至合适的位置，如图2-4所示。

> **提示**
>
> 在调整角度前，先激活 （角度捕捉切换）按钮，找到正确的轴，然后旋转90°。

05 切换到 "左" 视图，确定侧玻璃面模型处于选择状态，按〈W〉键激活 （选择并移动）工具，按住〈Ctrl〉键沿X轴移动复制模型，移动至合适位置释放鼠标，在弹出的 "克隆选项" 对话框中选择 "实例" 复制，单击 "确定" 按钮，如图2-5所示。

> **提示**
>
> 在复制模型时，使用 "实例" 复制方式是在确定复制出的模型与原模型为同大小，在修改时修改一个，其他的都会跟随变化。

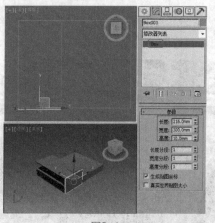

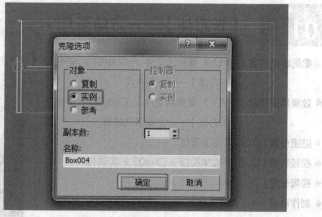

图2-4　　　　　　　　　　　　　　　　　　　图2-5

06 激活"顶"视图，按住〈Ctrl〉键右击鼠标，在弹出的四元菜单中选择"长方体"命令，在"顶"视图中创建长方体，在"参数"卷展栏中设置"长度"为60、"宽度"为60、"高度"为30，如图2-6所示。

07 使用移动复制法"实例"复制模型，调整模型至合适的位置，如图2-7所示。

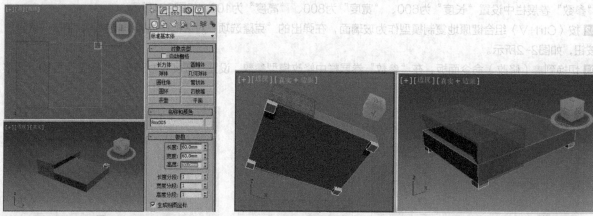

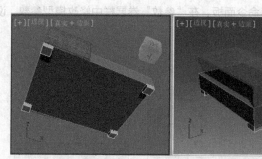

图2-6　　　　　　　　　　　　　　　　　　　图2-7

实例 014　【长方体】——储物架

- **案例场景位置** | DVD > 案例源文件 > Cha02 > 实例14【长方体】——储物架
- **效果场景位置** | DVD > 案例源文件 > Cha02 > 实例14【长方体】——储物架场景
- **贴图位置** | DVD > 贴图素材
- **视频教程** | DVD > 教学视频 > Cha02 > 实例14
- **视频长度** | 2分51秒
- **制作难度** | ★☆☆☆☆

操作步骤

01 单击"　（创建）>　（几何体）> 标准基本体 > 长方体"按钮，在"顶"视图中创建长方体，在"参数"卷展栏中设置"长度"为390、"宽度"为725、"高度"为8.5，如图2-8所示。

02 激活　（选择并旋转）工具和　（角度捕捉切换）工具，激活"前"视图，按住〈Shift〉键旋转90°"复制"模型，切换到　（修改）命令面板，修改模型参数，设置"宽度"为360，调整模型至合适的位置，如图2-9所示。

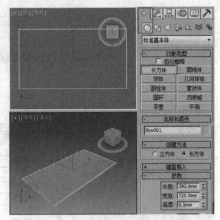
图2-8

图2-9

03 选择Box001模型，激活
■（选择并移动）工具，按
住〈Shift〉键移动"复制"
模型，切换到◪（修改）命
令面板，设置"宽度"为
550，调整模型至合适的位
置，如图2-10所示。

04 继续使用移动复制法
"实例"复制模型，调整模
型至合适的位置，组成如图
2-11所示的模型。

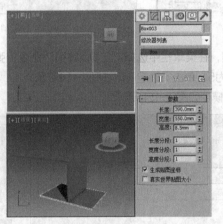
图2-10

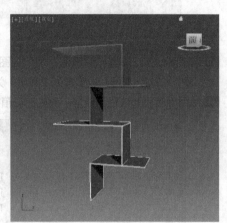
图2-11

实例 015 【长方体】——花箱

- **案例场景位置** | DVD > 案例源文件 > Cha02 > 实例15【长方体】——花箱
- **效果场景位置** | DVD > 案例源文件 > Cha02 > 实例15【长方体】——花箱
  场景
- **贴图位置** | DVD > 贴图素材
- **视频教程** | DVD > 教学视频 > Cha02 > 实例15
- **视频长度** | 3分14秒
- **制作难度** | ★★☆☆☆

┃ 操作步骤 ┃

01 单击"■（创建）>○（几何体）> 标准基本体 > 长方体"按钮，在"顶"视图中创建长方体，在"参数"卷
展栏中设置"长度"为150、"宽度"为150、"高度"为880，如图2-12所示。

02 在"前"视图中创建长方体，在"参数"卷展栏中设置"长度"为150、"宽度"为850、"高度"为18，调
整模型至合适的位置，如图2-13所示。

图2-12

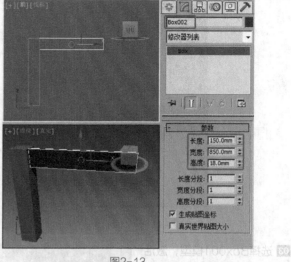

图2-13

03 选择Box002模型，并激活"前"视图，在菜单栏中选择"工具>阵列"命令，弹出"阵列"窗口，设置"增量"下"Y"为-155，设置阵列"数量"为5，单击"确定"，如图2-14所示。

04 使用旋转复制法复制模型，完成的花箱模型如图2-15所示。

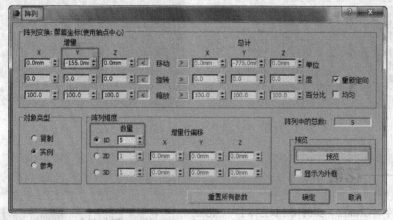

图2-14

图2-15

实例 016 【圆柱体】——圆茶几

- **案例场景位置** | DVD > 案例源文件 > Cha02 > 实例16【圆柱体】——圆茶几
- **效果场景位置** | DVD > 案例源文件 > Cha02 > 实例16【圆柱体】——圆茶几场景
- **贴图位置** | DVD > 贴图素材
- **视频教程** | DVD > 教学视频 > Cha02 > 实例16
- **视频长度** | 3分53秒
- **制作难度** | ★★☆☆☆

┃ 操作步骤 ┃

01 单击" （创建）> （几何体）> 圆柱体"按钮，在"顶"视图中创建圆柱体作为桌面，在"参数"卷展栏中设置"半径"为400、"高度"为20、"高度分段"为1、"边数"为50，如图2-16所示。

02 在"顶"视图中创建长方体作为桌腿，在"参数"卷展栏中设置"长度"为30、"宽度"为520、"高度"为20，如图2-17所示。

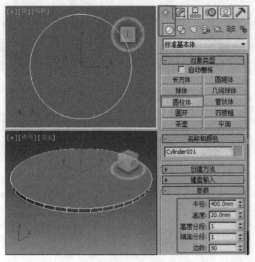

图2-16

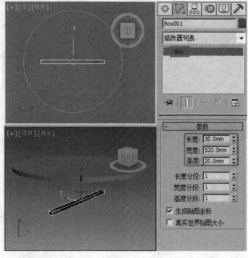

图2-17

03 旋转长方体，激活 ▣（角度捕捉切换）工具，在"前"视图中按住〈Shift〉键旋转复制模型，修改"宽度"为230，再使用移动复制法在"前"视图中复制模型，调整模型至合适的位置，如图2-18所示。

04 使用旋转复制法在"顶"视图中复制模型，如图2-19所示。

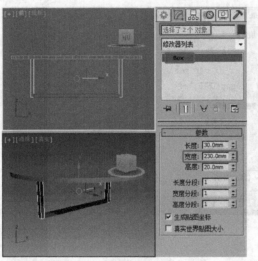

图2-18

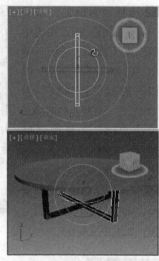

图2-19

实例 017 【管状体】——屏风

- **案例场景位置** | DVD＞案例源文件＞Cha02＞实例17【管状体】——屏风
- **效果场景位置** | DVD＞案例源文件＞Cha02＞实例17【管状体】——屏风场景
- **贴图位置** | DVD＞贴图素材
- **视频教程** | DVD＞教学视频＞Cha02＞实例17
- **视频长度** | 3分23秒
- **制作难度** | ★★☆☆☆

操作步骤

01 单击"［S］（创建）＞◯（几何体）＞管状体"按钮，在"顶"视图中创建管状体，在"参数"卷展栏中设置"半径1"为900、"半径2"为930、"高度"为50、"高度分段"为1，勾选"启用切片"选项，设置"切片起始位置"为25、"切片结束位置"为-25，如图2-20所示。

02 激活"前"视图，沿Y轴移动复制模型，修改模型参数作为画布，设置"半径1"为914、"半径2"为916、"高度"为1800，选择原始模型，再"实例"复制一个作为顶部的边，调整模型至合适的位置，如图2-21所示。

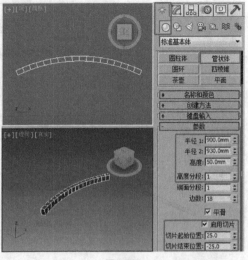

图2-20   图2-21

03 选择所有模型，激活"顶"视图，在工具栏中单击 (镜像)按钮，弹出"镜像：屏幕 坐标"窗口，旋转"镜像轴"为"Y"、"克隆当前选择"为"实例"，单击"确定"，调整模型至合适的位置，如图2-22所示。

04 使用移动复制法复制模型，调整模型至合适的位置，如图2-23所示。

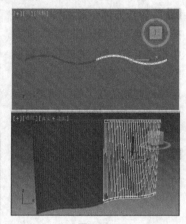

图2-22   图2-23

实例 018 【管状体】——笔筒

● **案例场景位置** | DVD > 案例源文件 > Cha02 > 实例18
　　　　　　　　【管状体】——笔筒

● **效果场景位置** | DVD > 案例源文件 > Cha02 > 实例18
　　　　　　　　【管状体】——笔筒场景

● **贴图位置** | DVD > 贴图素材

● **视频教程** | DVD > 教学视频 > Cha02 > 实例18

● **视频长度** | 2分36秒

● **制作难度** | ★☆☆☆☆

操作步骤

01 单击" (创建) > (几何体) >管状体"按钮，在"顶"视图中创建管状体作为笔筒外壁，在"参数"卷展栏中设置"半径1"为60、"半径2"为55、"高度"为128、"高度分段"为1、"边数"为30，如图2-24所示。

02 单击" (创建) > (几何体) >标准基本体>圆柱体"按钮，在"顶"视图中创建圆柱体作为封底模型，在"参数"卷展栏中设置"半径"为55、"高度"为10、"高度分段"为1、"边数"为30，如图2-25所示。

图2-24

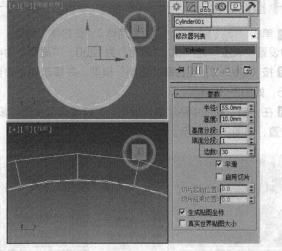

图2-25

提示

圆柱体的边数要与管状体的边数相同，否则会有间隙。

03 在工具栏中鼠标右击 (角度捕捉)按钮，弹出"栅格和捕捉设置"对话框，在"选项"选项卡中设置捕捉的"角度"为6（度），如图2-26所示。关闭窗口。

04 确定圆柱体处于选择状态，在工具栏中单击 (对齐)按钮，在"顶"视图中单击管状体，在弹出的"对齐当前选择"对话框中选择"对齐位置"为"X位置""Y位置"，选择"当前位置"及"目标位置"均为"轴点"，单击"确定"按钮，如图2-27所示。

05 激活 (角度捕捉)按钮，使用 (选择并旋转)工具在"顶"视图中以Z轴为中心旋转6°，在"前"视图中调整圆柱体的位置，如图2-28所示。

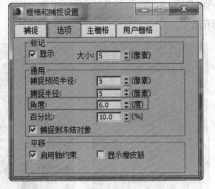

图2-26

图2-27

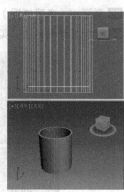

图2-28

<table>
<tr><td>实例</td><td rowspan="1">【圆锥体】——会议桌</td></tr>
<tr><td>019</td><td></td></tr>
</table>

实例 019　【圆锥体】——会议桌

● **案例场景位置** ┃ DVD > 案例源文件 > Cha02 > 实例19
　　　　　　　　　　【圆锥体】——会议桌

● **效果场景位置** ┃ DVD > 案例源文件 > Cha02 > 实例19
　　　　　　　　　　【圆锥体】——会议桌场景

● **贴图位置** ┃ DVD > 贴图素材

● **视频教程** ┃ DVD > 教学视频 > Cha02 > 实例19

● **视频长度** ┃ 3分29秒

● **制作难度** ┃ ★★☆☆☆

┤ 操作步骤 ├

01 单击"☼（创建）>◯（几何体）>长方体"按钮，在"顶"视图中创建长方体作为桌面，在"参数"卷展栏中设置"长度"为740、"宽度"为1250、"高度"为45，如图2-29所示。

02 按〈Ctrl+V〉组合键"复制"模型，并修改模型参数，设置"长度"为340、"宽度"为340、"高度"为35，如图2-30所示。

03 在"前"视图中移动复制模型，并修改模型参数，设置"长度"为205、"宽度"为205，调整模型至合适的位置，如图2-31所示。

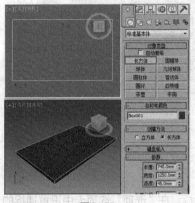 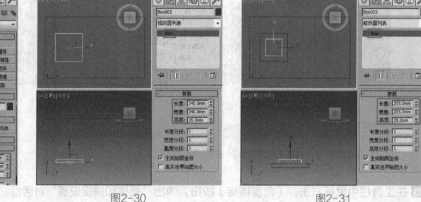 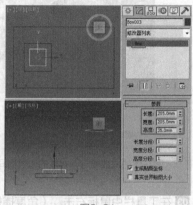

图2-29　　　　　　　　　　　图2-30　　　　　　　　　　　图2-31

04 单击"☼（创建）>◯（几何体）>圆锥体"按钮，在"顶"视图中创建圆锥体，在"参数"卷展栏中设置"半径1"为108、"半径2"为70、"高度"为430、"高度分段"为1、"边数"为4，调整模型至合适的位置，如图2-32所示。

05 激活△（角度捕捉）按钮，在"顶"视图沿Z轴旋转45°，如图2-33所示。

06 使用移动复制法"实例"复制桌腿，如图2-34所示。

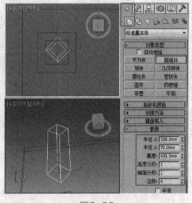 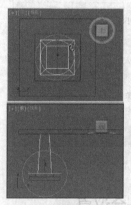 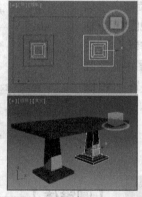

图2-32　　　　　　　　　　　图2-33　　　　　　　　　　　图2-34

实例 020 【圆锥体】——简易台灯

- **案例场景位置** | DVD > 案例源文件 > Cha02 > 实例20【圆锥体】——简易台灯
- **效果场景位置** | DVD > 案例源文件 > Cha02 > 实例20【圆锥体】——简易台灯场景
- **贴图位置** | DVD > 贴图素材
- **视频教程** | DVD > 教学视频 > Cha02 > 实例20
- **视频长度** | 2分28秒
- **制作难度** | ★★☆☆☆

┃ 操作步骤 ┃

01 单击"🌼（创建）>◎（几何体）>管状体"按钮，在"顶"视图中创建管状体作为灯罩，在"参数"卷展栏中设置"半径1"为175、"半径2"为170、"高度"为200、"高度分段"为1、"边数"为30，如图2-35所示。

02 单击"🌼（创建）>◎（几何体）>圆锥体"按钮，在"顶"视图中创建圆锥体作为灯柱，在"参数"卷展栏中设置"半径1"为36、"半径2"位15、"高度"为300、"高度分段"为5、"边数"为24，调整模型至合适的位置，如图2-36所示。

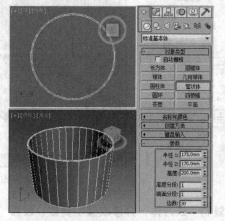

图2-35
图2-36

03 在"顶"视图中创建圆柱体作为底座，设置"半径"为125、"高度"为15、"高度分段"为1、"边数"为30，调整模型至合适的位置，如图2-37所示。

04 选择圆锥体，为模型施加"FFD 3×3×3"修改器，将选择集定义为"控制点"，在"前"视图中选择中间的控制点，在"顶"视图中沿*XY*轴均匀放大，如图2-38所示。

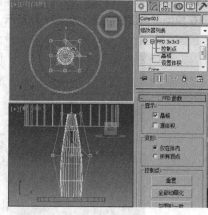

图2-37
图2-38

实例 021 【四棱锥】——简易屋

- **案例场景位置 ┃** DVD > 案例源文件 > Cha02 > 实例21【四棱锥】——简易屋
- **效果场景位置 ┃** DVD > 案例源文件 > Cha02 > 实例21【四棱锥】——简易屋场景
- **贴图位置 ┃** DVD > 贴图素材
- **视频教程 ┃** DVD > 教学视频 > Cha02 > 实例21
- **视频长度 ┃** 2分53秒
- **制作难度 ┃** ★★☆☆☆

┃ 操作步骤 ┃

01 单击"🌼（创建）>◎（几何体）>四棱锥"按钮，在"顶"视图中创建四棱锥作为屋顶，在"参数"卷展栏中设置"宽度"为4800、"深度"为3300、"高度"为1600，如图2-39所示。

02 在"顶"视图中创建长方体作为檐口，设置"长度"为3400、"宽度"为4900、"高度"为50，调整模型至合适的位置，如图2-40所示。

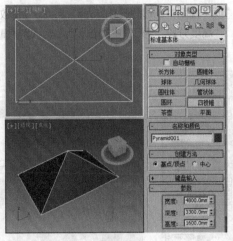

图2-39

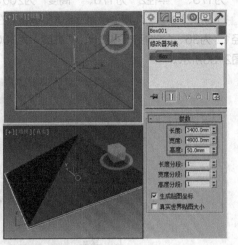

图2-40

03 在"前"视图中使用移动复制法"复制"长方体，并修改模型参数，设置"长度"为3200、"宽度"为4700、"高度"为50，调整模型至合适的位置，如图2-41所示。

04 继续使用移动复制法"复制"长方体作为墙体，设置"长度"为3000、"宽度"为4500、"高度"为1600，调整模型至合适的位置，如图2-42所示。

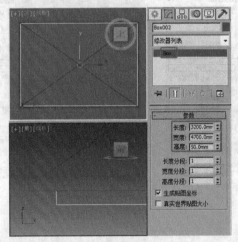

图2-41

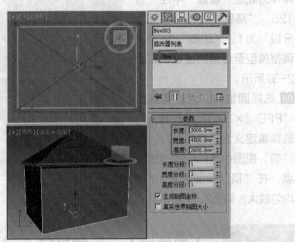

图2-42

实例 022 【茶壶】——茶壶

- **案例场景位置**｜DVD > 案例源文件 > Cha02 > 实例22【茶壶】——茶壶

- **效果场景位置**｜DVD > 案例源文件 > Cha02 > 实例22【茶壶】——茶壶场景

- **贴图位置**｜DVD > 贴图素材

- **视频教程**｜DVD > 教学视频 > Cha02 > 实例22

- **视频长度**｜1分55秒

- **制作难度**｜★☆☆☆☆

操作步骤

01 单击"☼（创建）>◯（几何体）>茶壶"按钮，在"透视"视图中创建茶壶，在"参数"卷展栏中设置"半径"为55、"分段"为8，如图2-43所示。

02 为模型施加"编辑网格"修改器，将选择集定义为"元素"，选择茶壶盖，均匀缩放元素将缝隙填补，如图2-44所示。

03 在"透视"视图中沿Z轴缩放模型，如图2-45所示。

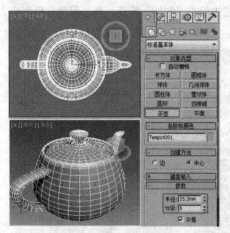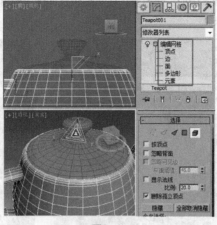

图2-43　　　　　　　　　图2-44　　　　　　　　　图2-45

实例 023　【几何球体】——藤球吊灯

- **案例场景位置** | DVD > 案例源文件 > Cha02 > 实例23【几何球体】——藤球吊灯
- **效果场景位置** | DVD > 案例源文件 > Cha02 > 实例23【几何球体】——藤球吊灯场景
- **贴图位置** | DVD > 贴图素材
- **视频教程** | DVD > 教学视频 > Cha02 > 实例23
- **视频长度** | 4分19秒
- **制作难度** | ★★☆☆☆

操作步骤

01 单击"☼（创建）>◯（几何体）>几何球体"按钮，在"顶"视图中创建几何球体，在"参数"卷展栏中设置"半径"为50、"分段"为4，选择"基点面类型"为八面体，如图2-46所示。

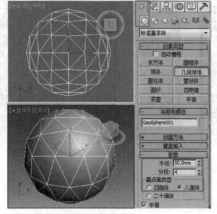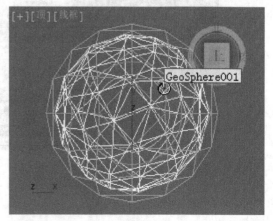

图2-46　　　　　　　　　图2-47

02 激活🔲（选择并均匀缩放）按钮，按住〈Shift〉键均匀缩放复制模型，选择复制对象类型为"复制"，在各轴向旋转模型以做变化，如图2-47所示。

> **提示**
>
> 选择克隆对象为"复制",是为了能够将模型附加到一起;如果是"实例"克隆的对象是无法附加到一起的,只能使用"塌陷"的方式。

03 继续缩放复制模型,并调整模型的角度,如图2-48所示。

04 为其中一个模型施加"编辑多边形"修改器,在"编辑几何体"卷展栏中单击"附加"按钮,单击另两个模型将其附加到一起,如图2-49所示。

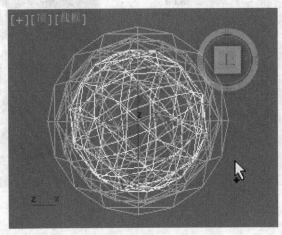

图2-48

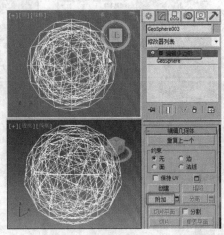

图2-49

05 将选择集定义为"边",按〈Ctrl+A〉组合键选择所有的边,在"编辑边"卷展栏中单击"创建图形"后的□(设置)按钮,在弹出的助手小盒中选择"图形类型"为平滑,单击"确定",如图2-50所示。

06 关闭选择集,按〈Delete〉键将模型删除,选择使用边创建的图形,在"渲染"卷展栏中勾选"在渲染中启用"和"在视口中启用"选项,设置"径向"的"厚度"为4,如图2-51所示。

最后,为模型创建球体和圆柱体作为吊灯绳和灯泡。

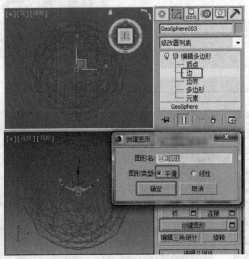

图2-50

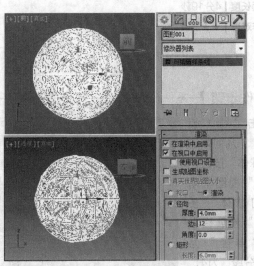

图2-51

第

03

章

扩展及特殊基本体的应用

扩展基本体和特殊基本体的制作要比标准基本体更复杂。这些几何体通过其他建模工具也可以创建，不过要花费大量的制作时间。有了扩展及特殊基本体这些现成的工具，就能够节省大量的制作时间。下面我们就来看看如何创建扩展及特殊基本体的模型。

【切角长方体】——桌椅

- **案例场景位置** | DVD > 案例源文件 > Cha03 > 实例24
  【切角长方体】——桌椅
- **效果场景位置** | DVD > 案例源文件 > Cha03 > 实例24
  【切角长方体】——桌椅场景
- **贴图位置** | DVD > 贴图素材
- **视频教程** | DVD > 教学视频 > Cha03 > 实例24
- **视频长度** | 6分44秒
- **制作难度** | ★ ★ ☆ ☆ ☆

┃ 操作步骤 ┃

01 单击"◎（创建）>◎（几何体）>扩展基本体>切角长方体"按钮，在"顶"视图中创建切角长方体，在"参数"卷展栏中设置"长度"为150、"宽度"为180、"高度"为8、"圆角"为0.2，如图3-1所示。

02 按〈Ctrl+V〉组合键，在弹出的对话框中选择"复制"选项，单击"确定"按钮，如图3-2所示。

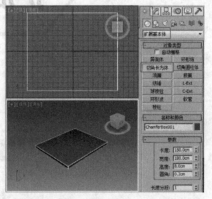

图3-1　　　　　　　　　　图3-2

03 切换到◎（修改）命令面板，在"参数"卷展栏中设置"长度"为15、"宽度"为100、"高度"为120、"圆角"为0.2，如图3-3所示。

04 继续复制模型，修改"长度"为15、"宽度"为70、"高度"为120、"圆角"为0.2，如图3-4所示旋转模型。

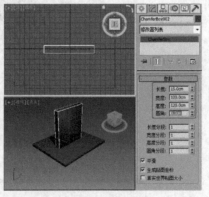
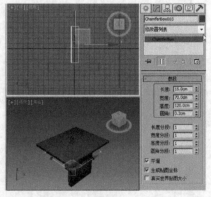

图3-3　　　　　　　　　　图3-4

提示

切角长方体具有圆角的特性，用于直接产生带切角的立方体。通过设置"圆角"设置切角长方体的圆角半径，确定圆角的大小；设置圆角的分段数，值越高，圆角越圆滑。

05 复制模型，修改"长度"为8、"宽度"为85、"高度"为120、"圆角"为0.2，如图3-5所示。

06 复制模型，设置"宽度"为70，旋转模型，如图3-6所示，复制另一个模型。

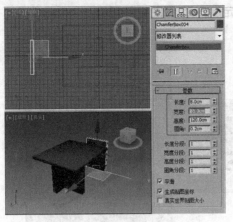
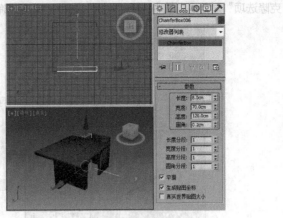

图3-5　　　　　　　　　　　　　　　　图3-6

07 单击"　（创建）>　（几何体）>扩展基本体>切角长方体"按钮，在"顶"视图中创建切角长方体，在"参数"卷展栏中设置"长度"为72、"宽度"为67、"高度"为10、"圆角"为1，如图3-7所示。

08 调整模型作为坐垫，并继续复制切角长方体，修改"宽度"为65、"高度"为1，如图3-8所示。

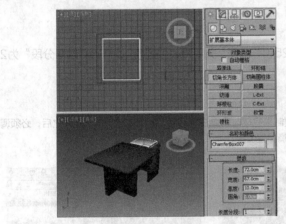

图3-7　　　　　　　　　　　　　　　　图3-8

实例 025　【切角长方体】——长凳

- **案例场景位置** | DVD > 案例源文件 > Cha03 > 实例25【切角长方体】
  ——长凳

- **效果场景位置** | DVD > 案例源文件 > Cha03 > 实例25【切角长方体】——
  长凳场景

- **贴图位置** | DVD > 贴图素材

- **视频教程** | DVD > 教学视频 > Cha03 > 实例25

- **视频长度** | 4分54秒

- **制作难度** | ★★☆☆☆

操作步骤

01 单击"　（创建）>　（几何体）>扩展基本体 > 切角长方体"按钮，在"前"视图中创建一个切角长方体，在"参数"卷展栏中设置"长度"为25、"宽度"为25、"高度"为700、"圆角"为1、"圆角分段"为2，如图3-9所示。

02 在"前"视图中使用　（选择并移动）工具，按住〈Shift〉键移动复制模型，在合适的位置松开鼠标，弹出

"克隆选项"对话框，从中选择"实例"选项，单击"确定"按钮，如图3-10所示。

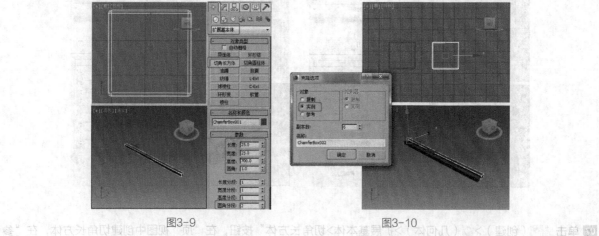

图3-9　　　　　　　　　　　　　　　　图3-10

03 按〈Ctrl+V〉组合键，在弹出的对话框中选择"复制"选项，单击"确定"按钮，切换到 ☑（修改）命令面板，在"参数"卷展栏中修改"长度"为5.75、"宽度"为200、"高度"为700、"圆角"为1、"圆角分段"为2，如图3-11所示。

04 移动复制模型，如图3-12所示。

05 在"参数"卷展栏中修改"长度"为10、"宽度"为25、"高度"为700、"圆角"为1、"圆角分段"为2，如图3-13所示。

> **提示**
>
> 在制作长凳模型时，主要是通过对创建的切角长方体进行复制来完成，需要注意的是，复制完成切角长方体之后，必须调整模型的位置或角度，在调整位置的时候可以打开捕捉来精确调整位置。

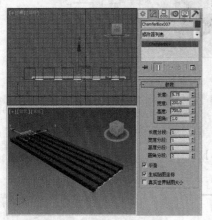 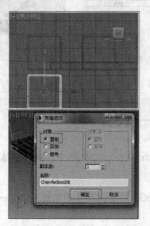 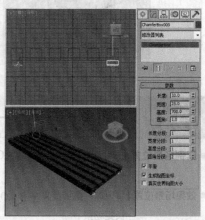

图3-11　　　　　　　　　　图3-12　　　　　　　　　　图3-13

06 旋转复制模型，在"参数"卷展栏中修改"长度"为10、"宽度"为25、"高度"为210、"圆角"为1、"圆角分段"为2，如图3-14所示。

07 单击"■（创建）> ◎（几何体）> 扩展基本体 > 切角长方体"按钮，在"顶"视图中创建一个切角长方体，在"参数"卷展栏中设置"长度"为25、"宽度"为25、"高度"为260、"圆角"为1、"圆角分段"为2，如图3-15所示。

08 对场景中的四条腿进行复制，并随其进行缩放作为长凳腿，调整模型的位置，这样长凳模型就制作完成了，如图3-16所示。

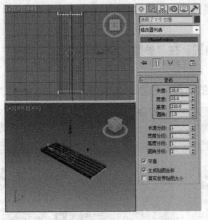

图3-14

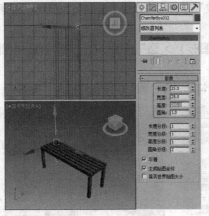

图3-15

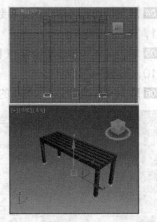

图3-16

实 例
026
【切角长方体】——移动柜

- **案例场景位置 |** DVD > 案例源文件 > Cha03 > 实例26【切角长方体】——移动柜
- **效果场景位置 |** DVD > 案例源文件 > Cha03 > 实例26【切角长方体】——移动柜场景
- **贴图位置 |** DVD > 贴图素材
- **视频教程 |** DVD > 教学视频 > Cha03 > 实例26
- **视频长度 |** 8分19秒
- **制作难度 |** ★ ★ ☆ ☆ ☆

操作步骤

01 单击"■（创建）> ○（几何体）> 扩展基本体 > 切角长方体"按钮，在"顶"视图中创建一个切角长方体，在"参数"卷展栏中设置"长度"为300、"宽度"为380、"高度"为12、"圆角"为1、"圆角分段"为2，如图3-17所示。

02 在场景中对切角长方体进行复制，切换到 ✎（修改）命令面板，在"参数"卷展栏中修改"长度"为290、"宽度"为380、"高度"为-380、"圆角"为1，如图3-18所示。

03 继续复制切角长方体，切换到 ✎（修改）命令面板，在"参数"卷展栏中修改"长度"为10、"宽度"为380、"高度"为-120、"圆角"为1，如图3-19所示。

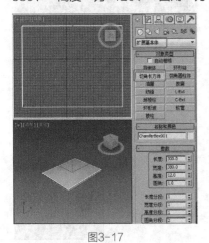

图3-17

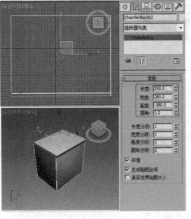

图3-18

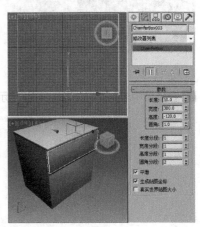

图3-19

04 复制切角长方体，在"参数"卷展栏中修改"长度"为10、"宽度"为380、"高度"为-260、"圆角"为1，如图3-20所示。

05 单击"（创建）>（图形）>圆"按钮，在"前"视图中创建圆，在"参数"卷展栏中设置"半径"为10，如图3-21所示。

06 取消"开始新图形"选项的勾选，在"圆"中间创建矩形，设置合适的参数，如图3-22所示。

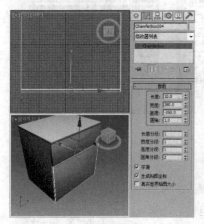
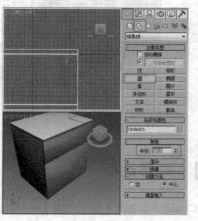
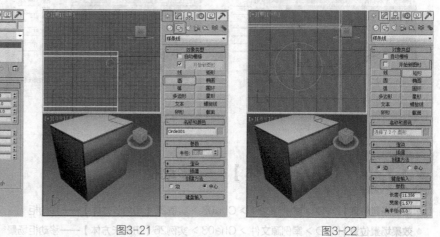

图3-20 　　　　　　　　　　　　　　图3-21 　　　　　　　　　　　　　　图3-22

07 切换到（修改）命令面板，为图形施加"挤出"修改器，在"参数"卷展栏中设置"数量"为2，调整模型到合适的位置，如图3-23所示。

08 单击"（创建）>（几何体）>标准基本体 >圆柱体"按钮，在"左"视图模型的底部创建圆柱体，在"参数"卷展栏中设置"半径"为26.5、"高度"为20，如图3-24所示。

09 对圆柱体进行复制，复制圆柱体后修改其"半径"为20、"高度"为10，在场景中调整模型的位置，如图3-25所示。

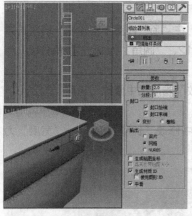
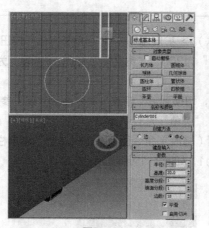
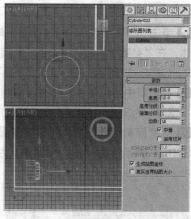

图3-23 　　　　　　　　　　　　　　图3-24 　　　　　　　　　　　　　　图3-25

10 在场景中复制模型，如图3-26所示，作为移动柜的滚轴。

图3-26

实例 027 【切角圆柱体】——坐垫

- **案例场景位置** | DVD > 案例源文件 > Cha03 > 实例27【切角圆柱体】——坐垫
- **效果场景位置** | DVD > 案例源文件 > Cha03 > 实例27【切角圆柱体】——坐垫场景
- **贴图位置** | DVD > 贴图素材
- **视频教程** | DVD > 教学视频 > Cha03 > 实例27
- **视频长度** | 2分17秒
- **制作难度** | ★☆☆☆☆

操作步骤

01 单击"（创建）>（几何体）> 扩展基本体 > 切角圆柱体"按钮，在"顶"视图中创建一个切角圆柱体作为桌面模型，在"参数"卷展栏中设置"半径"为250、"高度"为100、"圆角"为30、"高度分段"为1、"圆角分段"为4、"边数"为35、"端面分段"为1，如图3-27所示。

02 切换到（修改）命令面板，在"修改器列表"中选择"编辑多边形"修改器，将选择集定义为"多边形"，在场景中选择如图3-28所示的多边形，在"编辑几何体"卷展栏中单击"分离"按钮，在弹出的对话框中使用默认的参数，单击"确定"按钮，这里分离模型是为了方便以后设置材质。

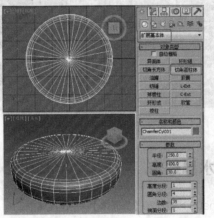

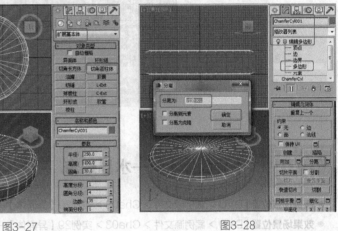

图3-27　　　　　　　　图3-28

实例 028 【切角圆柱体】——沙发凳

- **案例场景位置** | DVD > 案例源文件 > Cha03 > 实例28【切角圆柱体】——沙发凳
- **效果场景位置** | DVD > 案例源文件 > Cha03 > 实例28【切角圆柱体】——沙发凳场景
- **贴图位置** | DVD > 贴图素材
- **视频教程** | DVD > 教学视频 > Cha03 > 实例28
- **视频长度** | 1分46秒
- **制作难度** | ★★★☆☆

操作步骤

01 单击"（创建）>（几何体）>扩展基本体>切角圆柱体"按钮，在"顶"视图中创建"切角圆柱体"，在"参数"卷展栏中设置"半径"为50（高度为30、圆角为12）、"圆角分段"为4、"边数"为50，如图3-29所示。

02 单击"（创建）>（几何体）>标准基本体>长方体"按钮，在"顶"视图中创长方体，在"参数"卷展栏中设置"长度"为8、"宽度"为8、"高度"为-30，如图3-30所示。

03 在场景中旋转长方体的角度，并对长方体进行复制，如图3-31所示。

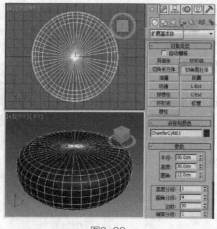

图3-29

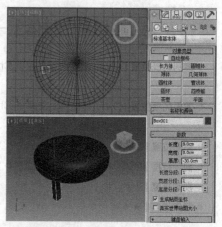

图3-30

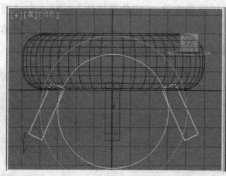

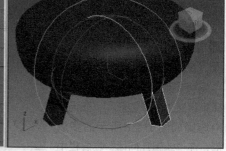

图3-31

实例 029 【异面体】——水晶珠帘

- **案例场景位置** | DVD > 案例源文件 > Cha03 > 实例29【异面体】——水晶珠帘
- **效果场景位置** | DVD > 案例源文件 > Cha03 > 实例29【异面体】——水晶珠帘场景
- **贴图位置** | DVD > 贴图素材
- **视频教程** | DVD > 教学视频 > Cha03 > 实例29
- **视频长度** | 2分28秒
- **制作难度** | ★★☆☆☆

操作步骤

01 单击"（创建）>（几何体）>扩展基本体>异面体"按钮，在"顶"视图中创建异面体，在"参数"卷展栏中选择"系列"为"十二面体/二十面体"选项，设置"系列参数"的"P"为0.37，如图3-32所示。

02 使用（选择并移动）工具，按住〈Shift〉键，在"前"视图中沿着Y轴向下移动复制模型，松开鼠标，在弹出的对话框中选择"对象"为"实例"，设置"副本数"为20，单击"确定"按钮，如图3-33所示。

03 复制模型后，在"顶"视图中创建"圆柱体"，在"参数"卷展栏中设置合适的参数即可，如图3-34所示。

04 继续对珠帘进行复制，如图3-35所示调整模型的效果。

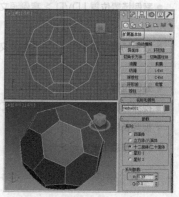

图3-32

图3-33　　　　　　　　　　图3-34　　　　　　　　　　图3-35

实 例
030

030　　【植物】——植物

● **案例场景位置**｜DVD > 案例源文件 > Cha03 > 实例30

　　　　　　　　【植物】——植物

● **效果场景位置**｜DVD > 案例源文件 > Cha03 > 实例30

　　　　　　　　【植物】——植物场景

● **贴图位置**｜DVD > 贴图素材

● **视频教程**｜DVD > 教学视频 > Cha03 > 实例30

● **视频长度**｜3分14秒

● **制作难度**｜★☆☆☆☆

┃操作步骤┃

01 打开素材场景文件"DVD > 案例源文件 > Cha03 > 实例37【植物】——植物",如图3-36所示。

02 单击"■（创建）> ◎（几何体）> AEC扩展 > 植物"按钮,在"收藏的植物"中选择一个植物,并在场景中单击创建植物,如图3-37所示。

图3-36

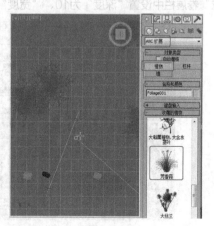

图3-37

03 切换到 ☑（修改）命令面板,在"参数"卷展栏中设置"高度"为1800,如图3-38所示。

04 在场景中复制模型,如图3-39所示。

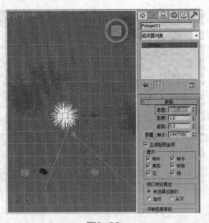

图3-38

图3-39

实例 031 【楼梯】——直线楼梯

- ● **案例场景位置** | DVD > 案例源文件 > Cha03 > 实例31【楼梯】——直线楼梯
- ● **效果场景位置** | DVD > 案例源文件 > Cha03 > 实例31【楼梯】——直线楼梯场景
- ● **贴图位置** | DVD > 贴图素材
- ● **视频教程** | DVD > 教学视频 > Cha03 > 实例31
- ● **视频长度** | 4分44秒
- ● **制作难度** | ★ ☆ ☆ ☆ ☆

┣ 操作步骤 ┣

01 单击"■（创建）> ◎（几何体）> 楼梯 > 直线楼梯"按钮，在"顶"视图中由上向下拖曳出直线楼梯，松开鼠标移动设置出楼梯宽度，单击移动鼠标光标设置出楼梯的高度，如图3-40所示。

02 在"参数"卷展栏中选择"类型"为"开放型"，选择"生成几何体"组中勾选"侧弦"和"扶手"的"左""右"选项，设置"布局"组中的"长度"为190、"宽度"为70；"梯级"的"高度"为125；"台阶"的"厚度"为3.5。在"栏杆"卷展栏中设置"高度"为35、"偏移"为0、"分段"为8、"半径"为2。在"侧弦"卷展栏中设置"深度"为10、"宽度"为5、"偏移"为0，如图3-41所示。

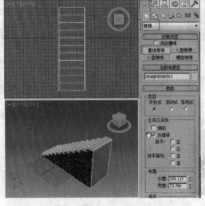

图3-40

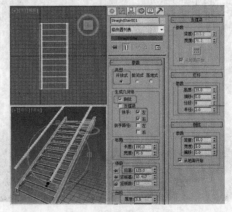

图3-41

03 单击"■（创建）> ◎（图形）> 线"按钮，在"左"视图中勾选"在渲染中启用"和"在视口中启用"选项，设置"厚度"为2，如图3-42所示。

04 在场景中对可渲染的线进行复制，完成的楼体模型如图3-43所示。

图3-42

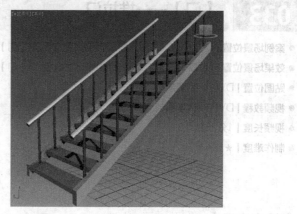

图3-43

实　例 032 　【窗】——旋开窗户

- **案例场景位置** | DVD > 案例源文件 > Cha03 > 实例32【窗】——旋开
　　窗户
- **效果场景位置** | DVD > 案例源文件 > Cha03 > 实例32【窗】——旋开窗
　　户场景
- **贴图位置** | DVD > 贴图素材
- **视频教程** | DVD > 教学视频 > Cha03 > 实例32
- **视频长度** | 1分52秒
- **制作难度** | ★☆☆☆☆

┃ 操作步骤 ┃

01 单击"　（创建）>　（几何体）> 窗 > 旋开窗"按钮，在"顶"视图中创建一扇旋开窗，如图3-44 所示。

02 在"参数"卷展栏中设置"高度"为220、"宽度"为300、"深度"为15；在"窗框"组中设置"水平宽 度"为10、"垂直宽度"为10、"厚度"为3；在"玻璃"组中设置"厚度"为0.25，在"窗格"组中设置"宽 度"为8；在"打开窗"组中设置"打开"为78%，如图3-45所示。

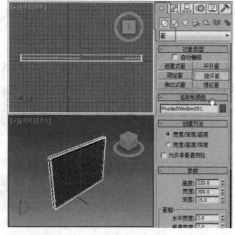

图3-44

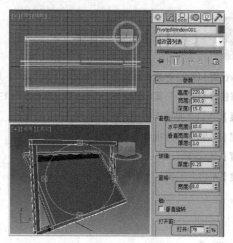

图3-45

实例 033

【门】——推拉门

- **案例场景位置** | DVD > 案例源文件 > Cha03 > 实例33【门】——推拉门
- **效果场景位置** | DVD > 案例源文件 > Cha03 > 实例33【门】——推拉门场景
- **贴图位置** | DVD > 贴图素材
- **视频教程** | DVD > 教学视频 > Cha03 > 实例33
- **视频长度** | 1分36秒
- **制作难度** | ★☆☆☆☆

操作步骤

01 单击"■（创建）> ◎（几何体）> 门 > 推拉门"按钮，在"顶"视图中创建一个推拉门，如图3-46所示。

02 在"参数"卷展栏中设置"高度"为350、"宽度"为300、"深度"为25，勾选"侧翻"选项，设置"打开"为20%；在"门框"组中设置"宽度"为10、"深度"为3、"门偏移"为0；在"页扇参数"卷展栏中设置"厚度"为10、"门挺/顶梁"为10、"底梁"为12、"水平窗格数"为1、"垂直窗格数"为1、"镶板间距"为4，如图3-47所示。

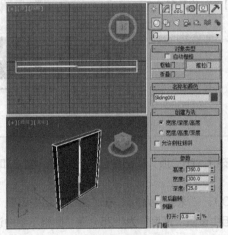

图3-46

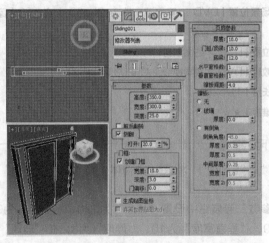

图3-47

实例 034

【栏杆】——栅栏

- **案例场景位置** | DVD > 案例源文件 > Cha03 > 实例34【栏杆】——栅栏
- **效果场景位置** | DVD > 案例源文件 > Cha03 > 实例34【栏杆】——栅栏场景
- **贴图位置** | DVD > 贴图素材
- **视频教程** | DVD > 教学视频 > Cha03 > 实例34
- **视频长度** | 3分22秒
- **制作难度** | ★☆☆☆☆

操作步骤

01 打开"DVD > 案例源文件 > Cha03 > 实例34【栏杆】——栅栏"场景文件，如图3-48所示。

02 单击"　（创建）>　（几何体）> AEC 扩展 > 栏杆"按钮，在"顶"视图中创建栏杆，如图3-49所示。

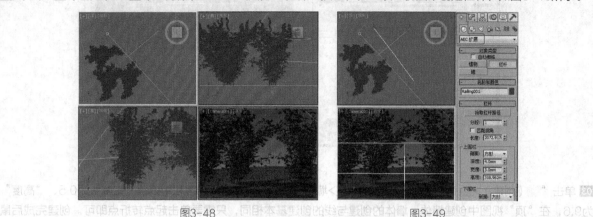

图3-48　　　　　　　　　　　　　　　　图3-49

03 在"栏杆"卷展栏中设置"长度"为2000；在"上围栏"组中设置"剖面"为"方形"，设置"深度"为35、"宽度"为35、"高度"为300；在"下围栏"组中设置"剖面"为"方形"，设置"深度"为20、"宽度"为20；在"立柱"卷展栏中选择"剖面"为"方形"，设置"深度"为15、"宽度"为15、"延长"为0；在"栅栏"卷展栏中设置"支柱"组中的"剖面"为"方形"，设置"深度"为15、"宽度"为15、"延长"为0、"底部偏移"为0；单击　（支柱间距）按钮，在弹出的对话框中设置计数为24，单击"关闭"按钮，如图3-50所示。

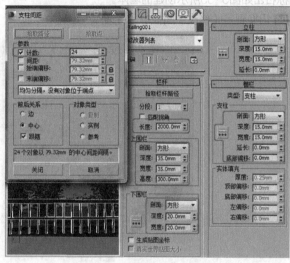

图3-50

实例 035　**【墙】——墙体**

- **案例场景位置** | DVD > 案例源文件 > Cha03 > 实例35【墙】——墙体
- **效果场景位置** | DVD > 案例源文件 > Cha03 > 实例35【墙】——墙体场景
- **贴图位置** | DVD > 贴图素材
- **视频教程** | DVD > 教学视频 > Cha03 > 实例35
- **视频长度** | 3分14秒
- **制作难度** | ★★☆☆☆

操作步骤

01 首先需要一张CAD平面图纸，该图纸为随书资源文件中的"DVD > 案例源文件 > Cha03 > Drawing1.dwg"。单击　（应用程序）按钮，选择"导入"命令，选择"Drawing1.dwg"文件，双击文件或单击"打开"按钮，如图3-51所示。在弹出的"导入选项"窗口中单击"确定"按钮。

02 导入的图纸如图3-52所示。

图3-51　　　　　　　　　　　　　　　　图3-52

03 单击"（创建）>（几何体）> AEC 扩展>墙"按钮，在"参数"卷展栏中设置"宽度"为0.5、"高度"为9.6，在"顶"视图中创建墙体，墙体的创建与线的创建基本相同，只需要单击起点转折点即可。创建完成后鼠标右击如图3-53所示创建的墙体。

04 切换到（修改）面板中，将选择集定义为"顶点"，在"顶"视图中调整顶点，如图3-54所示。

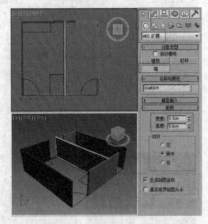
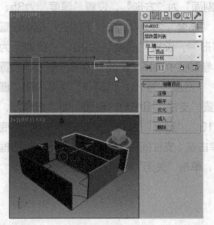

图3-53　　　　　　　　　　　　　　　　图3-54

05 单击"（创建）>（几何体）> AEC扩展>墙"按钮，在"顶"视图中窗户的位置创建墙，在"参数"卷展栏中设置"宽度"为0.5、"高度"为5.5，如图3-55所示。

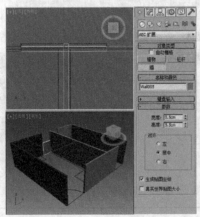
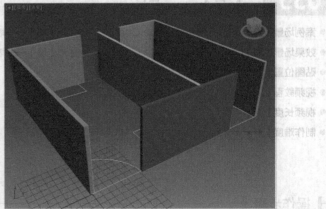

图3-55

第 04 章

二维图形的应用

3ds Max提供了一些具有固定形态的二维图形，这些图形造型比较简单，但都各具特点。二维图形的绘制与编辑是制作精美三维物体的关键。本章主要讲解绘制与编辑二维图形的方法和技巧，通过本章内容的学习，读者可以绘制出想要的二维图形，再通过使用相应的编辑和修改命令将二维图形进行调整和优化，并将其应用于设计中。下面我们来看看如何使用二维图形来建模。

实例 036 【线】——人字牌

● **案例场景位置** | DVD > 案例源文件 > Cha04 > 实例36【线】——人字牌

● **效果场景位置** | DVD > 案例源文件 > Cha04 > 实例36【线】——人字牌场景

● **贴图位置** | DVD > 贴图素材

● **视频教程** | DVD > 教学视频 > Cha04 > 实例36

● **视频长度** | 4分16秒

● **制作难度** | ★★ ☆ ☆ ☆

┤ **操作步骤** ├

01 单击"（创建）> （图形）> 样条线 > 线"按钮，在"左"视图中单击绘制顶点，移动鼠标光标绘制第2点和第3点，绘制完成后鼠标右击完成创建，如图4-1所示。

02 切换到 （修改）命令面板，将选择集定义为"样条线"，在"几何体"卷展栏中勾选"链接复制"组中的"连接"选项，在"透视"图中沿着X轴按住〈Shift〉键移动复制样条线，如图4-2所示。

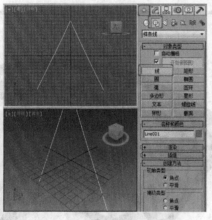
图4-1

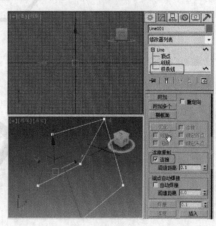
图4-2

> **技巧**
>
> 使用"线"命令可以自由绘制任何形状的封闭或开放型曲线或直线，可以直接单击绘制直线，也可以拖动鼠标光标绘制曲线。

03 将选择集定义为"线段"，在场景中选择如图4-3所示的分段，按〈Delete〉键将其删除。

04 将选择集定义为"顶点"，按〈Ctrl+A〉组合键，全选顶点，在"几何体"卷展栏中单击"焊接"按钮，焊接图形，如图4-4所示。

> **提示**
>
> "焊接"可使同一样条线的两端点或两相邻点为一个点，使用时先移动两端点或相邻点使彼此接近，然后同时选择这两点，按下"焊接"按钮后点会焊接到一起。如果这两个点没有被焊接到一起，可以增大焊接阈值重新焊接。

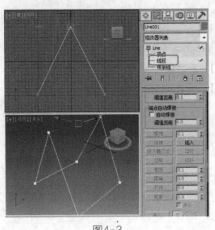

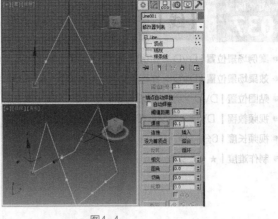

图4-3 図4-4

05 确定顶点处于选择状态，在几何体卷展栏中使用"圆角"按钮，设置顶点的圆角，如图4-5所示。

06 在"渲染"卷展栏中勾选"在渲染中启用"和"在视口中启用"选项，设置"厚度"为12，如图4-6所示。

技巧

"圆角""切角"用于对曲线的加工，对直的折角点进行架线处理，以产生圆角和切角效果。

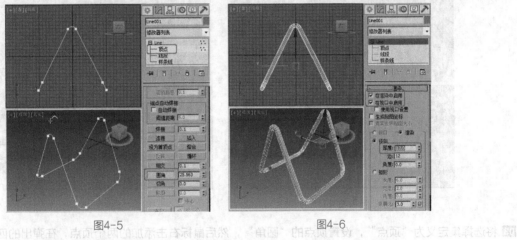

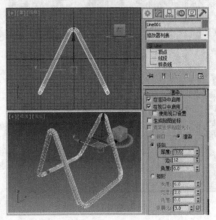

图4-5 图4-6

07 在场景中创建合适的平面，作为指示牌的标识牌，在场景中复制并调整模型，如图4-7所示。

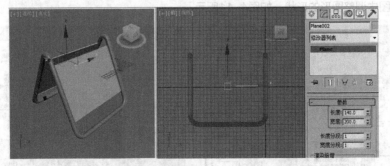

图4-7

提示

"在渲染中启用"，启用该选项后，使用为渲染器设置的径向或矩形参数将图形渲染为 3D 网格。

"在视口中启用"，启用该选项后，使用为渲染器设置的径向或矩形参数将图形作为 3D 网格显示在视口中。

实例 037 【线】——衣架

- **案例场景位置 |** DVD > 案例源文件 > Cha04 > 实例37【线】——衣架
- **效果场景位置 |** DVD > 案例源文件 > Cha04 > 实例37【线】——衣架场景
- **贴图位置 |** DVD > 贴图素材
- **视频教程 |** DVD > 教学视频 > Cha04 > 实例37
- **视频长度 |** 6分14秒
- **制作难度 |** ★★☆☆☆

╼▏**操作步骤** ▏╾

01 单击"■（创建）> ◙（图形）> 样条线 > 线"按钮，在"前"视图中创建一个闭合的矩形图形，如图4-8所示。

02 切换到 ☑（修改）命令面板，将选择集定义为"线段"，在"前"视图中选择纵向的两条线，在"几何体"卷展栏中单击"拆分"按钮，拆分参数为1，如图4-9所示。

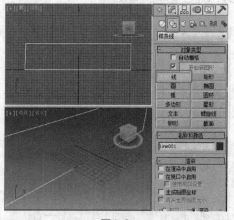

图4-8

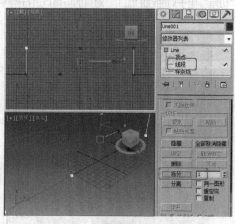

图4-9

03 将选择集定义为"顶点"，设置顶点的"圆角"，然后鼠标右击添加的两个顶点，在弹出的四元菜单中选择"平滑"，并对顶点进行调整，如图4-10所示。

04 继续在"前"视图中调整图形的形状，如图4-11所示。

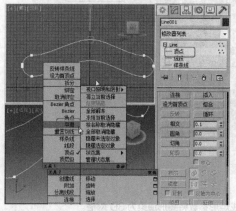

图4-10

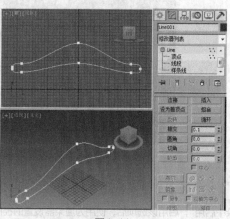

图4-11

调整顶点可以通过右击，在弹出的快捷菜单中选择"Bezier 角点""Bezier""角点"和"平滑" 4 个选项实现。可以尝试一下各种顶点类型的调节。

05 调整图形后，关闭选择集，在"修改器列表"中选择"倒角"修改器，在"倒角值"卷展栏中设置"级别1"为5、"轮廓"为3；勾选"级别2"选项，设置"高度"为15；勾选"级别3"选项，设置"高度"为5、"轮廓"为-3，如图4-12所示。

06 单击"　（创建）> 　（图形）> 样条线 > 线"按钮，在"前"视图中创建可渲染的样条线，并对样条线进行调整，如图4-13所示。

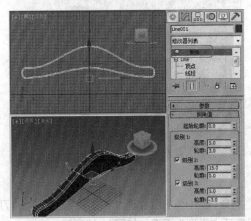

图4-12

图4-13

07 继续创建并调整可渲染的样条线，如图4-14所示。

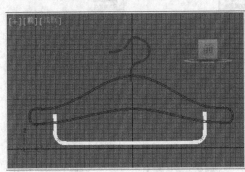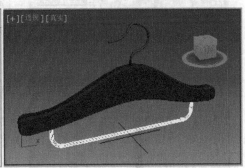

图4-14

实例 038　**【线】——铁艺招牌**

- **案例场景位置**｜DVD > 案例源文件 > Cha04 > 实例38【线】——铁艺招牌
- **效果场景位置**｜DVD > 案例源文件 > Cha04 > 实例38【线】——铁艺招牌场景
- **贴图位置**｜DVD > 贴图素材
- **视频教程**｜DVD > 教学视频 > Cha04 > 实例38
- **视频长度**｜9分38秒
- **制作难度**｜★★★☆☆

┨ 操作步骤 ┠

01 单击"▧（创建）> ◯（几何体）> 扩展基本体 > 切角长方体"按钮，在"前"视图中创建切角长方体，在"参数"卷展栏中设置"长度"为190、"宽度"为10、"高度"为35、"圆角"为1、"圆角分段"为3，如图4-15所示。

02 单击"▧（创建）> ◯（图形）> 样条线 > 线"按钮，取消"开始新图形"选项的勾选，在"前"视图中创建如图4-16所示的线。

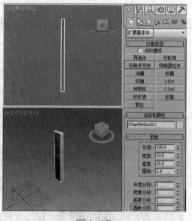
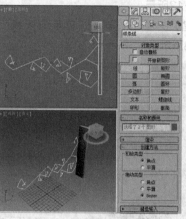

图4-15   图4-16

03 切换到▧（修改）命令面板，将选择集定义为"顶点"，按〈Ctrl+A〉组合键，全选顶点，如图4-17所示。

04 鼠标右击顶点，在弹出的四元菜单中选择"平滑"，设置顶点类型为平滑，如图4-18所示。

05 调整顶点的平滑后，继续鼠标右击顶点，在弹出的四元菜单中选择"Bezier角点"，如图4-19所示。

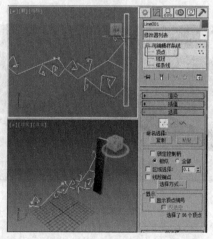
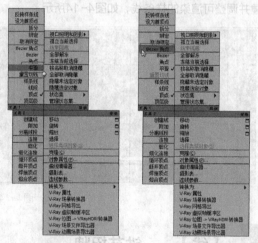

图4-17   图4-18   图4-19

06 调整图形的形状，如图4-20所示。

07 在"渲染"卷展栏中勾选"在渲染中启用"和"在视口中启用"选项，设置"厚度"为3.5，如图4-21所示。

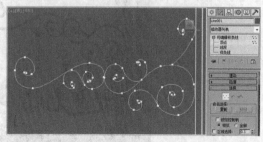

图4-20   图4-21

08 单击 "█（创建）> █（图形）> 样条线 > 圆" 按钮，在 "左" 视图中创建圆，在 "参数" 卷展栏中设置 "半径" 为4；在 "渲染" 卷展栏中勾选 "在渲染中启用" 和 "在视口中启用" 选项，设置 "厚度" 为1.5，如图 4-22所示。

09 复制并调整可渲染的圆，作为铁链，如图4-23所示。

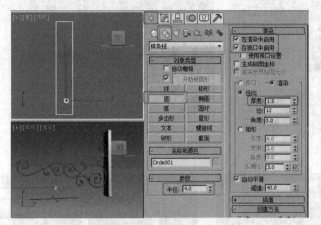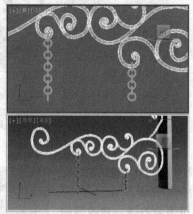

图4-22　　　　　　　　　　　　　　　　　　　　图4-23

10 创建合适大小的长方体，作为标牌，大小设置得合适即可，如图4-24所示。

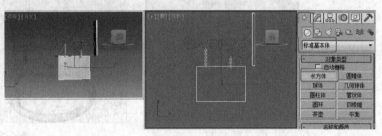

图4-24

实例 039 【圆】——吧凳

- ● **案例场景位置** ┃ DVD > 案例源文件 > Cha04 > 实例39【圆】——吧凳
- ● **效果场景位置** ┃ DVD > 案例源文件 > Cha04 > 实例39【圆】——吧凳场景
- ● **贴图位置** ┃ DVD > 贴图素材
- ● **视频教程** ┃ DVD > 教学视频 > Cha04 > 实例39
- ● **视频长度** ┃ 3分21秒
- ● **制作难度** ┃ ★ ★ ☆ ☆ ☆

┃ **操作步骤** ┃

01 单击 "█（创建）> █（图形）> 样条线 > 圆" 按钮，在 "顶" 视图中创建一个圆，在 "插值" 卷展栏中设置 "步数" 为20；在 "参数" 卷展栏中设置 "半径" 为120；在 "渲染" 卷展栏中勾选 "在渲染中启用" 和 "在视口中启用" 选项，设置 "厚度" 为20，如图4-25所示。

02 单击 "█（创建）> █（图形）> 样条线 > 线" 按钮，在 "前" 视图中创建直线，如图4-26所示。

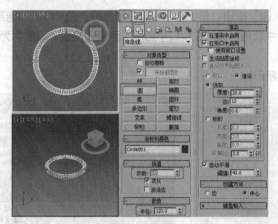

图4-25

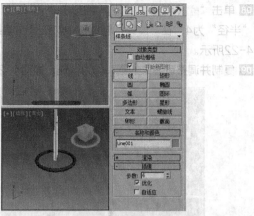

图4-26

03 在场景中复制可渲染的直线和圆，如图4-27所示。

04 复制可渲染的圆，修改圆的"半径"为100，在场景中调整圆的位置，如图4-28所示。

图4-27

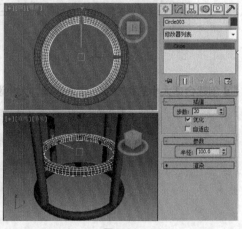

图4-28

05 在场景中创建切角圆柱体，作为坐垫，在"参数"卷展栏中设置"半径"为130、"高度"为28、"圆角"为9.8、"圆角分段"为2、"边数"为30，如图4-29所示。

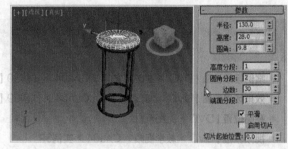

图4-29

实例 040	【矩形】——淋水架

- **案例场景位置** | DVD > 案例源文件 > Cha04 > 实例40【矩形】——淋水架

- **效果场景位置** | DVD > 案例源文件 > Cha04 > 实例40【矩形】——淋水架场景

- **贴图位置** | DVD > 贴图素材

- **视频教程** | DVD > 教学视频 > Cha04 > 实例40

- **视频长度** | 2分10秒

- **制作难度** | ★☆☆☆☆

┃ 操作步骤 ┃

01 单击"■（创建）> ▣（图形）> 样条线 > 矩形"按钮，在"顶"视图中创建一个矩形。在"参数"卷展栏中设置"长度"为270、"宽度"为200、"角半径"为15；在"渲染"卷展栏中勾选"在渲染中启用"和"在视口中启用"选项，设置"厚度"为8，如图4-30所示。

02 单击"■（创建）> ▣（图形）> 线"按钮，在"顶"视图中创建线，在"渲染"卷展栏中勾选"在渲染中启用"和"在视口中启用"选项，设置"厚度"为5，如图4-31所示。

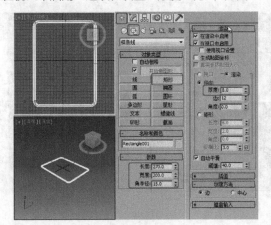

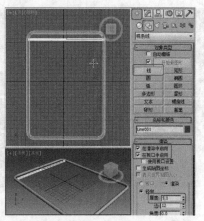

图4-30　　　　　　　　　　　　　　　　　　图4-31

03 对线进行复制，如图4-32所示。

04 单击"■（创建）> ◉（几何体）> 球体"按钮，在"顶"视图中创建球体，设置"半径"为9，在场景中复制模型作为支架，如图4-33所示。

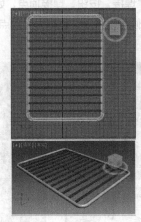

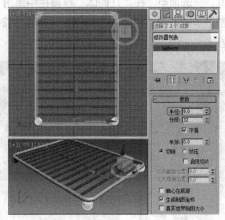

图4-32　　　　　　　　　　　　　　　　　　图4-33

实例 041　　**【矩形】——公告牌**

● **案例场景位置┃** DVD > 案例源文件 > Cha04 > 实例41【矩形】——公告牌

● **效果场景位置┃** DVD > 案例源文件 > Cha04 > 实例41【矩形】——公告牌场景

● **贴图位置┃** DVD > 贴图素材

● **视频教程┃** DVD > 教学视频 > Cha04 > 实例41

● **视频长度┃** 4分12秒

● **制作难度┃** ★★☆☆☆

┤ 操作步骤 ├

01 单击"■（创建）>■（图形）>样条线 > 矩形"按钮，在"顶"视图中创建一个矩形。在"参数"卷展栏中设置"长度"和"宽度"均为200，如图4-34所示。

02 切换到■（修改）命令面板，为图形施加"编辑样条线"修改器，将选择集定义为"分段"，在"几何体"卷展栏中勾选"连接复制"组中的"连接"选项，在场景中按住〈Shift〉键移动复制分段，如图4-35所示。

03 使用同样的方法移动复制边，如图4-36所示。

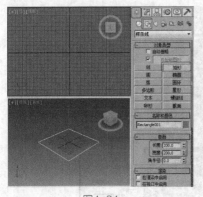

图4-34

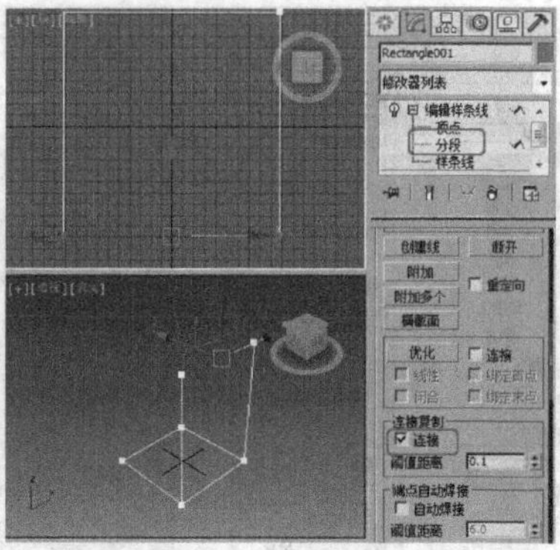

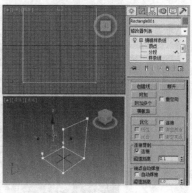

图4-35

图4-36

注意

勾选"连接复制"选项后，复制分段或样条线时会在新线段与原线段端点之间创建线段连接关系。

---

04 将选择集定义为"分段"，在场景中删除多余的分段，如图4-37所示。

05 按〈Ctrl+A〉组合键，全选顶点，在"几何体"卷展栏中单击"焊接"按钮，焊接顶点，如图4-38所示。

06 在"左"视图中调整顶点的位置，如图4-39所示，在调整的时候可以将顶点定义为"角点"，这样方便在调整图形时出现不必要的变形。

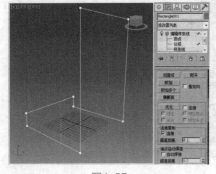

图4-37

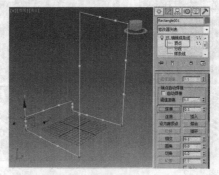

图4-38

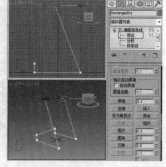

图4-39

07 在"几何体"卷展栏中使用"圆角"工具，设置图形的圆角，如图4-40所示。

08 关闭选择集，为图形施加"可渲染样条线"修改器，在"参数"卷展栏中勾选"在渲染中启用"和"在视口中启用"选项，设置"厚度"为10，如图4-41所示。

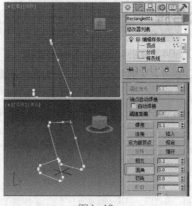

图4-40

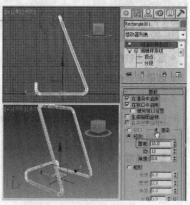

图4-41

09 调整好支架后，在场景中为支架添加提示板，这里可以使用"平面"来模拟出提示板，如图4-42所示。

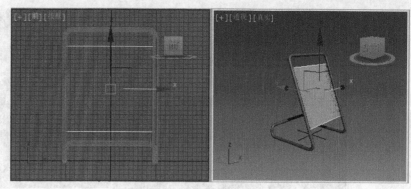

图4-42

实例 042 【螺旋线】——便签架

- **案例场景位置 |** DVD > 案例源文件 > Cha04 > 实例42【螺旋线】——便签架
- **效果场景位置 |** DVD > 案例源文件 > Cha04 > 实例42【螺旋线】——便签架场景
- **贴图位置 |** DVD > 贴图素材
- **视频教程 |** DVD > 教学视频 > Cha04 > 实例42
- **视频长度 |** 2分36秒
- **制作难度 |** ★★☆☆☆

操作步骤

01 单击 （创建）> （图形）> 样条线 > 螺旋线"按钮，在"前"视图中创建螺旋线，在"参数"卷展栏中设置"半径1"为150、"半径2"为15、"高度"为0、"圈数"为4、"偏移"为0；在"渲染"卷展栏中勾选"在渲染中启用"和"在视口中启用"选项，设置"厚度"为12，如图4-43所示。

02 切换到 （修改）命令面板，在"修改器列表"中选择"编辑样条线"修改器，将选择集定义为"顶点"，在场景中调整顶点，调整出图形的形状，如图4-44所示。

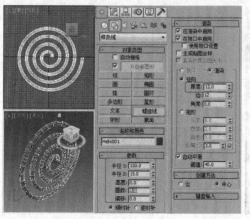

图4-43

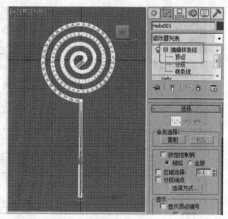

图4-44

03 在"顶"视图中创建"切角长方体"，在"参数"卷展栏中设置"长度"为80、"宽度"为200、"高度"为30、"圆角"为4、"圆角分段"为2，在场景中调整模型到支架的底端，如图4-45所示。

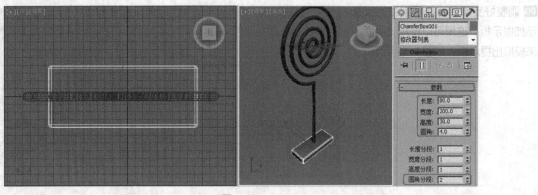

图4-45

实 例
043

【弧】——扇形中式画框

- **案例场景位置** | DVD > 案例源文件 > Cha04 > 实例43

  【弧】——扇形中式画框

- **效果场景位置** | DVD > 案例源文件 > Cha04 > 实例43

  【弧】——扇形中式画框场景

- **贴图位置** | DVD > 贴图素材

- **视频教程** | DVD > 教学视频 > Cha04 > 实例43

- **视频长度** | 6分10秒

- **制作难度** | ★★☆☆☆

操作步骤

01 单击"（创建）>（图形）>弧"按钮，在"前"视图中创建弧，在"参数"卷展栏中设置"半径"为240、"从"为50、"到"为130，如图4-46所示。

02 切换到（修改）命令面板，在"修改器列表"中选择"编辑样条线"修改器，将选择集定义为"样条线"，在"几何体"卷展栏中激活"轮廓"按钮，在场景中设置样条线的轮廓，如图4-47所示。

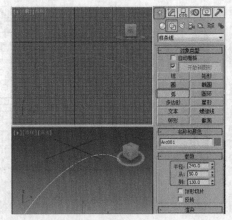

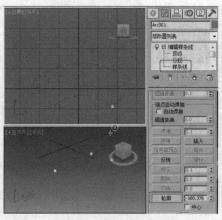

图4-46

图4-47

03 继续使用"轮廓"，设置样条线的轮廓，如图4-48所示。

04 关闭选择集，为图形施加"可渲染样条线"修改器，在"参数"卷展栏中勾选"在渲染中启用"和"在视口中启用"选项，选择"矩形"选项，设置"长度"为15、"宽度"为12，如图4-49所示。

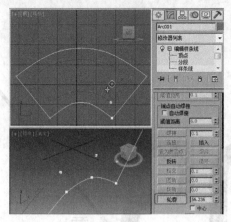
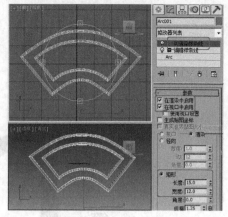

图4-48　　　　　　　　　　　　　　　　　　　　　图4-49

05 单击"[图标]（创建）> [图标]（图形）>线"按钮，取消"开始新图形"选项的勾选，在"渲染"卷展栏中勾选"在渲染中启用"和"在视口中启用"选项，选择"矩形"选项，设置"长度"为6、"宽度"为8，如图4-50所示，在视口中创建中式花纹。

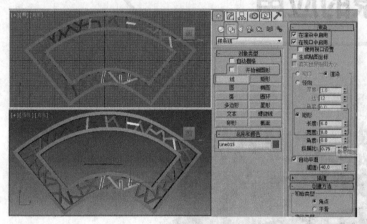

图4-50

06 在场景中选择作为框架的模型，按〈Ctrl+V〉组合键，复制模型，在修改器堆栈中删除"可渲染样条线"修改器，将选择集定义为"样条线"，删除外侧的轮廓，如图4-51所示。

07 关闭选择集，为模型施加"挤出"修改器，不需要设置参数，如图4-52所示。

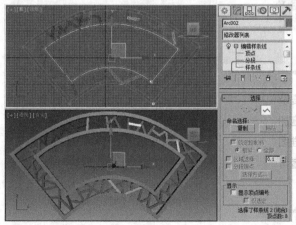

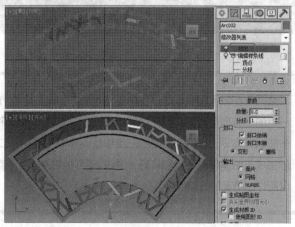

图4-51　　　　　　　　　　　　　　　　　　　　　图4-52

第

05

章

二维图形转
三维对象的应用

二维图形在效果图制作的过程中是使用频率最高的，制作复杂
一点的三维模型时都需要先绘制二维图形，再对二维图形施加
一些编辑命令，以得到需要的三维模型。本章主要讲解二维图
形生成三维模型的方法和技巧，通过本章内容的学习，读者可
以制作出精美的三维模型。

实例
044

【挤出】——组合柜

- **案例场景位置 |** DVD > 案例源文件 > Cha05 > 实例44【挤出】——组合柜
- **效果场景位置 |** DVD > 案例源文件 > Cha05 > 实例44【挤出】——组合柜场景场景
- **贴图位置 |** DVD > 贴图素材
- **视频教程 |** DVD > 教学视频 > Cha05 > 实例44
- **视频长度 |** 7分10秒
- **制作难度 |** ★★☆☆☆

┤ 操作步骤 ├

01 单击 "◎（创建）> ◎（几何体）> 长方体" 按钮，在 "顶" 视图中创建长方体作为柜体，在 "参数" 卷展栏中设置 "长度" 为470、"宽度" 为1525、"高度" 为2000，如图5-1所示。

02 先在 "前" 视图中创建一个 "长度" 为2000、"宽度" 为500的矩形，再创建一个 "半径" 为150的圆，调整图形至合适的位置，如图5-2所示。

> **提示**
>
> 在创建完图形后，必须确定两个图形是在一个平面上，否则附加到一起并挤出后的模型是错位的。比如在 "前" 视图中创建的，可以在 "顶" 视图中查看是否在同一条直线上。

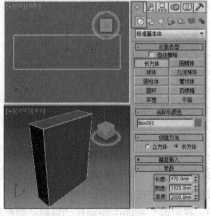

图5-1

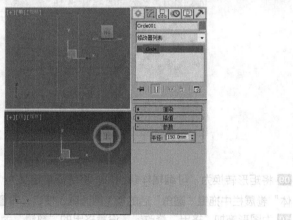

图5-2

03 选择其中一个图形，右击鼠标，在弹出的四元菜单中选择 "转换为 > 转换为可编辑样条线" 命令，在 "几何体" 卷展栏中单击 "附加" 按钮，附加另一个图形，如图5-3所示。

04 为图形施加 "挤出" 修改器，在 "参数" 卷展栏中设置 "数量" 为25，调整模型至合适的位置，如图5-4所示。

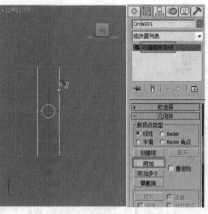

图5-3

图5-4

05 在"前"视图中创建可渲染的圆，设置"半径"为150，在"渲染"卷展栏中勾选"在渲染中启用"和"在视口中启用"选项，设置"径向"的"厚度"为10，调整模型至合适的位置，如图5-5所示。

06 使用移动复制法复制柜门和装饰边模型，如图5-6所示。

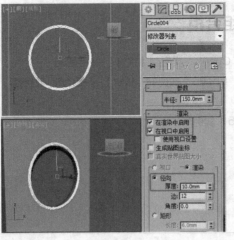
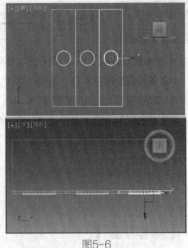

图5-5　　　　　　　　　　　　　　图5-6

07 在"前"视图中创建长方体作为隔断后挡板，在"参数"卷展栏中设置"长度"为2000、"宽度"为510、"高度"为25，调整模型至合适的位置，如图5-7所示。

08 在"顶"视图中创建矩形作为隔断板，设置"长度"为470、"宽度"为510，如图5-8所示。

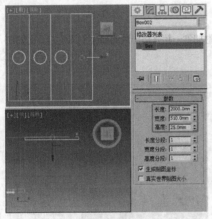
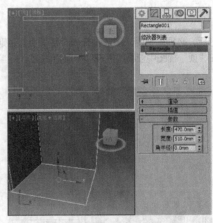

图5-7　　　　　　　　　　　　　　图5-8

09 将矩形转换为"可编辑样条线"，将选择集定义为"顶点"，在"顶"视图中选择右下角的顶点，在"几何体"卷展栏中拖曳"圆角"后的 ⬍（微调器）按钮，设置数值为256左右，如图5-9所示。

10 为图形施加"挤出"修改器，设置挤出的"数量"为40，在"前"视图中使用移动复制法复制模型，调整模型至合适的位置，如图5-10所示。

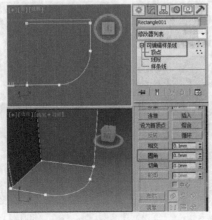
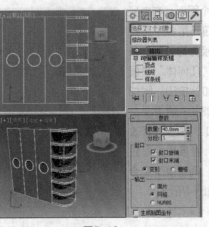

图5-9　　　　　　　　　　　　　　图5-10

实例 045　【挤出】——简易餐桌

- **案例场景位置 |** DVD > 案例源文件 > Cha05 > 实例45【挤出】——简易餐桌
- **效果场景位置 |** DVD > 案例源文件 > Cha05 > 实例45【挤出】——简易餐桌
  场景
- **贴图位置 |** DVD > 贴图素材
- **视频教程 |** DVD > 教学视频 > Cha05 > 实例45
- **视频长度 |** 2分52秒
- **制作难度 |** ★★☆☆☆

操作步骤

01 单击"❖（创建）>■（图形）>矩形"按钮，在"前"视图中创建圆角矩形，在"参数"卷展栏中设置"长度"为650、"宽度"为1150、"角半径"为35，如图5-11所示。

02 为矩形施加"编辑样条线"修改器，将选择集定义为"分段"，在"前"视图中选择如图5-12所示的分段，按〈Delete〉键将其删除。

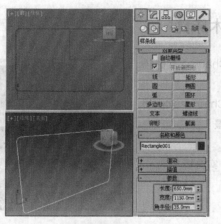

图5-11

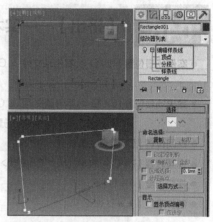

图5-12

03 将选择集定义为"样条线"，选择样条线，在"几何体"卷展栏中拖曳"轮廓"后的■（微调器）按钮，向外轮廓图像，数值大概为40左右，如图5-13所示。

04 为图形施加"挤出"修改器，设置挤出的"数量"为50，如图5-14所示。

图5-13

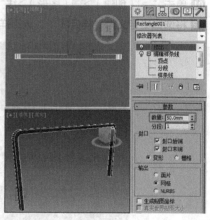

图5-14

05 在"顶"视图中移动复制模型，选择克隆对象为"复制"，在修改器堆栈中选择"编辑样条线"，将选择集定义为"顶点"，在"前"视图中选择底部顶点，调整顶点的位置，如图5-15所示。

06 选择"挤出"修改器，修改挤出的"数量"为650，使用移动复制法"实例"复制桌腿模型，调整模型至合适的位置，如图5-16所示。

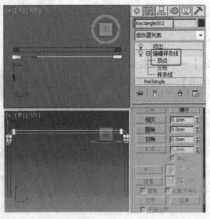

图5-15　　　　　　　　　　　　　图5-16

实例 046　【挤出】——实木床凳

- **案例场景位置 |** DVD > 案例源文件 > Cha05 > 实例46
  【挤出】——实木床凳
- **效果场景位置 |** DVD > 案例源文件 > Cha05 > 实例46
  【挤出】——实木床凳场景
- **贴图位置 |** DVD > 贴图素材
- **视频教程 |** DVD > 教学视频 > Cha05 > 实例46
- **视频长度 |** 4分17秒
- **制作难度 |** ★★☆☆☆

操作步骤

01 单击"　（创建）>　（图形）>线"按钮，在"前"视图中创建如图5-17所示的图形。

02 将选择集定义为"样条线"，选择样条线，向内设置轮廓，如图5-18所示。

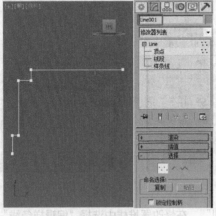
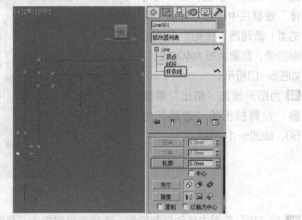

图5-17　　　　　　　　　　　　　图5-18

03 将选择集定义为"线段"，选择如图5-19所示的线段，按〈Delete〉键删除。

04 将选择集定义为"样条线"，选择样条线，在"几何体"卷展栏中勾选"镜像"下的"复制"选项，使用　（水平镜像），单击"镜像"按钮，调整样条线至合适的位置，如图5-20所示。

05 由于是两条样条线组成的图形，所以在衔接处的顶点是断开的，先选择上边的两个断点，右击鼠标，在弹出的四元菜单中选择"熔合顶点"，再次右击鼠标，选择"焊接顶点"命令。使用同样方法熔合、焊接下面的断点处，两个断点处熔合、焊接后的效果如图5-21所示。选择两个顶点，按〈Delete〉键删除。

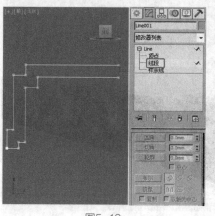
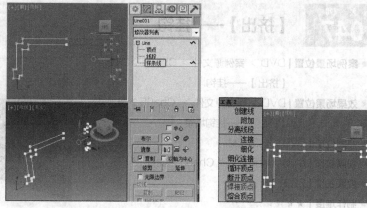
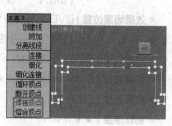

图5-19　　　　　　　　　　　　图5-20　　　　　　　　　　　　图5-21

06 将选择集定义为"样条线"，选择样条线，向内设置轮廓，如图5-22所示。

07 为图形施加"挤出"修改器，为挤出设置合适的"数量"，如图5-23所示。

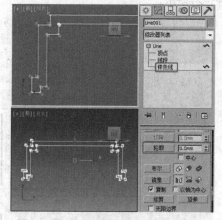
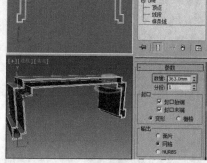

图5-22　　　　　　　　　　　　　　　图5-23

08 按〈Ctrl+V〉组合键原地复制一个模型，选择克隆选项为"复制"，在修改器堆栈中选择线，将选择集定义为"样条线"，选择外侧的样条线，按〈Delete〉键将其删除，如图5-24所示。

09 为图形施加"挤出"修改器，为挤出设置合适的"数量"，如图5-25所示。

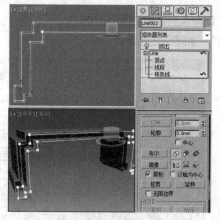
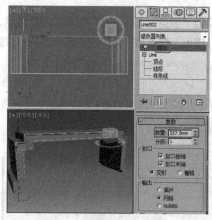

图5-24　　　　　　　　　　　　　　　图5-25

提示

内侧模型挤出的数量比外侧模型挤出的数量要小，这样才可以做出凹槽的效果。

实例
047 【挤出】——挂钩

- **案例场景位置** | DVD > 案例源文件 > Cha05 > 实例47 【挤出】——挂钩
- **效果场景位置** | DVD > 案例源文件 > Cha05 > 实例47 【挤出】——挂钩场景
- **贴图位置** | DVD > 贴图素材
- **视频教程** | DVD > 教学视频 > Cha05 > 实例47
- **视频长度** | 2分53秒
- **制作难度** | ★ ★ ☆ ☆ ☆

━┨ 操作步骤 ┠━

01 单击"📦（创建）>🔗（图形）>线"按钮，在"左"视图中创建如图5-26所示的样条线。

02 将选择集定义为"样条线"，为样条线设置轮廓，如图5-27所示。

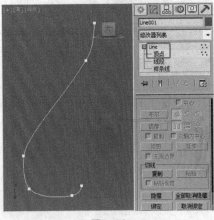

图5-26

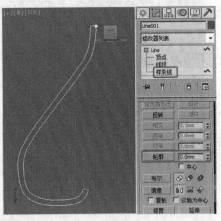

图5-27

提示

在调整顶点时基本使用"Bezier"和"Bezier 角点"。

03 将选择集定义为"顶点"，在"左"视图中调整顶点，调整后的效果如图5-28所示。

04 为图形施加"挤出"修改器，为挤出设置合适的"数量"，如图5-29所示。

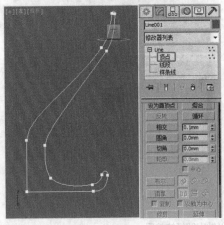

图5-28

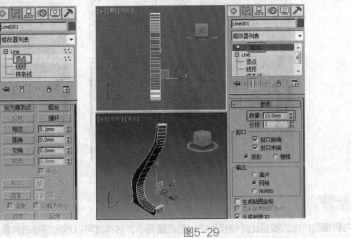

图5-29

实例 048 【车削】——酒瓶

- **案例场景位置** | DVD > 案例源文件 > Cha05 > 实例48【车削】——酒瓶
- **效果场景位置** | DVD > 案例源文件 > Cha05 > 实例48【车削】——酒瓶场景
- **贴图位置** | DVD > 贴图素材
- **视频教程** | DVD > 教学视频 > Cha05 > 实例48
- **视频长度** | 5分14秒
- **制作难度** | ★ ★ ☆ ☆ ☆

操作步骤

01 单击"❀（创建）>◙（图形）>线"按钮，在"前"视图中创建如图5-30所示的样条线。

02 将选择集定义为"样条线"，为样条线设置轮廓，将选择集定义为"顶点"，调整顶点，并将多余的顶点删除，如图5-31所示。

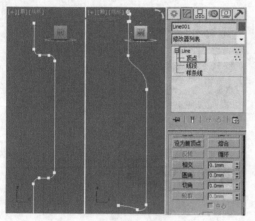

图5-30

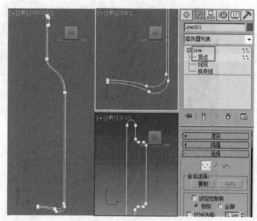

图5-31

03 为图形施加"车削"修改器，在"参数"卷展栏中勾选"焊接内核"选项，设置"分段"为32，选择"方向"为"Y"、"对齐"为"最小"，如图5-32所示。

04 在"顶"视图中创建圆柱体作为瓶塞模型，设置合适的参数，调整模型至合适的位置，如图5-33所示。

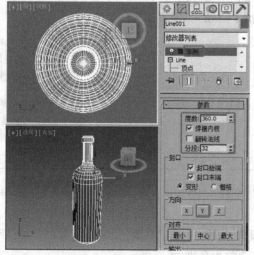

图5-32

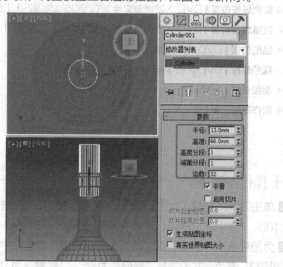

图5-33

实例 049 【车削】——玻璃果盘

- **案例场景位置** | DVD > 案例源文件 > Cha05 > 实例49【车削】——玻璃果盘
- **效果场景位置** | DVD > 案例源文件 > Cha05 > 实例49【车削】——玻璃果盘场景
- **贴图位置** | DVD > 贴图素材
- **视频教程** | DVD > 教学视频 > Cha05 > 实例49
- **视频长度** | 1分46秒
- **制作难度** | ★ ☆ ☆ ☆ ☆

操作步骤

01 单击"圖（创建）>圖（图形）>线"按钮，在"前"视图中创建如图5-34所示的图形。

02 为图形施加"车削"修改器，在"参数"卷展栏中勾选"焊接内核"选项，设置"分段"为8，选择"方向"为"Y"、"对齐"为"最小"，如图5-35所示。

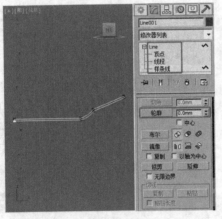

图5-34

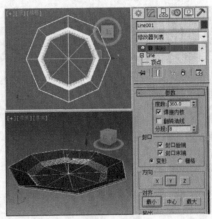

图5-35

实例 050 【倒角】——星形奖杯

- **案例场景位置** | DVD > 案例源文件 > Cha05 > 实例50【倒角】——星形奖杯
- **效果场景位置** | DVD > 案例源文件 > Cha05 > 实例50【倒角】——星形奖杯场景
- **贴图位置** | DVD > 贴图素材
- **视频教程** | DVD > 教学视频 > Cha05 > 实例50
- **视频长度** | 1分56秒
- **制作难度** | ★ ☆ ☆ ☆ ☆

操作步骤

01 单击"圖（创建）>圖（图形）>星形"按钮，在"前"视图中创建星形，在"参数"卷展栏中设置"半径1"为100、"半径2"为40、"点"为6，如图5-36所示。

02 为图形施加"倒角"修改器，在"倒角值"卷展栏中设置"级别1"的"高度"为25、"轮廓"为-17；勾选"级别2"选项，并设置其"高度"为-5、"轮廓"为-5，如图5-37所示。

03 在"顶"视图中创建切角圆柱体，在"参数"卷展栏中设置"半径"为40、"高度"为10、"圆角"为2、"高度分段"为1、"圆角分段"为3、"边数"为30，调整模型至合适的位置，如图5-38所示。

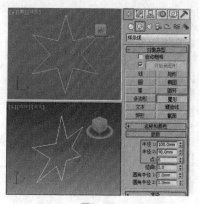
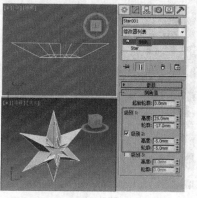

图5-36　　　　　图5-37　　　　　图5-38

实例 051　【倒角】——四叶草墙饰

- **案例场景位置**┃DVD > 案例源文件 > Cha05 > 实例51【倒角】——四叶草
- **效果场景位置**┃DVD > 案例源文件 > Cha05 > 实例51【倒角】——四叶草
  场景
- **贴图位置**┃DVD > 贴图素材
- **视频教程**┃DVD > 教学视频 > Cha05 > 实例51
- **视频长度**┃8分53秒
- **制作难度**┃★★☆☆☆

┃操作步骤┃

01 单击"◎（创建）> ◙（图形）>线"按钮，在"前"视图中创建如图5-39所示的图形。

02 激活◢（角度捕捉切换）按钮，使用◉（选择并旋转）工具，按住〈Shift〉键在"前"视图中旋转复制图形，如图5-40所示。

03 在"前"视图中创建如图5-41所示的图形。

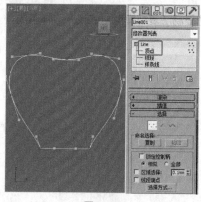
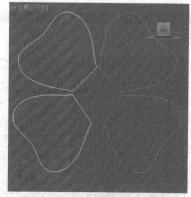
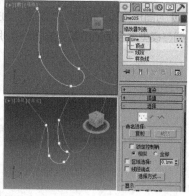

图5-39　　　　　图5-40　　　　　图5-41

04 在"几何体"卷展栏中单击"附加"按钮，或右击鼠标，在弹出的四元菜单中选择"附加"命令，附加其他的图形，如图5-42所示。

05 将选择集定义为"线段"，选择如图5-43所示的线段，按〈Delete〉键删除线段。

06 将选择集定义为"顶点",选择下边左侧的2个断点,先单击"熔合"按钮,再单击"焊接"按钮,再使用同样方法熔合、焊接下边右侧的2个断点;单击"连接"按钮,将上边的3处断点处连接上,如图5-44所示。

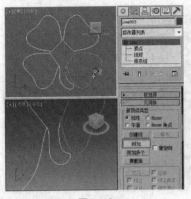
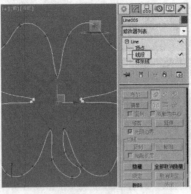
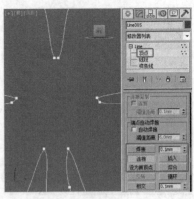

| 图5-42 | 图5-43 | 图5-44 |

07 为图形施加"倒角"修改器,在"参数"卷展栏的"曲面"组中勾选"级间平滑"选项,在"倒角值"卷展栏中设置合适的参数,如图5-45所示。

08 按〈Ctrl+V〉组合键原地复制模型,选择克隆选项为"复制",在修改器堆栈中单击 🔒(从堆栈中移除修改器)按钮将"倒角"修改器移除,将线的选择集定义为"样条线",选择样条线,使用缩放工具在"前"视图中均匀缩放样条线,如图5-46所示。

09 将选择集定义为"顶点",调整一下尾部顶点,如图5-47所示。

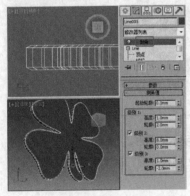
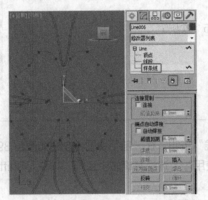
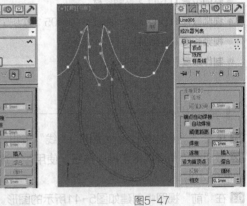

| 图5-45 | 图5-46 | 图5-47 |

10 为图形施加"挤出"修改器,为挤出设置合适的"数量",继续使用移动复制法复制模型,缩放一下样条线,调整模型至合适的位置,如图5-48所示。

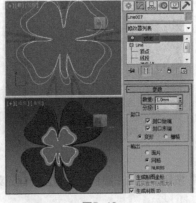

图5-48

实例 052 【倒角】——交通护栏

- **案例场景位置** | DVD > 案例源文件 > Cha05 > 实例52【倒角】——交通护栏
- **效果场景位置** | DVD > 案例源文件 > Cha05 > 实例52【倒角】——交通护栏场景
- **贴图位置** | DVD > 贴图素材
- **视频教程** | DVD > 教学视频 > Cha05 > 实例52
- **视频长度** | 4分33秒
- **制作难度** | ★ ★ ☆ ☆ ☆

▌操作步骤 ▌

01 单击"◎（创建）>◎（图形）>矩形"按钮，在"顶"视图中创建矩形，在"参数"卷展栏中设置"长度"为180、"宽度"为180，如图5-49所示。

02 为图形施加"倒角"修改器，在"倒角值"卷展栏中设置"级别1"的"高度"为20；勾选"级别2"选项，并设置其"高度"为45、"轮廓"为-40；勾选"级别3"选项，并设置其"高度"为50，如图5-50所示。

03 在"顶"视图中创建矩形，在"参数"卷展栏中设置"长度"为80、"宽度"为80，调整图形至合适的位置，如图5-51所示。

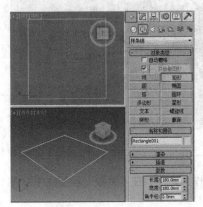

图5-49

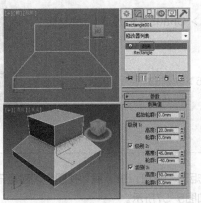

图5-50

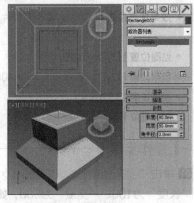

图5-51

04 为图形施加"倒角"修改器，在"倒角值"卷展栏中设置"级别1"的"高度"为750；勾选"级别2"选项，并设置其"高度"为0、"轮廓"为20；勾选"级别3"选项，并设置其"高度"为45、"轮廓"为-45，如图5-52所示。

05 在"左"视图中创建矩形，在"参数"卷展栏中设置"长度"为35、"宽度"为55、"角半径"为8，调整图形至合适的位置，如图5-53所示。

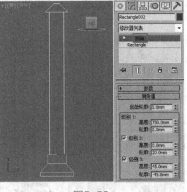

图5-52

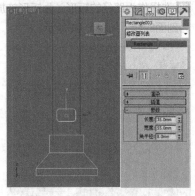

图5-53

06 为图形施加"挤出"修改器，设置挤出的"数量"为2600，如图5-54所示。

07 在"顶"视图中创建矩形，在"参数"卷展栏中设置"长度"为20、"宽度"为40、"角半径"为8，调整图形至合适的位置，如图5-55所示。

08 为图形施加"挤出"修改器，设置挤出的"数量"为560，使用移动复制法复制模型，完成交通护栏模型，如图5-56所示。

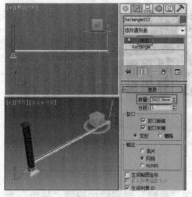
图5-54

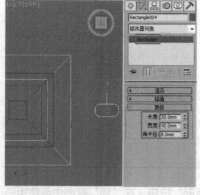
图5-55

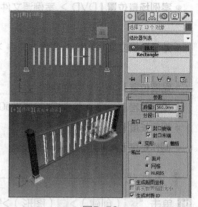
图5-56

实例 053 【倒角剖面】——罗汉床

● **案例场景位置** | DVD>案例源文件>Cha05>实例53【倒角剖面】——罗汉床

● **效果场景位置** | DVD > 案例源文件 > Cha05 >实例53【倒角剖面】——罗汉床场景

● **贴图位置** | DVD > 贴图素材

● **视频教程** | DVD > 教学视频 > Cha05 > 实例53

● **视频长度** | 11分03秒

● **制作难度** | ★★★☆☆

┃ 操作步骤 ┃

01 单击"◎（创建）>◎（图形）>矩形"按钮，在"顶"视图中创建矩形作为路径，在"参数"卷展栏中设置"长度"为100、"宽度"为300，如图5-57所示。

02 在"前"视图中使用线创建如图5-58所示的图形作为剖面图形。

03 选择作为路径的矩形，为矩形施加"倒角剖面"修改器，在"参数"卷展栏中单击"拾取剖面"按钮，拾取作为剖面的线，如图5-59所示。

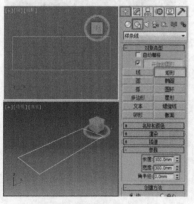
图5-57

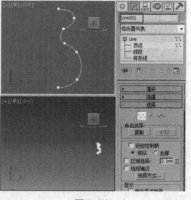
图5-58

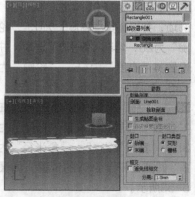
图5-59

04 在"顶"视图中创建长方体作为床腿模型，在"参数"卷展栏中设置"长度"为26、"宽度"为26、"高度"

为60、"高度分段"为5，如图5-60所示。

05 为长方体施加"编辑多边形"修改器，将选择集定义为"顶点"，调整模型，如图5-61所示。

06 关闭选择集，为模型施加"网格平滑"修改器，在"细分量"卷展栏中设置"迭代次数"为2，调整模型至合适的位置，如图5-62所示。

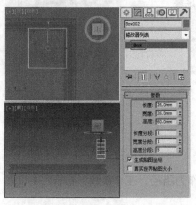
图5-60

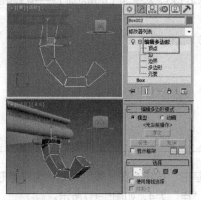
图5-61

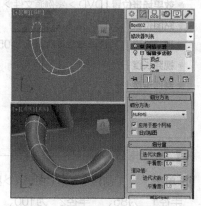
图5-62

07 调整模型角度，使用镜像复制法复制模型，如图5-63所示。

08 在"左"视图中创建可渲染的矩形，在"参数"卷展栏中设置"长度"为30、"宽度"为100，在"渲染"卷展栏中勾选"在渲染中启用""在视口中启用"选项，选择渲染类型为"矩形"，设置"长度"为5、"宽度"为6，调整模型至合适的位置，如图5-64所示。

09 在"左"视图中创建如图5-67所示的可渲染的图形，先创建一个，然后取消勾选"开始新图形"，继续创建其他图形，在"渲染"卷展栏中勾选"在渲染中启用""在视口中启用"选项，选择渲染类型为"矩形"，设置"长度"为3、"宽度"为3，调整模型至合适的位置，如图5-65所示。

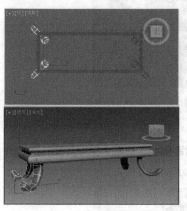
图5-63

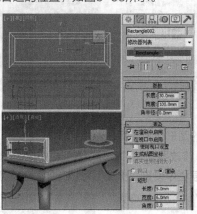
图5-64

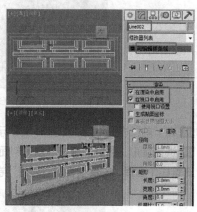
图5-65

10 复制并修改模型，完成的罗汉床模型如图5-66所示。

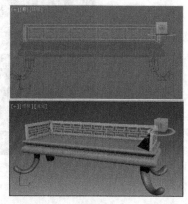
图5-66

实例 054 【倒角剖面】——盆栽花盆

- **案例场景位置** | DVD > 案例源文件 > Cha05 > 实例54【倒角剖面】——盆栽花盆
- **效果场景位置** | DVD > 案例源文件 > Cha05 > 实例54【倒角剖面】——盆栽花盆场景
- **贴图位置** | DVD > 贴图素材
- **视频教程** | DVD > 教学视频 > Cha05 > 实例54
- **视频长度** | 4分10秒
- **制作难度** | ★☆☆☆☆

▌操作步骤 ▌

01 单击"◈（创建）>◪（图形）>星形"按钮，在"顶"视图中创建星形作为路径，在"参数"卷展栏中设置"半径1"为85、"半径2"为100、"点"为4，如图5-67所示。

02 为图形施加"编辑样条线"修改器，将选择集定义为"顶点"，按〈Ctrl+A〉组合键选择所有顶点，右击鼠标，在弹出的四元菜单中选择"平滑"，再次右击鼠标，选择"Bezier"命令，在"顶"视图中调整顶点，如图5-68所示。

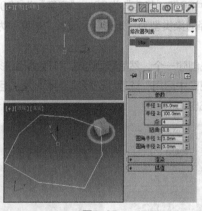
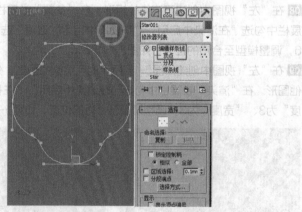

图5-67　　　　　　　　　　图5-68

03 在"前"视图中创建如图5-69所示的图形作为剖面。

04 选择星形，为图形施加"倒角剖面"修改器，在"参数"卷展栏中单击"拾取剖面"按钮，拾取剖面，在修改器堆栈中选择"Star"，在"插值"卷展栏中设置"步数"为12，如图5-70所示。

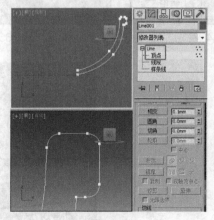
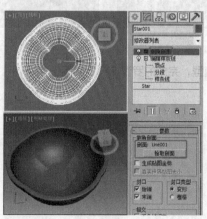

图5-69　　　　　　　　　　图5-70

实例 055 　**【扫描】——装饰画**

- **案例场景位置** | DVD>案例源文件>Cha05>实例55【扫描】——装饰画
- **效果场景位置** | DVD > 案例源文件 > Cha05 >实例55【扫描】——装饰画场景
- **贴图位置** | DVD > 贴图素材
- **视频教程** | DVD > 教学视频 > Cha05 > 实例55
- **视频长度** | 3分05秒
- **制作难度** | ★ ★ ☆ ☆ ☆

操作步骤

01 单击"■（创建）>☑（图形）>矩形"按钮，在"前"视图中创建矩形作为扫描路径，在"参数"卷展栏中设置"长度"为360、"宽度"为300，如图5-71所示。

02 右击鼠标退出创建，按〈Ctrl+V〉组合键原地复制一个矩形，将复制出的矩形作为画面，为矩形施加"挤出"修改器，在"参数"卷展栏中设置"数量"为5，如图5-72所示。

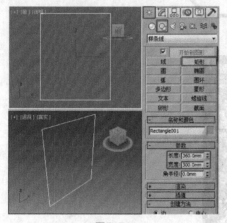
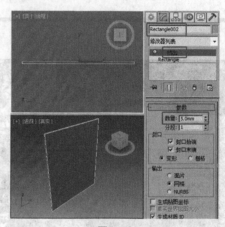

图5-71　　　　　　　　　　　　　　　　　　图5-72

03 在"顶"视图中创建如图5-73所示的图形作为扫描的截面图形，确定左侧两个顶点中有一个是首顶点。

04 选择矩形001，为图形施加"扫描"修改器，在"截面类型"卷展栏中选择"使用自定义截面"，单击"拾取"按钮，拾取作为截面的线，在"扫描参数"卷展栏中勾选"XY平面上的镜像"，取消勾选"平滑路径"选项，选择"轴对齐"为左侧的点，调整模型至合适的位置，如图5-74所示。

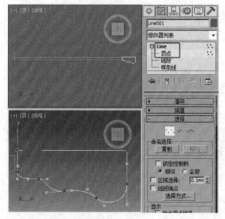

图5-73　　　　　　　　　　　　　　　　　　图5-74

第 06 章

三维变形修改器的应用

通过几何体创建命令创建的三维模型往往不能完全满足效果图制作过程中的需求，因此就需要使用修改器对基础模型进行修改，从而使三维模型的外观更加符合要求。本章主要讲解常用三维修改器的使用方法和应用技巧。通过本章内容的学习，读者可以运用常用三维修改器对三维模型进行精细的编辑和处理。

实例 056 【弯曲】——前台

- **案例场景位置** ┃ DVD > 案例源文件 > Cha06 > 实例56【弯曲】——前台
- **效果场景位置** ┃ DVD > 案例源文件 > Cha06 > 实例56【弯曲】——前台
  场景
- **贴图位置** ┃ DVD > 贴图素材
- **视频教程** ┃ DVD > 教学视频 > Cha06 > 实例56
- **视频长度** ┃ 3分02秒
- **制作难度** ┃ ★ ★ ☆ ☆ ☆

┃ 操作步骤 ┃

01 单击"⚙（创建）> ◯（几何体）> 扩展基本体 > 切角长方体"按钮，在"顶"视图中创建切角长方体作为台面，在"参数"卷展栏中设置"长度"为600、"宽度"为3000、"高度"为35、"圆角"为5、"宽度分段"

为30、"圆角分段"为3，如图6-1所示。

02 使用移动复制法复制模型，选择克隆选项为"复制"，修改模型参数，设置"长度"为60、"宽度"为2800、"高度"为650、"圆角"为5，调整模型至合适的位置，如图6-2所示。

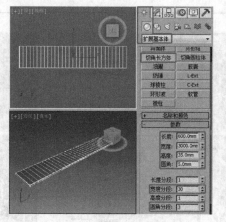

图6-1

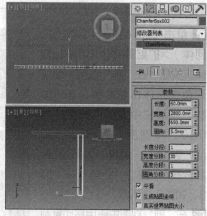

图6-2

> **提示**
>
> "弯曲"修改器允许将当前选中对象围绕单独轴弯曲360度，在对象几何体中产生均匀弯曲。可以在任意3个轴上控制弯曲的角度和方向，也可以对几何体的一段限制弯曲。

03 使用旋转复制法复制模型，选择克隆选项为"复制"，修改模型参数，设置"宽度"为550，再使用移动复制法"实例"复制模型，调整模型至合适的位置，如图6-3所示。

04 选择所有模型，为模型施加"弯曲"修改器，在"参数"卷展栏中设置"弯曲"的"角度"为180、"方向"为-90，选择"弯曲轴"为"X"，如图6-4所示。

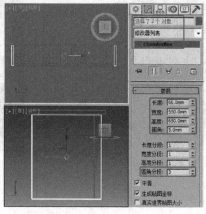

图6-3

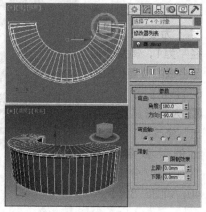

图6-4

提示

在实际效果图制作中，在使用"弯曲"修改器之前，一般先施加"UVW 贴图"修改器确定坐标。

实例 057 【弯曲】——木桶

● 案例场景位置 | DVD > 案例源文件 > Cha06 > 实例57【弯曲】——木桶

● 效果场景位置 | DVD > 案例源文件 > Cha06 > 实例57【弯曲】——木桶场景

● 贴图位置 | DVD > 贴图素材

● 视频教程 | DVD > 教学视频 > Cha06 > 实例57

● 视频长度 | 5分16秒

● 制作难度 | ★★☆☆☆

操作步骤

01 单击"（创建）>（几何体）>扩展基本体>切角长方体"按钮，在"前"视图中创建切角长方体作为木条，在"参数"卷展栏中设置"长度"为600、"宽度"为50、"高度"为16、"圆角"为4、"长度分段"为8、"圆角分段"为3，如图6-5所示。

02 在"前"视图中使用移动复制法"实例"复制模型，设置"副本数"为19，如图6-6所示。

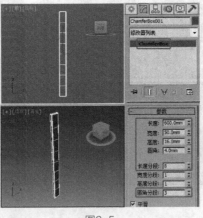

图6-5

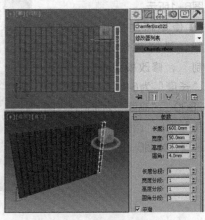

图6-6

03 在"左"视图中创建圆角矩形，在"参数"卷展栏中设置"长度"为35、"宽度"为3、"角半径"为1，调整图形至合适的位置，如图6-7所示。

04 为矩形施加"挤出"修改器，设置挤出的"数量"为1000、"分段"为40，如图6-8所示。

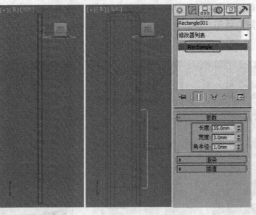

图6-7

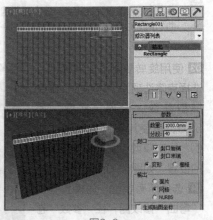

图6-8

提示

该处复制模型需要精准位置，可以使用（捕捉开关）；或者直接使用"阵列"中的移动增量，阵列数量应为20。

05 在"前"视图中创建球体作为铆钉，设置"半径"为8、"半球"为0.5，在"顶"视图中沿Y轴稍微压扁模型，再使用移动复制法"实例"复制模型，如图6-9所示。

06 使用移动复制法"实例"复制铆钉和钉条，如图6-10所示。

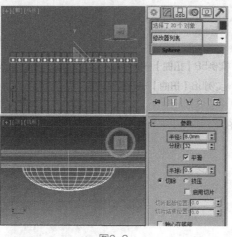

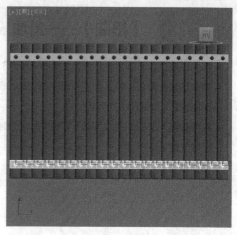

图6-9

图6-10

07 按〈Ctrl+A〉组合键选择所有模型，为模型施加"弯曲"修改器，在"参数"卷展栏中设置"弯曲"的"角度"为-360、"方向"为90，选择"弯曲轴"为"X"，如图6-11所示。

08 为模型施加"FFD 3×3×3"修改器，将选择集定义为"控制点"，在"前"视图中选择中间的控制点，在"顶"视图中沿XY轴缩放控制点，如图6-12所示。

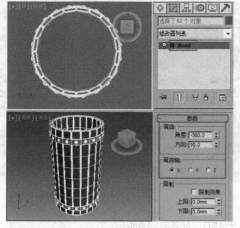

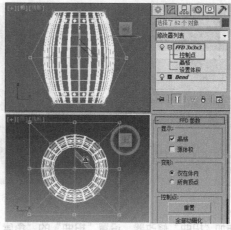

图6-11

图6-12

09 在"顶"视图中创建圆柱体作为木桶的顶底，在"参数"卷展栏中设置"半径"为160、"高度"为15、"高度分段"为1、"边数"为30，调整模型至合适的位置，使用移动复制法"实例"复制模型，如图6-13所示。

10 完成的木桶模型如图6-14所示。

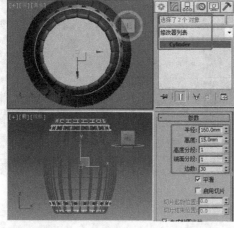

图6-13

图6-14

实例 058 【扭曲】——蜡烛

- **案例场景位置** | DVD > 案例源文件 > Cha06 > 实例58【扭曲】——蜡烛
- **效果场景位置** | DVD > 案例源文件 > Cha06 > 实例58【扭曲】——蜡烛场景
- **贴图位置** | DVD > 贴图素材
- **视频教程** | DVD > 教学视频 > Cha06 > 实例58
- **视频长度** | 2分32秒
- **制作难度** | ★★☆☆☆

操作步骤

01 单击"（创建）>（图形）>星形"按钮，在"顶"视图中创建星形，在"参数"卷展栏中设置"半径1"为16.65、"半径2"为12.5、"点"为8、"圆角半径1"为4、"圆角半径2"为1.25，如图6-15所示。

02 为图形施加"挤出"修改器，设置挤出的"数量"为200、"分段"为50，如图6-16所示。

03 为模型施加"锥化"修改器，设置"锥化"的"数量"为-0.5、"曲线"为0.5，如图6-17所示。

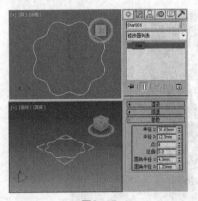

图6-15

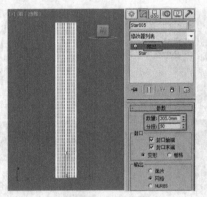

图6-16

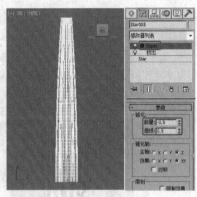

图6-17

04 为模型施加"扭曲"修改器，设置"扭曲"的"角度"为450，如图6-18所示。

05 在"前"视图中创建如图6-19所示的可渲染的线作为烛芯模型，在"渲染"卷展栏中勾选"在渲染中启用"及"在视口中启用"选项，设置"径向"的"厚度"为1，调整模型至合适的位置。

06 制作完成的蜡烛模型如图6-20所示。

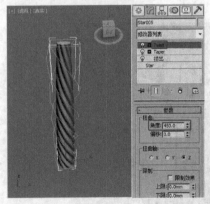

图6-18

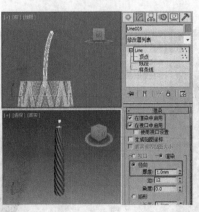

图6-19

图6-20

提示

扭曲修改器在对象几何体中产生一个旋转效果（就像拧湿抹布）。可以控制任意 3 个轴上扭曲的角度，并设置偏移来压缩扭曲相对于轴点的效果。也可以对几何体的一段限制扭曲。

实例 059 【扭曲】——烛台

- **案例场景位置** | DVD > 案例源文件 > Cha06 > 实例59【扭曲】——烛台
- **效果场景位置** | DVD > 案例源文件 > Cha06 > 实例59【扭曲】——烛台场景
- **贴图位置** | DVD > 贴图素材
- **视频教程** | DVD > 教学视频 > Cha06 > 实例59
- **视频长度** | 5分38秒
- **制作难度** | ★★☆☆☆

操作步骤

01 单击"（创建）>（图形）>星形"按钮，在"顶"视图中创建星形，在"参数"卷展栏中设置"半径1"为80、"半径2"为50、"点"为8、"圆角半径1"为20、"圆角半径2"为10，如图6-21所示。

02 为图形施加"挤出"修改器，设置挤出的"数量"为400、"分段"为30，如图6-22所示。

03 为模型施加"锥化"修改器，在"参数"卷展栏中设置"锥化"的"数量"为-0.5、"曲线"为1，如图6-23所示。

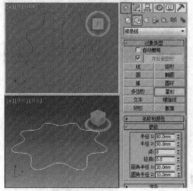

图6-21

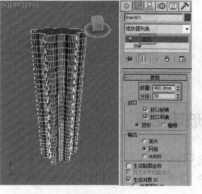

图6-22

图6-23

04 为模型施加"扭曲"修改器，在"参数"卷展栏中设置"扭曲"的"角度"为260，如图6-24所示。

05 单击（镜像）按钮使用镜像复制法复制模型，在弹出的对话框中选择"镜像轴"为"Y"、"克隆当前选择"为"实例"，单击"确定"按钮，如图6-25所示。

图6-24

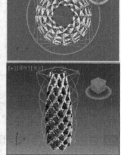

图6-25

06 在"前"视图中创建如图6-26所示的图形，调整其至合适的形状。

07 将选择集定义为"样条线"，在"几何体"卷展栏中单击"轮廓"按钮，在场景中拖曳鼠标光标设置为合适的轮廓，如图6-27所示，关闭选择集。

08 为图形施加"车削"修改器，在"参数"卷展栏中设置"分段"为32，选择"方向"为"Y"、"对齐"为"最小"，调整模型至合适的位置，如图6-28所示。

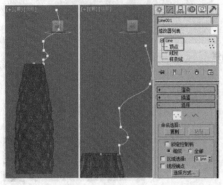
图6-26

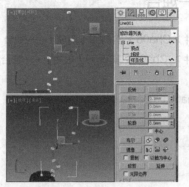
图6-27

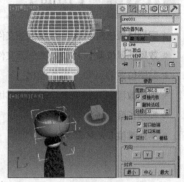
图6-28

09 在"前"视图中创建如图6-29所示的图形作为底座。

10 为图形施加"车削"修改器，在"参数"卷展栏中设置"分段"为32，选择"方向"为"Y"、"对齐"为"最小"，调整模型至合适的位置，如图6-30所示。

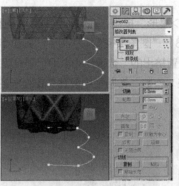
图6-29

图6-30

实例 060 【锥化】——玻璃花瓶

- **案例场景位置** | DVD > 案例源文件 > Cha06 > 实例60【锥化】——玻璃花瓶
- **效果场景位置** | DVD > 案例源文件 > Cha06 > 实例60【锥化】——玻璃花瓶场景
- **贴图位置** | DVD > 贴图素材
- **视频教程** | DVD > 教学视频 > Cha06 > 实例60
- **视频长度** | 3分08秒
- **制作难度** | ★☆☆☆☆

操作步骤

01 单击"（创建）>（几何体）>管状体"按钮，在"顶"视图中创建管状体，在"参数"卷展栏中设置"半径1"为80、"半径2"为76、"高度"为420、"高度分段"为15、"边数"为30，如图6-31所示。

02 右击（角度捕捉切换）按钮，设置捕捉的"角度"为6度，如图6-32所示。

03 在"顶"视图中创建圆柱体，在"参数"卷展栏中设置"半径"为76、"高度"为8、"高度分段"为3、"边数"为30，调整模型至合适的位置，激活（角度捕捉切换）按钮，在"顶"视图中沿Z轴旋转6°将边对齐，如图6-33所示。

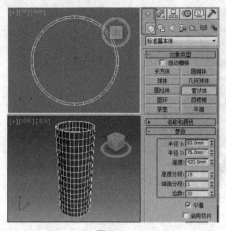
图6-31

图6-32

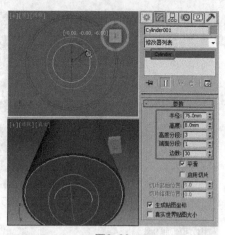
图6-33

04 选择两个模型，为模型施加"锥化"修改器，设置"锥化"的"数量"为0.36、"曲线"为-1.3，将选择集定义为"Gizmo"，在"前"视图中调整Gizmo的位置，如图6-34所示。

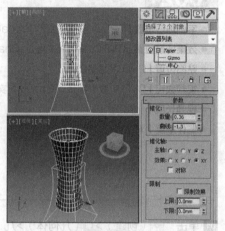

> **提示**
>
> 锥化修改器通过缩放对象几何体的两端产生锥化轮廓：一段放大而另一端缩小。可以在两组轴上控制锥化的量和曲线。也可以对几何体的一段限制锥化。

图6-34

实例
061　【锥化】——沙发墩

- **案例场景位置** | DVD > 案例源文件 > Cha06 > 实例61【锥化】——沙发墩
- **效果场景位置** | DVD > 案例源文件 > Cha06 > 实例61【锥化】——沙发墩场景
- **贴图位置** | DVD > 贴图素材
- **视频教程** | DVD > 教学视频 > Cha06 > 实例61
- **视频长度** | 1分30秒
- **制作难度** | ★☆☆☆☆

┃操作步骤┃

01 单击"（创建）>（几何体）>扩展基本体>切角圆柱体"按钮，在"顶"视图中创建切角圆柱体，在"参数"卷展栏设置"半径"为150、"高度"为300、"圆角"为10、"高度分段"为15、"圆角分段"为3、"边数"为40，如图6-35所示。

02 为模型施加"锥化"修改器，设置"锥化"的"数量"为0.5、"曲线"为1.15，如图6-36所示。

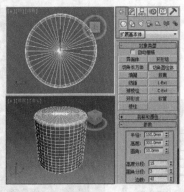

图6-35

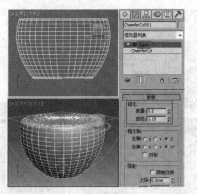

图6-36

实例 062 【噪波】——石头

● **案例场景位置** | DVD > 案例源文件 > Cha06 > 实例62【噪波】——石头

● **效果场景位置** | DVD > 案例源文件 > Cha06 > 实例62【噪波】——石头场景

● **贴图位置** | DVD > 贴图素材

● **视频教程** | DVD > 教学视频 > Cha06 > 实例62

● **视频长度** | 1分22秒

● **制作难度** | ★ ☆ ☆ ☆ ☆

┨ 操作步骤 ┠

01 单击" （创建）> （几何体）>几何球体"按钮，在场景中创建几何球体，设置合适的"半径"参数，选择"基点面类型"为"二十面体"，如图6-37所示。

02 为模型施加"噪波"修改器，在"噪波"组中勾选"分形"选项，在"强度"组中设置各轴向噪波的强度，如图6-38所示。

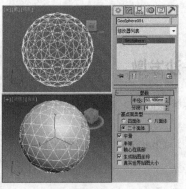

图6-37

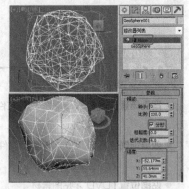

图6-38

实例 063 【壳】——调料瓶

● **案例场景位置** | DVD > 案例源文件 > Cha06 > 实例63【壳】——调料瓶

● **效果场景位置** | DVD > 案例源文件 > Cha06 > 实例63【壳】——调料瓶场景

● **贴图位置** | DVD > 贴图素材

● **视频教程** | DVD > 教学视频 > Cha06 > 实例63

● **视频长度** | 4分03秒

● **制作难度** | ★ ★ ☆ ☆ ☆

操作步骤

01 单击"◉（创建）>◎（几何体）>切角圆柱体"按钮，在"顶"视图中创建切角圆主体作为瓶子，在"参数"卷展栏中设置"半径"为25、"高度"为60、"圆角"为1.8、"高度分段"为10、"圆角分段"为2、"边数"为35，如图6-39所示。

02 为模型施加"编辑多边形"修改器，将选择集定义为"多边形"，在"前"视图中选择如图6-40所示的多边形，按〈Delete〉键将其删除。

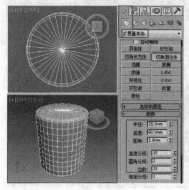

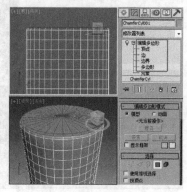

图6-39 · · · · · · · · · · · · · · · · · · · 图6-40

03 为模型施加"壳"修改器，在"参数"卷展栏中设置"外部量"为0.4，如图6-41所示。

04 为模型施加"锥化"修改器，设置"锥化"的"数量"为-0.53、"曲线"为1.04，如图6-42所示。

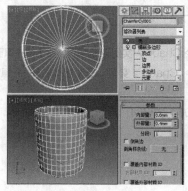

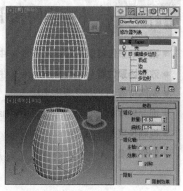

图6-41 · · · · · · · · · · · · · · · · · · · 图6-42

05 按〈Ctrl+V〉组合键原地复制模型作为调料模型，选择克隆选项为"复制"，在修改器堆栈中将所有修改器移除，修改"高度"为37，如图6-43所示。

06 选择瓶子模型，在修改器堆栈中右击"Taper（锥化）"修改器，在弹出的菜单中选择"复制"命令；选择调料模型，在修改器堆栈中右击切角圆柱体，在弹出的菜单中选择"粘贴实例"命令，如图6-44所示。

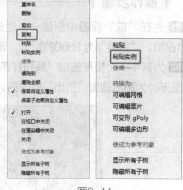

图6-43 · · · · · · · · · · · · · · · · · · · 图6-44

提示

之所以在此处"实例"复制修改器，是因为两个模型一起施加修改器时变形轴向有镜像的效果；也可以两个模型同时施加锥化，使用相同参数，在"前"视图中将Gizmo旋转180°。

07 在工具栏中右击▥（选择并均匀缩放）按钮，在弹出的窗口中设置"偏移：屏幕"为98%，按〈Enter〉键确定，如图6-45所示。

08 在"顶"视图中创建切角圆柱体作为瓶盖模型，在"参数"卷展栏中设置"半径"为12、"高度"为14、"圆角"为0.6、"高度分段"为1、"圆角分段"为2、"边数"为25，如图6-46所示。

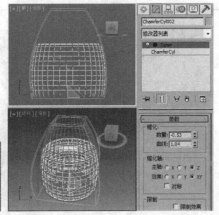

图6-45　　　　　　　　　　　　　图6-46

【编辑网格】——飘窗

- **案例场景位置** | DVD > 案例源文件 > Cha06 > 实例64【编辑网格】——飘窗
- **效果场景位置** | DVD > 案例源文件 > Cha06 > 实例64【编辑网格】——飘窗场景
- **贴图位置** | DVD > 贴图素材
- **视频教程** | DVD > 教学视频 > Cha06 > 实例64
- **视频长度** | 8分33秒
- **制作难度** | ★★★☆☆

┨ 操作步骤 ┠

01 先在"前"视图中创建一个矩形作为墙体，"长度"为3000、"宽度"为2600，再创建一个"长度"为1600、"宽度"为1500的矩形，调整图形至合适的位置，如图6-47所示。

02 为其中一个矩形施加"编辑样条线"修改器，右击图形，在弹出的四元菜单中选择"附加"命令，附加另一个图形，为图形施加"挤出"修改器，设置"数量"为200，如图6-48所示。

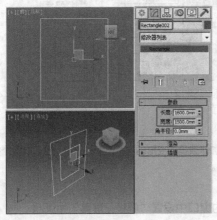

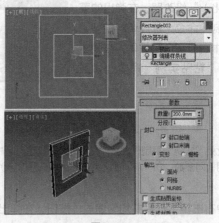

图6-47　　　　　　　　　　　　　图6-48

03 激活 (2.5捕捉开关)按钮，在"前"视图中根据墙内线创建矩形作为窗框，如图6-49所示。

04 为图形施加"编辑样条线"修改器，将选择集定义为"样条线"，选择样条线，向内轮廓50，如图6-50所示。

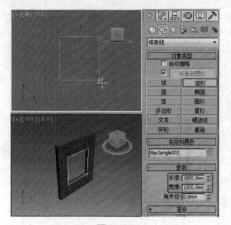
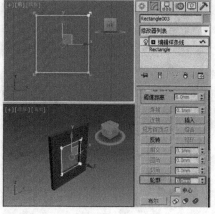

图6-49　　　　　　　　　　　　　　　　　　图6-50

05 为模型施加"挤出"修改器，设置"数量"为50，如图6-51所示。

06 为模型施加"编辑网格"修改器，将选择集定义为"面"，选择右侧的面，使用移动复制法复制面，如图6-52所示。

提示

利用"编辑网格"修改器，可以通过定义选择集对选择集进行定性复制。

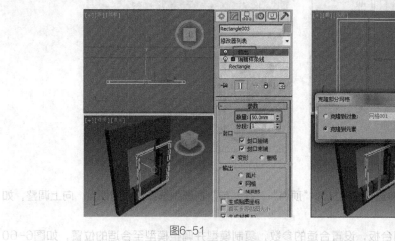

图6-51　　　　　　　　　　　　　　　　　　图6-52

07 由于复制出的是三角面，将选择集定义为"顶点"，调整顶点的位置，避免不必要的共面，如图6-53所示。

08 将选择集定义为"面"，选择左侧和上下的面，激活"顶"视图，按住〈Shift〉键旋转复制面，如图6-54所示。

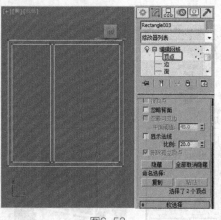
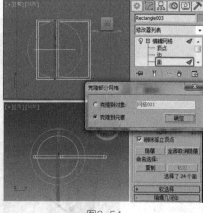

图6-53　　　　　　　　　　　　　　　　　　图6-54

09 调整面至合适的位置，将选择集定义为"顶点"，调整顶点，如图6-55所示。

10 将选择集定义为"元素"，在"顶"视图移动复制元素，如图6-56所示。

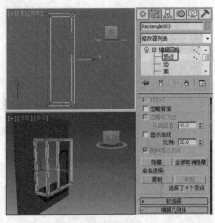
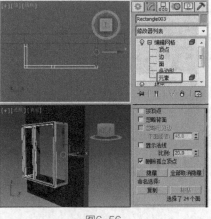

图6-55   图6-56

11 使用"线"在"顶"视图中根据窗框内侧创建样条线作为玻璃，将选择集定义为"样条线"，向外轮廓5，如图6-57所示。

12 为图形施加"挤出"修改器，设置一个大体的参数，调整模型至合适的位置，如图6-58所示。

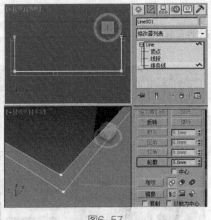
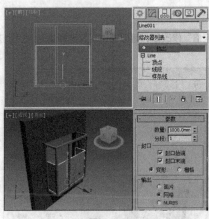

图6-57   图6-58

13 为模型施加"编辑网格"修改器，将选择集定义为"顶点"，在"前"视图中选择顶部的顶点，向上调整，如图6-59所示。

14 在"前"视图中创建长方体作为阳台板，设置合适的参数，复制模型并调整模型至合适的位置，如图6-60所示。

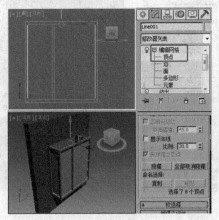
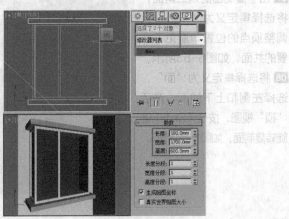

图6-59   图6-60

实例 065 【编辑网格】——电视

- **案例场景位置** | DVD > 案例源文件 > Cha06 > 实例65【编辑网格】——电视
- **效果场景位置** | DVD > 案例源文件 > Cha06 > 实例65【编辑网格】——电视场景
- **贴图位置** | DVD > 贴图素材
- **视频教程** | DVD > 教学视频 > Cha06 > 实例65
- **视频长度** | 4分41秒
- **制作难度** | ★★☆☆☆

操作步骤

01 在"前"视图中创建"长方体"，在"参数"卷展栏中设置"长度"为650、"宽度"为1050、"高度"为85、"长度分段"为3、"宽度分段"为3，如图6-61所示。

02 为模型施加"编辑网格"命令，将选择集定义为"顶点"，在"前"视图中调整顶点，如图6-62所示。

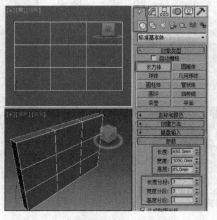

图6-61

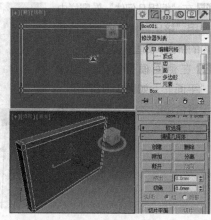

图6-62

03 将选择集定义为"多边形"，在编辑几何体卷展栏中使用"挤出"按钮，在场景中设置向内挤出效果，如图6-63所示。

04 使用"平面"工具，在模型的内侧创建作为屏幕的模型，如图6-64所示。

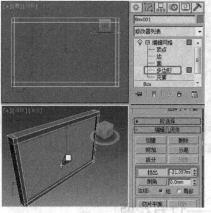

图6-63

图6-64

提示

这里需要注意的是，设置完"挤出"多边形后，要关闭"挤出"按钮，将其取消选择，以免出现错误模型处理。

---

05 继续在屏幕右侧创建长方体，作为屏幕，在"参数"卷展栏中设置"长度"为600、"宽度"为60、"高度"为85、"长度分段"为3、"宽度分段"为3、"高度分段"为1，如图6-65所示。

06 为侧面的长方体施加"编辑网格"修改器，将选项集定义为"顶点"，在"前"视图中调整顶点，如图6-66所示。

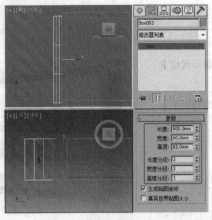
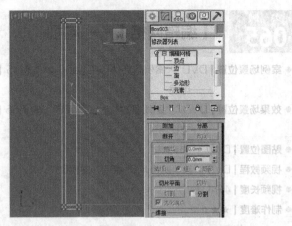

图6-65 图6-66

07 在"编辑几何体"卷展栏中使用"挤出"修改器，设置向内的挤出，如图6-67所示。

08 在侧面模型的内侧创建"平面"，如图6-68所示，设置合适的大小，调整至合适的位置。

图6-67 图6-68

09 调整各个模型的位置，并对侧面作为音响模型进行复制，如图6-69所示，完成电视模型的制作。

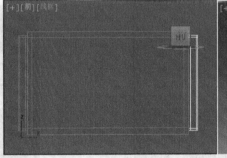

图6-69

实例 066 【编辑多边形】——竹节花瓶

● **案例场景位置**｜DVD > 案例源文件 > Cha06 > 实例66【编辑多边形】——竹节花瓶

● **效果场景位置**｜DVD > 案例源文件 > Cha06 > 实例66【编辑多边形】——竹节花瓶场景

● **贴图位置**｜DVD > 贴图素材

● **视频教程**｜DVD > 教学视频 > Cha06 > 实例66

● **视频长度**｜4分08秒

● **制作难度**｜★★☆☆☆

┤操作步骤┤

01 在"顶"视图中创建"圆柱体",在"参数"卷展栏中设置"半径"为60、"高度"为500、"高度分段"为6,如图6-70所示。

02 为圆柱体施加"编辑多边形"修改器,将选择集定义为"多边形",在"编辑多边形"卷展栏中单击"插入"后的■(设置)按钮,在弹出的助手小盒中设置"数量"为8,如图6-71所示。

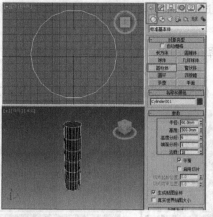

图6-70

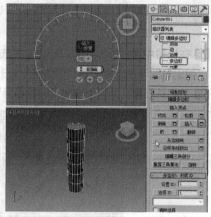

图6-71

> **提示**
>
> 通过定义选择集,并使用"插入"后的■(设置)按钮,可以打开助手小盒,在助手小盒中设置,参数可以根据自己创建模型的大小而定。

03 单击"挤出"后的■(设置)按钮,在弹出的助手小盒中设置"高度"为-485,如图6-72所示。

04 将选择集定义为"边",在场景中选择如图6-73所示的边。

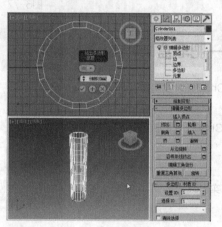

图6-72

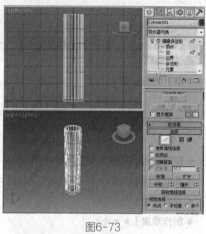

图6-73

05 在"编辑边"卷展栏中单击"挤出"后的■(设置)按钮,在弹出的助手小盒中设置"高度"为8,"宽度"为5,如图6-74所示。

06 单击"切角"后的■(设置)按钮,在弹出的助手小盒中设置"切角量"为5,"分段"为2,如图6-75所示。

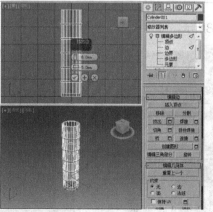

图6-74

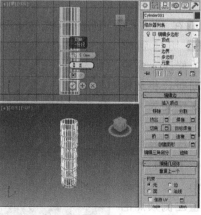

图6-75

> **提示**
>
> 设置边的切角，这种做法称为"勒边"，通过设置边的分段，在设置模型的平滑效果时，得到更平滑的和自然的效果。

07 在场景中选择顶部花瓶口的边，并选择底部的边，在"编辑边"卷展栏中单击"切角"后的□（设置）按钮，在弹出的助手小盒中设置"切角量"为3，"分段"为2，如图6-76所示。

08 关闭选择集，为模型施加"涡轮平滑"修改器，设置模型的平滑效果，如图6-77所示。

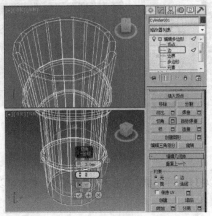
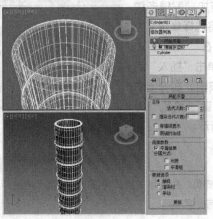

图6-76　　　　　　　　　　　　　　图6-77

实例 067　【FFD变形】——肥皂盒

- **案例场景位置** | DVD > 案例源文件 > Cha06 > 实例67【FFD变形】——肥皂盒
- **效果场景位置** | DVD > 案例源文件 > Cha06 > 实例67【FFD变形】——肥皂盒场景
- **贴图位置** | DVD > 贴图素材
- **视频教程** | DVD > 教学视频 > Cha06 > 实例67
- **视频长度** | 3分08秒
- **制作难度** | ★★☆☆☆

┨ 操作步骤 ┠

01 在"前"视图中创建样条线，如图6-78所示。

02 切换到 ☑（修改）命令面板，将选择集定义为"顶点"，在"几何体"卷展栏中使用"圆角"按钮，设置左侧顶点的圆角效果，如图6-79所示。

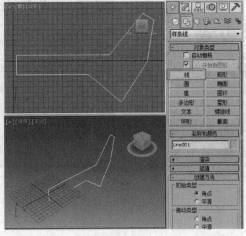
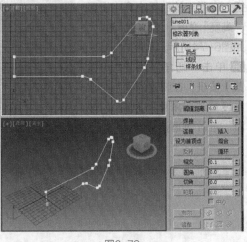

图6-78　　　　　　　　　　　　　　图6-79

> **提示**
>
> FFD 代表"自由形式变形"。它的效果用于类似舞蹈、汽车或坦克的计算机动画中。也可将它用于构建类似椅子和雕塑这样的圆图形。

03 关闭选择集，为图形施加"车削"修改器，在"参数"卷展栏中设置"分段"为50，在"方向"组中选择"Y"，单击"对齐"组中的"最小"，如图6-80所示。

04 为模型施加"FFD 4×4×4"修改器，将选择集定义为"控制点"，在"顶"视图中选择左侧的一半顶点，并将其进行移动，如图6-81所示。

> **提示**
>
> FFD 修改器使用晶格框包围选中几何体。通过调整晶格的控制点，可以改变封闭几何体的形状。

图6-80

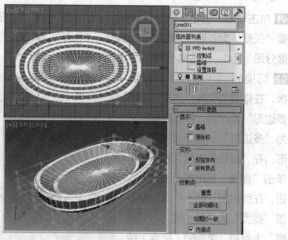
图6-81

05 单击"（创建）>（几何体）>扩展基本体>切角长方体"按钮，在"顶"视图中创建切角长方体，设置合适的参数，如图6-82所示。

06 为模型施加"FFD 4×4×4"修改器，将选择集定义为"控制点"，在"顶"视图中调整控制点，如图6-83所示。

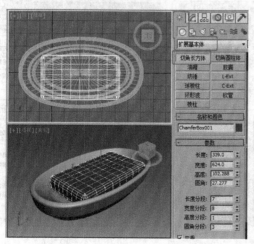
图6-82

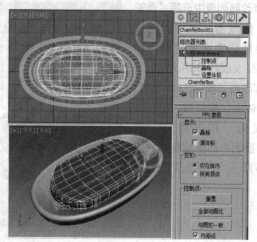
图6-83

实例
068

【FFD变形】——休闲沙发

● **案例场景位置** | DVD > 案例源文件 > Cha06 > 实例68【FFD变形】——休闲沙发

● **效果场景位置** | DVD > 案例源文件 > Cha06 > 实例68【FFD变形】——休闲沙发场景

● **贴图位置** | DVD > 贴图素材

● **视频教程** | DVD > 教学视频 > Cha06 > 实例68

● **视频长度** | 6分16秒

● **制作难度** | ★ ★ ☆ ☆ ☆

---| **操作步骤** |---

01 单击"■（创建）>◎（几何体）>切角长方体"按钮，在"顶"视图中创建切角长方体，在"参数"卷展栏中设置"长度"为700、"宽度"为800、"高度"为150、"圆角"为20、"长度分段"为8、"宽度分段"为7、"高度分段"为1、"圆角分段"为3，如图6-84所示。

02 切换到◎（修改）命令面板，在修改器列表中选择"编辑多边形"修改器，将选择集定义为"多边形"。选择顶部的多边形，在"编辑多边形"卷展栏中单击"倒角"后的■（设置）按钮，在弹出的"助手小盒"中设置"类型"为"组法线"、"高度"为400，单击☑（确定）按钮，如图6-85所示。

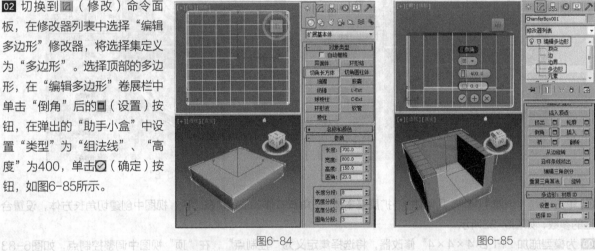

图6-84　　　　　　　　　　图6-85

03 在修改器列表中选择"涡轮平滑"修改器，在"涡轮平滑"卷展栏中设置"迭代次数"为2，如图6-86所示。

04 在修改器列表中选择"FFD（长方体）"修改器，将选择集定义为"控制点"，在"左"视图中调整控制点，如图6-87所示，关闭选择集。

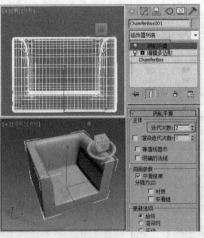
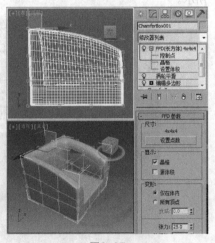

图6-86　　　　　　　　　　图6-87

05 在修改器列表中选择"FFD（长方体）"修改器，将选择集定义为"控制点"，在"左"视图中调整控制点，如图6-88所示，关闭选择集。

06 继续在"顶"视图中创建切角长方体作为沙发垫模型，在"参数"卷展栏中设置"长度"为595、"宽度"为540、"高度"为100、"圆角"为15、"长度分段"为8、"宽度分段"为7、"高度分段"为1、"圆角分段"为3，如图6-89所示。

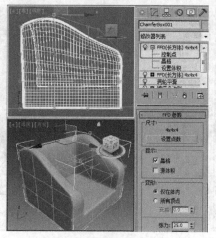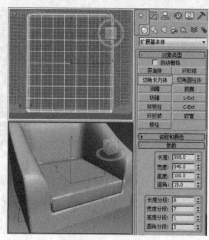

图6-88

图6-89

07 切换到 ✐（修改）命令面板，在修改器列表中选择"涡轮平滑"修改器，在"涡轮平滑"卷展栏中设置"迭代次数"为2，如图6-90所示。

08 在修改器列表中选择"FFD（长方体）"修改器，将选择集定义为"控制点"，场景中选择顶部中间的4个控制点，在"前"视图中进行调整，如图6-91所示，关闭选择集。

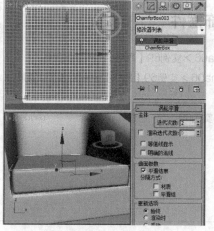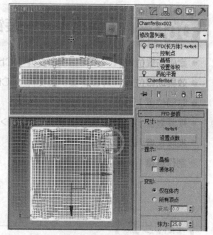

图6-90

图6-91

09 单击"█（创建）>█（图形）>矩形"按钮，在"左"视图中创建矩形，在"参数"卷展栏中设置"长度"为60、"宽度"为600、"角半径"为10，如图6-92所示。

10 切换到 ✐（修改）命令面板，在修改器列表中选择"编辑样条线"修改器，将选择集定义为"样条线"，在"几何体"卷展栏中单击"轮廓"按钮，在场景中拖曳鼠标光标设置合适的轮廓，如图6-93所示。关闭选择集。

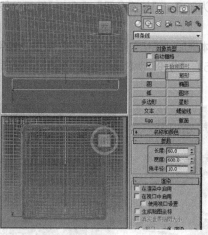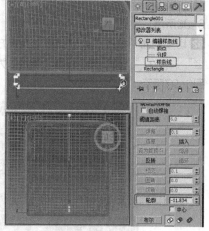

图6-92

图6-93

11 在修改器列表中选择"挤出"修改器，在"参数"卷展栏中设置"数量"为40，调整其至合适的位置作为沙发腿模型，如图6-94所示。

12 对沙发腿模型进行复制，并将其调整到另一侧沙发腿的位置，完成的模型如图6-95所示。

图6-94   图6-95

实例 069 【晶格】——装饰摆件

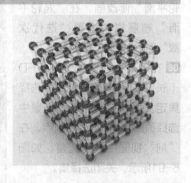

● **案例场景位置** | DVD > 案例源文件 > Cha06 > 实例69【晶格】——装饰摆件

● **效果场景位置** | DVD > 案例源文件 > Cha06 > 实例69【晶格】——装饰摆件场景

● **贴图位置** | DVD > 贴图素材

● **视频教程** | DVD > 教学视频 > Cha06 > 实例69

● **视频长度** | 2分42秒

● **制作难度** | ★☆☆☆☆

操作步骤

01 单击"　（创建）>　（几何体）>长方体"按钮，在"前"视图中创建长方体，在"参数"卷展栏中设置"长度"为200、"宽度"为200、"高度"为200、"长度分段"为5、"宽度分段"为5、"高度分段"为5，如图6-96所示。

02 切换到　（修改）命令面板，为长方体施加"晶格"修改器，在"参数"卷展栏中选择"几何体"组中的"二者"，并在"支柱"组中设置"半径"为5、"分段"为6、"边数"为8、"材质ID"为1，选择"平滑"选项，如图6-97所示。

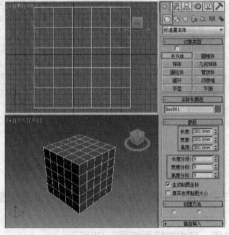
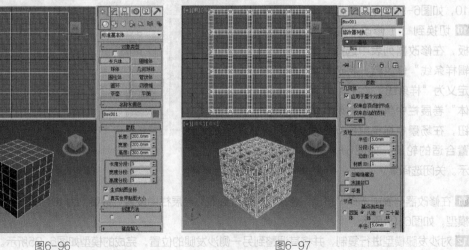

图6-96   图6-97

> **提示**
>
> "晶格"修改器将图形的线段或边转化为圆柱形结构，并在顶点上产生可选的关节多面体。使用它可基于网格拓扑创建可渲染的几何体结构，或作为获得线框渲染效果的另一种方法。

03 在"节点"组中选择"二十面体"选项，并设置"半径"为10、"分段"为2、"材质ID"为2，选择"平滑"选项，如图6-98所示。

> **提示**
>
> 设置好材质 ID 便于设置材质，也避免了使用多变形修改器或网格修改器重新定义材质 ID。

04 为模型施加"编辑多边形"修改器，将选择集定义为"元素"，在"多边形：材质ID"组中设置"选择ID"为1，并单击"选择ID"按钮，可以看到预设好的ID效果，如图6-99所示。

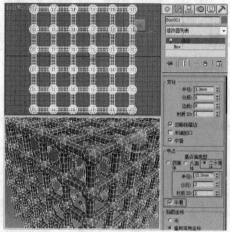

图6-98

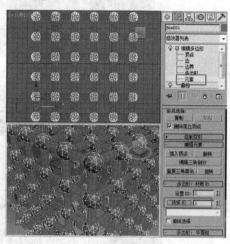

图6-99

实例 **070**	**【晶格】——铁艺垃圾桶**

- **案例场景位置** ┃ DVD > 案例源文件 > Cha06 > 实例69【晶格】——铁艺垃圾桶
- **效果场景位置** ┃ DVD > 案例源文件 > Cha06 > 实例69【晶格】——铁艺垃圾桶场景
- **贴图位置** ┃ DVD > 贴图素材
- **视频教程** ┃ DVD > 教学视频 > Cha06 > 实例70
- **视频长度** ┃ 4分02秒
- **制作难度** ┃ ★★☆☆☆

┃操作步骤┃

01 单击" ■（创建）> ◎（几何体）>圆柱体"按钮，在"顶"视图中创建圆柱体，在"参数"卷展栏中设置"半径"为300、"高度"为600、"高度分段"为30、"端面分段"为1、"边数"为100，如图6-100所示。

02 切换到 ◢（修改）命令面板，为圆柱体施加"晶格"修改器，在"参数"卷展栏中勾选"应用于整个对象"选项，并选择"仅来自边的支柱"，在"支柱"组中设置"半径"为2、"分段"为1、"边数"为4，勾选"平滑"选项，如图6-101所示。

03 继续为圆柱体施加"锥化"修改器，在"参数"卷展栏中设置"数量"为-0.28，并选择合适的"锥化轴"，如图6-102所示。

04 在场景中选择圆柱体，在工具栏中单击 圙（镜像）工具，在弹出的对话框中选择"镜像轴"为"Z"，选择"克隆当前选择"为"不克隆"选项，单击"确定"按钮，如图6-103所示。

05 选择圆柱体，按〈Ctrl+V〉组合键，在弹出的对话框中选择"复制"，单击"确定"按钮，如图6-104所示。

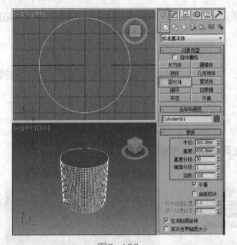
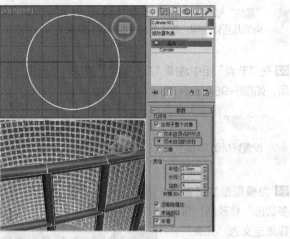

图6-100　　　　　　　　　　　　　图6-101

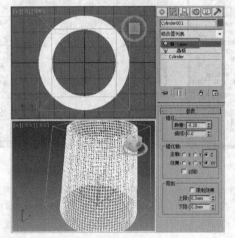

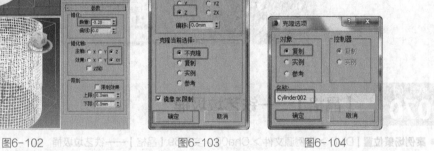

图6-102　　　　　　　　图6-103　　　　　　　　图6-104

06 复制出圆柱体后，将修改器都删掉，修改圆柱体的"参数"，"半径"为225、"高度"为30、"边数"为50，如图6-105所示。

07 单击"（创建）>（几何体）>圆环"按钮，在"顶"视图中创建"圆环"，在"参数"卷展栏中设置"半径1"为310、"半径2"为8、"旋转"为0、"扭曲"为0、"分段"为30、"边数"为12，如图6-106所示。

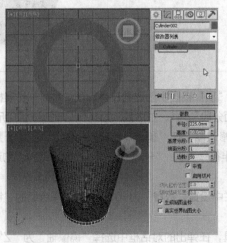
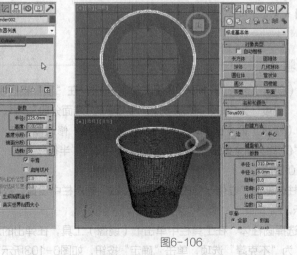

图6-105　　　　　　　　　　　　　图6-106

实例
071

【置换】——欧式画

- **案例场景位置** | DVD > 案例源文件 > Cha06 > 实例70【置换】——欧式画
- **效果场景位置** | DVD > 案例源文件 > Cha06 > 实例70【置换】——欧式画
  场景
- **贴图位置** | DVD > 贴图素材
- **视频教程** | DVD > 教学视频 > Cha06 > 实例71
- **视频长度** | 2分58秒
- **制作难度** | ★★☆☆☆

操作步骤

01 单击"■（创建）> ■（几何体）> 长方体"按钮，在"前"视图中创建长方体，在"参数"卷展栏中设置"长度"为280、"宽度"为220、"高度"为5、"长度分段"为150、"宽度分段"为100、"高度分段"为1，如图6-107所示。

02 切换到 ■（修改）命令面板，为长方体施加"置换"修改器，在"参数"卷展栏中为"图像"组中的"位图"按钮添加"欧式画框置换.jpg"文件，如图6-108所示。

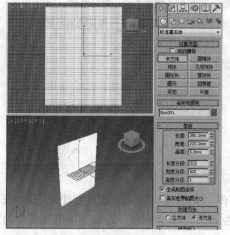

图6-107

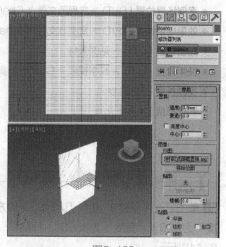

图6-108

03 在"参数"卷展栏中设置"置换"的"强度"为5，如图6-109所示。

04 在修改器堆栈中选择"Box"，在"参数"卷展栏中为长方体增加分段，如图6-110所示。

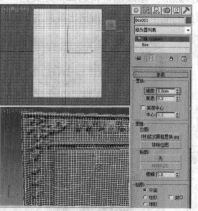

图6-109

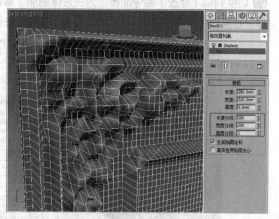

图6-110

提示

被施加"置换"修改器的模型分段越多，置换出的效果越逼真，反之分段越少，置换的效果越粗糙。

05 回到Displace置换修改器中，在"参数"卷展栏中设置"强度"为5、"衰退"为2，如图6-111所示。

06 设置置换后，为了避免合并到场景时发生错误，可以将模型转换为"可编辑多边形"，在模型上鼠标右击，在弹出的快捷菜单中选择"转换为>转换为可编辑多边形"，如图6-112所示。

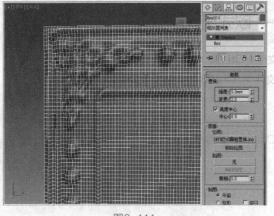

图6-111

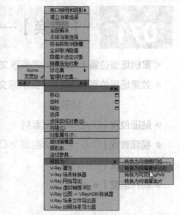

图6-112

实例 072 【网格平滑】——青花笔架

● **案例场景位置** | DVD > 案例源文件 > Cha06 > 实例70【置换】——青花笔架

● **效果场景位置** | DVD > 案例源文件 > Cha06 > 实例70【置换】——青花笔架场景

● **贴图位置** | DVD > 贴图素材

● **视频教程** | DVD > 教学视频 > Cha06 > 实例72

● **视频长度** | 3分31秒

● **制作难度** | ★ ★ ☆ ☆ ☆

操作步骤

01 单击"（创建）> （几何体）>长方体"按钮，在"前"视图中创建长方体，在"参数"卷展栏中设置"长度"为270、"宽度"为1500、"高度"为300、"长度分段"为1、"宽度分段"为3、"高度分段"为1，如图6-113所示。

02 切换到（修改）命令面板，为长方体施加"编辑多边形"修改器，将选择集定义为"多边形"，在"编辑多边形"卷展栏中单击"挤出"后的（设置）按钮，在弹出的助手小盒中设置挤出高度为600，如图6-114所示。

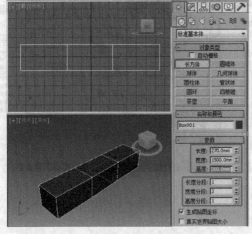

图6-113

图6-114

03 选择如图6-115所示的多边形，在"编辑多边形"卷展栏中单击"倒角"后的◨（设置）按钮，在弹出的助手小盒中设置倒角高度为600、倒角轮廓为-80。

04 将选择集定义为"顶点"，在场景中调整模型的顶点，如图6-116所示。

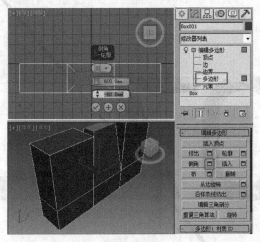

图6-115　　　　　　　　　　　　　图6-116

05 将选择定义为"边"，在场景中选择底部一圈的边，在"编辑边"卷展栏中单击"切角"后的◨（设置）按钮，在弹出的助手小盒中设置切角数量为25，切角分段为1，如图6-117所示。

06 关闭选择集为模型施加"网格平滑"修改器，设置合适的"迭代次数"，如图6-118所示。

> **提示**
>
> 使用"网格平滑"修改器可以设置模型的平滑效果，通过设置"迭代次数"来调整模型的平滑程度，"迭代次数"的参数越高模型越平滑，系统的负担就越大，所以在设置"迭代次数"时，给到一个合适的值即可，如果给的值偏高，系统反应不过来时，按〈Esc〉键退出系统的分析即可。

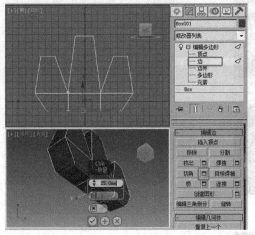
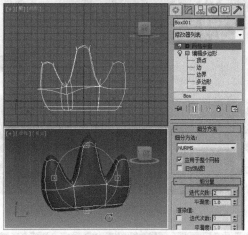

图6-117　　　　　　　　　　　　　图6-118

第

07

章

高级建模的应用

3ds Max的基本内置模型是创建复合物体的基础，可以将多个内置模型组合在一起，从而产生出千变万化的模型。布尔运算工具和放样工具曾经是3ds Max的主要建模手段。虽然这两个建模工具已渐渐离开主要位置，但仍然是快速创建一些相对复杂物体的利器。复合物体是指将两个及两个以上的对象组合而成的一个新对象。本章将介绍使用基础的图形和模型制作复合对象的方法。读者通过学习本章的内容，应能掌握各种复合对象的应用和创建方法，并能制作出复杂、精美的模型。

实例
073　【放样】——大蒜灯

- 案例场景位置 | DVD > 案例源文件 > Cha07 > 实例73【放样】——大蒜灯
- 效果场景位置 | DVD > 案例源文件 > Cha07 > 实例73【放样】——大蒜灯场景
- 贴图位置 | DVD > 贴图素材
- 视频教程 | DVD > 教学视频 > Cha07> 实例73
- 视频长度 | 7分36秒
- 制作难度 | ★★★☆☆

■ 操作步骤 ■

01 单击"■（创建）>
■（图形）> 多边形"按
钮，在"顶"视图中创建
多边形作为路径为0和70
时的放样图形，在"参
数"卷展栏中设置"半
径"为46、"角半径"为
17，如图7-1所示。

02 切换到■（修改）命令
面板，为多边形施加"编
辑样条线"修改器，将选
择集定义为"顶点"，依
次调整顶点，如图7-2所示。

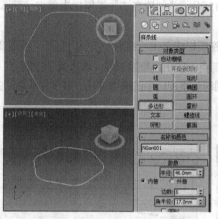

图7-1

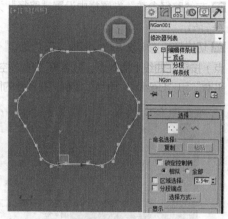

图7-2

03 单击"■（创建）>
■（图形）> 圆"按钮，
在"顶"视图中创建圆作
为路径为100时的放样图
形，在"参数"卷展栏中
设置"半径"为18.7，如
图7-3所示。

04 单击"■（创建）>■
（图形）> 线"按钮，在
"前"视图中由下向上创
建图7-4所示的2点直线。

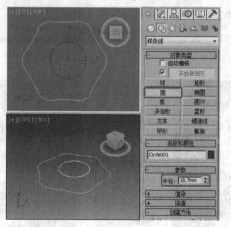

图7-3

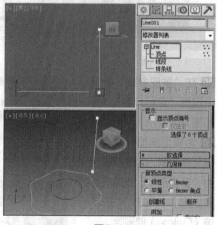

图7-4

05 选择线，单击"■（创建）>■（几何体）>复合对象>放样"按钮，在"创建方法"卷展栏中单击"获取图
形"按钮，获取多边形，如图7-5所示。

06 在"路径参数"卷展栏中设置"路径"为70，"创建方法"卷展栏中单击"获取图形"按钮，再次拾取多边
形，如图7-6所示。

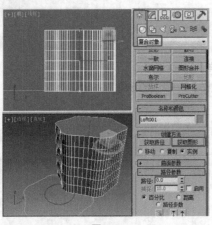
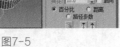
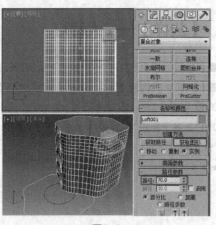

图7-5 图7-6

07 在"路径参数"卷展栏中设置"路径"为100,"创建方法"卷展栏中单击"获取图形"按钮,拾取圆,如图7-7所示。

08 切换到 ☑（修改）命令面板,在"变形"卷展栏中单击"缩放"按钮,打开"缩放变形"窗口,单击 ☑（插入角点）按钮在曲线上插入点,激活 ✥（移动控制点）按钮调整控制点,选择某个控制点,右击该点,使用"Bezier - 平滑"和"Bezier - 角点"调整,在调整的同时观察视口中的模型变化,调整完成后的曲线如图7-8所示。

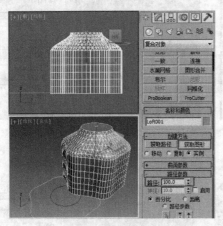
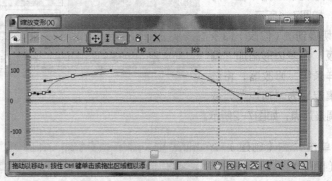

图7-7 图7-8

09 在"蒙皮参数"卷展栏中设置"路径步数"为9,如图7-9所示。

10 为模型施加"编辑多边形"修改器,将选择集定义为"多边形",选择底部的多边形,如图7-10所示,按〈Delete〉键删除。

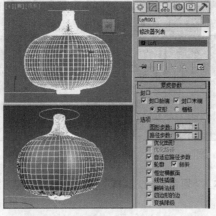
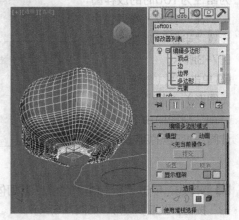

图7-9 图7-10

11 为模型施加"壳"修改器,设置"内部量"为1,如图7-11所示。

12 单击" ▣ （创建）> ☑ （图形）> 线"按钮,在"前"视图中创建图7-12所示的可渲染的样条线,分别在"前"视图和"顶"视图中调整顶点,在"渲染"卷展栏中勾选"在渲染中启用"和"在视口中启用"选项,设置

"径向"的"厚度"为1.2，
在"插值"卷展栏中设置
"步数"为10。

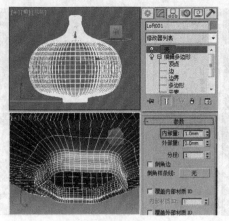

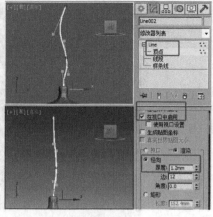

图7-11　　　　　　　　　　　　　　　　　图7-12

13 继续在"前"视图中创建可渲染的样条线，设置"径向"的"厚度"为0.5，调整模型至合适的位置，如图7-13所示。

14 单击"　（创建）>　（几何体）>球体"按钮，在"顶"视图中创建一个合适的球体，为模型施加"编辑多边形"修改器，在"前"视图中选择图7-14所示的顶点，缩放并调整顶点，如图7-14所示。

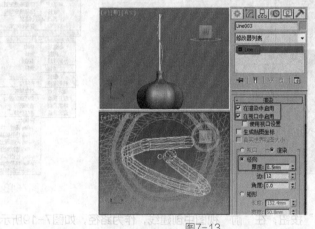

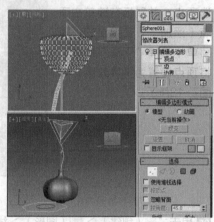

图7-13　　　　　　　　　　　　　　　　　图7-14

实例 074　【放样】——窗帘

- **案例场景位置** | DVD > 案例源文件 > Cha07 > 实例74【放样】——窗帘
- **效果场景位置** | DVD > 案例源文件 > Cha07 > 实例74【放样】——窗帘场景
- **贴图位置** | DVD > 贴图素材
- **视频教程** | DVD > 教学视频 > Cha07> 实例74
- **视频长度** | 3分26秒
- **制作难度** | ★★☆☆☆

｜操作步骤｜

01 单击"　（创建）>　（图形）>线"按钮，在"顶"视图中创建线，如图7-15所示。

02 切换到　（修改）命令面板，为多边形施加"编辑样条线"修改器，将选择集定义为"线段"，选择线段；在"几何体"卷展栏中设置"拆分"为18，单击"拆分"按钮，如图7-16所示。

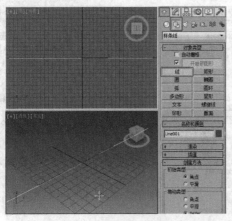

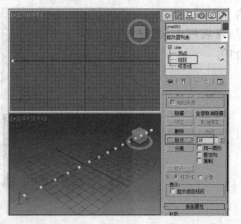

图7-15　　　　　　　　　　　　　　　　　　图7-16

03 将选择集定义为"顶点"，在"顶"视图中调整顶点，如图7-17所示。

04 按〈Ctrl+A〉组合键，全选顶点，并鼠标右键单击顶点（添加），在弹出的快捷菜单中选择"平滑"命令，将顶点设置为平滑效果，如图7-18所示。

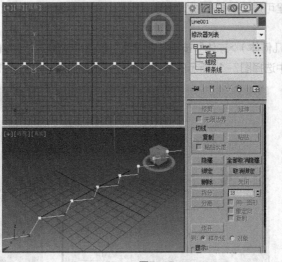

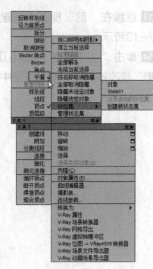

图7-17　　　　　　　　　　　　　　　　　　图7-18

05 单击"（创建）>（图形）>线"按钮，在"前"视图中创建线，作为路径，如图7-19所示。

06 选择作为路径的线，单击"（创建）>（几何体）> 复合对象 > 放样"按钮，在"创建方法"组中单击"获取图形"按钮，在场景中拾取第一条线，创建出窗帘模型，如图7-20所示。

07 使用同样的方法创建或复制出另外的窗帘模型，如图7-21所示。

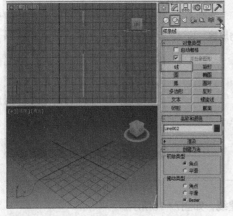

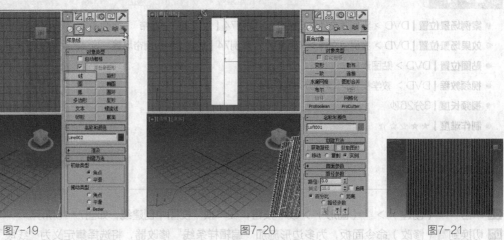

图7-19　　　　　　　　　　　　　　　　　图7-20　　　　　　　　　　　　　图7-21

实例 075 【多截面放样】——圆桌布

- **案例场景位置** | DVD > 案例源文件 > Cha07 > 实例75【多截面放样】——圆桌布

- **效果场景位置** | DVD > 案例源文件 > Cha07 > 实例75【多截面放样】——圆桌布场景

- **贴图位置** | DVD > 贴图素材

- **视频教程** | DVD > 教学视频 > Cha07> 实例75

- **视频长度** | 2分59秒

- **制作难度** | ★★☆☆☆

┤ 操作步骤 ┝

01 单击"█（创建）> █（图形）> 圆"按钮，在"顶"视图中创建圆，在"参数"卷展栏中设置"半径"为330，如图7-22所示。

02 复制圆，切换到 █（修改）命令面板，并修改圆的"半径"为360，如图7-23所示。

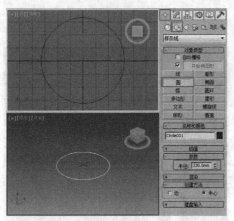

图7-22

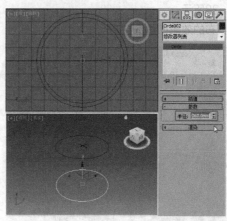

图7-23

03 为复制出的圆施加"编辑样条线"修改器，将选择集定义为"分段"，在"几何体"卷展栏中设置"拆分"为8，单击"拆分"按钮，如图7-24所示。

04 拆分出分段后，将选择集定义为"顶点"，在"顶"视图中调整顶点，如图7-25所示，调整顶点为平滑效果。

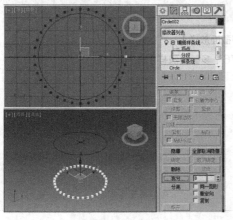

图7-24

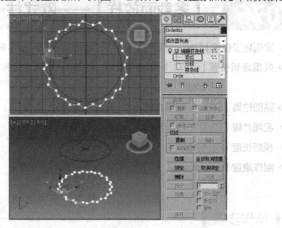

图7-25

05 单击"█（创建）> █（图形）> 线"按钮，在"前"视图中创建线，作为路径，如图7-26所示。

06 选择作为路径的线，单击"■（创建）>■（几何体）>复合对象>放样"按钮，在"创建方法"组中单击"获取图形"按钮，在场景中选择圆，如图7-27所示。

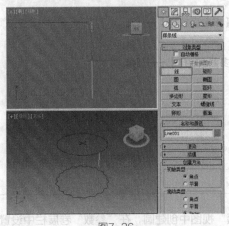

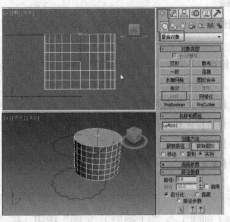

图7-26   图7-27

07 在"创建方法"组中设置"路径参数"组中的"路径"为100，单击"获取图形"按钮，在场景中选择调整后的圆，如图7-28所示。

08 完成的圆桌布的效果如图7-29所示。

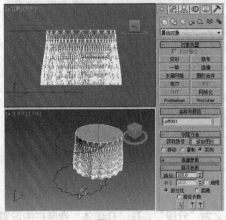
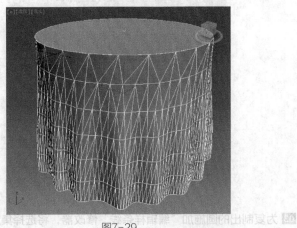

图7-28   图7-29

实例 076 　【多截面放样】——欧式柱

- **案例场景位置** | DVD > 案例源文件 > Cha07 > 实例76【多截面放样】——欧式柱
- **效果场景位置** | DVD > 案例源文件 > Cha07 > 实例76【多截面放样】——欧式柱场景
- **贴图位置** | DVD > 贴图素材
- **视频教程** | DVD > 教学视频 > Cha07> 实例76
- **视频长度** | 8分52秒
- **制作难度** | ★★★☆☆

│操作步骤│

01 单击"■（创建）>■（图形）>圆"按钮，在"顶"视图中创建圆，在"参数"卷展栏中设置"半径"为150，如图7-30所示。

02 单击"■（创建）>
◎（图形）>星形"按
钮，在"顶"视图中创
建星形，在"参数"卷
展栏中设置"半径1"
为142、"半径2"为
130、"点"为35、
"扭曲"为0、"圆角
半径1"为0.505、"圆
角半径2"为0.482，如
图7-31所示。

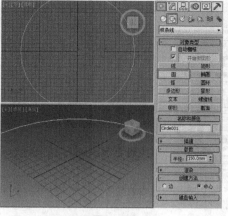

图7-30

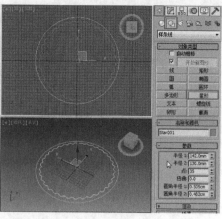

图7-31

03 单击"■（创建）
>◎（图形）>线"按
钮，在"前"视图中创
建线，作为路径，如图
7-32所示。

04 选择作为路径的
线，单击"■（创建）
>◎（几何体）>复合对
象>放样"按钮，在
"创建方法"组中单击
"获取图形"按钮，在
场景中选择圆，如图
7-33所示。

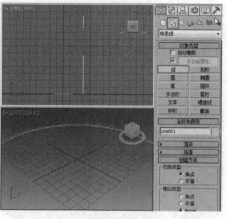

图7-32

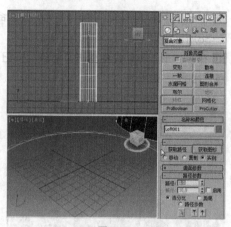

图7-33

05 在"路径参数"卷
展栏中设置"路径"为
20，并在"创建方法"
卷展栏中单击"获取图
形"按钮，在场景中拾
取圆，如图7-34所
示。

06 在"路径参数"卷
展栏中设置"路径"为
22，并在"创建方法"
卷展栏中单击"获取图
形"按钮，在场景中拾
取星形，如图7-35所
示。

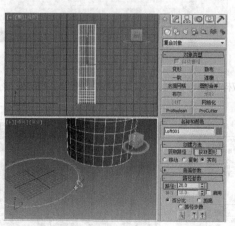

图7-34

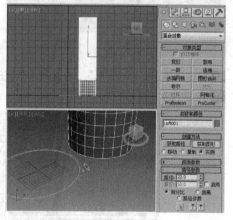

图7-35

07 在"路径参数"卷展栏中设置"路径"为80，并在"创建方法"卷展栏中单击"获取图形"按钮，在场景中拾取星形，如图7-36所示。

08 在"路径参数"卷展栏中设置"路径"为78，并在"创建方法"卷展栏中单击"获取图形"按钮，在场景中拾取圆，如图7-37所示。

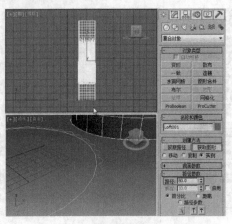

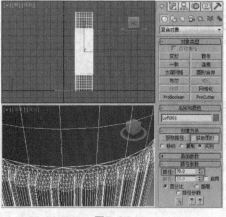

图7-36   图7-37

09 在场景中选择路径，切换到 ⬚（修改）命令面板，将选择集定义为"顶点"，在场景中调整路径的高度，如图7-38所示。

10 在"变形"卷展栏中单击"缩放"按钮，在弹出的对话框中使用 ⬚（插入角点），在缩放变形的线上添加角点，如图7-39所示。

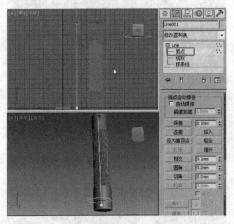

图7-38   图7-39

11 将选择集定义为"图形"，在场景中调整放样的图形位置，也可以重新调整一下缩放变形，如图7-40所示。

12 完成的欧式柱如图7-41所示。

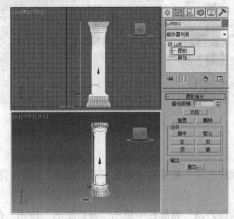

图7-40   图7-41

实 例
077 ## 【布尔】——时尚凳

- **案例场景位置┃** DVD > 案例源文件 > Cha07 > 实例77 【布尔】——时尚凳
- **效果场景位置┃** DVD > 案例源文件 > Cha07 > 实例77 【布尔】——时尚凳
  场景
- **贴图位置┃** DVD > 贴图素材
- **视频教程┃** DVD > 教学视频 > Cha07 > 实例77
- **视频长度┃** 4分46秒
- **制作难度┃** ★★☆☆☆

---┃ **操作步骤** ┃────────────────────────────

01 单击"■（创建）> ◎（几何体）> 扩展基本体 > 切角圆柱体"按钮，在"顶"视图中创建切角圆柱体，在"参数"卷展栏中设置"半径"为100、"高度"为150、"圆角"为8、"高度分段"为9、"圆角分段"为3、"边数"为30，如图7-42所示。

02 切换到 ☑（修改）命令面板，为切角圆柱体施加"锥化"修改器，在"参数"卷展栏中设置"曲线"为1.44，选择"锥化轴"的"主轴"为"Z"、"效果"为"XY"，如图7-43所示。

03 单击"■（创建）> ◎（几何体）> 标准基本体 > 圆柱体"按钮，在"前"视图中创建"半径"为50、"高度"为350、"高度分段"为1、"边数"为35的圆柱体，如图7-44所示。

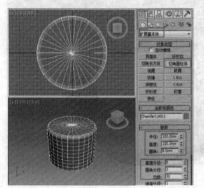
图7-42

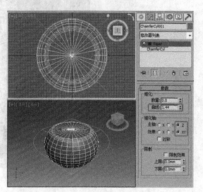
图7-43

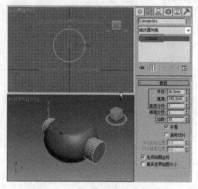
图7-44

04 在场景中复制圆柱体，并旋转模型的角度，如图7-45所示。

05 切换到 ☑（修改）命令面板，为圆柱体施加"编辑多边形"修改器，在"编辑几何体"卷展栏中单击"附加"按钮，附加另一个圆柱体，如图7-46所示。

06 在场景中选择切角圆柱体，单击"■（创建）> ◎（几何体）> 复合对象 > 布尔"按钮，在"拾取布尔"卷展栏中单击"拾取操作对象B"按钮，在场景中拾取附加到一起的模型，如图7-47所示。

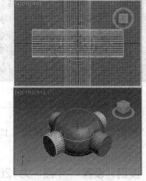
图7-45

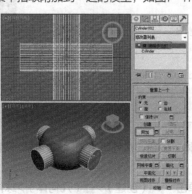
图7-46

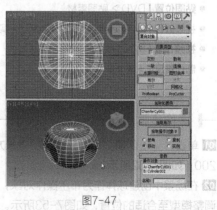
图7-47

07 为布尔后的模型施加"编辑多边形"修改器，将选择集定义为"多边形"，在场景中可以看到选择的多边形，如图7-48所示。按〈Delete〉键，将选择的多边形删除。

08 关闭选择集，为模型施加"壳"修改器，在"参数"卷展栏中设置"外部量"为10，如图7-49所示。

09 单击"⚙（创建）>◯（几何体）>扩展基本体>切角圆柱体"按钮，在"顶"视图中创建切角圆柱体，在"参数"卷展栏中设置"半径"为98、"高度"为12、"圆角"为6、"高度分段"为1、"圆角分段"为3、"边数"为30，如图7-50所示。

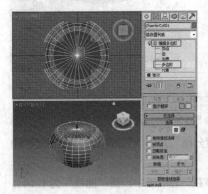
图7-48

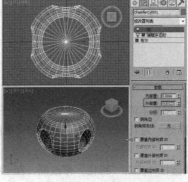
图7-49

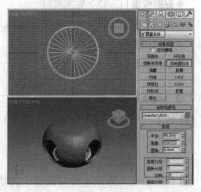
图7-50

10 调整切角圆柱体的位置，完成模型的制作，如图7-51所示。

图7-51

实例 078 【布尔】——草坪灯

- **案例场景位置** | DVD > 案例源文件 > Cha07 > 实例78【布尔】——草坪灯
- **效果场景位置** | DVD > 案例源文件 > Cha07 > 实例78【布尔】——草坪灯场景
- **贴图位置** | DVD > 贴图素材
- **视频教程** | DVD > 教学视频 > Cha07> 实例78
- **视频长度** | 5分51秒
- **制作难度** | ★★☆☆☆

操作步骤

01 单击"⚙（创建）>◯（几何体）>长方体"按钮，在场景中创建长方体，设置"长度""宽度""高度"均为200，如图7-52所示。

02 在场景中创建球体作为布尔操作对象，单击"⚙（创建）>◯（几何体）>球体"按钮，设置"半径"为126，调整模型至合适的位置，如图7-53所示。

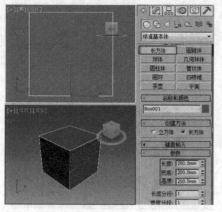

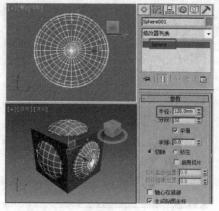

| 图7-52 | 图7-53 |

03 选择长方体，单击"■（创建）>■（几何体）>复合对象>布尔"按钮，在"拾取布尔"卷展栏中单击"拾取操作对象B"按钮，拾取球体，如图7-54所示。

04 为模型施加"编辑多边形"修改器，将选择集定义为"元素"，选择如图7-55所示的元素，按〈Delete〉键将其删除。

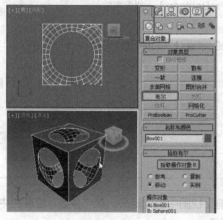

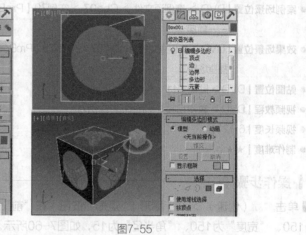

| 图7-54 | 图7-55 |

05 为模型施加"壳"修改器，设置"外部量"为5，勾选"将角拉直"选项，如图7-56所示。

06 在"前"视图中创建长方体，设置合适的参数，复制模型，并调整模型至合适的位置和角度，如图7-57所示。

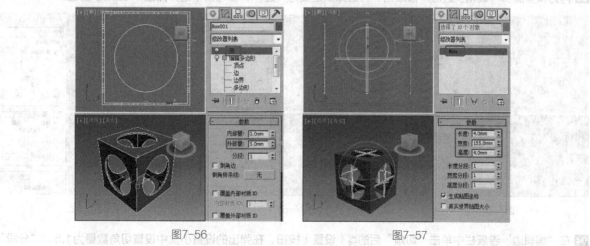

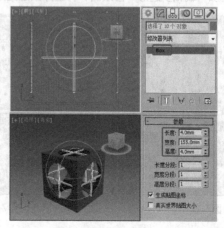

| 图7-56 | 图7-57 |

07 创建长方体作为灯玻璃，在"参数"卷展栏中设置"长度""宽度""高度"均为205，调整模型至合适的位置，如图7-58所示。

08 在"顶"视图中创建长方体作为底座，设置"长度"为280、"宽度"为280、"高度"为30，如图7-59所示。

图7-58　　　　　　　　　　　　图7-59

实例 079 【ProBoolean】（超级布尔）——插座

- ● **案例场景位置** ┃ DVD > 案例源文件 > Cha07 > 实例79【ProBoolean】（超级布尔）
  ——插座
- ● **效果场景位置** ┃ DVD > 案例源文件 > Cha07 > 实例79【ProBoolean】（超级布尔）——
  插座场景
- ● **贴图位置** ┃ DVD > 贴图素材
- ● **视频教程** ┃ DVD > 教学视频 > Cha07> 实例79
- ● **视频长度** ┃ 6分27秒
- ● **制作难度** ┃ ★★☆☆☆

┃ 操作步骤 ┃

01 单击"　（创建）>　（图形）>矩形"按钮，在"前"视图中创建矩形，在"参数"卷展栏中设置"长度"为150、"宽度"为150、"角半径"为15，如图7-60所示。

02 切换到　（修改）命令面板，在"修改器列表"中选择"倒角"修改器，在"倒角值"卷展栏中设置"级别1"的"高度"为15、"轮廓"为-8，如图7-61所示。

03 再为模型施加"编辑多边形"修改器，将选择集定义为"边"，在场景中选择如图7-62所示的边。

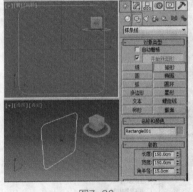
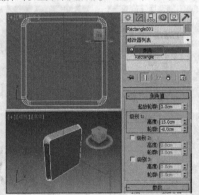
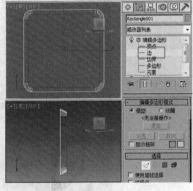

图7-60　　　　　　　　　　　图7-61　　　　　　　　　　　图7-62

04 在"编辑边"卷展栏中单击"切角"后的　（设置）按钮，在弹出的设置小盒中设置切角数量为1.5、"分段"为2，如图7-63所示。

05 单击"　（创建）>　（图形）>矩形"按钮，在"前"视图中创建矩形，在"参数"卷展栏中设置"长度"为110、"宽度"为110、"角半径"为5，如图7-64所示。

06 在场景中调整矩形的位置，切换到 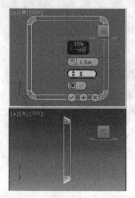（修改）命令面板，在"渲染"卷展栏中勾选"在渲染中启用"和"在视口中启用"选项，设置"厚度"为2，如图7-65所示。

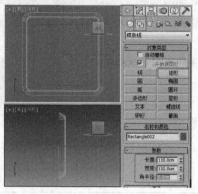
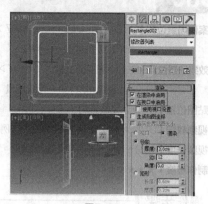

| 图7-63 | 图7-64 | 图7-65 |

07 为可渲染的矩形施加"编辑多边形"修改器，因为我们在后面将对其进行布尔操作，而布尔操作的对象必须是网格，所以必须将可渲染的图形转换为网格，如图7-66所示。

08 单击"（创建）>（图形）>矩形"按钮，在"前"视图中创建矩形，在"参数"卷展栏中设置"长度"为13、"宽度"为4，如图7-67所示。

09 单击"（创建）>（图形）>圆"按钮，在"前"视图中创建圆，在"参数"卷展栏中设置"半径"为5.55，如图7-68所示。

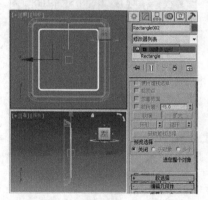
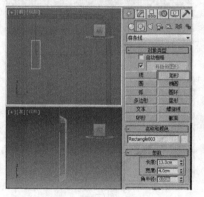
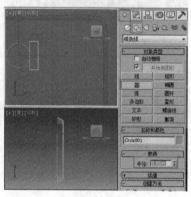

| 图7-66 | 图7-67 | 图7-68 |

10 在场景中对矩形和圆进行复制，如图7-69所示。

11 在场景中选择矩形和圆，并为其施加"挤出"修改器，设置"数量"为15，如图7-70所示，调整模型到合适位置。

12 选择作为插座的模型，单击"（创建）>（几何体）>复合对象>ProBoolean"按钮，在"拾取布尔对象"卷展栏中单击"开始拾取"按钮，在场景中依次拾取作为布尔的模型，如图7-71所示。

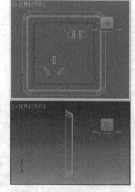
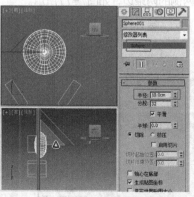
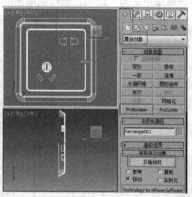

| 图7-69 | 图7-70 | 图7-71 |

实例 080 【ProBoolean】（超级布尔）——手机

- **案例场景位置** | DVD > 案例源文件 > Cha07 > 实例 80【ProBoolean】（超级布尔）——手机
- **效果场景位置** | DVD > 案例源文件 > Cha07 > 实例 80【ProBoolean】（超级布尔）——手机场景
- **贴图位置** | DVD > 贴图素材
- **视频教程** | DVD > 教学视频 > Cha07> 实例80
- **视频长度** | 10分57秒
- **制作难度** | ★★★☆☆

操作步骤

01 单击"（创建）>（图形）> 矩形"按钮，在"顶"视图中创建圆角矩形，设置"长度"为125、"宽度"为60、"角半径"为8，如图7-72所示。

02 切换到（修改）命令面板，为图形施加"挤出"修改器，设置"数量"为7.5，如图7-73所示。

03 激活"前"视图，为模型施加"编辑多边形"修改器，将选择集定义为"边"，选择顶底的两行边，在"编辑边"卷展栏中单击"切角"后的（设置）按钮，在弹出的小盒中设置切角的"数量"为0.5、"分段"为3，如图7-74所示。

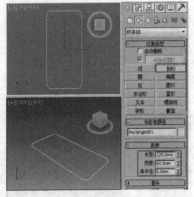

图7-72

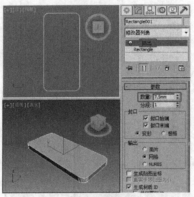

图7-73

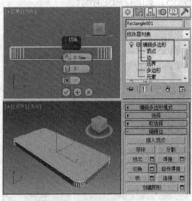

图7-74

04 将选择集定义为"多边形"，在"编辑多边形"卷展栏中单击"插入"后的（设置）按钮，在弹出的小盒中设置插入的"数量"为0.8，如图7-75所示。

05 在"编辑多边形"卷展栏中单击"倒角"后的（设置）按钮，在弹出的小盒中设置倒角的"高度"为-0.5、"轮廓"为-0.5，如图7-76所示。

06 将选择集定义为"边"，选择倒角出的面两侧的两条边，如图7-77所示。

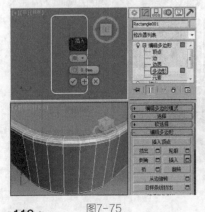

图7-75

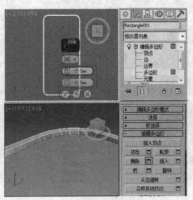

图7-76

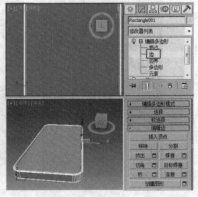

图7-77

07 在"编辑边"卷展栏中单击"连接"后的■（设置）按钮，在弹出的小盒中设置连接边"分段"为2、"收缩"为77，如图7-78所示。

08 单击⊕（应用并继续）按钮继续连接边，设置连接边"分段"为2、"收缩"为90，如图7-79所示。

09 将选择集定义为"多边形"，选择中间的多边形，在"编辑多边形"卷展栏中单击"挤出"后的■（设置）按钮，在弹出的小盒中设置挤出的"高度"为-0.5，如图7-80所示。

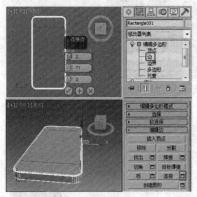

图7-78　　　　　　　　　　　图7-79　　　　　　　　　　　图7-80

10 在"左"视图中创建圆角矩形作为按钮，设置"长度"为2、"宽度"为7、"角半径"为1，为图形施加"倒角"修改器，在"倒角值"卷展栏中勾选"级别2"选项，设置器"高度"为1；勾选"级别3"选项，设置"高度"为0.2、"轮廓"为-0.2；在"参数"卷展栏中设置"分段"为3、勾选"级间平滑"，使用旋转复制法复制模型，并调整模型至合适的位置，如图7-81所示。

11 在"左"视图中创建切角圆柱体作为按钮，在"参数"卷展栏中设置"半径"为2.5、"高度"为2、"圆角"为0.2、"圆角分段"为3、"边数"为20，调整模型至合适的位置，使用移动复制法复制模型，如图7-82所示。

12 制作布尔对象模型，先在"顶"视图中创建一个"半径"为10的球体，再在"左"视图中创建长方体，设置"长度"为10、"宽度"为1.2、"高度"为3，调整模型至合适的位置，使用移动复制法复制长方体，如图7-83所示。

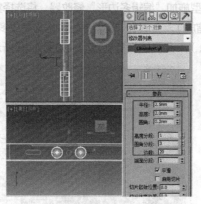
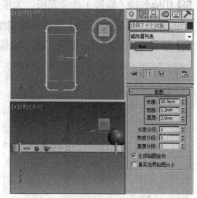

图7-81　　　　　　　　　　　图7-82　　　　　　　　　　　图7-83

13 继续在"顶"视图中创建布尔对象模型，先创建一个圆角矩形，设置"长度"为2、"宽度"为10、"角半径"为1，再创建一个圆，设置"半径"为1，调整图形位置，为两个图形施加"挤出"修改器，调整模型至合适的位置，如图7-84所示。

14 可以先将所有的布尔对象模型附加到一起，在场景中选择手机模型，单击"◎（创建）>◐（几何体）>复合对象>ProBoolean"按钮，单击"开始拾取"按钮，拾取布尔对象，如图7-85所示。

图7-84

图7-85

实例 081 【连接】——哑铃

- **案例场景位置** | DVD > 案例源文件 > Cha07 > 实例81【连接】——哑铃
- **效果场景位置** | DVD > 案例源文件 > Cha07 > 实例81【连接】——哑铃场景
- **贴图位置** | DVD > 贴图素材
- **视频教程** | DVD > 教学视频 > Cha07> 实例81
- **视频长度** | 3分10秒
- **制作难度** | ★★☆☆☆

操作步骤

01 单击"（创建）> （几何体）> 扩展基本体 > 切角圆柱体"按钮，在"前"视图中创建切角圆柱体，在"参数"卷展栏中设置"半径"为90、"高度"为100、"圆角"为20、"圆角分段"为5、"边数"为6，如图7-86所示。

02 切换到（修改）命令面板，为模型施加"编辑多边形"修改器，将选择集定义为"多边形"，选择如图7-87所示的多边形，使用"（选择并均匀缩放）"工具在"前"视图中均匀缩放多边形，按〈Delete〉键删除多边形。

03 激活"顶"视图，使用"（镜像）"工具镜像复制模型，如图7-88所示。

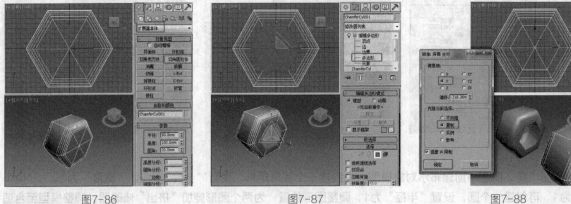

图7-86　　　　　　　　　　图7-87　　　　　　　　　　图7-88

04 选择其中一个模型，单击"（创建）> （几何体）> 复合对象 > 连接"按钮，在"拾取操作对象"卷展栏中单击"拾取操作对象"按钮，连接另一个模型，如图7-89所示。

05 切换到（修改）命令面板，为模型施加"编辑多边形"修改，将选择集定义为"顶点"，在场景中调整模型，如图7-90所示。

06 最后为模型施加"涡轮平滑"修改器，在"涡轮平滑"卷展栏中设置"迭代次数"为2，设置模型的平滑效果，如图7-91所示。

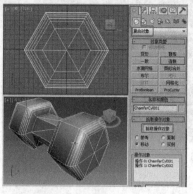

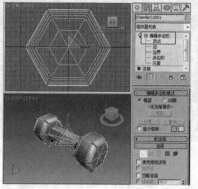

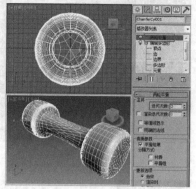

图7-89　　　　　　　　　　图7-90　　　　　　　　　　图7-91

实例 082　　**【地形】——假山**

- **案例场景位置** | DVD > 案例源文件 > Cha07 > 实例82【地形】
　　　　　　　——假山
- **效果场景位置** | DVD > 案例源文件 > Cha07 > 实例82【地形】
　　　　　　　——假山场景
- **贴图位置** | DVD > 贴图素材
- **视频教程** | DVD > 教学视频 > Cha07> 实例82
- **视频长度** | 3分24秒
- **制作难度** | ★★☆☆☆

操作步骤

01 打开随书资源文件提供的地形图纸，图纸文件为"DVD > 场景 > 案例源文件 > 假山图纸.max"，先将场景另存保留原始图纸，选择样条线，将选择集定义为"样条线"，在"顶"视图中选择、在"前"视图中调整位置，在"插值"卷展栏中设置"步数"为2，如图7-92所示。

02 关闭选择集，单击"（创建）>（几何体）>复合对象>地形"按钮，将线转为网格地形，如图7-93所示。

03 为模型施加"补洞"修改器，将底面空洞补上，如图7-94所示。

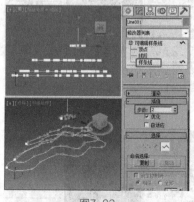

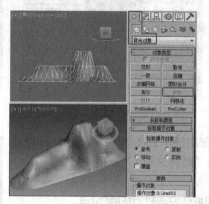

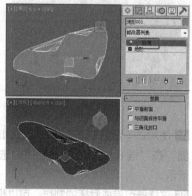

图7-92　　　　　　　　　　图7-93　　　　　　　　　　图7-94

04 为模型施加"编辑多边形"修改器，将选择集定义为"多边形"，选择底部多边形，在"前"视图中向下位移多边形避免共面，如图7-95所示。

05 为模型施加"网格平滑"修改器，在"细分方法"卷展栏中选择细分方法为"四边形输出"，在"细分量"卷展栏中设置"迭代次数"为1，如图7-96所示。

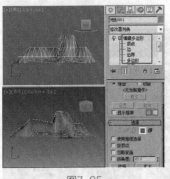

图7-95 图7-96

实例
083

【NURBS曲面】——酒杯

- **案例场景位置** | DVD > 案例源文件 > Cha07 > 实例83【NURBS曲面】——酒杯
- **效果场景位置** | DVD > 案例源文件 > Cha07 > 实例83【NURBS曲面】——酒杯场景
- **贴图位置** | DVD > 贴图素材
- **视频教程** | DVD > 教学视频 > Cha07> 实例83
- **视频长度** | 3分21秒
- **制作难度** | ★★ ☆ ☆ ☆

操作步骤

01 选择"　（创建）> 　（图形）> NURBS曲线 > 曲线CV"按钮，在"前"视图中创建CV曲线，如图7-97所示。

02 切换到　（修改）命令面板，使用　（创建偏移曲线）工具，在场景中设置CV曲线的偏移线，在"偏移曲线"卷展栏中设置合适的"偏移"参数，如图7-98所示。

03 使用　（创建车削曲面）工具，分别设置两条CV线的车削，如图7-99所示。

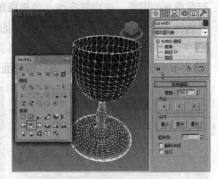

图7-97 图7-98 图7-99

04 使用　（混合曲面）工具，在顶部的模型上依次单击内侧和外侧的曲面，在"混合曲面"卷展栏中勾选"翻转末端1"选项，如图7-100所示。

05 这样既可完成酒杯的制作，可以根据情况调整酒杯的CV点。

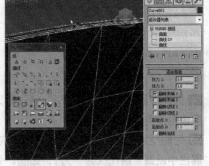

图7-100

实例 084　【NURBS曲面】——棒球棒

- **案例场景位置** | DVD > 案例源文件 > Cha07 > 实例84【NURBS曲面】——棒球棒
- **效果场景位置** | DVD > 案例源文件 > Cha07 > 实例84【NURBS曲面】——棒球棒场景
- **贴图位置** | DVD > 贴图素材
- **视频教程** | DVD > 教学视频 > Cha07> 实例84
- **视频长度** | 4分31秒
- **制作难度** | ★★★☆☆

操作步骤

01 单击"　（创建）>　（图形）>圆"按钮，在"前"视图中创建圆，在"参数"卷展栏中设置"半径"为500，如图7-101所示。

02 在场景中移动复制圆，并在场景中修改图形的大小，如图7-102所示。

03 在场景中选择Circle001，在场景中鼠标右击图形，在弹出的快捷菜单中选择"转换为 > 转换为NURBS"命令，如图7-103所示。

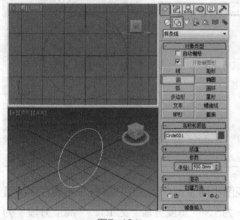

图7-101

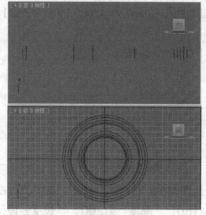

图7-102

图7-103

04 切换到　（修改）命令面板，在"常规"参数卷展栏中单击"附加多个"按钮，在弹出的"附加多个"对话框中全选图形，单击"附加"按钮，将其附加，如图7-104所示。

05 在NURBS工具箱中选择　（创建U向放样曲面）工具，在场景中依次单击圆形，如图7-105所示。

06 放样完成曲面。在修改器堆栈中定义选择集为"曲线"，并在场景中调整"曲线"的位置，如图7-106所示。

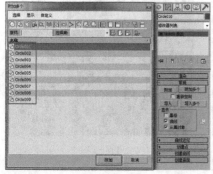

图7-104

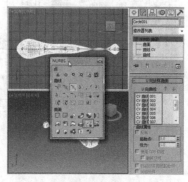

图7-105

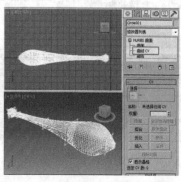

图7-106

使用 ☒（创建 U 向放样曲面）工具可以根据图形放样出曲面。使用 ☒（创建封口曲面）工具可以将不闭合的图形闭合为曲面。

07 在NURBS工具箱中选择☒（创建封口曲面）工具，在底端的曲线上单击创建封口，如果出现如图7-107所示的效果，在修改器卷展栏中出现的"封口曲面"中勾选"翻转法线"选项，如图7-107所示。

08 使用同样的方法在棒球棒的另一侧创建封口，完成的模型如图7-108所示。

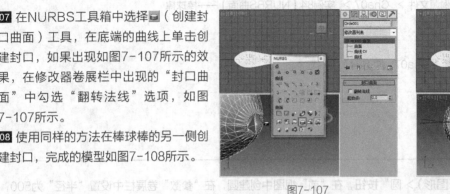
图7-107

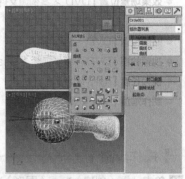
图7-108

实例 085 【编辑多边形】——麦克

- **案例场景位置** | DVD > 案例源文件 > Cha07 > 实例85【编辑多边形】——麦克
- **效果场景位置** | DVD > 案例源文件 > Cha07 > 实例85【编辑多边形】——麦克场景
- **贴图位置** | DVD > 贴图素材
- **视频教程** | DVD > 教学视频 > Cha07> 实例85
- **视频长度** | 16分53秒
- **制作难度** | ★★★☆☆

┤ 操作步骤 ├

01 单击"❀（创建）> ◎（几何体）> 长方体"按钮，在"顶"视图中创建长方体，在"参数"卷展栏中设置"长度"为130、"宽度"为180、"高度"为260、"长度分段"为3、"宽度分段"为15、"高度分段"为15，如图7-109所示。

02 切换到 ✍（修改）命令面板，为模型施加"编辑多边形"修改器，将选择集定义为"顶点"，在"顶"视图中选择两组顶点，可以对顶点进行缩放，如图7-110所示。

03 将选择集定义为"多边形"，在场景中选择如图7-111所示的多边形。

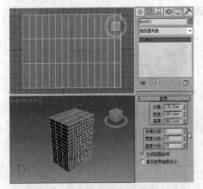
图7-109

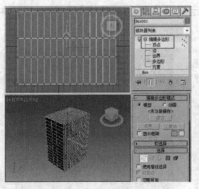
图7-110

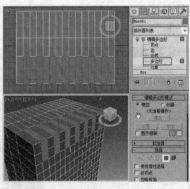
图7-111

04 在"编辑多边形"卷展栏中单击"挤出"后的 ■（设置）按钮，在弹出的助手小盒中设置挤出的高度为-20，如图7-112所示，按〈Delete〉键，将选择的当前多边形删除。

05 将选择集定义为"边"，在场景中选择边，在"编辑边"卷展栏中单击"切角"后的 ■（设置）按钮，在弹出的助手小盒中设置切角的数量为1.5、切角的分段为1，如图7-113所示。

06 将选择集定义为"多边形"，在场景中选择如图7-114所示的多边形。

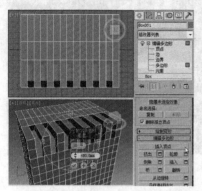
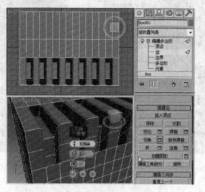
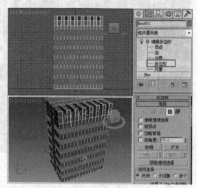

图7-112   图7-113   图7-114

07 选择多边形后，在"编辑多边形"卷展栏中单击"挤出"后的 ■（设置）按钮，在弹出的助手小盒中设置挤出类型，并设置挤出高度为-12，如图7-115所示。按〈Delete〉键，将选择的当前多边形删除。

08 将选择集定义为"边"，在场景中选择边，如图7-116所示。

09 在"编辑边"卷展栏中单击"切角"后的 ■（设置）按钮，在弹出的助手小盒中设置切角的数量为1.5、设置切角的分段为1，如图7-117所示。

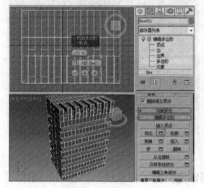
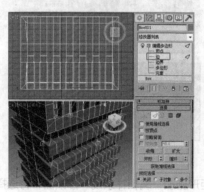
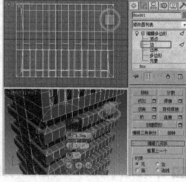

图7-115   图7-116   图7-117

10 将选择集定义为"顶点"，选择切角出的如图7-118所示的顶点，对其进行缩放，调整其间距。

11 继续选择顶点，如图7-119所示。

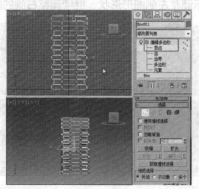
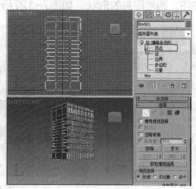

图7-118   图7-119

12 选择如图7-120所示的切角出的顶点，在"编辑顶点"卷展栏中单击"焊接"后的▣（设置）按钮，在弹出的助手小盒中设置焊接阈值为1.5，如图7-120所示。

如图7-112所示。按《Delete》键，将选择的边进行删除。

13 关闭所有选择集，为模型施加"涡轮平滑"修改器，在"涡轮平滑"卷展栏中设置"迭代次数"为3，如图7-121所示。

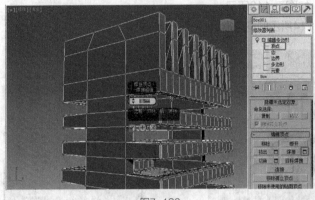

图7-120   图7-121

14 单击"▣（创建）＞○（几何体）＞扩展基本体＞切角长方体"按钮，在"顶"视图中创建切角长方体，在"参数"卷展栏中设置"长度"为8、"宽度"为15、"高度"为12、"圆角"为1.5、"圆角分段"为3，如图7-122所示。

15 继续在场景中创建切角长方体，在"参数"卷展栏中设置合适的参数即可，如图7-123所示。

16 单击"▣（创建）＞○（图形）＞矩形"按钮，在"前"视图中创建矩形，在"参数"卷展栏中设置"长度"为120、"宽度"为182、"高度"为13，如图7-124所示。

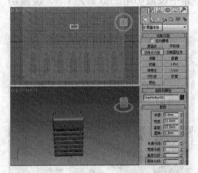 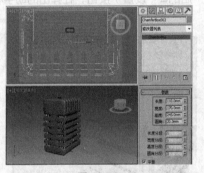 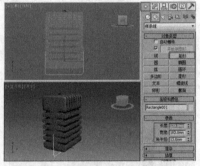

图7-122   图7-123   图7-124

17 切换到▣（修改）命令面板，为矩形施加"编辑样条线"修改器，将选择集定义为"样条线"，在"几何体"卷展栏中单击"轮廓"按钮，在"前"视图中设置图形的轮廓，如图7-125所示。

18 将选择集定义为"顶点"，在场景中选择设置轮廓后顶部的两组顶点，在"几何体"卷展栏中单击"圆角"按钮，在场景中设置顶部顶点的圆角，如图7-126所示。

19 关闭"圆角"按钮，调整图形的形状，如图7-127所示调整左侧图形形状，继续调整右侧的图形形状。

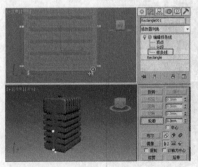 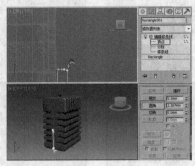 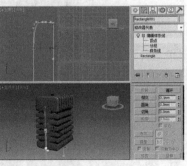

图7-125   图7-126   图7-127

20 关闭选择集，为模型施加"倒角"修改器，在"倒角值"卷展栏中设置"级别1"的"高度"为2、"轮廓"为1；勾选"级别2"选项，设置"高度"为18；勾选"级别3"选项，设置"高度"为2、"轮廓"为-1，如图7-128所示。

21 在图7-128中可以看到倒角出的模型发生了错误，这里可能是我们调整圆角或调整顶点时导致的。接下来，我们关闭"倒角"修改器，回到"编辑样条线"修改器堆栈中，将选择集定义为"顶点"，调整一下顶点的控制手柄，避免交错，如图7-129所示。

22 打开"倒角"修改器。单击"⚙（创建）> ⚪（几何体）> 标准基本体 > 圆柱体"按钮，在"顶"视图中创建圆柱体，在"参数"卷展栏中设置"半径"为10、"高度"为120，如图7-130所示。

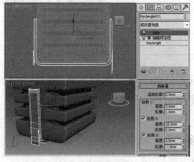
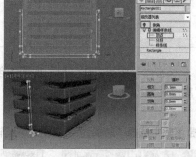

图7-128   图7-129   图7-130

23 单击"⚙（创建）> ⚪（几何体）> 扩展基本体 > 切角圆柱体"按钮，在"顶"视图中创建切角圆柱体，在"参数"卷展栏中设置"半径"为13、"高度"为50、"圆角"为3、"高度分段"为1、"圆角分段"为3、"边数"为30，如图7-131所示。

24 切换到 ✎（修改）命令面板，为模型施加"编辑多边形"修改器，将选择集定义为"顶点"，在场景中放大调整底部的顶点，如图7-132所示。

25 单击"⚙（创建）> ⚪（几何体）> 扩展基本体 > 切角圆柱体"按钮，在"顶"视图中创建切角圆柱体，设置一个合适的参数即可，如图7-133所示。

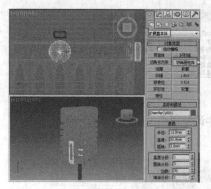
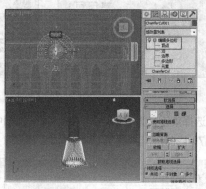

图7-131   图7-132   图7-133

26 切换到 ✎（修改）命令面板，为模型施加"编辑多边形"修改器，将选择集定义为"顶点"，在"前"视图中缩放底部的顶点，如图7-134所示。

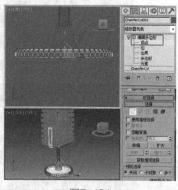

图7-134

实例 086 【可编辑多边形】——洗发水

- ● 案例场景位置 | DVD > 案例源文件 > Cha07 > 实例86【可编辑多边形】——洗发水
- ● 效果场景位置 | DVD > 案例源文件 > Cha07 > 实例86【可编辑多边形】——洗发水场景
- ● 贴图位置 | DVD > 贴图素材
- ● 视频教程 | DVD > 教学视频 > Cha07> 实例86
- ● 视频长度 | 12分34秒
- ● 制作难度 | ★★★☆☆

┫ 操作步骤 ┣

01 单击 "■（创建）> ◎（几何体）> 长方体" 按钮，在 "顶" 视图中创建长方体，在 "参数" 卷展栏中设置 "长度" 为120、"宽度" 为200、"高度" 为440、"长度分段" 为3、"宽度分段" 为3、"高度分段" 为5，如图7-135所示。

02 鼠标右击长方体模型，在弹出的快捷菜单中选择 "转换为 > 转换为可编辑多边形" 命令，如图7-136所示。

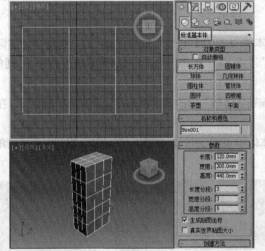

图7-135

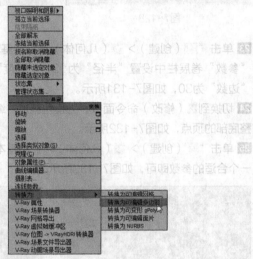

图7-136

03 切换到 ☑（修改）命令面板，将选择集定义为 "顶点"，在 "顶" 视图中调整顶点，如图7-137所示。

04 在 "前" 视图中调整顶点，如图7-138所示。

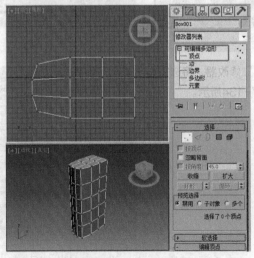

图7-137

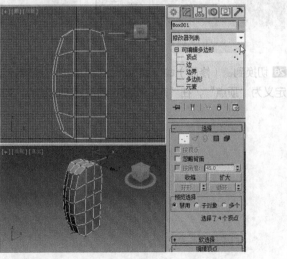

图7-138

05 在"顶"视图中缩放如图7-139所示顶点。

06 继续在"顶"视图中缩放如图7-140所示顶点。

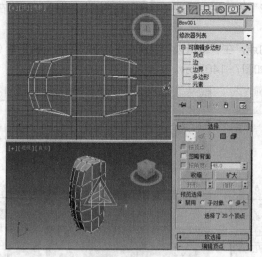

图7-139

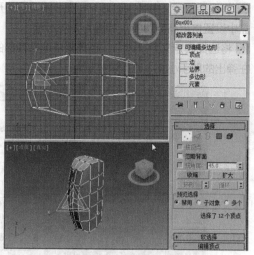

图7-140

07 切换到"顶"视图，调整模型的"顶点"，如图7-141所示。

08 在"细分曲面"卷展栏中勾选"使用NURMS细分"选项，设置"显示"的"迭代次数"为2，如图7-142所示。

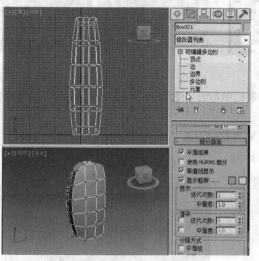

图7-141

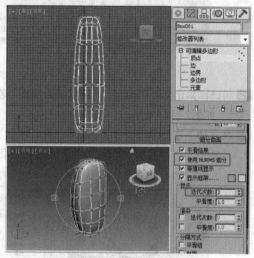

图7-142

09 先关闭一下"使用NURMS细分"选项，将选择集定义为"顶点"，在"顶"视图中调整顶点，如图7-143所示。

10 在顶视图中创建顶点的切角，切角量为20，如图7-144所示。

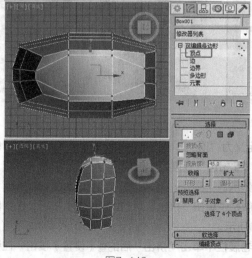

图7-143

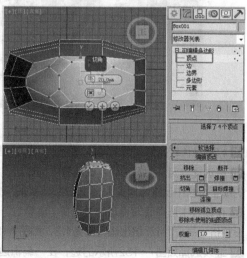

图7-144

11 将选择集定义为"多边形",在"编辑多边形"卷展栏中单击"挤出"后的▣(设置)按钮,在弹出的助手小盒中设置挤出高度为40,如图7-145所示。

12 将选择集定义为"边",在场景中选择顶部的点,在"编辑边"卷展栏中单击"切角"后的▣(设置)按钮,在弹出的助手小盒中设置切角量为5、分段为1,如图7-146所示。

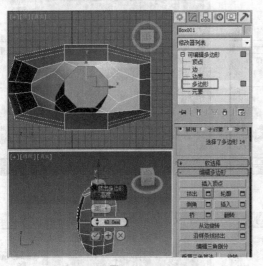
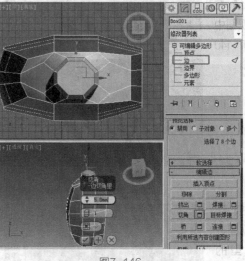

图7-145	图7-146

13 将选择集定义为"顶点",在"细分曲面"卷展栏中勾选"使用NURMS细分"选项,在场景中调整瓶嘴处的顶点,如图7-147所示。

14 在"顶"视图中创建"圆柱体",在"参数"卷展栏中设置"半径"为35、"高度"为88、"高度分段"为3、"端面分段"为1、"边数"为50,如图7-148所示。

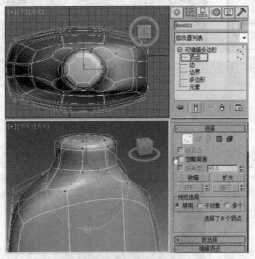
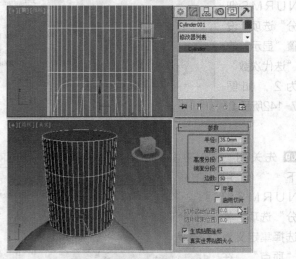

图7-147	图7-148

15 将圆柱体转换为"可编辑多边形",将选择集定义为"顶点",在场景中缩放顶点,如图7-149所示。

16 将选择集定义为"边",在场景中选择边,在"编辑边"卷展栏中单击"切角"后的▣(设置)按钮,在弹出的助手小盒中设置切角量为1、边数为1,如图7-150所示。

17 在场景中选择底部垂直的边,在"编辑边"卷展栏中单击"挤出"后的▣(设置)按钮,在弹出的助手小盒中设置挤出高度为1、挤出边宽度为1.3,如图7-151所示。

18 继续选择如图7-152所示的边,在"编辑边"卷展栏中单击"挤出"后的▣(设置)按钮,在弹出的助手小盒中设置挤出高度为1、挤出边宽度为0.55。

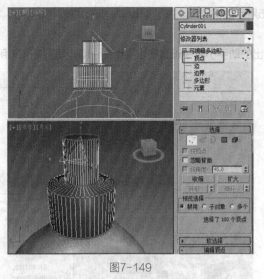
图7-149

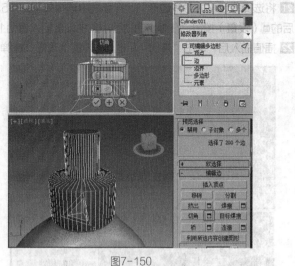
图7-150

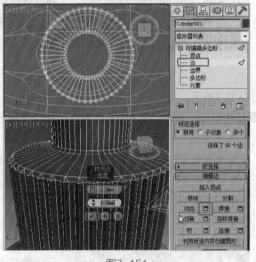
图7-151

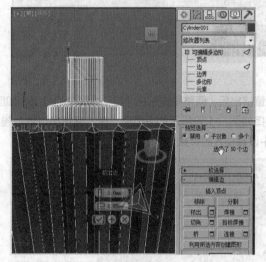
图7-152

19 将选择集定义为"顶点",在场景中调整模型,单击" （创建）> （几何体）> 标准基本体> 长方体"按钮,在"左"视图中创建长方体,在"参数"卷展栏中设置"长度"为6.5、"宽度"为22、"高度"为100、"长度分段"为1、"宽度分段"为1、"高度分段"为5,如图7-153所示。

20 将模型转换为"可编辑多边形",将选择集定义为"顶点",在"前"视图中调整模型,如图7-154所示。

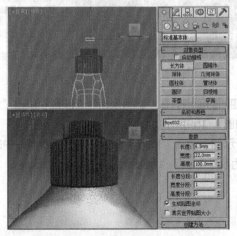
图7-153

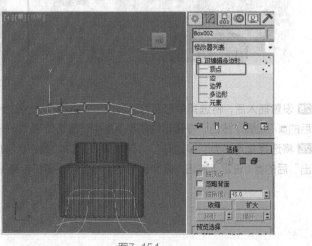
图7-154

21 将选择集定义为"多边形",在场景中选择如图7-155所示的多边形,在"编辑多边形"卷展栏中单击"插入"后的 ■ (设置)按钮,在弹出的助手小盒中设置插入量为1。

22 插值插入后,单击"挤出"后的 ■ (设置)按钮,在弹出的助手小盒中设置挤出高度为-10,如图7-156所示。

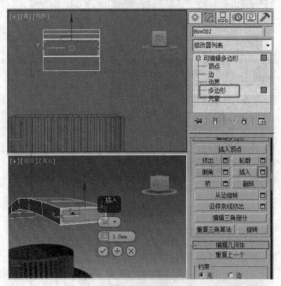

图7-155

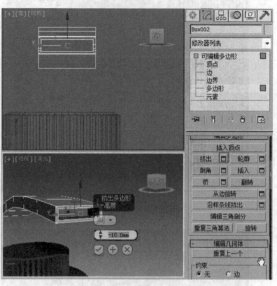

图7-156

23 设置挤出后,调整多边形在"前"视图中的位置,如图7-157所示。

24 选择如图7-158所示的多边形,在"编辑多边形"卷展栏中单击"插入"后的 ■ (设置)按钮,在弹出的助手小盒中设置插入的参数为1,如图7-158所示。

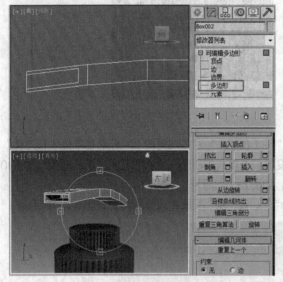

图7-157

图7-158

25 设置插入后,将选择集定义为"顶点",选择插入多边形四周的顶点,在"编辑顶点"卷展栏中单击"切角"后的 ■ (设置)按钮,在弹出的助手小盒中设置切角量为5,如图7-159所示。

26 将选择集定义为"多边形",在场景中选择如图7-160所示的多边形,单击"编辑多边形"卷展栏中的"挤出"后的 ■ (设置)按钮,在弹出的助手小盒中设置挤出高度为50,如图7-160所示。

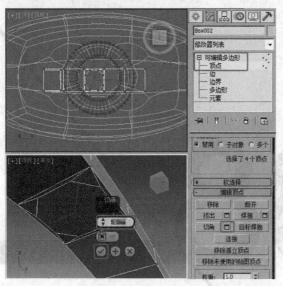

图7-159

图7-160

27 关闭选择集，在"细分曲面"卷展栏中勾选"使用NURMS细分"选项，设置"迭代次数"为2，如图7-161所示。

28 继续调整模型到满意的效果，如图7-162所示。

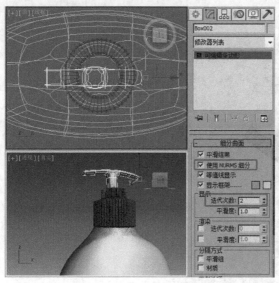

图7-161

图7-162

第 **08** 章

3ds Max材质
及贴图的应用

好的作品除了模型精致之外还需要逼真的材质贴图的配合，材质与贴图是三维创作中非常重要的元素，它们的重要性和制作难度丝毫不亚于建模。通过本章的学习我们应掌握材质编辑器的参数设定，常用材质和贴图，以及结合"UVW贴图"的使用方法。

实 例
087 认识材质编辑器

实 例
087 认识材质编辑器

● 视频教程 | DVD > 教学视频 > Cha08> 实例87
● 视频长度 | 5分02秒

操作步骤

01 在工具栏中单击 (材质编辑器) 按钮, 打开 "Slate 材质编辑器" 窗口, 如图8-1所示。

提示

除了在工具栏中单击 (材质编辑器) 按钮打开 "Slate 材质编辑器" 窗口外, 还可以按键盘上的〈M〉键快速打开 "Slate 材质编辑器" 窗口。

02 在 "Slate 材质编辑器" 窗口单击 "模式 > 精简材质编辑器", 如图8-1所示, 即可打开如图8-2所示的 "材质编辑器" 窗口。

03 在示例窗中包含24个材质样本球, 用于显示材质编辑的结果, 一个材质样本球代表一个材质, 在修改材质的参数时, 修改后的效果会马上显示到材质样本球上, 使我们在制作过程中更加方便地观察设置效果。系统默认的材质样本球数量为6, 其显示的大小与个数都可以调整。鼠标右击任意一个材质样本球会弹出一个快捷菜单, 如图8-2所示, 如果选择 "5×3示例窗" 或 "6×4示例窗", 在示例窗中就会显示15个或者24个材质样本球, 便于我们根据材质使用数量的多少对其进行调整, 也便于观察材质的纹理显示情况。

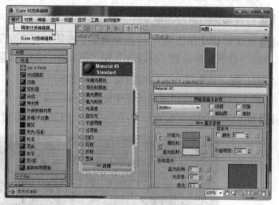

图8-1

04 工具行中的工具主要用于调整材质在样本球上的显示效果, 以便于更好地观察材质的颜色与纹理。下面的选项主要用于获取材质、显示贴图纹理以及将制作好的材质赋予场景中的对象等功能。在 "明暗器基本参数" 卷展栏中可以选择不同的材质渲染明暗类型, 也就是确定材质的基本性质, 默认 "类型" 为 "(B) Blinn", 如图8-3所示。

05 单击 Standard (标准) 按钮, 会弹出 "材质/贴图浏览器" 窗口, 在此窗口中可以选择所需要的材质类型, 如图8-4所示。

06 在材质编辑器中, 工具按钮下面的部分内容繁多, 包括6部分的卷展栏, 由于材质编辑器窗口大小的限制, 有一部分内容不能全部显示出来, 我们可以将鼠标光标放置到卷展栏的空白处, 当光标变成如图8-5所示的 形状时, 按住鼠标左键就可以上下拖曳, 推动卷展栏, 以观察全部的内容。材质编辑器的参数控制区在不同的材质设置时会发生不同的变化, 一种材质的初始设置是 "标准", 其他材质类型的参数与标准材质的也是大同小异。

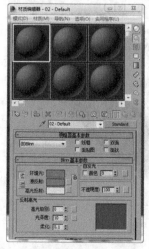

图8-2

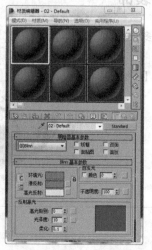

图8-3

图8-4

图8-5

实例 088 【标准材质】——塑料材质

- **案例场景位置** | DVD > 案例源文件 > Cha08 > 实例88【标准材质】——塑料材质
- **效果场景位置** | DVD > 案例源文件 > Cha08 > 实例88【标准材质】——塑料材质场景
- **贴图位置** | DVD > 贴图素材
- **视频教程** | DVD > 教学视频 > Cha08> 实例88
- **视频长度** | 3分18秒
- **制作难度** | ★☆☆☆☆

操作步骤

01 打开案例的原始场景文件，如图8-6所示，选择其中作为绿色塑料材质的模型。

02 在工具栏中单击 （材质编辑器）按钮，打开精简材质编辑器，从中选择一个新的材质样本球，在"Blinn基本参数"卷展栏中设置"环境光"和"漫反射"的红绿蓝为151、164、4，设置"高光反射"的红绿蓝为230、230、230，在"反射高光"组中设置"高光级别"为52、"光泽度"为50。设置完材质后，单击 （将材质指定给选定对象）按钮，指定材质给场景中处于选择的模型。

03 使用同样的方法设置一个红色的塑料材质，指定材质给相应的对象即可。

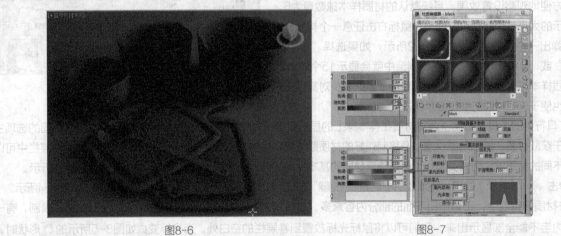

图8-6

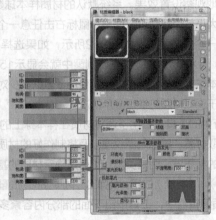

图8-7

实例 089 【多维/子对象材质】——石装饰

- **案例场景位置** | DVD > 案例源文件 > Cha08 > 实例89【多维子对象材质】——石装饰
- **效果场景位置** | DVD > 案例源文件 > Cha08 > 实例89【多维子对象材质】——石装饰场景
- **贴图位置** | DVD > 贴图素材
- **视频教程** | DVD > 教学视频 > Cha08> 实例89
- **视频长度** | 6分24秒
- **制作难度** | ★☆☆☆☆

操作步骤

01 打开原始场景文件，如图8-8所示。

02 我们已经为场景中的模型设置了材质ID，看一下材质ID1，如图8-9所示，再看一下设置的材质ID2，如图8-10所示。

03 在场景中选择石雕模型，打开"材质编辑器"窗口，单击 ▢Standard▢ （标准）按钮，在弹出的"材质/贴图浏览器"窗口中选择"多维/子对象"材质，单击"确定"按钮，如图8-11所示。

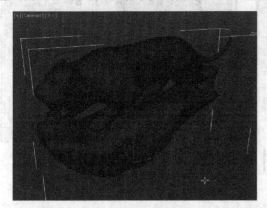

图8-8

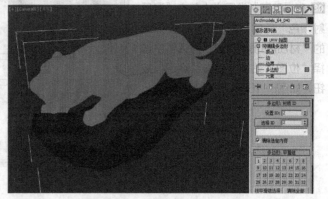

图8-9

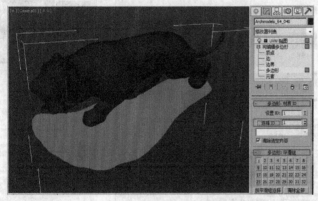

图8-10

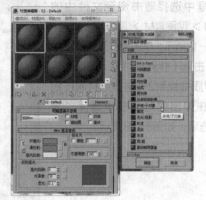

图8-11

04 在弹出的"替换材质"对话框中可以根据情况设置将材质丢弃或保存为子材质，如图8-12所示。

05 在"多维/子对象基本参数"卷展栏中单击"设置数量"按钮，在弹出的对话框中设置"材质数量"为2，单击"确定"按钮，如图8-13所示。

06 分别单击2号材质后的"无"按钮，在弹出的"材质/贴图浏览器"对话框中选择标准材质，如图8-14所示。

图8-12

图8-13

图8-14

07 进入1号材质设置面板，在"基本参数"卷展栏中设置"反射高光"组中"高光级别"为55、"光泽度"为36，如图8-15所示。

08 在"贴图"卷展栏中单击"漫反射颜色"后的"无"按钮，在弹出的"材质/贴图浏览器"对话框中选择"位图"贴图，单击"确定"按钮，如图8-16所示。

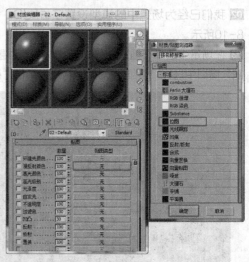

图8-15　　　　　　　　　　　　图8-16

09 在弹出的"选择位图图像文件"对话框中选择随书资源文件中的"DVD > 贴图素材 > 黑白根.jpg"，如图8-17所示，单击"打开"按钮。

10 单击 （转到父对象）按钮，将1号材质拖曳到2号材质的材质按钮上，在弹出的对话框中选择"复制"选项，如图8-18所示。

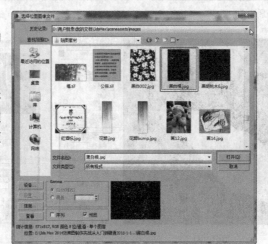

图8-17　　　　　　　　　　　　图8-18

11 进入2号材质的设置面板，在"贴图"卷展栏中单击进入"漫反射颜色"后的贴图按钮，进入贴图层级，再在弹出的对话框中选择随书资源文件中的"DVD > 贴图素材 > 中欧米黄.jpg"，如图8-19所示，单击"打开"按钮。

12 单击 （转到父对象）按钮，单击 （将材质指定给选定对象）按钮，将材质指定给场景中的石雕模型，如图8-20所示。

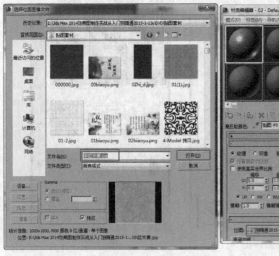

图8-19　　　　　　　　　　　　图8-20

13 渲染此时的场景可以看到材质的效果，如图8-21所示。可以看到材质有点瑕疵，不太适合场景模型，接下来我们再对贴图进行调整。

14 进入1号材质的漫反射颜色的贴图层级面板，在"位图参数"卷展栏中单击"查看图像"按钮，在弹出的窗口中裁剪图像，勾选"裁剪"选项，如图8-22所示。使用同样的方法裁剪另一个图像区域。

图8-21

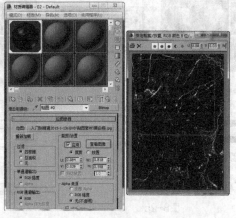

图8-22

实例 090　**【光线跟踪材质】——渐变杯子**

- **案例场景位置** | DVD > 案例源文件 > Cha08 > 实例90【光线跟踪材质】
　　　　　　——渐变杯子
- **效果场景位置** | DVD > 案例源文件 > Cha08 > 实例90【光线跟踪材质】
　　　　　　——渐变杯子场景
- **贴图位置** | DVD > 贴图素材
- **视频教程** | DVD > 教学视频 > Cha08> 实例90
- **视频长度** | 3分02秒
- **制作难度** | ★☆☆☆☆

┤ 操作步骤 ├

01 打开原始场景文件，如图8-23所示。

02 打开"材质编辑器"窗口，单击 Standard （标准）按钮，在弹出的"材质/贴图浏览器"窗口中选择"光线跟踪"材质，单击"确定"按钮，如图8-24所示。

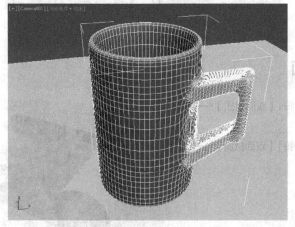

图8-23

图8-24

03 在"光线跟踪基本参数"卷展栏中单击"漫反射"颜色后的灰色按钮,在弹出的"材质/贴图浏览器"中选择"渐变"贴图,单击"确定"按钮,如图8-25所示。

04 进入漫反射贴图层级面板,在"渐变参数"卷展栏中设置一个喜欢的渐变色即可,如图8-26所示。

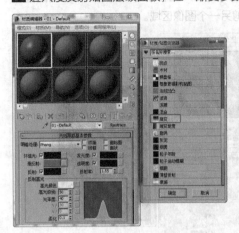

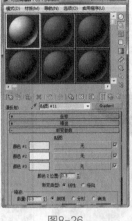

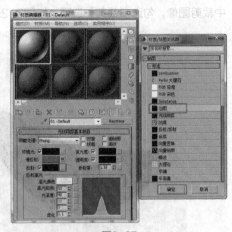

图8-25　　　　　　　　　　　　图8-26　　　　　　　　　　　　图8-27

05 在"光纤跟踪基本参数"卷展栏中单击"反射"后的灰色按钮,在弹出的"材质/贴图浏览器"中选择"位图"贴图,单击"确定"按钮,如图8-27所示。

06 在弹出的"选择位图图像文件"对话框中选择随书资源文件中的"DVD > 贴图素材 > 办公室设计.jpg"文件,单击"打开"按钮,如图8-28所示。

07 指定位图后,单击 (转到父对象)按钮,可以看到材质的反射效果,如图8-29所示。

08 设置反射的"数量"为10,如图8-30所示。

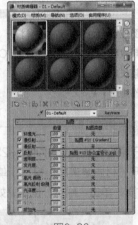

图8-28　　　　　　　　　　　　图8-29　　　　　　　　　　　　图8-30

实例 091 【双面材质】——山水画

● **案例场景位置** ┃ DVD > 案例源文件 > Cha08 > 实例91【双面材质】——山水画

● **效果场景位置** ┃ DVD > 案例源文件 > Cha08 > 实例91【双面材质】——山水画场景

● **贴图位置** ┃ DVD > 贴图素材

● **视频教程** ┃ DVD > 教学视频 > Cha08> 实例91

● **视频长度** ┃ 3分13秒

● **制作难度** ┃ ★ ☆ ☆ ☆ ☆

操作步骤

01 打开原始场景文件，如图8-31所示。

02 在场景中选择山水画模型，打开"材质编辑器"窗口，单击 Standard （标准）按钮，在弹出的"材质/贴图浏览器"窗口中选择"双面"材质，单击"确定"按钮，如图8-32所示。

图8-31   图8-32

03 转换为双面材质后的效果如图8-33所示。

04 进入"正面材质"设置面板，在"贴图"卷展栏中单击"漫反射颜色"后的"无"按钮，在弹出的"材质/贴图浏览器"对话框中为其指定"位图"贴图，指定随书资源文件中的"978.jpg"文件，如图8-34所示。

05 单击 （转到父对象）按钮，返回主材质面板，进入"背面材质"设置面板，在"Blinn基本参数"卷展栏中设置"环境光"和"漫反射"的红、绿、蓝值均为255，如图8-35所示。

   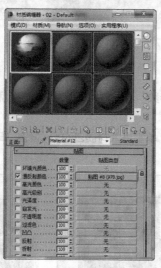   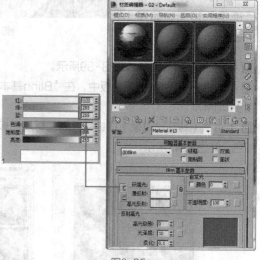

图8-33   图8-34   图8-35

06 单击 （转到父对象）按钮，返回主材质面板，单击 （将材质指定给选定对象）按钮，将材质指定给场景中的山水画模型，如图8-36所示。在场景中观察模型材质可能会观察得不够全面，也可能看到的不是最终效果，这时，可以对场景进行渲染观察材质。

图8-36

实例 092 【混合材质】——碗碟垫

- 案例场景位置 | DVD > 案例源文件 > Cha08 > 实例92【混合材质】——碗碟垫
- 效果场景位置 | DVD > 案例源文件 > Cha08 > 实例92【混合材质】——碗碟垫场景
- 贴图位置 | DVD > 贴图素材
- 视频教程 | DVD > 教学视频 > Cha08> 实例92
- 视频长度 | 2分43秒
- 制作难度 | ★☆☆☆☆

┫ **操作步骤** ┣

01 打开原始场景文件，如图8-37所示。

02 在场景中选择碗碟垫模型，打开"材质编辑器"窗口，单击 Standard （标准）按钮，在弹出的"材质/贴图浏览器"窗口中选择"混合"材质，单击"确定"按钮，如图8-38所示。

图8-37

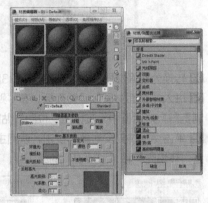

图8-38

03 指定的混合材质面板如图8-39所示。

04 单击进入材质1的材质面板中，在"Blinn基本参数"卷展栏中设置"环境光"和"漫反射"的颜色为黄色，如图8-40所示。

05 单击 （转到父对象）按钮，返回主材质面板，单击进入材质2面板，设置"环境光"和"漫反射"的颜色为红色，如图8-41所示。

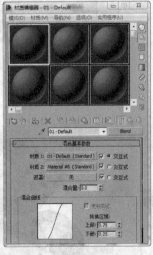

图8-39

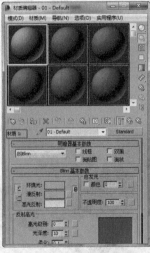

图8-40

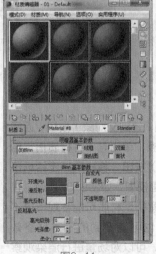

图8-41

06 单击 (转到父对象) 按钮，返回主材质面板，在"混合基本参数"卷展栏中单击"遮罩"后的"无"按钮，在弹出的"材质/贴图浏览器"中选择"位图"贴图，单击"确定"按钮，如图8-42所示。

07 在弹出的"选择位图图像文件"对话框中选择一个遮罩图像，如图8-43所示。

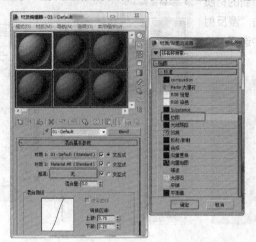
图8-42

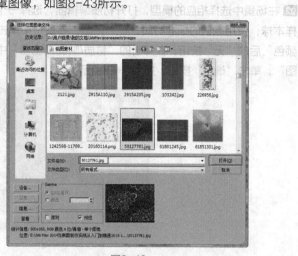
图8-43

08 单击 (转到父对象) 按钮，单击 (将材质指定给选定对象) 按钮，将材质指定给场景中的碗碟垫模型，如图8-44所示。

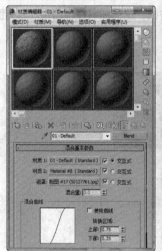

图8-44

实例 093 【位图贴图】——地面效果

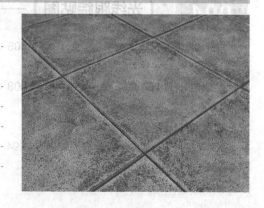

- **案例场景位置** | DVD > 案例源文件 > Cha08 > 实例93【位图贴图】
  ——地面效果
- **效果场景位置** | DVD > 案例源文件 > Cha08 > 实例93【位图贴图】
  ——地面效果场景
- **贴图位置** | DVD > 贴图素材
- **视频教程** | DVD > 教学视频 > Cha08> 实例93
- **视频长度** | 1分37秒
- **制作难度** | ★☆☆☆☆

━┥ 操作步骤 ┝━

01 打开原始场景文件，如图8-45所示。

02 在场景中选择相应的模型，打开材质编辑器，选择一个新的材质样本球，使用默认的标准材质，在"贴图"卷展栏中单击"漫反射颜色"后的"无"按钮，在弹出的"材质/贴图浏览器"中选择"位图"，单击"确定"按钮，如图8-46所示。

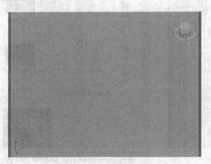

图8-45

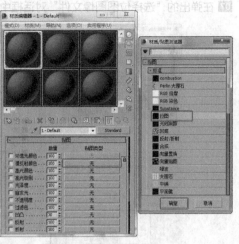

图8-46

03 在弹出的"选择位图图像文件"对话框中选择位图，贴图为随书资源文件中的"DVD > 贴图素材 > 仿古砖.jpg"文件，单击"打开"按钮，如图8-47所示。

04 单击 ▓（转到父对象）按钮，单击 ▓（将材质指定给选定对象）按钮，将材质指定给场景中的选定模型，如果要在场景中观察该贴图效果，可以激活 ▓（视口中显示明暗处理材质）按钮，这样即可在视口中观察到图像指定材质的效果，如图8-48所示。

图8-47

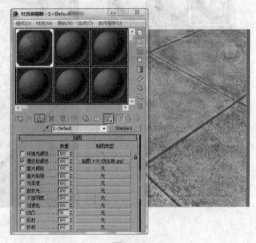

图8-48

实例 094 【光线跟踪贴图】——木纹反射效果

● **案例场景位置** | DVD > 案例源文件 > Cha08 > 实例94【光线跟踪贴图】——木纹反射效果

● **效果场景位置** | DVD > 案例源文件 > Cha08 > 实例94【光线跟踪贴图】——木纹反射效果场景

● **贴图位置** | DVD > 贴图素材

● **视频教程** | DVD > 教学视频 > Cha08> 实例94

● **视频长度** | 2分06秒

● **制作难度** | ★★☆☆☆

┤操作步骤├

01 打开原始场景文件，如图8-49所示。

02 打开材质编辑器，选择一个新的材质样本球，使用 （从对象拾取材质）按钮，在场景中拾取作为桌面木纹的材质，可以将材质置于当前材质样本球上，可以看到木纹材质效果。在"贴图"卷展栏中单击"反射"后的"无"按钮，在弹出的"材质/贴图浏览器"中选择"光线跟踪"贴图，如图8-50所示。单击"确定"按钮。

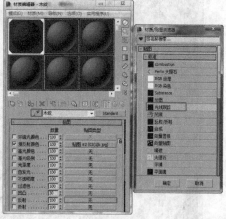

图8-49   图8-50

03 指定贴图后，进入贴图层级面板，使用默认参数，单击 （转到父对象）按钮，设置"反射"的数量为10，如图8-51所示。

图8-51

通过为反射指定"光线跟踪"贴图，可以设置材质的反射效果，通过调整反射的"数量"来调整反射的强度，数量参数越高反射越强。

将"光线跟踪"贴图指定给"折射"，即可实现透明效果。

实例
095 【平面镜贴图】——镜面反射效果

- **案例场景位置** | DVD > 案例源文件 > Cha08 > 实例95【平面镜贴图】——镜面反射效果

- **效果场景位置** | DVD > 案例源文件 > Cha08 > 实例95【平面镜贴图】——镜面反射效果场景

- **贴图位置** | DVD > 贴图素材

- **视频教程** | DVD > 教学视频 > Cha08> 实例95

- **视频长度** | 1分44秒

- **制作难度** | ★☆☆☆☆

┤ ▌操作步骤 ▐ ├─────────────────────────────────────

01 打开原始场景文件，如图8-52所示。

02 打开材质编辑器，选择一个新的材质样本球，在"Blinn基本参数"卷展栏中设置"环境光"和"漫反射"的颜色为黑色，如图8-53所示。这样如果使用平面镜贴图可以反射得较为纯净。

图8-52   图8-53

03 在"贴图"卷展栏中单击"反射"后的"无"按钮，在弹出的"材质/贴图浏览器"对话框中选择"平面镜"，如图8-54所示。

04 进入贴图层级面板，在"平面镜参数"卷展栏中勾选"应用于带ID的面"，如图8-55所示。

05 这样，即可制作出镜面材质效果。

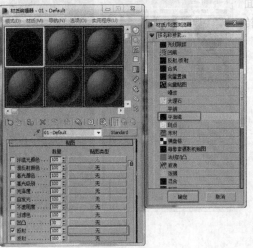
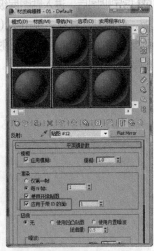

图8-54   图8-55

┌─────────┐
│ 实例 **096** │ **【颜色校正贴图】——调整木纹颜色**
└─────────┘

● **案例场景位置** ┃ DVD > 案例源文件 > Cha08 > 实例96【颜色校正贴图】
             ——调整木纹颜色

● **效果场景位置** ┃ DVD > 案例源文件 > Cha08 > 实例96【颜色校正贴图】
             ——调整木纹颜色场景

● **贴图位置** ┃ DVD > 贴图素材

● **视频教程** ┃ DVD > 教学视频 > Cha08> 实例96

● **视频长度** ┃ 2分37秒

● **制作难度** ┃ ★☆☆☆☆

操作步骤

01 打开原始场景文件，如图8-56所示。

02 渲染当前场景得到如图8-57所示的效果。

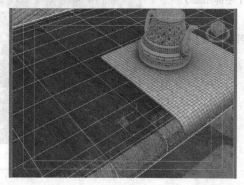
图8-56

图8-57

03 打开材质编辑器，选择一个新的材质样本球，单击 （从对象拾取材质）按钮，在场景的桌面上单击拾取材质，如图8-58所示。

04 进入漫反射颜色贴图层级面板，单击"Bitmap"按钮，在弹出的"材质/贴图浏览器"对话框中选择"颜色修正"，单击"确定"按钮，如图8-59所示。

图8-58

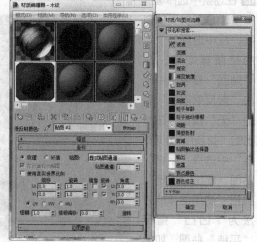
图8-59

05 在弹出的对话框中选择"将旧贴图保存为子贴图"，单击"确定"按钮，如图8-60所示。

06 指定颜色校正贴图后，可以看到作为子贴图的层级面板，如图8-61所示。

07 在"颜色"卷展栏中设置"色调切换"参数为5，可以将颜色调为偏黄色一点，在"亮度"卷展栏中设置合适的参数，如图8-62所示。

图8-60

图8-61

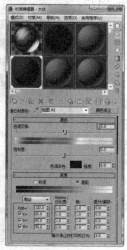
图8-62

实例 097 【平铺贴图】——砖墙

- **案例场景位置**｜DVD > 案例源文件 > Cha08 > 实例97【平铺贴图】——砖墙
- **效果场景位置**｜DVD > 案例源文件 > Cha08 > 实例97【平铺贴图】——砖墙场景
- **贴图位置**｜DVD > 贴图素材
- **视频教程**｜DVD > 教学视频 > Cha08> 实例97
- **视频长度**｜3分30秒
- **制作难度**｜★☆☆☆☆

操作步骤

01 打开原始场景文件，如图8-63所示。

02 在场景中选择墙壁模型，打开材质编辑器，从中选择一个新的材质样本球，在"贴图"卷展栏中单击"漫反射颜色"后的"无"按钮，在弹出的"材质/贴图浏览器"中选择"平铺"贴图，单击"确定"按钮，使用同样的方法为"凹凸"指定"平铺"贴图，如图8-64所示。

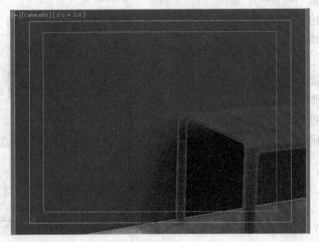

图8-63

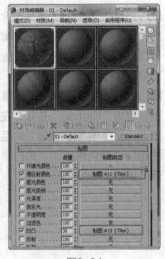

图8-64

03 进入"漫反射颜色"贴图层级面板，在"坐标"卷展栏中设置"角度"下W的值为90，在"标准控制"卷展栏中设置"预设类型"为"1/2连续砌合"，如图8-65所示。

04 进入"凹凸"贴图层级面板，在"坐标"卷展栏中设置"角度"下W的值为90，在"标准控制"卷展栏中设置"预设类型"为"1/2连续砌合"，如图8-66所示。

05 在"高级控制"卷展栏中单击"平铺设置"组中"纹理"后的"None"按钮，在弹出的"材质/贴图浏览器"对话框中为其指定"凹痕"贴图，单击"确定"按钮，如图8-67所示。

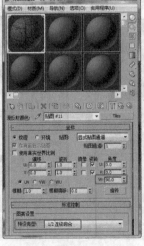

图8-65

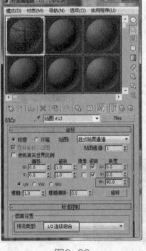

图8-66

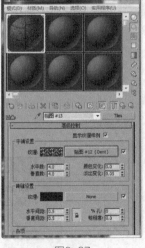

图8-67

06 进入"纹理"贴图层级面板，在"凹痕参数"卷展栏中设置"大小"为50，如图8-68所示。返回主材质面板，单击 （将材质指定给选定对象）按钮，将材质指定给场景中的墙壁模型。

图8-68

实例 098	【衰减贴图】——绒毛布

- **案例场景位置**┃DVD > 案例源文件 > Cha08 > 实例98【衰减贴图】——绒毛布
- **效果场景位置**┃DVD > 案例源文件 > Cha08 > 实例98【衰减贴图】——绒毛布场景
- **贴图位置**┃DVD > 贴图素材
- **视频教程**┃DVD > 教学视频 > Cha08> 实例98
- **视频长度**┃2分05秒
- **制作难度**┃★☆☆☆☆

━┃操作步骤┃━

01 打开原始场景文件，如图8-69所示。

02 打开材质编辑器，选择一个新的材质样本球，在"贴图"卷展栏中单击"漫反射颜色"后的"无"按钮，在弹出的"材质/贴图浏览器"中选择"衰减"贴图，如图8-70所示。

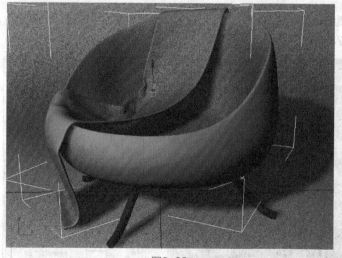

图8-69

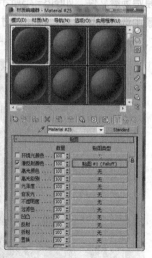

图8-70

03 进入漫反射颜色贴图层级面板，在"衰减参数"卷展栏中设置第1个色块的红绿蓝为深红色，设置第2个色块的红绿蓝为浅红色，如图8-71所示。单击 （将材质指定给选定对象）按钮，将材质指定给场景中的沙发模型。

04 使用同样的方法设置一个橘红色的衰减材质，指定给沙发上的布料，如图8-72所示。

图8-71

图8-72

实 例 099 【噪波贴图】——墙面

- **案例场景位置** | DVD > 案例源文件 > Cha08 > 实例99【噪波贴图】——墙面
- **效果场景位置** | DVD > 案例源文件 > Cha08 > 实例99【噪波贴图】——墙面场景
- **贴图位置** | DVD > 贴图素材
- **视频教程** | DVD > 教学视频 > Cha08> 实例99
- **视频长度** | 1分43秒
- **制作难度** | ★☆☆☆☆

操作步骤

01 打开原始场景文件，如图8-73所示。

02 在场景中选择墙壁模型，打开"材质编辑器"窗口，在"Blinn基本参数"卷展栏中设置"环境光"和"漫反射"的红、绿、蓝值均为255，如图8-74所示。

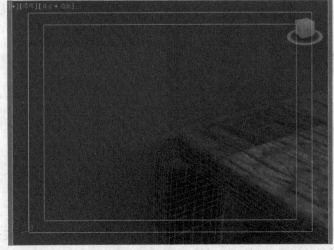

图8-73

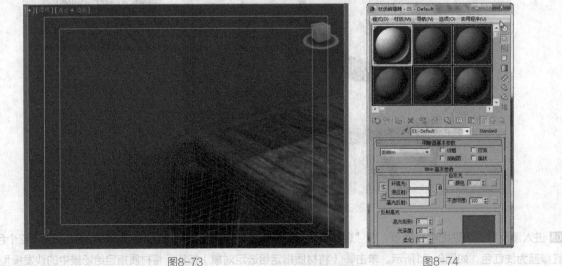

图8-74

03 在"贴图"卷展栏中单击"凹凸"后的"None"按钮，在弹出的"材质/贴图浏览器"对话框中为其指定"噪波"贴图，单击"确定"按钮，如图8-75所示。

04 进入"凹凸"贴图层级面板，在"噪波参数"卷展栏中设置"大小"为0.5，如图8-76所示。返回主材质面板，单击（将材质指定给选定对象）按钮，将材质指定给场景中的墙壁模型。

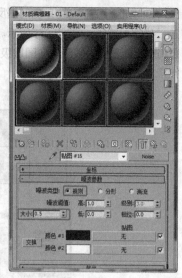

图8-75　　　　　　　　　　　　　　图8-76

实例 100　【渐变贴图】——渐变工艺瓷器

- **案例场景位置** | DVD > 案例源文件 > Cha08 > 实例100【渐变贴图】——渐变工艺瓷器
- **效果场景位置** | DVD > 案例源文件 > Cha08 > 实例100【渐变贴图】——渐变工艺瓷器场景
- **贴图位置** | DVD > 贴图素材
- **视频教程** | DVD > 教学视频 > Cha08> 实例100
- **视频长度** | 2分14秒
- **制作难度** | ★☆☆☆☆

操作步骤

01 打开原始场景文件，如图8-77所示。

02 打开材质编辑器，从中选择一个新的材质样本球，在"Blinn基本参数"卷展栏中设置"反射高光"组中的"高光级别"为59、"光泽度"为42，如图8-78所示。

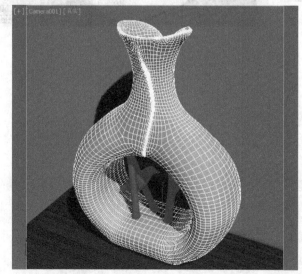
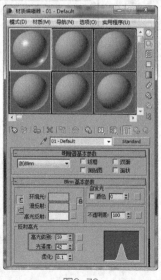

图8-77　　　　　　　　　　　　　　图8-78

03 在"贴图"卷展栏中单击"漫反射"后的"无"按钮,在弹出的"材质/贴图浏览器"中选择"渐变"贴图,单击"确定"按钮,如图8-79所示。

04 进入"漫反射颜色"贴图层级,在"渐变参数"卷展栏中设置"颜色#1"为粉红色,"颜色#2"和"颜色#3"为白色,如图8-80所示。

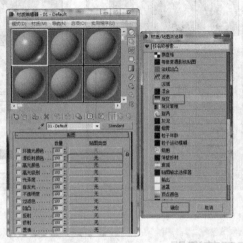
图8-79

图8-80

05 单击 (将材质指定给选定对象)按钮,将材质指定给场景中的工艺花瓶模型,并单击 (视口中显示明暗处理材质)按钮,在视口中显示材质效果,如图8-81所示。

06 遇到图8-81所示的效果时,可以为模型施加"UVW贴图"修改器,调整合适的贴图类型和参数,如图8-82所示。

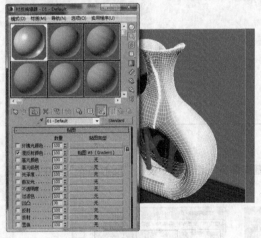
图8-81

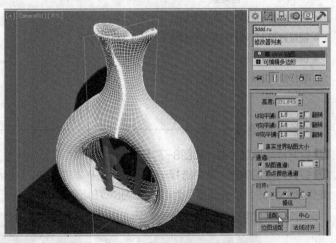
图8-82

第 **09** 章

VRay真实材质的表现

在第8章中我们简单地介绍了几种常用的材质和贴图，在本章我们将介绍使用3ds Max中的一个材质插件VRay来表现真实材质效果。

实例
101 玻璃材质

- **案例场景位置** | DVD > 案例源文件 > Cha09 > 实例101 玻璃材质

- **效果场景位置** | DVD > 案例源文件 > Cha09 > 实例 101玻璃材质场景

- **贴图位置** | DVD > 贴图素材

- **视频教程** | DVD > 教学视频 > Cha09 > 实例101

- **视频长度** | 3分57秒

- **制作难度** | ★ ☆ ☆ ☆ ☆

操作步骤

01 打开原始场景文件，如图9-1所示。

02 打开材质编辑器，选择一个新的材质样本球，单击"Standard"按钮，在弹出的"材质/贴图浏览器"中选择 VRayMtl材质，单击"确定"按钮，如图9-2所示。

> **提示**
>
> VRayMtl 材质是安装了 VRay 渲染器插件之后才会有的材质。使用 VRay 渲染器可以创建出逼真的材质灯光和渲染效果。这里需要注意的是，凡是使用 VRay 材质、VR 灯光等相关的 VR 插件中的命令时，必须指定当前渲染器为 VRayMtl，在这之后我们会慢慢以案例的形式为大家介绍。

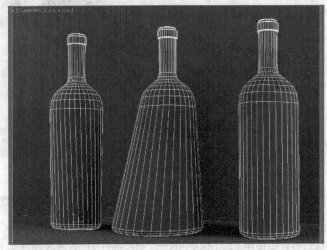

图9-1

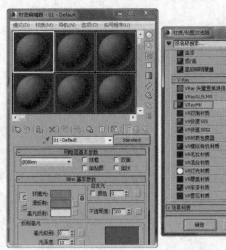

图9-2

03 转换为VRay材质后，在"基本参数"卷展栏中设置"漫反射"的颜色为黑色；在"反射"组中设置"反射"的红绿蓝为20、20、20，设置"高光光泽度"为0.85、"反射光泽度"为1，如图9-3所示。

> **提示**
>
> 可以通过设置反射的颜色来调整 VRayMtl 材质中反射的强度，颜色越深反射越弱；颜色越浅或越接近白色，反射越强。

04 在"折射"组中设置"折射"的红绿蓝为253、253、253，设置"烟雾颜色"为243、255、244，如图9-4所示。

> **提示**
>
> 通过使用 VRayMtl 材质中的折射可以设置材质的透明度，白色为全透明，黑色为不透明。还可通过"烟雾颜色"的色块来调整透明材质的颜色，不过注意颜色不要过重。颜色过重可以通过调整"烟雾倍增"来解决，适当地降低"烟雾倍增"来设置透明材质的饱和。

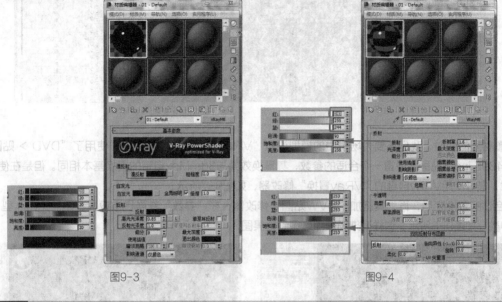

图9-3　　　　　　　　　　　　　　　　　　　图9-4

实例 102　地毯材质

- **案例场景位置**｜DVD > 案例源文件 > Cha09 > 实例102
  地毯材质
- **效果场景位置**｜DVD > 案例源文件 > Cha09 > 实例102
  地毯材质场景
- **贴图位置**｜DVD > 贴图素材
- **视频教程**｜DVD > 教学视频 > Cha09> 实例102
- **视频长度**｜2分48秒
- **制作难度**｜★★☆☆☆

┨ 操作步骤 ┠

01 打开案例的原始场景文件，如图9-5所示。选择其中的地毯模型。

02 在工具栏中单击 ![icon] （材质编辑器）按钮，打开精简材质编辑器，从中选择一个新的材质样本球，单击"Standard"按钮，在弹出的"材质/贴图浏览器"中选择VRayMtl材质，在"贴图"卷展栏中单击"漫反射"后的"无"按钮，在弹出的"材质/贴图浏览器"中选择位图，选择随书资源文件中的"DVD > 贴图素材 > 1163274395.jpg"，进入贴图层级面板。单击 ![icon] （转到父对象）按钮，回到主材质面板，将"漫反射"后的贴图拖曳到"凹凸"后的"无"按钮上，在弹出的对话框中选择"复制"选项，如图9-6所示。单击 ![icon] （将材质指定给选定对象）按钮，将材质指定给场景中的地毯模型。

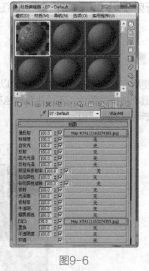

图9-5   图9-6

03 在设置材质的同时，我们还要为场景中的模型设置"VRay置换"修改器，同样使用了"DVD > 贴图素材 > 1163274395.jpg"贴图，设置一个合适的参数，其置换效果与3ds Max自带的置换基本相同。但是在使用VRay渲染器时，最好使用VRay自身的"VRay置换"修改器，如图9-7所示。

04 设置合适的置换之后，再为其施加"UVW贴图"修改器，在"参数"卷展栏中设置合适的贴图类型，并设置贴图的参数，如图9-8所示。这样渲染场景即可得到效果图。

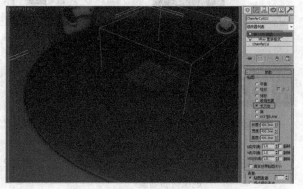

图9-7   图9-8

实例
103   **麻布沙发材质**

- **案例场景位置** | DVD > 案例源文件 > Cha09 > 实例103 麻布沙发材质

- **效果场景位置** | DVD > 案例源文件 > Cha09 > 实例103麻布沙发材质场景

- **贴图位置** | DVD > 贴图素材

- **视频教程** | DVD > 教学视频 > Cha09 实例103

- **视频长度** | 2分19秒

- **制作难度** | ★ ☆ ☆ ☆ ☆

操作步骤

01 打开原始场景文件，如图9-9所示，选择作为沙发布料的模型。

02 打开材质编辑器，将材质转换为VRayMtl材质，在"基本参数"卷展栏中设置"反射"组中"反射"的色块红绿蓝为15、15、15，设置"反射光泽度"为0.6，如图9-10所示。

03 在"贴图"卷展栏中为"漫反射"指定"位图"，位图为随书资源文件中的"DVD > 贴图素材 > 麻布.jpg"。进入贴图层级后，单击（转到父对象）按钮，回到主材质面板，为"凹凸"指定"位图"，位图为随书资源文件中的"DVD > 贴图素材 > 麻布凹凸.jpg"，如图9-11所示。单击（将材质指定给选定对象）按钮。将材质指定给场景中对应的模型。

图9-9

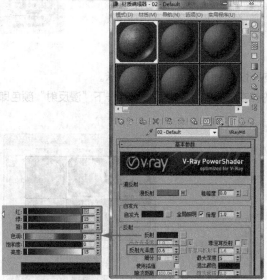

图9-10

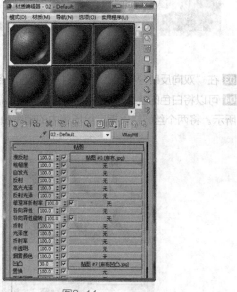

图9-11

实例 104　丝绸材质

- **案例场景位置 |** DVD > 案例源文件 > Cha09 > 实例104丝绸材质
- **效果场景位置 |** DVD > 案例源文件 > Cha09 > 实例104丝绸材质场景
- **贴图位置 |** DVD > 贴图素材
- **视频教程 |** DVD > 教学视频 > Cha09> 实例104
- **视频长度 |** 2分26秒
- **制作难度 |** ★☆☆☆☆

操作步骤

01 打开原始场景文件，如图9-12所示，接下来我们将窗帘设置为丝绸材质效果。

02 打开材质编辑器，选择一个新的材质样本球，将材质转换为VrayMtl，在"基本参数"卷展栏中设置"漫反射"的色块红绿蓝为255、255、255，在"反射"组中设置反射的色块红绿蓝为37、37、37，设置"高光光泽度"为0.48、"反射光泽度"为0.78，如图9-13所示。

> **提示**
>
> 通过设置"反射光泽度"的参数可以设置反射的模糊效果，参数越低反射效果越模糊，同样，渲染的噪点也多。这里需要适当地提高"细分"参数，参数越高，反射越精确。

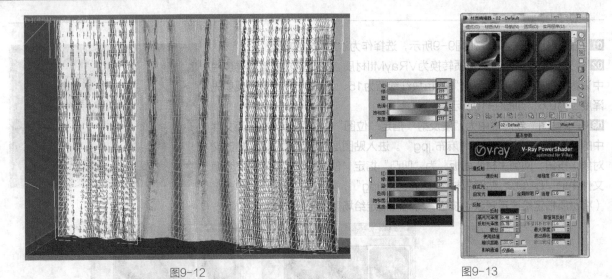

图9-12 · 图9-13

03 在"双向反射分布函数"卷展栏中设置"各向异性"为0.8，如图9-14所示。

04 可以将白色的丝绸材质样本球拖曳复制到新的样本球上，重新命名，修改一下"漫反射"颜色即可，如图9-15所示。将两个丝绸材质指定给场景中的窗帘模型。

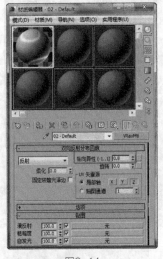

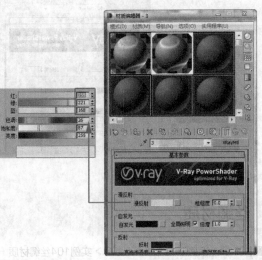

图9-14 · 图9-15

实例 105 **釉面陶瓷材质**

- **案例场景位置** | DVD > 案例源文件 > Cha09 > 实例105 釉面陶瓷材质

- **效果场景位置** | DVD > 案例源文件 > Cha09 > 实例105 釉面陶瓷材质场景

- **贴图位置** | DVD > 贴图素材

- **视频教程** | DVD > 教学视频 > Cha09> 实例105

- **视频长度** | 1分41秒

- **制作难度** | ★☆☆☆☆

｜操作步骤｜

01 打开原始场景文件，如图9-16所示，在场景中选择相应的模型。

02 选择一个新的材质样本球，将材质转换为VRayMtl材质，在"基本参数"卷展栏中设置"漫反射"的颜色为白色，在"反射"组中设置"高光光泽度"为0.9、"反射光泽度"为0.93，如图9-17所示。

03 在"贴图"卷展栏中为"反射"指定"衰减"贴图。进入贴图层级面板，在"衰减参数"卷展栏中选择"衰减类型"为Fresnel，如图9-18所示。单击 [图标] （将材质指定给选定对象）按钮，将材质指定给场景中处于选择的模型。

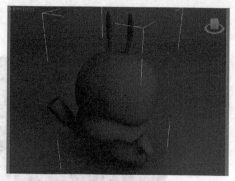

图9-16

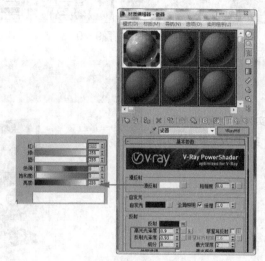

图9-17

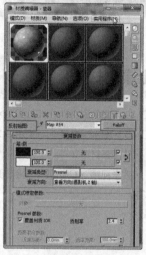

图9-18

实例 106	不锈钢材质

- **案例场景位置｜**DVD > 案例源文件 > Cha09 > 实例106不锈钢材质
- **效果场景位置｜**DVD > 案例源文件 > Cha09 > 实例106不锈钢材质场景
- **贴图位置｜**DVD > 贴图素材
- **视频教程｜**DVD > 教学视频 > Cha09> 实例106
- **视频长度｜**1分40秒
- **制作难度｜**★ ☆ ☆ ☆ ☆

｜操作步骤｜

01 打开原始场景文件，如图9-19所示，在场景中选择相应的模型。

02 打开材质编辑器，选择一个新的材质样本球，将材质转换为VRayMtl材质，在"基本参数"卷展栏中设置"漫反射"的红绿蓝为43、45、47，设置"反射"的红绿蓝为169、169、169，设置"高光光泽度"为0.7、"反射光泽度"为0.9、"细分"为12，如图9-20所示。单击 [图标] （将材质指定给选定对象）按钮，将材质指定给场景中处于选择的模型。

图9-19

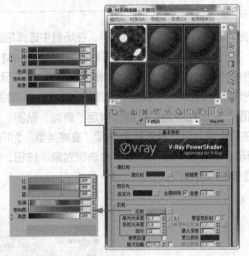

图9-20

● **案例场景位置** | DVD > 案例源文件 > Cha09 > 实例107土豪金材质

● **效果场景位置** | DVD > 案例源文件 > Cha09 > 实例107土豪金材质场景

● **贴图位置** | DVD > 贴图素材

● **视频教程** | DVD > 教学视频 > Cha09> 实例107

● **视频长度** | 2分03秒

● **制作难度** | ★☆☆☆☆

操作步骤

01 打开原始场景文件，如图9-21所示，在场景中选择相应的模型。

02 打开新的材质样本球，将材质转换为VRayMtl材质，设置"漫反射"的红绿蓝为140、114、63，设置"反射"的红绿蓝为190、165、118、"高光光泽度"为0.8、"反射光泽度"为0.9、"细分"为15，如图9-22所示。单击 （将材质指定给选定对象）按钮，将材质指定给场景中处于选择的模型。

图9-21

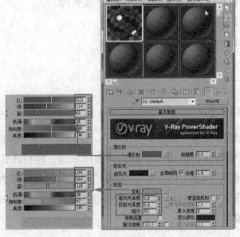

图9-22

实例 **108**　软牛皮材质

- **案例场景位置** | DVD > 案例源文件 > Cha09 > 实例108软牛皮材质
- **效果场景位置** | DVD > 案例源文件 > Cha09 > 实例108软牛皮材质场景
- **贴图位置** | DVD > 贴图素材
- **视频教程** | DVD > 教学视频 > Cha09> 实例108
- **视频长度** | 2分21秒
- **制作难度** | ★☆☆☆☆

操作步骤

01 打开原始场景文件，如图9-23所示。

02 打开材质编辑器，选择一个新的材质样本球，将材质转换为VRayMtl材质，在"反射"组中设置"反射"的色块红绿蓝为8、8、8，设置"反射光泽度"为0.7、"细分"为10，如图9-24所示。单击 ▣（将材质指定给选定对象）按钮，将材质指定给场景中处于选择的模型。

03 在"贴图"卷展栏中为"漫反射"指定位图，位图为随书资源文件中的"DVD > 贴图素材 > 1109394154.jpg"。进入漫反射贴图层级，使用默认参数，单击 ▣（转到父对象）按钮，返回到主材质面板，将"漫反射"后的贴图拖曳到"凹凸"后的"无"按钮上，在弹出的对话框中选择"复制"，单击"确定"按钮，如图9-25所示，复制贴图。单击 ▣（将材质指定给选定对象）按钮，将材质指定给场景中处于选择的模型。

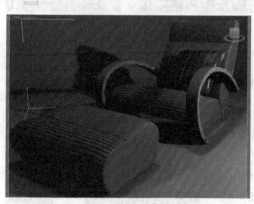

图9-23

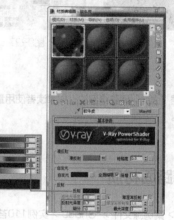

图9-24

图9-25

实例 **109**　毛巾材质

- **案例场景位置** | DVD > 案例源文件 > Cha09 > 实例109毛巾材质
- **效果场景位置** | DVD > 案例源文件 > Cha09 > 实例109毛巾材质场景
- **贴图位置** | DVD > 贴图素材
- **视频教程** | DVD > 教学视频 > Cha09> 实例109
- **视频长度** | 2分47秒
- **制作难度** | ★☆☆☆☆

操作步骤

01 打开原始场景文件，如图9-26所示，选择其中一条毛巾模型。

02 打开材质编辑器，选择一个新的材质样本球，将材质转换为VRayMtl材质，在"基本参数"卷展栏中设置"漫反射"的色块红绿蓝为橘红色，如图9-27所示。

03 在"贴图"卷展栏中单击"凹凸"后的"无"按钮，在弹出的"材质/贴图浏览器"对话框中选择"位图"，选择位图路径为"DVD > 贴图素材 > 毛巾凹凸2.jpg"。进入凹凸贴图层级，使用默认参数。单击 ⚙ （转到父对象）按钮，返回到主材质面板，将"凹凸"后的贴图拖曳到"置换"后的"无"按钮上，在弹出的快捷菜单中选择"复制"，单击"确定"按钮，复制贴图后设置置换"数量"为8。单击 ⚙ （将材质指定给选定对象）按钮，将材质指定给场景中处于选择的模型，如图9-28所示。

04 将设置好的材质样本球拖曳到一个新的材质样本球上，重新命名材质名称，设置"漫反射"的色块红绿蓝为蓝色，如图9-29所示，将材质指定给场景中的另一条毛巾。

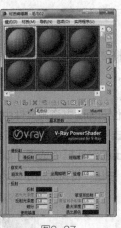

图9-26　　　　　　　　　图9-27　　　　　　　　图9-28　　　　　　　　图9-29

提示

"置换"的数量是根据"强度"调整得到的，如果读者使用置换贴图来制作其他材质时，建议先设置一个较小的数量值，数值越大电脑反应越慢。

实例
110 苔藓路面材质

- **案例场景位置** | DVD > 案例源文件 > Cha09 > 实例110苔藓路面材质
- **效果场景位置** | DVD > 案例源文件 > Cha09 > 实例110苔藓路面材质场景
- **贴图位置** | DVD > 贴图素材
- **视频教程** | DVD > 教学视频 > Cha09> 实例110
- **视频长度** | 3分02秒
- **制作难度** | ★☆☆☆☆

操作步骤

01 打开原始场景文件，如图9-30所示，在场景中选择地面模型。

02 打开材质编辑器，选择一个新的材质样本球，将材质转换为VRayMtl材质，在"贴图"卷展栏中单击"漫反射"后的"无"按钮，在弹出的"材质/贴图浏览器"对话框中选择"位图"，选择位图的路径为"DVD > 贴图素材 > Mossy_diff.jpg"。进入凹凸贴图层级，使用默认参数。单击 ⚙ （转到父对象）按钮，为"凹凸"指定"位图"，路

径为"DVD > 贴图素材 >
Mossy_bump.jpg",设置"凹
凸"的数量为20;为"置换"指定
"位图",路径为"DVD > 贴图
素材 > Mossy_disp.jpg",设置
置换的"数量"为2。单击█(将
材质指定给选定对象)按钮,将材
质指定给场景中处于选择的地面模
型,如图9-31所示。

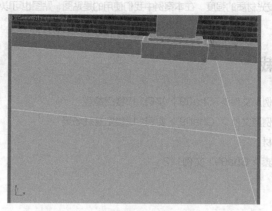

图9-30　　　　　　　　　　　图9-31

实例 111　电视屏幕发光材质

- **案例场景位置** | DVD > 案例源文件 > Cha09 > 实例111电视屏幕发光
　　　　　　　　　材质
- **效果场景位置** | DVD > 案例源文件 > Cha09 > 实例111电视屏幕发光材
　　　　　　　　　质场景
- **贴图位置** | DVD > 贴图素材
- **视频教程** | DVD > 教学视频 > Cha09> 实例111
- **视频长度** | 1分36秒
- **制作难度** | ★☆☆☆☆

---| 操作步骤 |---

01 打开原始场景文件,如图9-32所示,在场景中选择电视屏幕模型。

02 打开材质编辑器,从中选择一个新的材质样本球,将材质转换为VR灯光材质,在"参数"卷展栏中单击"颜色"后的"无"按钮,在弹出的"材质/贴图浏览器"中选择"位图"贴图,位图为随书资源文件中的"DVD > 贴图素材 > 02biaoyu.png",如图9-33所示。单击█(将材质指定给选定对象)按钮,将材质指定给场景中的屏幕模型。

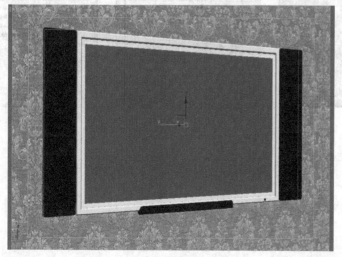

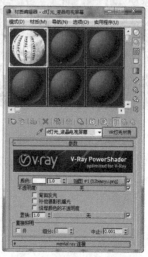

图9-32　　　　　　　　　　　图9-33

实例
112 镂空盆栽

- **案例场景位置** | DVD > 案例源文件 > Cha09 > 实例112镂空盆栽
- **效果场景位置** | DVD > 案例源文件 > Cha09 > 实例112镂空盆栽场景
- **贴图位置** | DVD > 贴图素材
- **视频教程** | DVD > 教学视频 > Cha09> 实例112
- **视频长度** | 2分21秒
- **制作难度** | ★☆☆☆☆

操作步骤

01 打开原始场景文件，如图9-34所示，从中选择两个作为镂空盆栽的平面。

02 打开材质编辑器，选择一个新的材质样本球，使用默认的标准材质即可，在"贴图"卷展栏中单击"漫反射颜色"后的"无"按钮，在弹出的"材质/贴图浏览器"中选择"位图"贴图，在弹出的对话框中选择随书资源文件中的"DVD > 贴图素材 > 橘子植物.jpg"。使用同样的方法为"不透明度"指定"位图"，贴图为随书资源文件中的"DVD > 贴图素材 > 橘子植物-t.jpg"，如图9-35所示。可以看到不透明度贴图出现了错误。

03 在出现如图9-35所示的错误时，可以进入到不透明度贴图层级面板，在"输出"卷展栏中勾选"反转"复选框，如图9-36所示。单击■（将材质指定给选定对象）按钮，将材质指定给场景中的选择对象。

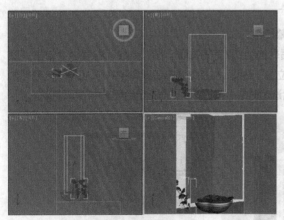

图9-34

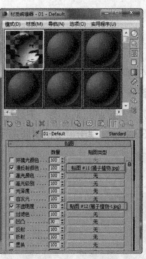

图9-35

图9-36

第 **10** 章

3ds Max默认的灯光

光线是构建画面视觉信息与视觉造型的基础，没有光便无法体现对象的形状、质感和颜色。在3ds Max中灯光是模拟真实世界中实际灯光的对象，如：日常灯具的灯光、屏幕灯光、太阳光等。不同种类的灯光对象用不同的方法投影灯光，模拟真实世界中不同种类的光源。

灯光设置在场景制作中起着举足轻重的作用。再好的画面，如果没有适当的灯光配合照明，那就不算是一个完整的画面。细心分析每一个出色的空间结构不难发现，灯光是一个十分重要的设计元素。

实例 113 【目标灯光】——台灯光效1

- ● **案例场景位置** | DVD > 案例源文件 > Cha10 > 实例113【目标灯光】——台灯光效1
- ● **效果场景位置** | DVD > 案例源文件 > Cha10 > 实例113【目标灯光】——台灯光效1场景
- ● **贴图位置** | DVD > 贴图素材
- ● **视频教程** | DVD > 教学视频 > Cha10> 实例113
- ● **视频长度** | 2分38秒
- ● **制作难度** | ★☆☆☆☆

┤ 操作步骤 ├

01 打开原始场景文件，如图10-1所示。

02 单击 " （创建）> （灯光）>光度学>目标灯光" 按钮，在 "左" 视图中创建目标灯光，如图10-2所示。

03 在 "常规参数" 卷展栏中选择 "灯光分布（类型）" 为 "光度学 Web"，显示 "分布（光度学Web）" 卷展栏，如图10-3所示，从中单击 "选择光度学文件" 按钮。

图10-1

图10-2

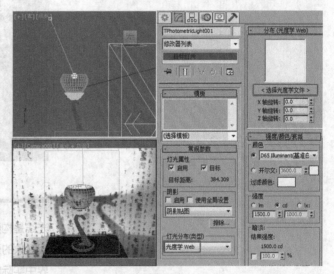

图10-3

提示

　　使用光度学文件，可以很好地模拟出各种艺术类的射灯、筒灯和台灯效果，不过这里必须有大量的 ies 光域网文件才行。只要选择了光域网文件，就会出现该灯光的光纤衰减的缩览图，如图 10-5 所示。

04 打开 "打开光域Web文件" 对话框，从中选择随书资源文件中的 "DVD > 贴图素材 > cooper.ies" 文件，单击 "打开" 按钮，如图10-4所示。

05 选择光域网之后，在 "强度/颜色/衰减" 卷展栏中设置 "过滤颜色" 为暖色，设置 "强度" 中的参数为400，如

图10-5所示。这样即可制作出光域网的筒灯效果。

图10-4　　　　　　　　　　　　　　　　图10-5

实例 114 【自由灯光】——台灯光效2

- **案例场景位置** | DVD > 案例源文件 > Cha10 > 实例114【自由灯光】——台灯光效2
- **效果场景位置** | DVD > 案例源文件 > Cha10 > 实例114【自由灯光】——台灯光效2场景
- **贴图位置** | DVD > 贴图素材
- **视频教程** | DVD > 教学视频 > Cha10> 实例114
- **视频长度** | 2分43秒
- **制作难度** | ★ ☆ ☆ ☆

操作步骤

01 打开案例的原始场景文件，如图10-6所示。这里我们继续使用台灯模型来模拟台灯光效，对比一下目标灯光和自由灯光。

02 单击 "　（创建）>　（灯光）> 光度学 > 自由灯光"按钮，在"顶"视图中创建自由灯光，如图10-7所示。

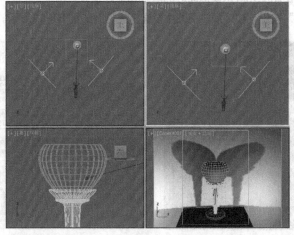

图10-6　　　　　　　　　　　　　　　　图10-7

03 在场景中调整灯光的位置，在"常规参数"卷展栏中勾选"阴影"组中的"启用"选项，设置阴影类型为"VRay阴影"；在"强度/颜色/衰减"卷展栏中设置"强度"为80，如图10-8所示。

04 测试渲染可以看到如图10-9所示的效果，在图中可以看到渲染得太生硬了。

05 在"VRay阴影参数"卷展栏中勾选"区域阴影"选项，并设置"U、V、W大小"均为50，如图10-10所示，这样即可渲染出比较自然的光效。可以看出目标灯光和自由灯光的区别在于自由灯光没有目标灯光的光照好控制。

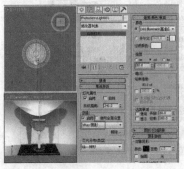

图10-8　　　　　　　　　图10-9　　　　　　　　　　　　图10-10

实例 115 【泛光】——筒灯灯光

- **案例场景位置┃**DVD > 案例源文件 > Cha10 > 实例115【泛光】
  ——筒灯灯光
- **效果场景位置┃**DVD > 案例源文件 > Cha10 > 实例115【泛光】
  ——筒灯灯光场景
- **贴图位置┃**DVD > 贴图素材
- **视频教程┃**DVD > 教学视频 > Cha10> 实例115
- **视频长度┃**1分42秒
- **制作难度┃**★☆☆☆☆

操作步骤

01 打开原始场景文件，如图10-11所示，接下来将使用泛光灯来模拟筒灯的渲染光晕效果。

02 单击 " 　（创建）> 　（灯光）> 标准 > 泛光"按钮，在"顶"视图中创建泛光灯，如图10-12所示。

提示

启用"远距离衰减"就会出现光圈，靠近光源的光圈表示明部在此照射范围内的物体明度是1；两个光圈之间是灰部，物体明度是1到0。

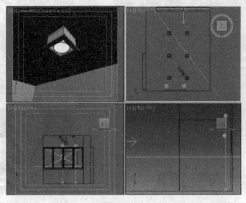
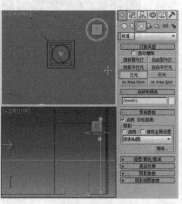

图10-11　　　　　　　　　　　　　　　图10-12

03 切换到 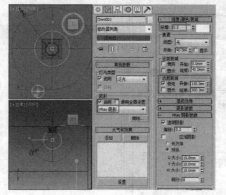（修改）命令面板，在"常规参数"卷展栏中勾选"阴影"组中的"启用"选项，选择阴影类型为"VRay阴影"；在"强度/颜色/衰减"卷展栏中设置"倍增"为0.5；在"远距衰减"组中勾选"使用"选项，设置"开始"为130、"结束"为300，如图10-13所示。渲染场景可以看到泛光灯渲染出的光晕。

图10-13

┤操作步骤 ├

01 打开原始场景文件，如图10-14所示。接下来我们将使用目标聚光灯模拟追光效果。

02 渲染打开的原始场景文件来看一下效果，如图10-15所示。在此效果的基础上创建光效。

03 单击"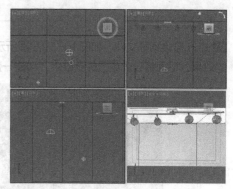（创建）> （灯光）> 标准 > 目标聚光灯"按钮，在"左"视图中创建目标聚光灯，在其他3个视图中调整灯光，选择灯光及其目标点移动并复制灯光，复制的方式可以使用实例。复制灯光后，在"常规参数"卷展栏中勾选"阴影"组中的"启用"选项，选择阴影类型为"阴影贴图"；在"强度/颜色/衰减"卷展栏中设置"倍增"为1，如图10-16所示。

图10-14

图10-15

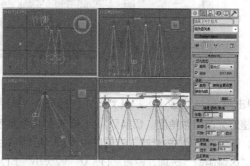

图10-16

04 按<8>键打开"环境和效果"面板，在"大气"卷展栏中单击"添加"按钮，在弹出的对话框中选择"体积光"效果，单击"确定"按钮，如图10-17所示。

05 在"体积光参数"卷展栏中单击"拾取灯光"按钮，在场景中拾取创建的四盏目标聚光灯，并在"体积"组中设置"密度"为1，如图10-18所示。

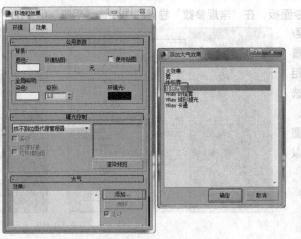

图10-17　　　　　　　　　　　　　　　　　　　　　图10-18

实例 117 【目标平行光】——太阳投影

- **案例场景位置** | DVD > 案例源文件 > Cha10 > 实例117【目标平行光】——太阳投影
- **效果场景位置** | DVD > 案例源文件 > Cha10 > 实例117【目标平行光】——太阳投影场景
- **贴图位置** | DVD > 贴图素材
- **视频教程** | DVD > 教学视频 > Cha10> 实例117
- **视频长度** | 4分02秒
- **制作难度** | ★☆☆☆☆

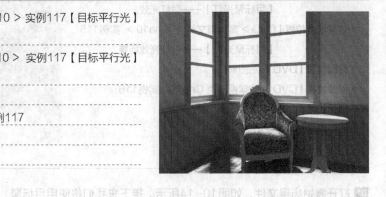

┤操作步骤├

01 打开原始场景文件，如图10-19左图所示；渲染当前场景得到的效果图如图10-19右图所示，可以看到该场景的效果。下面将在此场景的基础上，创建一盏目标平型光来模拟太阳照射到房间内的效果。

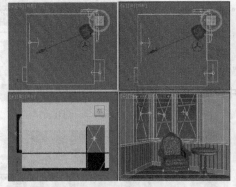

图10-19

02 单击 "（创建）> （灯光）> 标准 > 目标平行光"按钮，在"顶"视图中创建目标平行光，在其他视图中调整灯光的照射角度。切换到 （修改）命令面板，在"常规参数"卷展栏中勾选"阴影"组中的"VRay阴影"；在"强度/颜色/衰减"卷展栏中设置"倍增"为3，设置灯光的颜色为暖色；在"VRay阴影参数"卷展栏中勾选"区域阴影"选项，设置"U、V、W大小"均为500，设置"细分"为16；在"平行光参数"卷展栏中设置"聚光区/光束"为2600、"衰减区/区域"为5800，如图10-20所示。

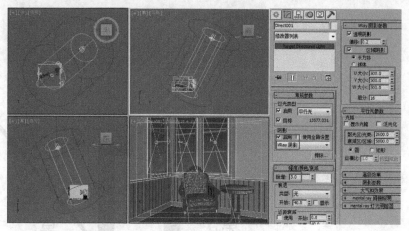

图10-20

<table>
<tr><td>实例
118</td><td>**【天光】——乡村小屋**</td></tr>
</table>

● **案例场景位置** | DVD > 案例源文件 > Cha10 > 实例118【天光】——乡村小屋

● **效果场景位置** | DVD > 案例源文件 > Cha10 > 实例118【天光】——乡村
　　　　　　　　　　小屋场景

● **贴图位置** | DVD > 贴图素材

● **视频教程** | DVD > 教学视频 > Cha10> 实例118

● **视频长度** | 1分48秒

● **制作难度** | ★ ☆ ☆ ☆ ☆

▌ **操作步骤** ▐

01 打开原始场景文件，如图10-21所示。在此场景的中没有创建任何灯光，下面将为该场景创建天光，来为乡村小屋来创建照明。

02 单击 " [图标]（创建）> [图标]（灯光）> 标准 >天光" 按钮，在 "顶" 视图中任意位置创建天光，天光的位置不影响照明效果，使用默认的灯光参数即可，如图10-22所示。

03 在工具栏中单击 [图标]（渲染设置）按钮，打开 "渲染设置" 面板，切换到 "高级照明" 选项卡，在 "选择高级照明" 卷展栏中选择高级照明为 "光跟踪器"，如图10-23所示。

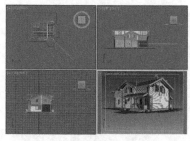

图10-21

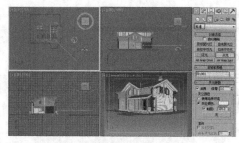

图10-22

图10-23

<table>
<tr><td>**提示**</td></tr>
</table>

　　"天光" 能够模拟日光照射效果。在 3ds Max 中有好几种模拟日光照射效果的方法，但如果配合 "照明追踪" 渲染方式，"天光" 往往能产生最真实的效果。

第 / 11 / 章

VRay真实灯光的表现

在前面的第9章中介绍了3ds Max中自带的默认灯光，及默认灯光与VRay渲染器的搭配使用，在本章我们将介绍如何使用3ds Max中的默认灯光和VRay中带有的灯光相结合，来制作出逼真的场景效果。

实 例 119	静物灯光的模拟

- **案例场景位置** | DVD > 案例源文件 > Cha11 > 实例119静物灯光的模拟
- **效果场景位置** | DVD > 案例源文件 > Cha11 > 实例119静物灯光的模拟场景
- **贴图位置** | DVD > 贴图素材
- **视频教程** | DVD > 教学视频 > Cha11> 实例119
- **视频长度** | 4分36秒
- **制作难度** | ★★☆☆☆

操作步骤

01 打开原始场景文件。

02 单击 "　（创建）> 　（灯光）> VRay > VR灯光" 按钮，在 "前" 视图中创建VR灯光平面，创建合适的大小即可，在 "参数" 卷展栏中设置 "倍增器" 为4，设置灯光的 "颜色" 红绿蓝为255、248、235，如图11-1所示。

03 在 "顶" 视图中调整灯光的角度，如图11-2所示。

04 在 "顶" 视图中复制灯光，调整灯光的位置和角度，如图11-3所示。在 "参数" 卷展栏中修改灯光的 "倍增器" 为1，设置灯光的 "颜色" 红绿蓝为235、245、255，如图11-3所示。

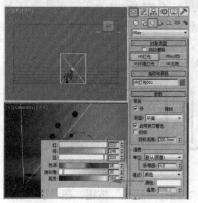

图11-1

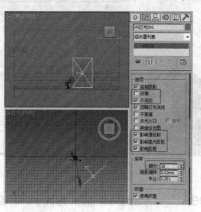

图11-2

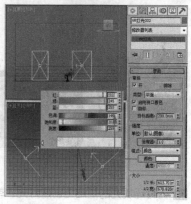

图11-3

05 渲染得到的效果如图11-4所示。

06 在图11-4所示的效果中可以看到场景还是偏暗，接下来将在场景中模型的上方创建VR灯光，并在场景中调整灯光的角度和位置。在 "参数" 卷展栏中设置 "倍增器" 为0.8、设置 "颜色" 的红绿蓝为235、245、255，如图11-5所示，最后渲染得到最终效果。

图11-4

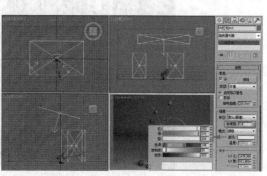

图11-5

实例 120 户外小品灯光的模拟

- **案例场景位置** | DVD > 案例源文件 > Cha11 > 实例120户外小品灯光的模拟
- **效果场景位置** | DVD > 案例源文件 > Cha11 > 实例120户外小品灯光的模拟场景
- **贴图位置** | DVD > 贴图素材
- **视频教程** | DVD > 教学视频 > Cha11> 实例120
- **视频长度** | 4分07秒
- **制作难度** | ★ ★ ☆ ☆ ☆

┤ 操作步骤 ├

01 打开原始场景文件，在该场景中我们创建有辅助环境，所以渲染场景得到如图11-6所示的效果。

02 按<8>键，打开"环境和效果"面板，从中可以看到背景的"颜色"红绿蓝为204、230、255，如图11-7所示，这里环境背景是影响环境亮度的原因之一。

03 打开渲染设置面板，在"VRay环境"卷展栏中可以看到，这里打开了"全局照明环境（天光覆盖）"选项，如图11-8所示。这是影响环境亮度的另一重要原因。

图11-6

图11-7

图11-8

04 在有环境光的基础上创建灯光。单击 "（创建）> （灯光）> 标准 > 目标平行光"按钮，在"顶"视图中创建平行光，在"常规参数"卷展栏中勾选"阴影"组中的"启用"选项，选择阴影类型为"VRay阴影"；在"强度/颜色/衰减"卷展栏中设置"倍增"为0.8，设置其色块的红绿蓝为255、239、215；在"VRay阴影参数"卷展栏中勾选"区域阴影"选项，选择"球体"类型，并设置其"U、V、W大小"均为200，"细分"为16；在"平行光参数"卷展栏中设置合适的"聚光区/光束"和"衰减区/区域"参数，如图11-9所示。

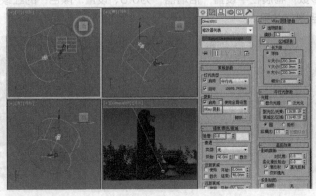

图11-9

实例 121 室内日景

- **案例场景位置** | DVD > 案例源文件 > Cha11 > 实例121室内日景
- **效果场景位置** | DVD > 案例源文件 > Cha11 > 实例121室内日景场景
- **贴图位置** | DVD > 贴图素材
- **视频教程** | DVD > 教学视频 > Cha11> 实例121
- **视频长度** | 6分31秒
- **制作难度** | ★★☆☆☆

操作步骤

01 打开原始场景文件，如图11-10所示。

02 在已有场景的基础上，一定要养成良好的习惯，就是查看其环境光是否是打开的，查看场景中是否有发光材质，这个元素会直接影响场景的光照效果。打开"渲染设置"面板，可以看到该场景打开了"全局照明环境（天光）覆盖"组中的"开"，如图11-11所示。

03 在该场景中还有一张作为背景板的发光材质，如图11-12所示。

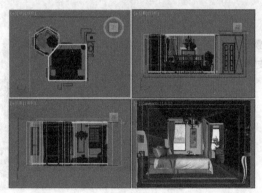

图11-10

图11-11

图11-12

04 在这些因素的影响下，来渲染场景看一下效果，如图11-13所示。

05 单击"（创建）>（灯光）> VRay > VR灯光"按钮，在"左"视图中如图11-14所示的窗户位置创建VR灯光，设置合适的长宽，设置"倍增器"为3，设置灯光的"颜色"红绿蓝为205、231、255，调整灯光到如图11-14所示的位置。

06 在"选项"组中勾选"不可见"选项，取消"影响反射"选项，并设置"采样"组中的"细分"为12，如图11-15所示。

图11-13

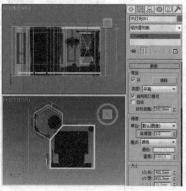

图11-14

图11-15

07 对设置好的VR灯光进行复制，调整灯光的位置和角度，如图11-16所示。

08 渲染当前场景得到如图11-17所示的效果。

09 创建完成基础光之后，接下来在室内基础光源相反的方向创建补光，该灯光要求倍增不要高过基础光。单击 "⚙（创建）> ⬗（灯光）> VRay > VR灯光"按钮，在"左"视图中创建VR灯光，设置合适的大小，调整灯光合适的位置，并在"参数"卷展栏中设置"倍增器"为1，设置灯光的"颜色"红绿蓝为205、231、255，如图11-18所示。

10 这样即可得到最终效果，需要注意室内效果图不要过于明亮，以免后期曝光。

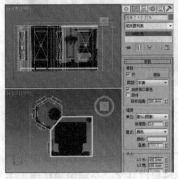

图11-16

图11-17

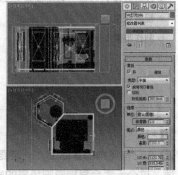
图11-18

实例	
122	**室内夜景**

● **案例场景位置** | DVD > 案例源文件 > Cha11 > 实例122室内夜景

● **效果场景位置** | DVD > 案例源文件 > Cha11 > 实例122室内夜景场景

● **贴图位置** | DVD > 贴图素材

● **视频教程** | DVD > 教学视频 > Cha11> 实例122

● **视频长度** | 9分55秒

● **制作难度** | ★★☆☆☆

┤ **操作步骤** ├

01 继续使用室内日景的场景，或者再重新打开室内日景的原始场景文件。

02 与室内灯光的创建一样，在窗户的位置创建VR灯光，设置灯光的"倍增器"为1，设置灯光的"颜色"红绿蓝为218、211、232，如图11-19所示。将灯光设置为"不可见"。

03 继续设置室内的补光参数，设置其"倍增器"为1、"颜色"的红绿蓝为255、228、185，如图11-20所示。

04 打开"渲染设置"面板，取消"全局照明环境（天光）覆盖"选项的勾选，如图11-21所示。

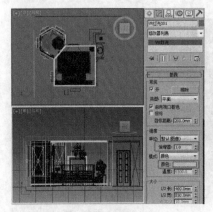
图11-19

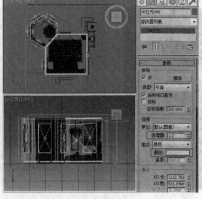
图11-20

图11-21

05 在场景中拾取室外背景的发光板材质，并为其重新指定贴图为"DVD > 贴图素材 > 室内夜景jpg"，如图11-22所示。

06 将作为自然光的灯光降低亮度，并重新测试渲染效果，如图11-23所示。

07 单击 "■（创建）> ■（灯光）> VRay > VR灯光"按钮，在"参数"卷展栏中选择"类型"为"球体"，在"顶"视图中吊灯的位置创建VR球体灯光，设置"倍增器"为8，设置"颜色"的红绿蓝为255、248、235，并在场景中实例复制灯光到每个灯罩中，如图11-24所示。

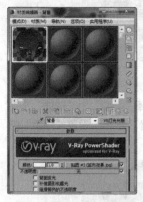

图11-22　　　　　　　　　　　　图11-23　　　　　　　　　　　　图11-24

08 设置作为吊灯的VR球体灯光，在"选项"组中勾选"不可见"选项，取消"影响高光反射"和"影响反射"选项的勾选，并设置"细分"为12，如图11-25所示。

09 渲染当前的效果，如图11-26所示。

10 单击 "■（创建）> ■（灯光）> VRay > VR灯光"按钮，在"参数"卷展栏中选择"类型"为"平面"，在"顶"视图中吊灯的下方创建一盏VR灯光，设置"倍增器"为2，设置"颜色"红绿蓝为255、226、200，如图11-27所示。

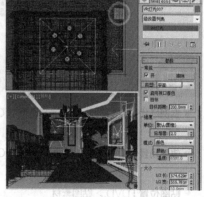

图11-25　　　　　　　　　　　　图11-26　　　　　　　　　　　　图11-27

11 渲染当前场景得到如图11-28所示的效果。

12 单击 "■（创建）> ■（灯光）> 光度学 > 目标灯光"按钮，在"前"视图中创建目标灯光；在"顶"视图中调整目标灯光；在"常规参数"卷展栏中勾选"阴影"组中的"启用"选项，选择阴影类型为"VRay阴影"，在"灯光分布（类型）"组中选择"光度学Web"；在"VRay阴影参数"卷展栏中勾选"区域阴影"选项，选择"球体"选项，设置"U、V、W大小"为500；在"分布（光度学Web）"卷展栏中指定光度学文件为"DVD > 贴图素材 > cooper.ies"文件；在"强度/颜色/衰减"卷展栏中设置"过滤颜色"的红绿蓝为255、214、155，设置强度为1516，如图11-29所示。

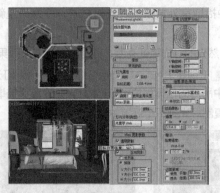

图11-28   图11-29

13 单击 "（创建）> （灯光）> VRay > VR灯光" 按钮，在 "参数" 卷展栏中选择 "类型" 为 "球体"；在 "顶" 视图中创建VR球体灯光，作为床头台灯的光源；在 "参数" 卷展栏中设置 "倍增器" 为15，设置 "颜色" 的红绿蓝为255、202、155；勾选 "不可见" 选项，如图11-30所示。

14 完成场景照明设置，如图11-31所示，该图为在后期PS中简单地调整了场景亮度的效果。

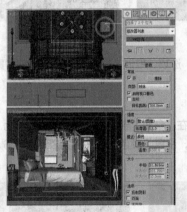

图11-30   图11-31

<table>
<tr><td>实 例
123</td><td colspan="2">**室外日景**</td></tr>
</table>

- **案例场景位置** | DVD > 案例源文件 > Cha11 > 实例123 室外日景
- **效果场景位置** | DVD > 案例源文件 > Cha11 > 实例123 室外日景场景
- **贴图位置** | DVD > 贴图素材
- **视频教程** | DVD > 教学视频 > Cha11 实例123
- **视频长度** | 8分10秒
- **制作难度** | ★★☆☆☆

┨操作步骤┠

01 打开原始场景文件，如图11-32所示。

02 单击 "（创建）> （灯光）> VRay > VR太阳" 按钮，在 "左" 视图中创建灯光，在弹出的 "VRay太阳" 对话框中单击 "是" 按钮，如图11-33所示。

03 在场景中对VR太阳的角度和位置进行调整，在"VRay太阳参数"卷展栏中设置"强度倍增"为0.01、"大小倍增"为5，如图11-34所示。

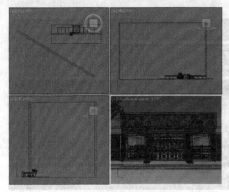

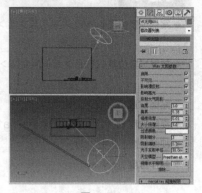

图11-32　　　　　　　　　　　　图11-33　　　　　　　　　　　　图11-34

04 打开"材质编辑器"窗口，按<8>键打开"环境和效果"窗口，将为背景指定的VR天空拖曳到新的材质样本球上，在弹出的对话框中选择"实例"，单击"确定"按钮，如图11-35所示。

05 在"VRay天空参数"卷展栏中勾选"指定太阳节点"，设置"太阳强度倍增"为0.03，如图11-36所示。

06 单击" ＊ （创建）> ◢ （灯光）> 光度学 > 目标灯光"按钮，在"左"视图中创建灯光，在场景中调整灯光的位置和照射角度；在"常规参数"卷展栏中勾选"阴影"组中的"启用"复选框，在下拉列表框中选择"阴影贴图"；在"灯光分布（类型）"下拉列表框中选择"光度学Web"类型；并在"分布（光度学Web）"卷展栏中单击"选择光度学文件"按钮，在弹出的对话框中选择随书资源文件中的"DVD > 贴图素材 > 竹简牛眼灯.ies"文件，如图11-37所示。

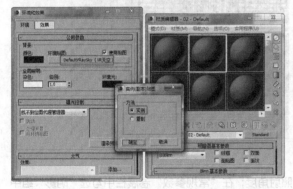

图11-35　　　　　　　　　　　　图11-36　　　　　　　　　　　　图11-37

07 在"强度/颜色/衰减"卷展栏中设置"颜色"组中"过滤颜色"的红绿蓝值分别为255、221、176，设置"强度"选项组中的cd强度为1500，在"高级效果"卷展栏中取消"高光反射"的勾选，如图11-38所示。

08 对目标灯光进行复制，并调整其至合适的角度和位置，如图11-39所示。

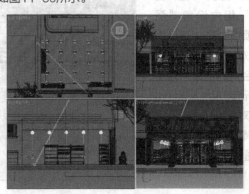

图11-38　　　　　　　　　　　　　　　图11-39

实例 124 室外夜景

- **案例场景位置** | DVD > 案例源文件 > Cha11 > 实例124
  室外夜景
- **效果场景位置** | DVD > 案例源文件 > Cha11 > 实例124
  室外夜景场景
- **贴图位置** | DVD > 贴图素材
- **视频教程** | DVD > 教学视频 > Cha11> 实例124
- **视频长度** | 17分24秒
- **制作难度** | ★ ★ ★ ☆ ☆

操作步骤

01 室外夜景可以在室外日景的基础上进行修改。打开室内日景完成的场景，从中删除太阳光，如图11-40所示。

02 在"后"视图中创建VR灯光，在"参数"卷展栏中选择"类型"为"平面"，设置"强度"组中"倍增"为5，设置颜色的红绿蓝值分别为255、182、104，在"选项"组中勾选"不可见"复选框，调整其至合适的位置，如图11-41所示。

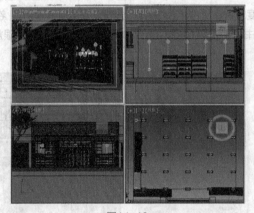

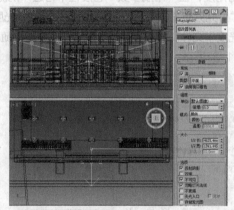

图11-40

图11-41

03 在"左"视图中创建目标灯光，在场景调整灯光的位置和照射角度；在"常规参数"卷展栏中勾选"阴影"组中的"启用"复选框，在下拉列表框中选择"VRay阴影"；在"灯光分布（类型）"下拉列表框中选择"光度学Web"类型；在"分布（光度学Web）"卷展栏中单击"选择光度学文件"按钮，在弹出的对话框中选择随书资源文件中的"DVD > 贴图素材 > 30.IES"文件；在"强度/颜色/衰减"卷展栏中设置"过滤颜色"色块的红绿蓝值分别为255、199、112；在"强度"组中设置"强度"选项组中的cd强度为5000，对其进行复制并调整其至合适的位置，如图11-42所示。

04 继续对目标灯光进行复制，并调整其至合适的位置，如图11-43所示。

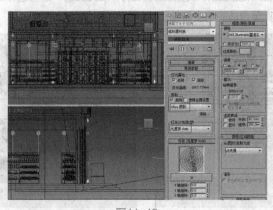

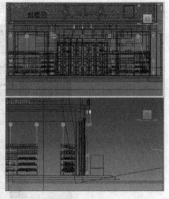

图11-42

图11-43

05 看一下渲染的效果，如图11-44
所示。

06 在"后"视图中创建VR灯光，
在"参数"卷展栏中选择"类型"
为"平面"，设置"强度"组中
"倍增"为1.2，设置颜色的红绿蓝
值分别为255、182、104，在"选
项"组中勾选"不可见"复选框，
调整其至合适的大小和位置，如图
11-45所示。

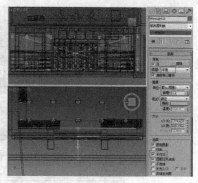

图11-44　　　　　　　　　　　　　图11-45

07 继续在"顶"视图中创建VR灯
光，在"参数"卷展栏中选择"类
型"为"平面"，设置"强度"组
中"倍增"为15，设置颜色的红绿
蓝值分别为255、164、67，在"选
项"组中勾选"不可见"复选框，
对其进行复制并调整其至合适的位
置，如图11-46所示。

08 看一下渲染的效果，如图11-47
所示。

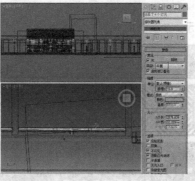

图11-46　　　　　　　　　　　　　图11-47

09 继续在"顶"视图中创建VR灯光，在"参数"卷展栏中选择"类型"为"平面"，设置"强度"组中"倍增"
为10，设置颜色的红绿蓝值分别为255、251、147，在"选项"组中勾选"不可见"复选框，对其进行复制并调整
其至合适的位置，如图11-48所示。

10 继续在场景中创建VR灯光，在"参数"卷展栏中选择"类型"为"平面"，设置"强度"组中"倍增"为10，
设置颜色的红绿蓝值分别为255、248、240，在"选项"组中勾选"不可见"复选框，对其进行复制并调整其至合
适的位置，如图11-49所示。

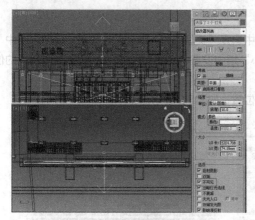

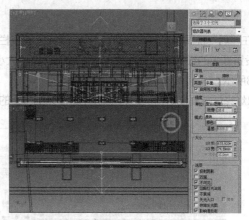

图11-48　　　　　　　　　　　　　图11-49

11 继续在"后"视图中创建VR灯光，在"参数"卷展栏中选择"类型"为"平面"，设置"强度"组中"倍增"为
8，设置颜色的红绿蓝值分别为255、233、210，对其进行复制并调整其至合适的位置，如图11-50所示。

12 继续在"后"视图中创建VR灯光，在"参数"卷展栏中选择"类型"为"平面"，设置"强度"组中"倍增"
为5，设置颜色的红绿蓝值分别为255、233、210，调整其至合适的位置，如图11-51所示。

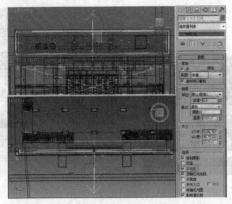
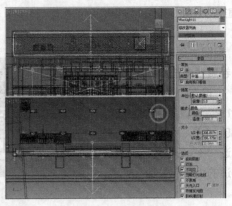

图11-50 图11-51

13 看一下渲染的效果，如图11-52所示。

图11-52

14 继续在"后"视图中创建VR灯光，在"参数"卷展栏中选择"类型"为"球体"，设置"强度"组中"倍增"为30，设置颜色的红绿蓝值分别为0、15、64，在"大小"组中设置"半径"为2000，调整其至合适的位置，如图11-53所示。

15 对VR灯光进行复制，对其进行复制并调整其至合适的位置，如图11-54所示。

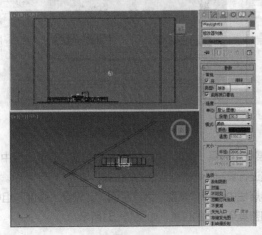
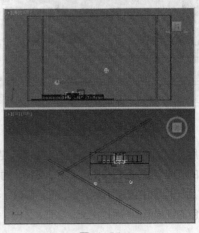

图11-53 图11-54

第 **12** 章

摄影机的应用

3ds Max中的摄影机与现实中的摄影机在使用原理上相同，可是它却比现实中的摄影机功能更强大，它的很多效果是现实中的摄影机所不能达到的。摄影机决定了视图中物体的位置和大小，也就是说看到的内容是由摄影机决定的，所以掌握3ds Max中摄影机的用法与使用技巧是进行效果图制作的关键。本章主要讲解摄影机的使用方法和应用技巧，通过本章内容的学习，读者应可以充分地利用好摄影机对效果图进行完美的表现。

实例 125 如何快速创建摄影机

- **案例场景位置** | DVD > 案例源文件 > Cha12 > 实例125如何快速创建摄影机
- **效果场景位置** | DVD > 案例源文件 > Cha12 > 实例125如何快速创建摄影机场景
- **贴图位置** | DVD > 贴图素材
- **视频教程** | DVD > 教学视频 > Cha12 > 实例125
- **视频长度** | 3分05秒
- **制作难度** | ★ ☆ ☆ ☆ ☆

┤ 操作步骤 ├

01 创建摄影机的方法有两种，一种是选择"摄影机"工具，在场景中创建，在其他视图中调整摄影机；另一种方法是调整"透视"图的角度，并通过按<Ctrl+C>组合键，快速地通过当前角度创建摄影机。打开原始场景文件，如图12-1所示，下面将在此场景的基础上快速地建立摄影机。

02 在场景中激活"透视"图，使用视图工具，调整视图的角度，如图12-2所示。

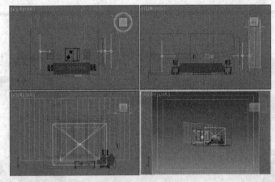

图12-1

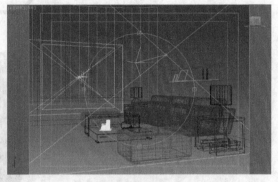

图12-2

03 调整好视图的的角度后，按<Ctrl+C>组合键，在当前的"透视"图角度创建摄影机，如图12-3所示。

04 由于摄影机的镜头位于墙体之外，接下来将对摄影机的视野进行裁剪。在摄影机的参数面板中找到"剪切平面"组，从中勾选"手动剪切"选项，设置合适的剪切范围，如图12-4所示，这样就完成了摄影机的创建。

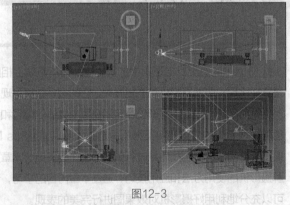

图12-3

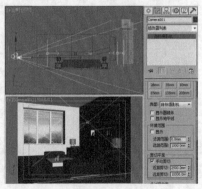

图12-4

提示

使用"手动剪切"可以设置摄影的近距和远距范围。"近距剪切"和"远距剪切"两个选项通俗来讲就是从与到，可以理解为从"近距剪切"到"远距剪切"之间的剪切范围为摄影机可见。

实例 126　摄影机景深的使用

- **案例场景位置** | DVD > 案例源文件 > Cha12 > 实例126摄影机景深的使用
- **效果场景位置** | DVD > 案例源文件 > Cha12 > 实例126摄影机景深的使用
  场景
- **贴图位置** | DVD > 贴图素材
- **视频教程** | DVD > 教学视频 > Cha12 > 实例126
- **视频长度** | 4分14秒
- **制作难度** | ★ ★ ☆ ☆ ☆

操作步骤

01 打开原始场景文件，如图12-5所示。

02 单击 " ⚙ （创建）> 📷 （摄影机）> VRay > VR物理摄影机" 按钮，在场景中单击拖曳创建VRay物理摄影机，调整摄影机的位置和角度，选择 "透视" 图并按<C>键，将其转换为摄影机视图，如图12-6所示。

03 在 "基本参数" 卷展栏中设置 "胶片规格" 为36、"焦距" 为40、"缩放因子" 为1、"快门速度" 为8、"胶片速度" 为500；在 "采样" 卷展栏中勾选 "景深" 选项，设置 "细分" 为3，如图12-7所示。

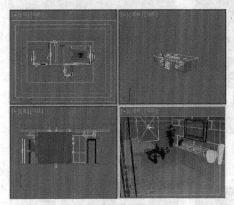
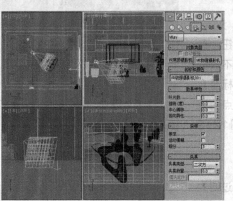

图12-5　　　　　　　　　　　　　　图12-6　　　　　　　　　　　　图12-7

> **提示**
>
> "焦距"：控制摄影机的焦长，同时也会影响到画面的感光强度。较大的数值效果类似于长焦效果，且感光材料（胶片）会越暗，特别是胶片边缘的区域会更暗；较小数值的效果类似于广角效果，透视感强，胶片就会越亮。

> **提示**
>
> "快门速度"：这里的快门速度中的数值是实际速度的倒数，也就是说如果将快门速度设为80，那么最后的实际快门速度为1/80秒。它可以控制光通过镜头到达感光材料（胶片）的时间，其时间长短会影响到最后图像（效果图）的亮度，数值小（例如 "快门速度" 为10，最后的实际速度为1/10秒）与数值大（例如 "快门速度" 为200，最后的实际速度为1/200）相比，数值小的快门慢 [快门打开的时间长，通过的光就会多，感光材料（胶片）所得到的光就会越多，最后的图像（效果图）就会越亮]，数值大的快门快 [所得到的图像（效果图）就会越暗]。这样就得到一个结果，"快门速度" 数值越大图像就会越暗，反之就会越亮。

> **提示**
>
> "景深"：控制是否开启景深效果。当某一物体聚焦清晰时，从该物体前面的某一段距离到其后面的某一段距离内的所有景物也都是相当清晰的，焦点相当清晰的这段从前到后的距离就叫做景深。景深效果可以让画面清晰的区域更引人注目，也可以凸显视觉中心效果。

实例 127 室内摄影机的创建

- ● **案例场景位置** ┃ DVD > 案例源文件 > Cha12 > 实例127
  室内摄影机的创建
- ● **效果场景位置** ┃ DVD > 案例源文件 > Cha12 > 实例127
  室内摄影机的创建场景
- ● **贴图位置** ┃ DVD > 贴图素材
- ● **视频教程** ┃ DVD > 教学视频 > Cha12 > 实例127
- ● **视频长度** ┃ 2分22秒
- ● **制作难度** ┃ ★☆☆☆☆

┃ 操作步骤 ┃

01 打开原始场景文件，如图
12-8所示。

02 单击"🔆（创建）> 🎥
（摄影机）> 目标"按钮，在
"顶"视图中按住鼠标不放创
建摄影机，拖曳鼠标光标至合
适的位置释放确定目标点，完
成摄影机的创建，如图12-9
所示。

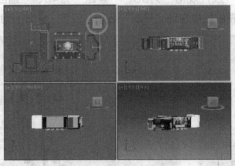

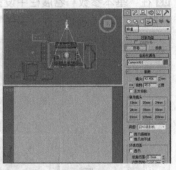

图12-8 　　　　　　　　　　　　图12-9

03 在工具栏中设置选择过滤为
"摄影机"，这样便于在场景中
调整摄影机和目标点，如图
12-10所示。激活"透视"图，
按<C>键，将其转换为摄影机
视图。

04 在摄影机的"参数"卷展栏
中勾选"剪切平面"组中的"手
动剪裁"选项，设置"近距剪
切"为3555、"远距剪切"为
10000，如图12-11所示。调
整到合适的角度完成摄影机的创建。

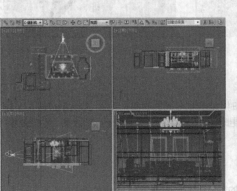

图12-10 　　　　　　　　　　　图12-11

提示

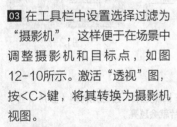

在室内场景中"镜头"值一般为18至24，室外"镜头"值为28至35；室内家装摄影机的高度在800mm至1000mm、
公装摄影机的高度在1000mm至1200mm；室外人视镜头高度为1700mm、半鸟瞰为4500mm以上至未看全房顶、鸟
瞰为能俯视房顶。如果室内镜头遇到墙体遮挡，可在"剪切平面"组中设置"手动剪切"调整。

实例
128　亭子摄影机的创建

- **案例场景位置 |** DVD > 案例源文件 > Cha12 > 实例128亭子摄影机的创建
- **效果场景位置 |** DVD > 案例源文件 > Cha12 > 实例128亭子摄影机的创建场景
- **贴图位置 |** DVD > 贴图素材
- **视频教程 |** DVD > 教学视频 > Cha12 > 实例128
- **视频长度 |** 2分09秒
- **制作难度 |** ★☆☆☆☆

┤ 操作步骤 ├

01 打开原始场景文件，如图12-12所示。

02 单击"　（创建）> 　（摄影机）> VRay > VR物理摄影机"按钮，在"顶"视图中创建VR物理摄影机；在"基本参数"卷展栏中设置"焦距"为30、"纵向移动"为0.07，如图12-13所示；在"前"视图中调整摄影机的位置。

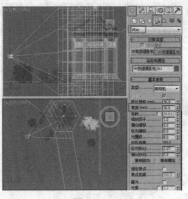

图12-12　　　　　　　　　　　　　　　　　　图12-13

03 选择"透视"图，按<C>键，将视图转换为摄影机视图，继续调整摄影机，如图12-14所示完成摄影机创建。

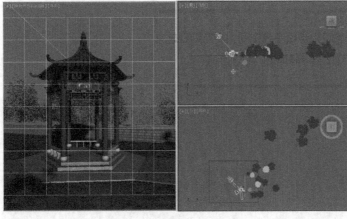

图12-14

第 第 章

13

室内装饰物的制作

制作效果图时，使用装饰物可以点缀室内空间，使空间看起来
更加的丰富生动。本章将介绍室内装饰物的制作方法。

实例
129　香水瓶

- **案例场景位置** | DVD > 案例源文件 > Cha13 > 实例129香水瓶
- **效果场景位置** | DVD > 案例源文件 > Cha13 > 实例129香水瓶场景
- **贴图位置** | DVD > 贴图素材
- **视频教程** | DVD > 教学视频 > Cha13 > 实例129
- **视频长度** | 9分46秒
- **制作难度** | ★★★☆☆

┤ 操作步骤 ├

01 单击"　（创建）>　（几何体）> 标准基本体 > 球体"按钮，在"顶"视图中创建球体，在"参数"卷展栏中设置"半径"为100、"分段"为32，如图13-1所示。

02 切换到　（修改）命令面板，为球体施加"编辑多边形"修改器，将选择集定义为"边"，在"顶"视图中选择如图13-2所示的边。

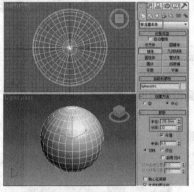
图13-1

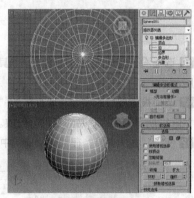
图13-2

03 在"选择"组中单击"循环"按钮，循环选择边，如图13-3所示。

04 按住<Ctrl>键，在"选择"组中单击　（顶点）按钮，根据边选择顶点，如图13-4所示。

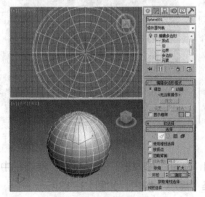
图13-3

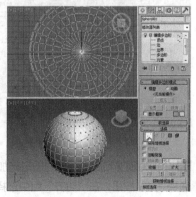
图13-4

05 在"左"视图中按住<Alt>键减选顶点，如图13-5所示。

06 使用　（选择并均匀缩放）工具，在"顶"视图中缩放顶点，如图13-6所示。

07 关闭选择集，为模型施加"锥化"修改器，在"参数"卷展栏中设置"数量"为-1.09、"曲线"为0.48，如图13-7所示。

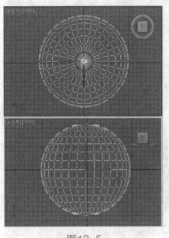
图13-5

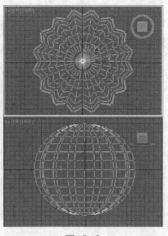
图13-6

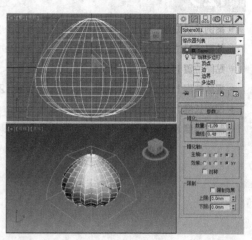
图13-7

08 在场景中选择模型，按<Ctrl+V>组合键，在弹出的快捷菜单中选择"复制"选项，如图13-8所示。

09 在工具栏中鼠标右击 □（选择并均匀缩放）按钮，在弹出的快捷菜单中设置"偏移：屏幕"的百分比为95，如图13-9所示。

图13-8   图13-9

10 选择没有缩放的编辑后球体，为其施加"壳"修改器，在"参数"卷展栏中设置"内部量"为4，如图13-10所示。

11 选择被缩放后的模型，为其施加"编辑多边形"修改器，将选择集定义为"顶点"，在场景中选择顶部的如图13-11所示的顶点，并对其进行缩放。

12 使用"线"工具，在"前"视图中创建图形，如图13-12所示。

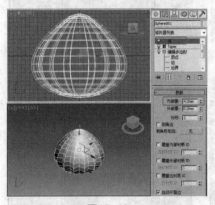
图13-10

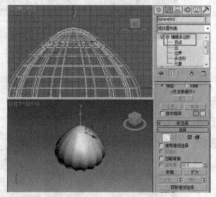
图13-11

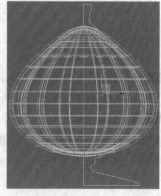
图13-12

13 分别为顶部和底部创建的图形施加"车削"修改器，在"参数"卷展栏中设置"分段"为16，在"方向"组中选择"Y"按钮，在"对齐"组中选择"最小"按钮，如图13-13所示。

14 单击" ✿（创建）> ○（几何体）> 扩展基本体 > 切角圆柱体"按钮，在"前"视图中创建切角圆柱体，在"参数"卷展栏中设置"半径"为50、"高度"为30、"圆角"为10、"边数"为16，如图13-14所示。

15 切换到 ◢（修改）命令面板，为模型施加"编辑多边形"修改器，将选择集定义为"顶点"，在"前"视图中调整顶点，使其成为心形，如图13-15所示。

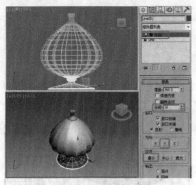

图13-13

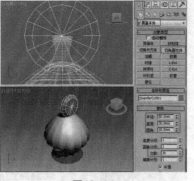

图13-14

图13-15

16 继续缩放中心顶点，如图13-16
所示。

17 关闭选择集，为模型施加"平
滑"修改器，使其模型没有平滑效
果，如图13-17所示。

18 参考前面章节中静物灯光的创
建，在场景中创建灯光；再为场景
中的模型设置一个玻璃和金属材
质，完成本例。

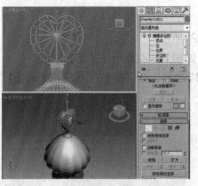

图13-16

图13-17

<table>
<tr><td>实 例
130</td><td>**装饰盘**</td></tr>
</table>

- **案例场景位置** | DVD > 案例源文件 > Cha13 > 实例130
  装饰盘
- **效果场景位置** | DVD > 案例源文件 > Cha13 > 实例130
  装饰盘场景
- **贴图位置** | DVD > 贴图素材
- **视频教程** | DVD > 教学视频 > Cha13 > 实例130
- **视频长度** | 9分05秒
- **制作难度** | ★ ★ ☆ ☆ ☆

操作步骤

01 单击" ＊ （创建）> ○ （几何体）> 球体"按钮，在"顶"视图中创建球体，在"参数"卷展栏中设置"半
径"为150。

02 在"前"视图中对球体进行缩放，如图13-18所示。

03 在场景中鼠标右击球体，转换为"可编辑多边形"，将选择集定义为"多边形"，选择如图13-19所示的多边
形，并将其删除。

04 将选择集定义为"顶点"，在场景中选择内侧的顶点，对顶点进行缩放，如图13-20所示。

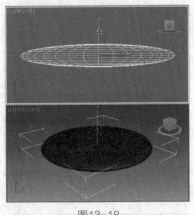
图13-18

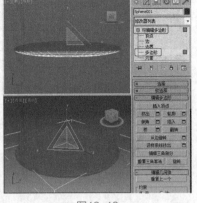
图13-19

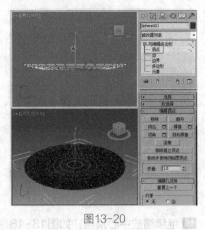
图13-20

05 对顶点的位置进行调整，如图13-21所示。

06 选择外侧的顶点，对其进行缩放，如图13-22所示，关闭选择集。

07 在"修改器列表"中选择"壳"修改器，在"参数"卷展栏中设置"内部量"为1、"外部量"为6，如图13-23所示。

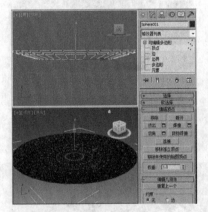
图13-21

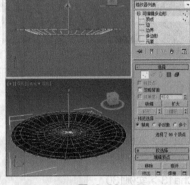
图13-22

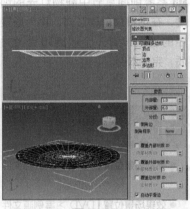
图13-23

08 将模型转换为"可编辑多边形"，将选择集定义为"边"，选择外部和底部的边，在"编辑边"卷展栏中单击"切角"后的 ■（设置）按钮，在弹出的助手小盒中设置"边切角量"为2、"连接边分段"为4，单击 ☑（确定）按钮，如图13-24所示。关闭选择集。

09 为模型施加"涡轮平滑"修改器，在"涡轮平滑"卷展栏中设置"迭代次数"为2，如图13-25所示。

10 调整装饰盘至合适的角度，如图13-26所示。

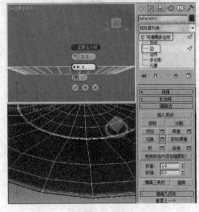
图13-24

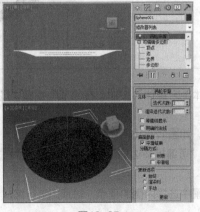
图13-25

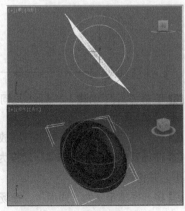
图13-26

11 单击" （创建）> （几何体）> 切角长方体"按钮，在"前"视图中创建切角长方体作为竖支架模型，在"参数"卷展栏中设置"长度"为200、"宽度"为15、"高度"为15、"圆角"为5、取消"平滑"复选框的勾选，调整其至合适的位置，如图13-27所示。

12 继续对作为支架的切角长方体进行复制，在"参数"卷展栏中修改"长度"为60、"宽度"为15、"高度"为15、"圆角"为5，调整其至合适的角度和位置，如图13-28所示。

13 对作为支架的切角长方体进行复制，作为横支架模型，在"参数"卷展栏中修改"长度"为15、"宽度"为15、"高度"为150、"圆角"为5，调整其至合适的角度和位置，如图13-29所示。

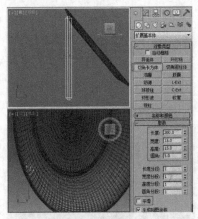

图13-27

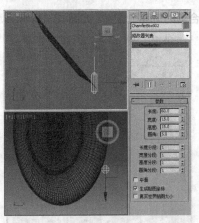

图13-28

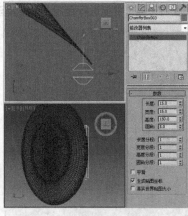

图13-29

14 对作为横支架的切角长方体进行复制，并调整其至合适的角度和位置，如图13-30所示。

15 对竖支架模型进行复制，并调整其至合适的位置，完成的模型如图13-31所示。

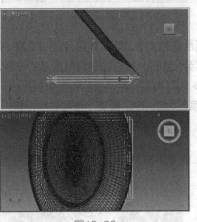

图13-30

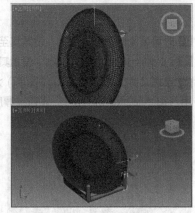

图13-31

实例
131 铁艺果盘

- **案例场景位置** ┃ DVD > 案例源文件 > Cha13 > 实例131铁艺果盘
- **效果场景位置** ┃ DVD > 案例源文件 > Cha13 > 实例131铁艺果盘场景
- **贴图位置** ┃ DVD > 贴图素材
- **视频教程** ┃ DVD > 教学视频 > Cha13 > 实例131
- **视频长度** ┃ 8分17秒
- **制作难度** ┃ ★ ★ ☆ ☆ ☆

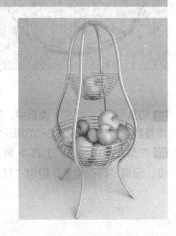

操作步骤

01 单击"（创建）>（图形）> 圆"按钮，在"顶"视图中创建圆，在"参数"卷展栏中设置"半径"为40，在"渲染"卷展栏中勾选"在渲染中启用"和"在视口中启用"选项，设置"厚度"为1，在"插值"卷展栏中设置"步数"为12，如图13-32所示。

02 单击"（创建）>（图形）> 弧"按钮，在"左"视图中创建弧，在"参数"卷展栏中设置"半径"为40、"从"为187、"到"为353，在"渲染"卷展栏中勾选"在渲染中启用"和"在视口中启用"选项，设置"厚度"为2，如图13-33所示。

03 对可渲染的弧进行复制，调整其至合适的角度和位置，如图13-34所示。

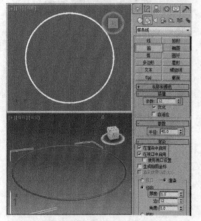

图13-32

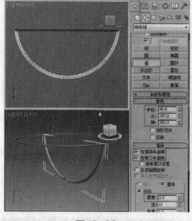

图13-33

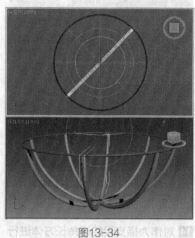

图13-34

04 对可渲染的圆进行复制，设置其至合适的大小，调整其至合适的位置，如图13-35所示。

05 对制作出的模型进行复制，设置其至合适的大小，调整其至合适的位置，如图13-36所示。

06 单击"（创建）>（图形）> 线"按钮，在"前"视图中创建线，在"渲染"卷展栏中勾选"在渲染中启用"和"在视口中启用"，设置"厚度"为3，在"插值"卷展栏中设置"步数"为12，调整样条线的形状，如图13-37所示。

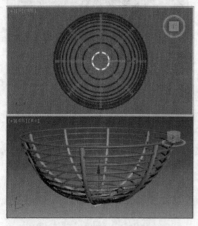

图13-35

图13-36

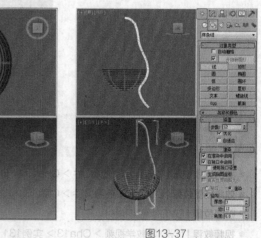

图13-37

07 切换到（层次）面板中，选择"轴"按钮，在"调整轴"卷展栏中选择"仅影响轴"按钮，在"顶"视图中调整轴的位置，如图13-38所示。关闭"仅影响轴"按钮。

08 在菜单栏中选择"工具 > 阵列"命令，在菜单栏中选择"旋转"的右侧箭头，并设置"总计"下Z的值为360度，设置"阵列维度"组中"1D"的"数量"为4，完成的模型如图13-39所示。

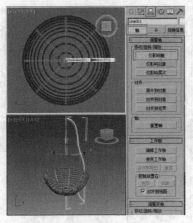

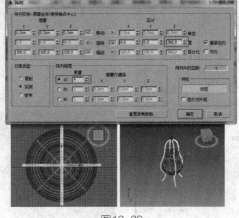

图13-38　　　　　　　　　　　　　　　　图13-39

实例 132　植物

- ● **案例场景位置** | DVD > 案例源文件 > Cha13 > 实例132植物
- ● **效果场景位置** | DVD > 案例源文件 > Cha13 > 实例132植物场景
- ● **贴图位置** | DVD > 贴图素材
- ● **视频教程** | DVD > 教学视频 > Cha13 > 实例132
- ● **视频长度** | 30分39秒
- ● **制作难度** | ★★★☆☆

┨ 操作步骤 ┠

01 单击"　（创建）>　（几何
体）> 长方体"按钮，在"前"视图
中创建长方体，在"参数"卷展栏
中设置"长度"为230、"宽度"为
100、"高度"为5、"长度分段"
为8、"宽度分段"为8、"高度分
段"为1，如图13-40所示。

02 将模型转换为"可编辑多边
形"，将选择集定义为"顶点"，
在场景中调整顶点的位置，如图
13-41所示。关闭选择集。

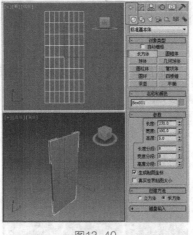

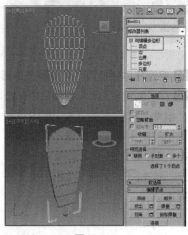

图13-40　　　　　　　　　　　　　图13-41

03 为模型施加"FFD（长方体）"修改器，在"FFD参数"卷展栏中单击"设置点数"按钮，设置点数"长度"
为8、"宽度"为5、"高度"为2，如图13-42所示。
04 将选择集定义为"控制点"，在场景中调整控制点的位置，如图13-43所示。关闭选择集。
05 旋转模型调整其至合适的角度，如图13-44所示。

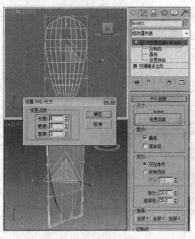
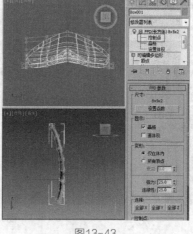
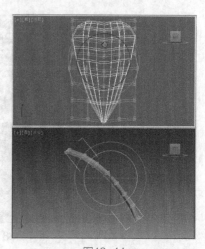

图13-42   图13-43   图13-44

06 再将模型转换为"可编辑多边形"，在"细分曲面"卷展栏中勾选"使用NURMS细分"选项，如图13-45所示。

07 在场景中复制模型，并调整模型至合适的角度，如图13-46所示。

08 单击" ⁺ （创建）> ○ （几何体）> 圆柱体"按钮，在"顶"视图中创建圆柱体作为花枝，在"参数"卷展栏中设置"半径"为5、"高度"为600、"高度分段"为60、"端面分段"为1、"边数"为5，如图13-47所示。

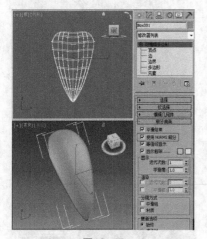

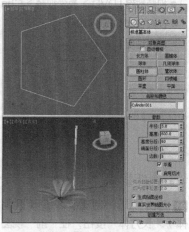

图13-45   图13-46   图13-47

09 将圆柱体转换为"可编辑多边形"，将选择集定义为"多边形"，在场景中选择多边形，如图13-48所示。

10 在"编辑多边形"卷展栏中单击"倒角"后的 ▢ （设置）按钮，在弹出的助手小盒中设置"高度"为4、"轮廓"为-2，如图13-49所示，单击 ⊘ （确定）按钮，关闭选择集。

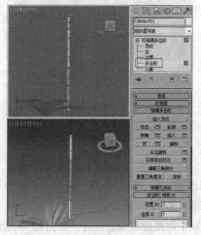
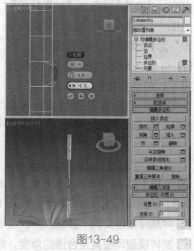

图13-48   图13-49

11 为模型施加"网格平滑"修改器，如图13-50所示。

12 继续为模型施加"FFD（圆柱体）"修改器，在"FFD参数"卷展栏中单击"设置点数"按钮，设置点数"侧面"为6、"径向"为6、"高度"为10，如图13-51所示。

13 将选择集定义为"控制点"，并在场景中调整控制点的位置，如图13-52所示。

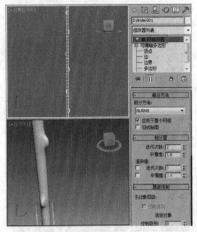
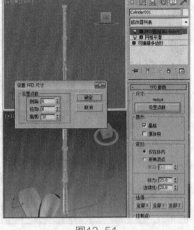
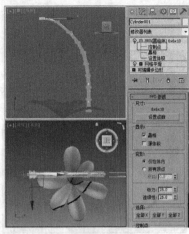

图13-50　　　　　　　　　图13-51　　　　　　　　　图13-52

14 使用同样的方法制作其他的花枝，并调整至合适的大小、角度和位置，如图13-53所示。

15 单击"（创建）>（几何体）> 平面"按钮，在"顶"视图中创建平面，在"参数"卷展栏中设置"长度"为90、"宽度"为120、"长度分段"为6、"宽度分段"为6，如图13-54所示。

16 将模型转换为"可编辑多边形"，将选择集定义为"顶点"，在场景中调整顶点的位置，如图13-55所示。

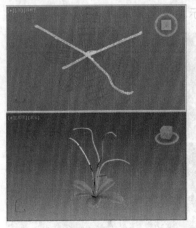
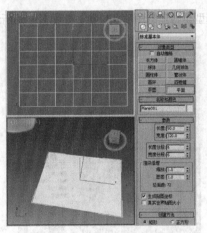
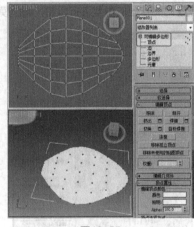

图13-53　　　　　　　　　图13-54　　　　　　　　　图13-55

17 在"软选择"卷展栏中勾选"使用软选择"，设置合适的"衰减"参数，并在场景中调整顶点，如图13-56所示，关闭选择集。

18 在"细分曲面"卷展栏中勾选"使用NURMS细分"选项，设置"迭代次数"为2，如图13-57所示。

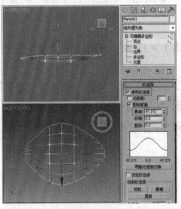
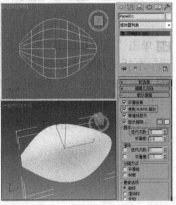

图13-56　　　　　　　　　图13-57

19 在场景中复制并调整模型，如图13-58所示。

20 继续复制模型，调整模型至合适的大小、角度和位置，如图13-59所示。

21 在"顶"视图中创建圆柱体，在"参数"卷展栏中设置"半径"为3、"高度"为50、"高度分段"为3、"端面分段"为1、"边数"为18，如图13-60所示。

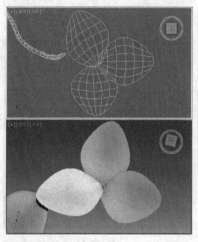
图13-58

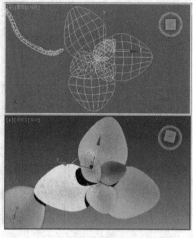
图13-59

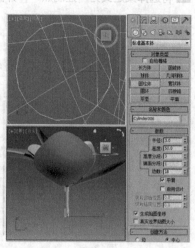
图13-60

22 将模型转换为"可编辑多边形"，将选择集定义为"顶点"，在场景中缩放顶点，并调整顶点至合适的位置，如图13-61所示。

23 在"细分曲面"卷展栏中勾选"使用NURMS细分"选项，并在场景中调整顶点的位置，如图13-62所示，关闭选择集。

24 对制作出的模型进行复制，调整模型至合适的角度和位置，如图13-63所示。

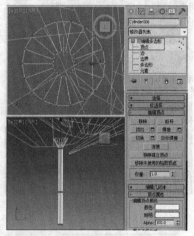
图13-61

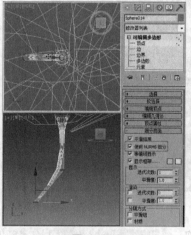
图13-62

图13-63

25 单击" (创建) > (几何体) > 球体"按钮，在"顶"视图中创建球体，在"参数"卷展栏中设置"半径"为15，如图13-64所示。

26 将模型转换为"可编辑多边形"，将选择集定义为"顶点"，在场景中调整顶点的位置，在"细分曲面"卷展栏中勾选"使用NURMS细分"选项，如图13-65所示。关闭选择集。

27 在场景中对球体进行复制并调整其至合适的位置，调整模型的比例，完成的模型如图13-66所示。

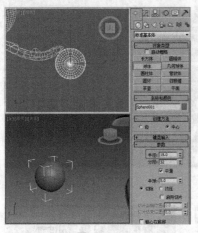

图13-64

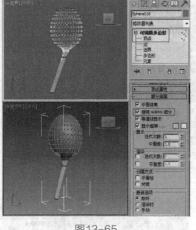

图13-65

图13-66

实 例	133	收纳盒

- **案例场景位置** | DVD > 案例源文件 > Cha13 > 实例133收纳盒
- **效果场景位置** | DVD > 案例源文件 > Cha13 > 实例133收纳盒场景
- **贴图位置** | DVD > 贴图素材
- **视频教程** | DVD > 教学视频 > Cha13 > 实例133
- **视频长度** | 10分54秒
- **制作难度** | ★★☆☆☆

操作步骤

01 单击 "█（创建）> █（图形）> 线" 按钮，在 "前" 视图中通过单击绘制如图13-67所示的样条线，右击鼠标完成创建。

02 切换到 █（修改）命令面板，在修改器堆栈中将选择集定义为 "顶点"，调整顶点，如图13-68所示。

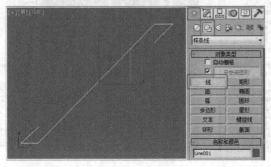

图13-67

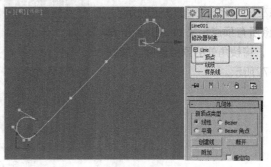

图13-68

03 在场景中按<Ctrl+A>组合键，全选顶点，然后右击鼠标，在弹出的快捷菜单中选择 "Bezier角点" 命令，将所有顶点转换为Bezier角点，如图13-69所示。通过调整顶点的控制柄调整样条线的形状。

04 调整图形的形状后，在 "插值" 卷展栏中设置 "步数" 为12，如图13-70所示，这样可以使图形更加的平滑。

05 选择样条线，在 "渲染" 卷展栏中勾选 "在渲染中启用" 和 "在视口中启用" 选项，设置合适的 "厚度" 参数，如图13-71所示。

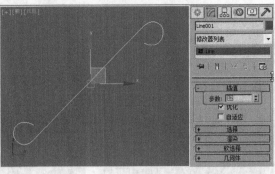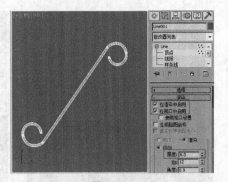

图13-69 图13-70 图13-71

06 将选择集定义为"样条线"，在"几何体"卷展栏中勾选"连接复制"组中的"连接"选项，如图13-72所示。

07 确定选择集定义为"样条线"，在"顶"视图中按住<Shift>键移动复制样条线，如图13-73所示。

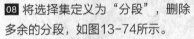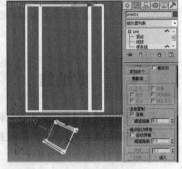

图13-72 图13-73

08 将选择集定义为"分段"，删除多余的分段，如图13-74所示。

09 将选择集定义为"顶点"，按<Ctrl+A>组合键，全选顶点，在"几何体"卷展栏中单击"焊接"按钮，焊接顶点，如图13-75所示。

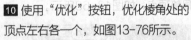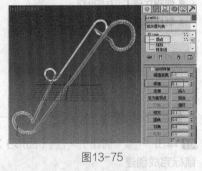

图13-74 图13-75

10 使用"优化"按钮，优化棱角处的顶点左右各一个，如图13-76所示。

11 将所有顶点定义为"Bezier角点"，将棱角处的顶点删除，如图13-77所示。

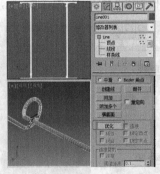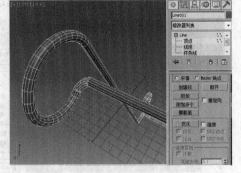

图13-76 图13-77

12 激活"前"视图，在工具栏中单击 ▥（镜像）工具，在弹出的对话框中设置镜像参数，如图13-78所示。

13 在"前"视图中创建楼筐的样条线，如图13-79所示。

14 调整图形后，将选择集定义为"样条线"，设置样条线的"轮廓"，如图13-80所示。

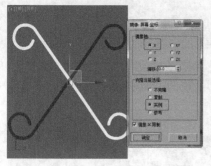

图13-78

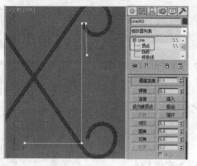
图13-79

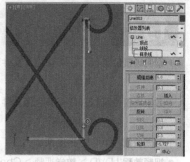
图13-80

15 关闭选择集，在场景中为模型施加"挤出"修改器，设置合适的参数，如图13-81所示。

16 为模型施加"编辑多边形"修改器，将选择集定义为"顶点"，在场景中调整顶点，在"编辑几何体"卷展栏中激活"切片平面"按钮，在场景中调整切片的位置，单击"切片"按钮，如图13-82所示。

17 创建切片后，关闭相应的按钮和选择集，为模型施加"对称"修改器，设置合适的参数，并选择"镜像轴"，在场景中调整镜像轴，如图13-83所示。关闭选择集。

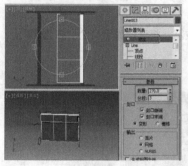
图13-81

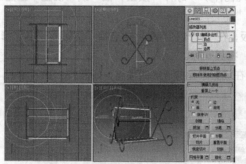
图13-82

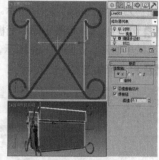
图13-83

18 再次为模型施加"编辑多边形"修改器，将选择集定义为"多边形"，在场景中选择如图13-84所示的多边形。

19 在"编辑多边形"卷展栏中单击"桥"按钮，连接选择的多边形，如图13-85所示。

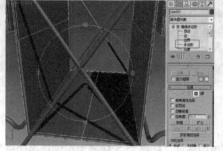
图13-84

图13-85

20 调整模型直至满意位置，完成的模型效果如图13-86所示。

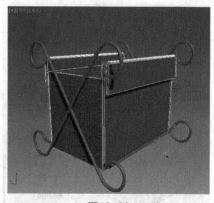
图13-86

茶杯

- **案例场景位置** | DVD > 案例源文件 > Cha13 > 实例134
  茶杯
- **效果场景位置** | DVD > 案例源文件 > Cha13 > 实例134
  茶杯场景
- **贴图位置** | DVD > 贴图素材
- **视频教程** | DVD > 教学视频 > Cha13 > 实例134
- **视频长度** | 9分02秒
- **制作难度** | ★★☆☆☆

操作步骤

01 单击"█（创建）> █（几何体）> 球体"按钮，在"顶"视图中创建球体，在"参数"卷展栏中设置"半径"为128，如图13-87所示。

02 切换到 █（修改）命令面板，在"修改器列表"中选择"编辑多边形"修改器，将选择集定义为"多边形"，选择多边形，如图13-88所示，将其删除。

03 将选择集定义为"顶点"，在场景中缩放底部的顶点，如图13-89所示。

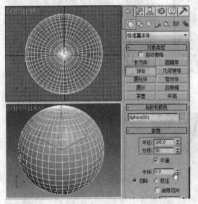
图13-87

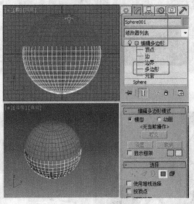
图13-88

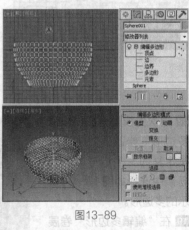
图13-89

04 关闭选择集，为模型施加"壳"修改器，如图13-90所示。

05 选择模型，鼠标右击，在弹出的快捷菜单中选择"转换为 > 转换为可编辑多边形"，如图13-91所示。

06 在"细分曲面"卷展栏中勾选"使用NURMS细分"选项，设置"迭代次数"为2，如图13-92所示。

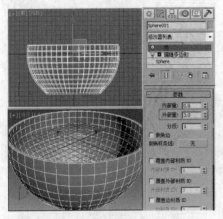
图13-90

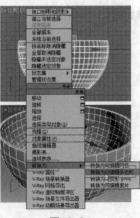
图13-91

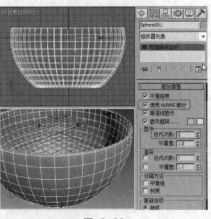
图13-92

07 将选择集定义为"顶点",在"软选择"卷展栏中勾选"使用软选择"选项,设置"衰减"参数,缩放顶点,如图13-93所示。

08 设置"衰减"参数,缩放如图13-94所示的顶点。

09 设置"衰减"参数,缩放如图13-95所示的顶点。

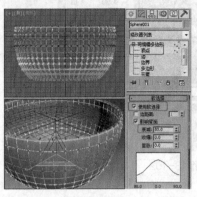
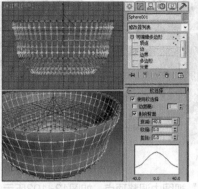
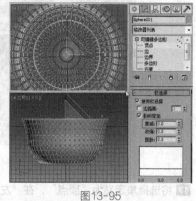

图13-93　　　　　　　　　　图13-94　　　　　　　　　　图13-95

10 设置"衰减"参数,缩放如图13-96所示的顶点。

11 在"透视"图中沿着Z轴向下移动顶点,如图13-97所示。

12 将选择集定义为"多边形",在"细分曲面"卷展栏中取消"使用NURMS细分"的勾选,在场景中选择如图13-98所示的多边形。

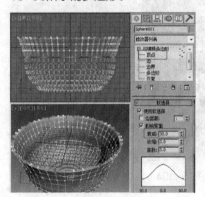
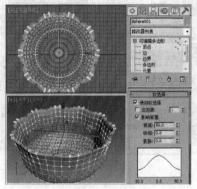
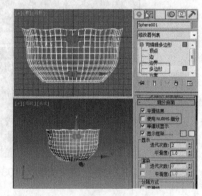

图13-96　　　　　　　　　　图13-97　　　　　　　　　　图13-98

13 在"编辑多边形"卷展栏中单击"挤出"后的 □（设置）按钮,在弹出的助手小盒中设置"高度"为10,单击 ☑（确定）按钮,如图13-99所示。

14 继续设置多边形的挤出,单击 ⊕（应用）按钮,即可继续设置挤出,如图13-100所示。

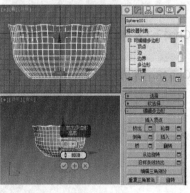
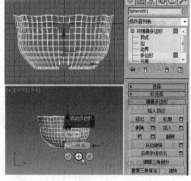

图13-99　　　　　　　　　　图13-100

15 挤出到合适的分段后,单击 ☑（确定）按钮,如图13-101所示。

16 在场景中选择上下相对的多边形,单击"桥"后的 □（设置）按钮,在弹出的小盒中设置参数,如图13-102所示。

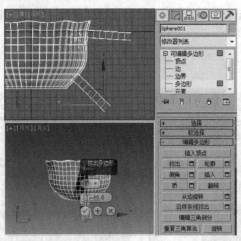
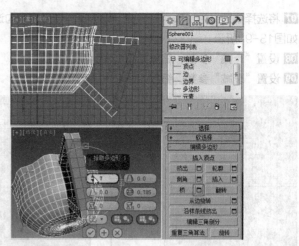

图13-101　　　　　　　　　　　　　　图13-102

17 将选择集定义为"顶点"，在"左"视图中调整顶点，如图13-103所示。

18 在"细分曲面"卷展栏中勾选"使用NURMS细分"选项，看一下茶杯的效果，如图13-104所示。

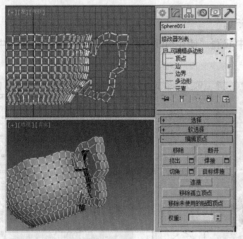
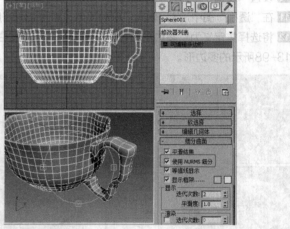

图13-103　　　　　　　　　　　　　　图13-104

实例 135　托盘

● **案例场景位置 |** DVD > 案例源文件 > Cha13 > 实例135
　　　　　　　　托盘

● **效果场景位置 |** DVD > 案例源文件 > Cha13 > 实例135
　　　　　　　　托盘场景

● **贴图位置 |** DVD > 贴图素材

● **视频教程 |** DVD > 教学视频 > Cha13 > 实例135

● **视频长度 |** 4分46秒

● **制作难度 |** ★ ☆ ☆ ☆ ☆

┃ 操作步骤 ┃

01 在"左"视图中创建样条线，将选择集定义为"样条线"，并设置样条线的"轮廓"，如图13-105所示。

02 为模型施加"车削"修改器，设置合适的参数，如图13-106所示。

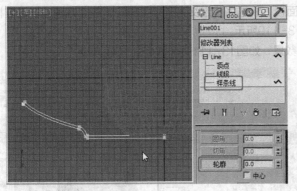

图13-105　　　　　　　　　　　　　　图13-106

03 为模型施加"编辑多边形"修改器，将选择集定义为"顶点"，设置顶点的"软选择"，选择如图13-107所示的顶点。

04 在场景中向下调整顶点，如图13-108所示。

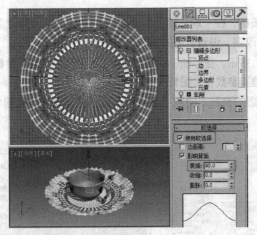

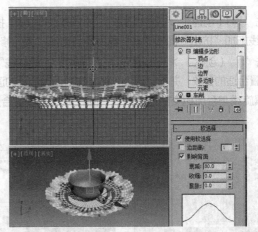

图13-107　　　　　　　　　　　　　　图13-108

实例 136 台历

- **案例场景位置 |** DVD > 案例源文件 > Cha13 > 实例136台历
- **效果场景位置 |** DVD > 案例源文件 > Cha13 > 实例136台历场景
- **贴图位置 |** DVD > 贴图素材
- **视频教程 |** DVD > 教学视频 > Cha13 > 实例136
- **视频长度 |** 6分52秒
- **制作难度 |** ★★★☆☆

操作步骤

01 单击"　（创建）>　（图形）> 样条线 > 线"按钮，在"前"视图中创建样条线，如图13-109所示。

02 调整图形的形状后，切换到 （修改）命令面板，将选择集定义为"样条线"，在"几何体"卷展栏中选择"轮廓"按钮，在场景中设置图形的轮廓，如图13-110所示。

03 为图形施加"挤出"修改器，设置合适的挤出数量，如图13-111所示。

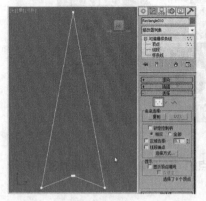

图13-109

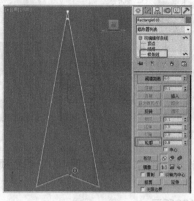

图13-110

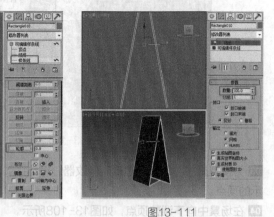

图13-111

04 单击" （创建）> （图形）> 样条线 > 线"按钮，在"前"视图中创建线，切换到 （修改）命令面板，为线施加"挤出"图形的高，再为模型施加"壳"修改器，设置合适的参数，如图13-112所示。

05 单击" （创建）> （图形）> 样条线 > 螺旋线"按钮，在"前"视图中创建"螺旋线"，在"参数"卷展栏中设置合适的参数，并在"渲染"卷展栏中设置合适的渲染参数，如图13-113所示。

06 在螺旋线与台历相交的地方创建"圆柱体"，设置合适的参数，使用"塌陷"工具，将其塌陷，如图13-114所示。

图13-112

图13-113

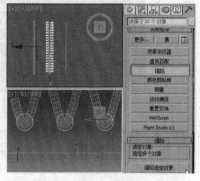

图13-114

07 在场景中使用页面和台历模型，并分别使用"ProBoolean"工具，拾取圆柱体进行布尔，如图13-115所示。

08 这样即可完成台历的制作，如图13-116所示。

图13-115

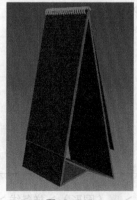

图13-116

文件架

- **案例场景位置┃** DVD > 案例源文件 > Cha13 > 实例137
  文件架
- **效果场景位置┃** DVD > 案例源文件 > Cha13 > 实例137
  文件架场景
- **贴图位置┃** DVD > 贴图素材
- **视频教程┃** DVD > 教学视频 > Cha13 > 实例137
- **视频长度┃** 2分21秒
- **制作难度┃** ★★☆☆☆

─┃ **操作步骤** ┃─

01 单击"**⚹**（创建）> **⬭**（几何体）> 长方体"按钮，在"顶"视图中创建长方体，在"参数"卷展栏中设置"长度"为200、"宽度"为100、"高度"为280，如图13-117所示。

02 切换到 **⬭**（修改）命令面板，为模型施加"壳"修改器，在"参数"卷展栏中设置"内部量"为12、"外部量"为0，如图13-118所示。

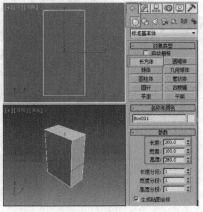

图13-117

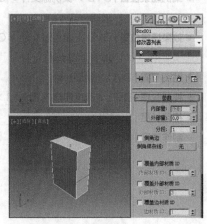

图13-118

03 单击"**⚹**（创建）> **⬭**（图形）> 线"按钮，在"左"视图中创建图形，如图13-119所示。

04 切换到 **⬭**（修改）命令面板，为图形施加"挤出"修改器，在"参数"卷展栏中设置"数量"为150，如图13-120所示。

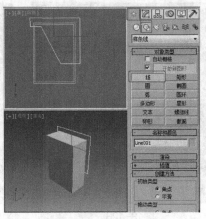

图13-119

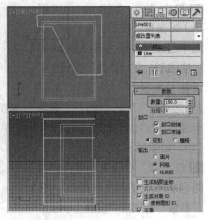

图13-120

05 在场景中选择长方体，单击"**⚹**（创建）> **⬭**（几何体）> 复合对象 > 布尔"工具，在"拾取布尔"卷展栏中单击"拾取操作对象B"按钮，在场景中拾取挤出后的图形，如图13-121所示。

06 对布尔的模型进行复制，完成文件架的制作，如图13-122所示。

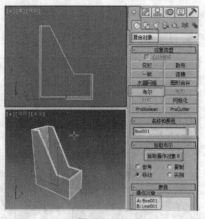

图13-121   图13-122

- **案例场景位置** | DVD > 案例源文件 > Cha13 > 实例138
  玻璃鱼缸
- **效果场景位置** | DVD > 案例源文件 > Cha13 > 实例138
  玻璃鱼缸场景
- **贴图位置** | DVD > 贴图素材
- **视频教程** | DVD > 教学视频 > Cha13 > 实例138
- **视频长度** | 6分12秒
- **制作难度** | ★★☆☆☆

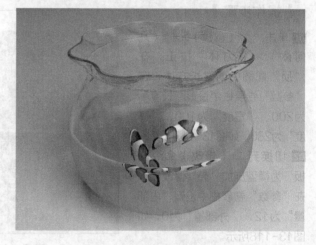

▌操作步骤 ▌

01 单击" （创建）> （图形）>星形"按钮，在"顶"视图中创建星形作为路径为0时的放样图形，在"参数"卷展栏中设置"半径1"为55、"半径2"为45、"点"为8、"圆角半径1"为10、"圆角半径2"为5，如图13-123所示。

02 在"顶"视图中创建圆作为路径为10时的放样图形，在"参数"卷展栏中设置"半径"为44，如图13-124所示。

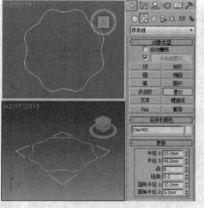

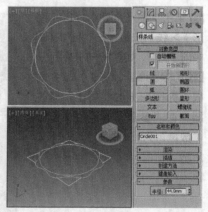

图13-123   图13-124

03 在"顶"视图中创建圆作为路径为100时的放样图形，在"参数"卷展栏中设置"半径"为55，如图13-125所示。

04 单击" （创建）> （图形）>线"按钮，在"前"视图中由上往下创建一条两点的直线作为放样路径，如图13-126所示。

05 选择作为路径的线，单击"　（创建）> 　（几何体）> 复合对象 > 放样"按钮，在"创建方法"卷展栏中单击"获取图形"按钮，在场景中拾取路径为0时的放样图形星形，如图13-127所示。

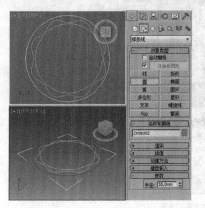
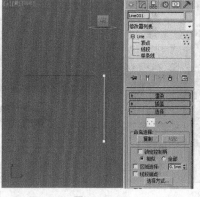
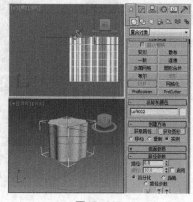

图13-125　　　　　　　　　　　图13-126　　　　　　　　　　　图13-127

06 在"路径参数"卷展栏中设置"路径"为10，在"创建方法"卷展栏中单击"获取图形"按钮，在场景中拾取路径为10时的放样图形"圆001"，如图13-128所示。

07 在"路径参数"卷展栏中设置"路径"为100，在"创建方法"卷展栏中单击"获取图形"按钮，在场景中拾取路径为100时的放样图形"圆002"，如图13-129所示。

08 切换到　（修改）命令面板，在"蒙皮参数"卷展栏中设置"路径步数"为10，如图13-130所示。

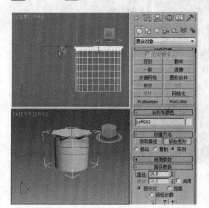
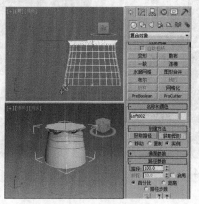
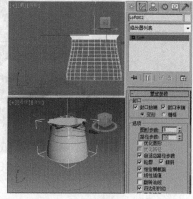

图13-128　　　　　　　　　　　图13-129　　　　　　　　　　　图13-130

09 在"变形"卷展栏中单击"缩放"按钮，弹出"缩放变形"窗口，单击　（插入角点）按钮，在曲线上添加点，单击　（移动控制点）按钮调整曲线，在调整曲线时需时时观看调整效果，调整完成后的效果如图13-131所示。

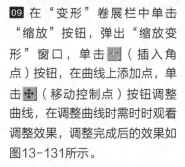
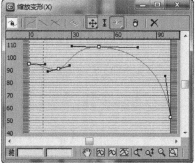

图13-131

10 为模型施加"编辑多边形"修改器，将选择集定义为"多边形"，在场景中选择如图13-132所示的多边形，按<Delete>键删除多边形。

11 为模型施加"平滑"修改器，在"参数"卷展栏中勾选"自动平滑"选项，如图13-133所示。

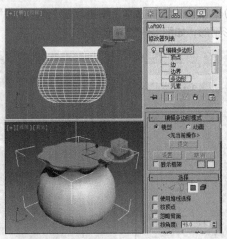

图13-132　　　　　　　　　　　　　　　　图13-133

12 为模型施加"壳"修改器，在"参数"卷展栏中设置"外部量"为2，如图13-134所示。

13 为模型施加"涡轮平滑"修改器，在"涡轮平滑"卷展栏中设置"迭代次数"为2，如图13-135所示。

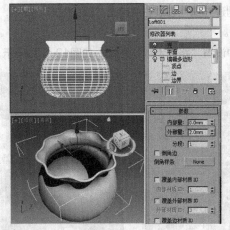
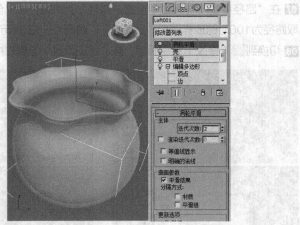

图13-134　　　　　　　　　　　　　　　　图13-135

第14章

室内各种灯具的制作

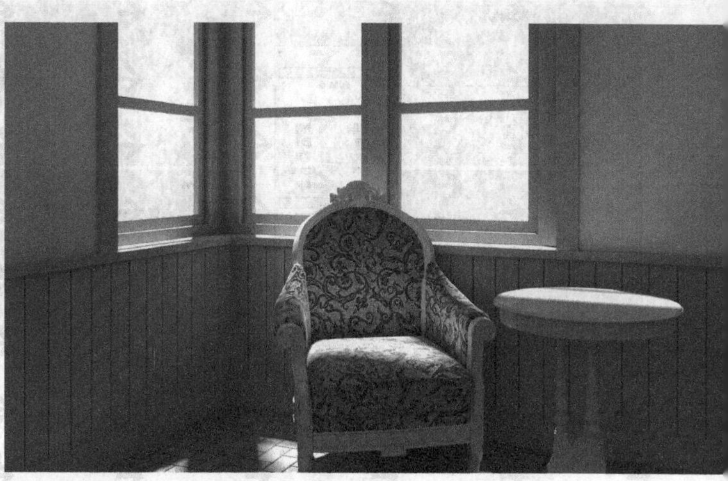

在室内效果图中，灯具是必不可少的构件，在本章中将介绍几种常用类型的灯具的制作。

实例
139　　**中式吸顶灯**

● **案例场景位置** | DVD > 案例源文件 > Cha14 > 实例139中式吸顶灯

● **效果场景位置** | DVD > 案例源文件 > Cha14 > 实例139中式吸顶灯场景

● **贴图位置** | DVD > 贴图素材

● **视频教程** | DVD > 教学视频 > Cha14 > 实例139

● **视频长度** | 8分59秒

● **制作难度** | ★★★☆☆

┤ 操作步骤 ├

01 单击"　（创建）>　（图形）> 多边形"按钮，在"顶"视图中创建多边形，在"参数"卷展栏中设置"半径"为120、"边数"为6，如图14-1所示。

02 单击"　（创建）>　（图形）> 圆"按钮，在"左"视图中创建3个圆，设置合适的参数，如图14-2所示。

03 切换到　（修改）命令面板，选择其中一个圆，为其施加"编辑样条线"修改器，在"几何体"卷展栏中单击"附加"按钮，附加另外两个圆，如图14-3所示。

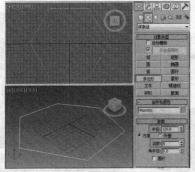
图14-1

图14-2

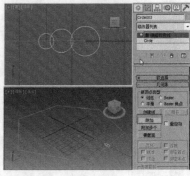
图14-3

04 将选择集定义为"样条线"，在"几何体"卷展栏中单击"修剪"按钮，在场景中修剪图形，如图14-4所示。

05 修剪图形后，将选择集定义为"顶点"，按<Ctrl+A>组合键，全选选中顶点，在"几何体"卷展栏中单击"焊接"按钮，如图14-5所示。

06 焊接顶点后，在场景中选择多边形，为多边形图形施加"扫描"修改器，在"截面类型"卷展栏中选择"使用自定义截面"选项，单击"拾取"按钮，在场景中拾取修改后的圆形，如图14-6所示。

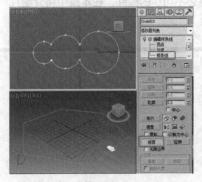
图14-4

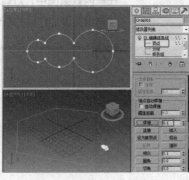
图14-5

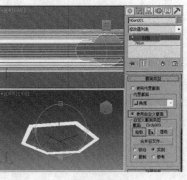
图14-6

07 在场景中选择扫描出的模型，按<Ctrl+V>组合键，在弹出的对话框中选择"复制"选项，单击"确定"按钮，在修改器堆栈中删除"扫描"修改器，修改其"半径"为127，如图14-7所示。

08 为模型施加"挤出"修改器，在"参数"卷展栏中设置"数量"为65，如图14-8所示。

09 继续对挤出后的图形进行复制，修改其挤出的"数量"为60，如图14-9所示。

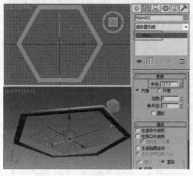
图14-7

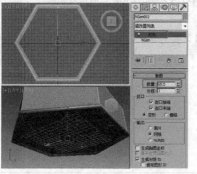
图14-8

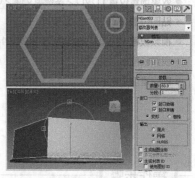
图14-9

10 选择挤出数量为60的模型，为其施加"晶格"修改器，在"参数"卷展栏中选择"仅来自边的支柱"，在"支柱"卷展栏中设置"半径"为3，如图14-10所示。

11 选择其中一个挤出后的多边形，修改其半径，使其稍大于其他模型，并设置"挤出"的"数量"为5，如图14-11所示。

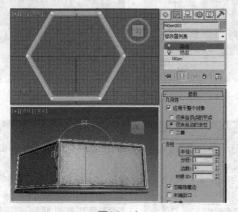
图14-10

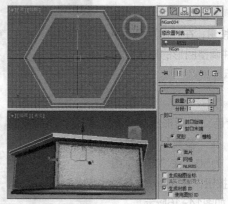
图14-11

12 单击"　（创建）＞　（图形）＞圆"按钮，在"顶"视图中创建圆，在"参数"卷展栏中设置"半径"为65；在"渲染"卷展栏中勾选"在渲染中启用"和"在视口中启用"选项，设置"厚度"为7，如图14-12所示。

13 单击"　（创建）＞　（图形）＞线"按钮，在"圆"的位置创建线作为木纹理，如图14-13所示。这样就完成了中式吸顶灯的制作。

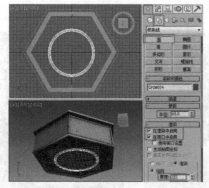
图14-12

图14-13

实 例
140　欧式吸顶灯

- **案例场景位置** | DVD > 案例源文件 > Cha14 > 实例140欧式吸顶灯
- **效果场景位置** | DVD > 案例源文件 > Cha14 > 实例140欧式吸顶灯场景
- **贴图位置** | DVD > 贴图素材
- **视频教程** | DVD > 教学视频 > Cha14 > 实例140
- **视频长度** | 7分31秒
- **制作难度** | ★★☆☆☆

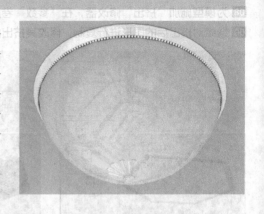

━┃ **操作步骤** ┃━

01 单击"＊（创建）＞○（几何体）＞球体"按钮，在"顶"视图中创建球体，在"参数"卷展栏中设置"半径"为120，设置"半球"为0.6，如图14-14所示。

02 单击"＊（创建）＞◎（图形）＞线"按钮，在"左"视图中创建图形，并调整图形的形状，如图14-15所示。

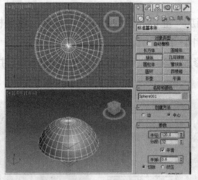

图14-14

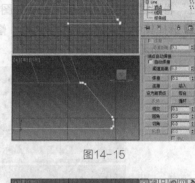

图14-15

03 调整形状后，为图形施加"车削"修改器，在"参数"卷展栏中设置"分段"为50，在"方向"组中选择"Y"按钮，并选择"对齐"为"最小"，如图14-16所示。

04 单击"＊（创建）＞◎（图形）＞星形"按钮，在"顶"视图中创建星形，在"参数"卷展栏中设置"半径1"为26、"半径2"为22、"点"为12、"圆角半径1"为4、"圆角半径2"为0，如图14-17所示。

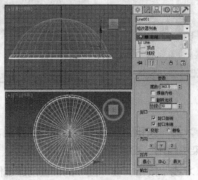

图14-16

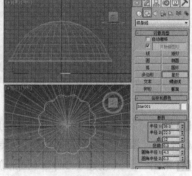

图14-17

05 切换到☑（修改）命令面板，为模型施加"挤出"修改器，在"参数"卷展栏中设置挤出的"数量"为7，如图14-18所示。

06 继续为模型施加"编辑多边形"修改器，将选择集定义为"顶点"，在场景中缩放顶部顶点，如图14-19所示。

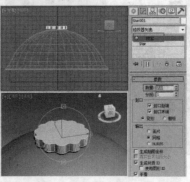

图14-18

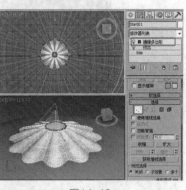

图14-19

07 在调整后的星形模型的位置创建一个球体作为装饰，如图14-20所示，继续在球体的底部创建较小的球体作为装饰。

08 切换到 （层次）命令面板，在"调整轴"卷展栏中单击"仅影响轴"按钮，在场景中调整轴到半球的中心位置，如图14-21所示。

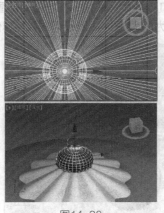

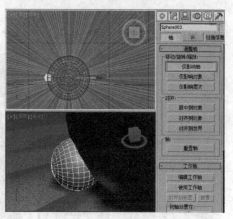

图14-20　　　　　　　　　图14-21

09 激活"顶"视图，在菜单栏中选择"工具 > 阵列"命令，在弹出的对话框中选择"总计"下的旋转右侧按钮，设置"Z"为360，设置"数量"的"1D"为20，单击"确定"按钮，如图14-22所示。

10 使用同样的方法阵列出底座的装饰球。

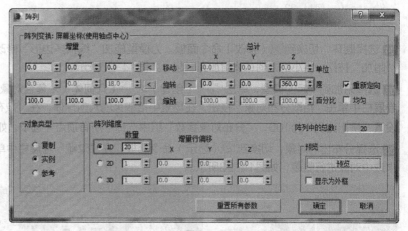

图14-22

- **案例场景位置** | DVD > 案例源文件 > Cha14 > 实例141时尚吊灯
- **效果场景位置** | DVD > 案例源文件 > Cha14 > 实例141时尚吊灯场景
- **贴图位置** | DVD > 贴图素材
- **视频教程** | DVD > 教学视频 > Cha14 > 实例141
- **视频长度** | 5分27秒
- **制作难度** | ★★☆☆☆

┃ 操作步骤 ┃

01 单击" （创建）> （几何体）> 几何球体"按钮，在"参数"卷展栏中设置"半径"为100、"分段"为3，选择"基点面类型"为"二十面体"，如图14-23所示。

02 单击" （创建）> （几何体）> 圆环"按钮，在"顶"视图中创建圆环，在"参数"卷展栏中设置"半径1"为18、"半径2"为2、"旋转"为0、"扭曲"为0、"分段"为24、"边数"为12，如图14-24所示。

03 单击"❖（创建）> ◯（几何体）> 几何球体"按钮，在"顶"视图中圆环的内侧创建几何球体，在"参数"卷展栏中设置"半径"为19、"分段"为1，如图14-25所示对几何球体进行缩放。

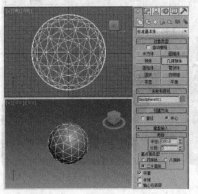
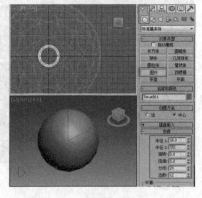
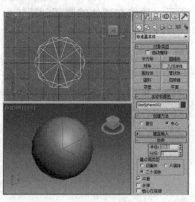

图14-23　　　　　　　　　　　　　　　　图14-24　　　　　　　　　　　　　　　图14-25

04 选择圆环，切换到 ◪（修改）命令面板，为模型施加"编辑多边形"修改器，在"编辑几何体"卷展栏中单击"附加"按钮，将小的几何球体附加到一起，如图14-26所示。

05 选择附加到一起的模型，单击"❖（创建）> ◯（几何体）> 复合对象 > 散布"按钮，在"拾取分布对象"卷展栏中单击"拾取分布对象"按钮，在场景中拾取大的几何球体，在"散布对象"卷展栏中的"源对象参数"中设置"挤出比例"为100，"分布对象参数"组中选择"所有顶点"选项，如图14-27所示。

06 选择分布出的对象，切换到 ▣（显示）命令面板，在"隐藏"卷展栏中单击"隐藏未选定对象"按钮，将其他未选中对象进行隐藏，如图14-28所示。

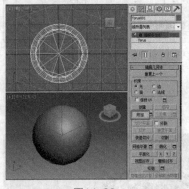
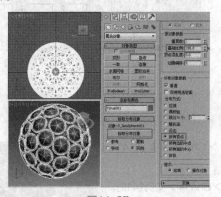
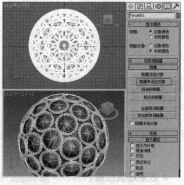

图14-26　　　　　　　　　　　　　　　图14-27　　　　　　　　　　　　　　　图14-28

07 选择散布出的模型，为其施加"平滑"修改器，取消模型的平滑效果，如图14-29所示。

08 单击"❖（创建）> ◪（图形）> 线"按钮，在场景中创建可渲染的样条线作为吊灯的铁丝和电线，创建圆柱体作为线与灯连接的部分，如图14-30所示。

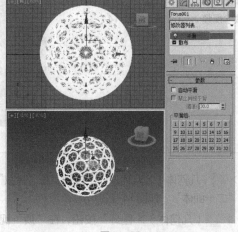

图14-29　　　　　　　　　　　　　　　　图14-30

实例 142 中式落地灯

- **案例场景位置** | DVD > 案例源文件 > Cha14 > 实例142中式落地灯
- **效果场景位置** | DVD > 案例源文件 > Cha14 > 实例142中式落地灯场景
- **贴图位置** | DVD > 贴图素材
- **视频教程** | DVD > 教学视频 > Cha14 > 实例142
- **视频长度** | 10分05秒
- **制作难度** | ★★★☆☆

操作步骤

01 单击 "　（创建） > 　（图形） > 线" 按钮，在 "前" 视图中创建样条线，切换到 　（修改）命令面板，将选择集定义为 "顶点"，在场景中调整图形的形状，如图14-31所示。

02 调整图形的形状后，为其施加 "车削" 修改器，在 "参数" 卷展栏中设置 "分段" 为32，选择 "方向" 为 "Y"，选择 "对齐" 为 "最小"，如图14-32所示。

03 按<Ctrl+V>组合键，复制模型，删除 "车削" 修改器，在 "渲染" 卷展栏中勾选 "在渲染中启用" 和 "在视口中启用" 选项，设置 "厚度" 为3，如图14-33所示。

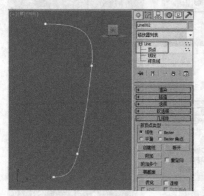

图14-31

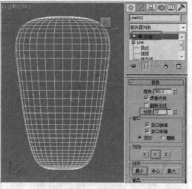

图14-32

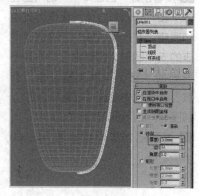

图14-33

04 切换到 　（层次）命令面板，激活 "仅影响轴" 按钮，在 "顶" 视图中调整轴到车削模型的中心位置，如图14-34所示。

05 关闭 "仅影响轴" 按钮，激活 "顶" 视图，在菜单栏中单击 "工具 > 阵列" 命令，在弹出的对话框中选择 "总计" 下的 "旋转" 右侧按钮，设置 "Z" 为360，设置 "阵列维度" 为8，如图14-35所示。

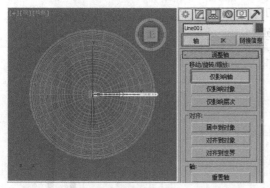

图14-34

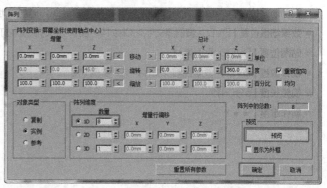

图14-35

06 阵列出的模型如图14-36所示。

07 单击" （创建）>   （图形）>线"按钮，在"前"视图中创建并调整图形，调整图形后，为其施加"倒角"修改器，在"倒角值"组中的"级别1"为0.5、"轮廓"为0.5；勾选"级别2"选项，设置"高度"为3、"轮廓"为0；勾选"级别3"选项，设置"高度"为0.5、"轮廓"为-0.5，如图14-37所示。

08 创建出中式花纹的模型后，使用阵列的方法阵列出模型，效果如图14-38所示。

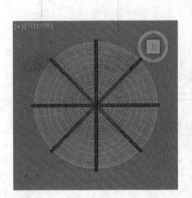

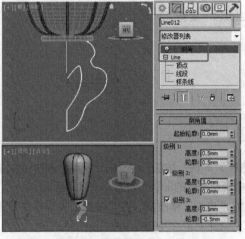

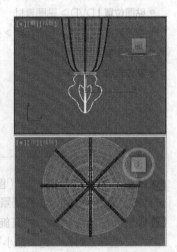

图14-36　　　　　　　　　　图14-37　　　　　　　　　图14-38

09 接着创建"圆柱体""切角圆柱体"和"切角长方体"来作为支架和底座，并使用"线"工具创建底座的支架图形。创建之后，为其图形施加"挤出"修改器，在"参数"卷展栏中设置"数量"为20，如图14-39所示。

10 得到的场景模型如图14-40所示。

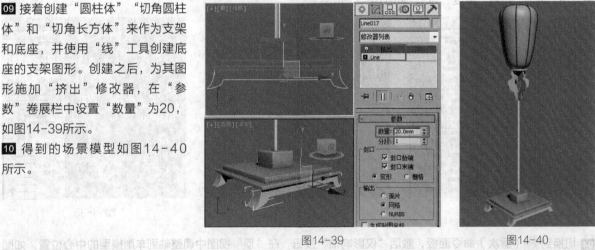

图14-39　　　　　　　　　　　图14-40

实例 143　时尚落地灯

- **案例场景位置** | DVD > 案例源文件 > Cha14 > 实例143时尚落地灯

- **效果场景位置** | DVD > 案例源文件 > Cha14 > 实例143时尚落地灯场景

- **贴图位置** | DVD > 贴图素材

- **视频教程** | DVD > 教学视频 > Cha14 > 实例143

- **视频长度** | 5分08秒

- **制作难度** | ★★☆☆☆

┤操作步骤┠

01 单击"■（创建）> ❑（图形）> 线"按钮，在"前"视图中通过单击绘制如图14-41所示的闭合样条线。

02 调整图形的形状，在"渲染"卷展栏中勾选"在渲染中启用"和"在视口中启用"选项，选择"矩形"选项，设置"长度""宽度"均为20、"角度"为0、"纵横比"为1，如图14-42所示。

03 单击"■（创建）> ❑（图形）> 扩展样条线 > 墙矩形"按钮，在"顶"视图中创建墙矩形，如图14-43所示，在"参数"卷展栏中设置"长度"为150、"宽度"为220、"厚度"为2。

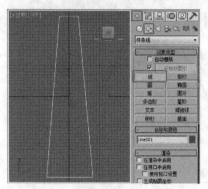
图14-41

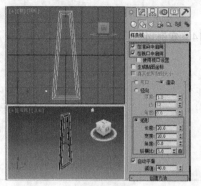
图14-42

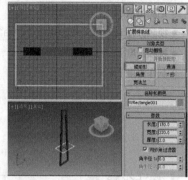
图14-43

04 切换到 ◪（修改）命令面板，为图形实际"挤出"修改器，在"参数"卷展栏中设置"数量"为120，如图14-44所示。

05 单击"■（创建）> ❑（图形）> 样条线 > 线"按钮，在顶视图中创建可渲染的样条线，设置合适的渲染参数，并在顶部创建球体来简单地模拟一下灯泡，如图14-45所示。

06 在场景中选择挤出后的墙矩形，按<Ctrl+V>组合键复制出模型后，修改挤出的"数量"为2，调整模型到灯罩的底部，如图14-46所示。对该模型进行移动复制，复制到灯罩的顶部。

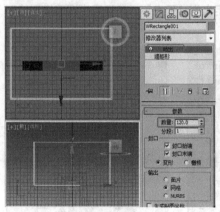
图14-44

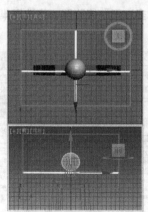
图14-45

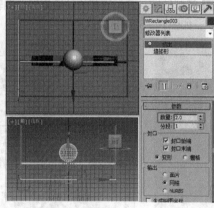
图14-46

07 单击"■（创建）> ◯（几何体）> 长方体"按钮，在"顶"视图中创建长方体，在"参数"卷展栏中设置"长度"为150、"宽度"为20、"高度"为20，如图14-47所示。

08 完成的落地灯如图14-48所示。

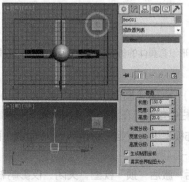
图14-47

图14-48

实例
144　欧式壁灯

- **案例场景位置** | DVD > 案例源文件 > Cha14 > 实例144
  欧式壁灯
- **效果场景位置** | DVD > 案例源文件 > Cha14 > 实例144欧
  式壁灯场景
- **贴图位置** | DVD > 贴图素材
- **视频教程** | DVD > 教学视频 > Cha14 > 实例144
- **视频长度** | 14分27秒
- **制作难度** | ★★★☆☆

—┃ **操作步骤** ┃—

01 单击"　（创建）>　（图形）> 线"按钮，在"前"视图中创建两个灯罩和底座的图形，并调整图形的形状，如图14-49所示。

02 分别为图形施加"车削"修改器，在"参数"卷展栏中设置"分段"为28，"方向"组中单击"Y"按钮，如图14-50所示。

03 单击"　（创建）>　（几何体）> 扩展基本体 > 纺锤"按钮，在"前"视图中创建纺锤，在"参数"卷展栏中设置"半径"为8、"高度"为8、"封口高度"为3、"混合"为0、"边数"为7、"端面分段"为3、"高度分段"为1，如图14-51所示。

04 复制纺锤，并为底部的纺锤施加"编辑多边形"修改器，将选择集定义为"顶点"，在场景中调整模型的形状，如图14-52所示。

图14-49

图14-50

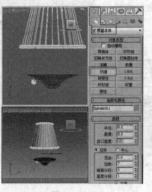

图14-51

图14-52

提示

由于开始创建的图形没有具体的参数，所以以下的参数可以根据情况设置，合适即可。

05 单击"　（创建）>　（图形）> 圆"按钮，在"前"视图中创建圆，在"参数"卷展栏中设置合适的半径，在"渲染"卷展栏中勾选"在渲染中启用"和"在视口中启用"选项，设置"厚度"为2，如图14-53所示。

06 暂时将当前的装饰模型进行成组，切换到　（层次）面板，打开"仅影响轴"按钮，在场景中将轴心调整至底座的中心处，如图14-54所示。

07 调整好轴的位置后，激活"顶"视图，关闭"仅影响轴"按钮，在菜单栏中单击"工具 > 阵列"命令，在弹出的对话框中设置阵列的"总数 > 旋转 > Y"为360，设置"数量"为4，单击"确定"按钮，如图14-55所示。

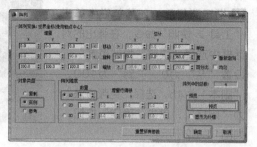

图14-53　　　　　　　　　　图14-54　　　　　　　　　　　　　　　　图14-55

08 阵列出的模型如图14-56所示。

09 创建合适大小的圆柱体作为灯罩的支架。然后再单击"＊（创建）> ◎（图形）> 线"按钮，在"左"视图中创建样条线，在"渲染"卷展栏中勾选"在渲染中启用"和"在视口中启用"选项，设置"厚度"为20，如图14-57所示。

10 取消图形的可渲染，创建的样条线如图14-58所示。

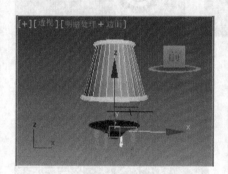

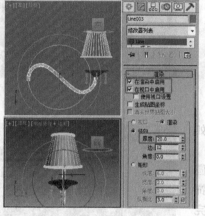

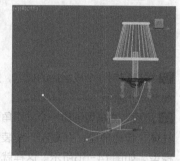

图14-56　　　　　　　　　　图14-57　　　　　　　　　　　　　图14-58

11 复制并调整一下作为装饰的模型，并单击"◎（创建）> ◎（几何体）> 扩展基本体 > 几何球体"按钮，在"左"视图中创建几何球体，设置合适的参数，如图14-59所示。

12 选择创建的纺锤，切换到 ◎（运动）命令面板，在"指定控制器"卷展栏中选择"位置"，单击 ◎（指定控制器）按钮，在弹出的"指定位置控制器"对话框中选择"路径约束"命令，单击"确定"按钮，如图14-60所示。

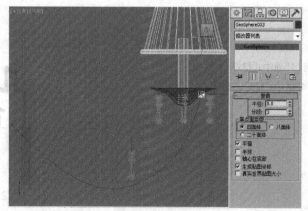

图14-59　　　　　　　　　　　　　　　图14-60

13 在"路径参数"卷展栏中单击"添加路径"按钮，在场景中拾取线，作为路径，如图14-61所示。

14 指定路径后，在菜单栏中单击"工具 > 快照"命令，在弹出的对话框中选择"快照"为"范围"，设置"从"为0、"到"为100、"副本"为45，选择"克隆方法"为"网格"，单击"确定"按钮，如图14-62所示。

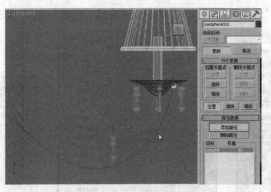

图14-61

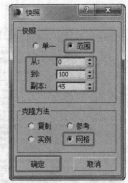

图14-62

15 快照后的模型如图14-63所示。

16 在场景中选择所有模型，将其成组，并在"顶"视图中旋转一下模型，如图14-64所示。

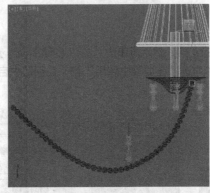

图14-63

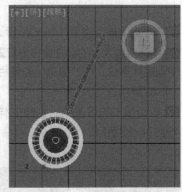

图14-64

17 镜像复制一个成组后的模型，如图14-65所示。

18 最后，为模型创建一个"切角圆柱体"作为底座，并复制一些装饰模型，如图14-66所示。这样就完成了欧式壁灯的制作。

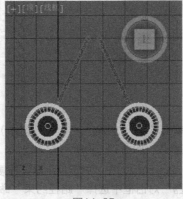

图14-65

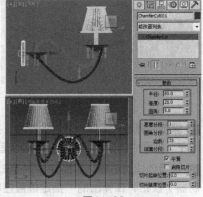

图14-66

实例 145 新中式壁灯

- **案例场景位置** | DVD > 案例源文件 > Cha14 > 实例145新中式壁灯
- **效果场景位置** | DVD > 案例源文件 > Cha14 > 实例145新中式壁灯场景
- **贴图位置** | DVD > 贴图素材
- **视频教程** | DVD > 教学视频 > Cha14 > 实例145
- **视频长度** | 5分24秒
- **制作难度** | ★★☆☆☆

│ 操作步骤 │

01 单击"　（创建）> 　（几何体）> 扩展基本体 > 切角长方体"按钮，在"前"视图中创建切角长方体，在"参数"卷展栏中设置"长度"为400、"宽度"为70、"高度"为20、"圆角"为1，如图14-67所示。

02 单击"　（创建）> 　（图形）> 线"按钮，在"左"视图中创建线，在"渲染"卷展栏中勾选"在渲染中启用"和"在视口中启用"选项，选择"矩形"选项，设置"长度"为20、"宽度"为15、"角度"为0、"纵横比"为1.333，如图14-68所示。

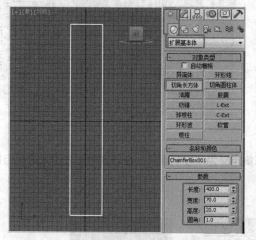
图14-67

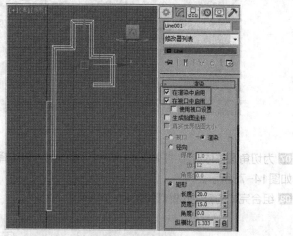
图14-68

03 为可渲染的样条线模型施加"编辑多边形"修改器，将选择集定义为"边"，在场景中选择如图14-69所示的边。

04 在"编辑边"卷展栏中单击"切角"后的　（设置）按钮，在弹出的助手小盒中设置切角量为1.5、分段为3，如图14-70所示。

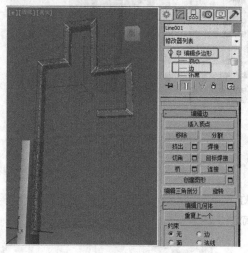

图14-69

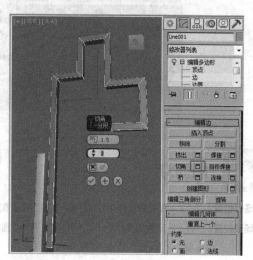
图14-70

05 创建一个"切角圆柱体"，在"参数"卷展栏中设置"半径"为35、"高度"为10、"圆角"为2、"高度分段"为1、"圆角分段"为2、"边数"为40，如图14-71所示，并创建一个圆柱体或可渲染的线作为连接的支架。

06 选择创建的切角圆柱体，按<Ctrl+V>组合键，复制切角圆柱体，修改其参数，在"参数"卷展栏中设置"半径"为35、"高度"为500、"圆角"为2、"高度分段"为5、"圆角分段"为2、"边数"为40，如图14-72所示。

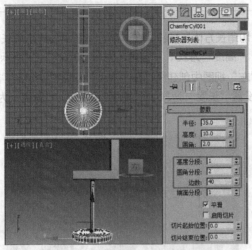

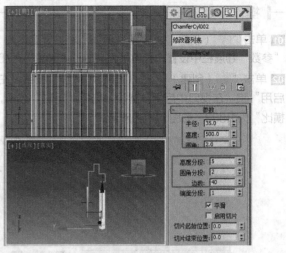

图14-71

图14-72

07 为切角圆柱体施加"FFD 4×4×4"修改器，将选择集定义为"控制点"，在场景中缩放中间的两组控制点，如图14-73所示。

08 组合完成的新中式壁灯如图14-74所示。

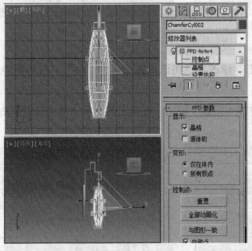

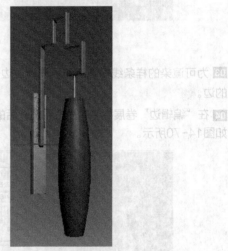

图14-73

图14-74

实 例 146 圆筒灯

- **案例场景位置** | DVD > 案例源文件 > Cha14 > 实例146圆筒灯
- **效果场景位置** | DVD > 案例源文件 > Cha14 > 实例146圆筒灯
    场景
- **贴图位置** | DVD > 贴图素材
- **视频教程** | DVD > 教学视频 > Cha14 > 实例146
- **视频长度** | 2分27秒
- **制作难度** | ★★☆☆☆

◀ 操作步骤 ▶

01 单击 "⚙（创建）> ◯（几何体）> 圆柱体" 按钮，在 "顶" 视图中创建圆柱体，在 "参数" 卷展栏中设置 "半径" 为100、"高度" 为30、"高度分段" 为1、"端面分段" 为2、"边数" 为30，如图14-75所示。

02 切换到 ✎（修改）命令面板，为圆柱体施加 "编辑多边形" 修改器，将选择集定义为 "顶点"，在场景中选中如图14-76所示的顶点并进行缩放。

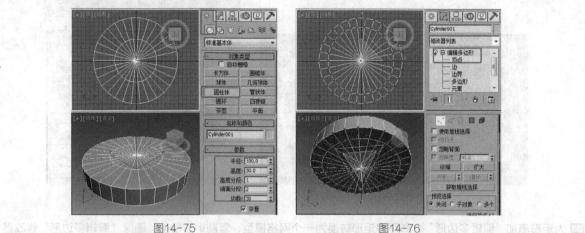

图14-75　　　　　　　　图14-76

03 调整顶点后，将选择集定义为 "多边形"，在场景中选择如图14-77所示的多边形，在 "编辑多边形" 卷展栏中单击 "挤出" 后的◻（设置）按钮，在弹出的助手小盒中设置基础高度为-10，如图14-77所示。

04 再将选择集定义为 "边"，在场景中选择如图14-78所示的底部的边，在 "编辑边" 卷展栏中单击 "切角" 后的◻（设置）按钮，在弹出的助手小盒中设置切角量为3、分段为3，如图14-78所示。

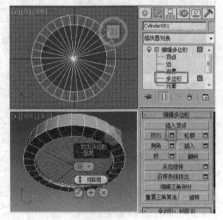
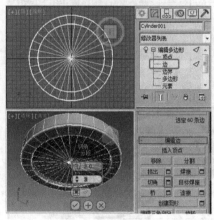

图14-77　　　　　　　　图14-78

实例 147　方筒灯

- **案例场景位置 |** DVD > 案例源文件 > Cha14 > 实例147方筒灯
- **效果场景位置 |** DVD > 案例源文件 > Cha14 > 实例147方筒灯场景
- **贴图位置 |** DVD > 贴图素材
- **视频教程 |** DVD > 教学视频 > Cha14 > 实例147
- **视频长度 |** 2分39秒
- **制作难度 |** ★★☆☆☆

┤ 操作步骤 ├

01 继续上一个案例来介绍，将制作出的圆筒灯进行复制，如图14-79所示。

02 单击"　　（创建）>　　（图形）> 矩形"按钮，在"顶"视图中创建矩形，在"参数"卷展栏中设置"长度"为220、"宽度"为430、"角半径"为50，如图14-80所示。

图14-79

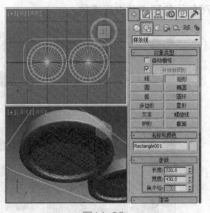

图14-80

03 为矩形施加"编辑多边形"，即可将矩形转换为一个网格模型，复制矩形模型，删除"编辑多边形"修改器，为矩形施加"编辑样条线"修改器，将选择集定义为"样条线"，在"几何体"卷展栏中单击"轮廓"按钮，在场景中设置轮廓，如图14-81所示。

04 为模型施加"倒角"修改器，在"倒角值"卷展栏中设置"级别1"的"高度"为5、"轮廓"为5；勾选"级别2"选项，设置"高度"为30，如图14-82所示。

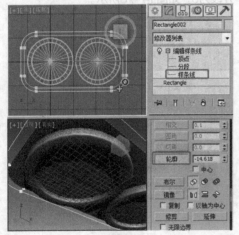

图14-81

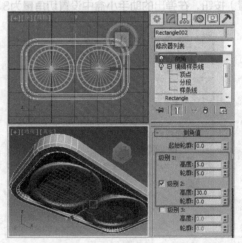

图14-82

第 15 章

室内家具模型的制作

本章主要介绍各种室内家具模型的制作方法。家具是家居装修装饰中必不可少的元素。家具的设计以实用、舒适为前提条件，然后考虑当前的流行格调及个人的爱好与品位。

家具是室内效果图中最重要的构件，不同风格的家具组合会体现出不同的韵味来。

实 例
148 美式布艺餐椅

- **案例场景位置** | DVD > 案例源文件 > Cha15 > 实例148美式布艺餐椅
- **效果场景位置** | DVD > 案例源文件 > Cha15 > 实例148美式布艺餐椅场景
- **贴图位置** | DVD > 贴图素材
- **视频教程** | DVD > 教学视频 > Cha15 > 实例148
- **视频长度** | 13分03秒
- **制作难度** | ★ ★ ★ ☆ ☆

操作步骤

01 在场景中创建长方体，在"参数"卷展栏中设置"长度"为200、"宽度"为150、"高度"为30、"长度分段"为7、"宽度分段"为5、"高度分段"为1，如图15-1所示。

02 为长方体施加"编辑多边形"修改器，将选择集定义为"多边形"，在场景中选择正面以外的多边形，在"编辑几何体"卷展栏中单击"分离"按钮，分离出模型，如图15-2所示。

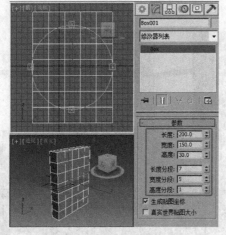
图15-1

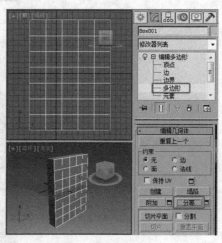
图15-2

03 选择正面的模型，将选择集定义为"顶点"，在"编辑几何体"卷展栏中单击"切割"按钮，在场景中切割模型，如图15-3所示。

04 关闭"切割"按钮，在场景中选择如图15-4所示的顶点。

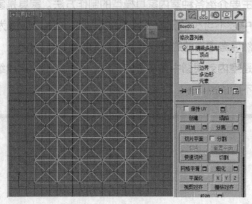
图15-3

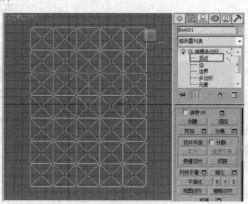
图15-4

05 在"编辑顶点"卷展栏中单击"挤出"后的 □（设置）按钮，在弹出的助手小盒中设置挤出高度为-12、挤出宽度为5，如图15-5所示。

06 将选择集定义为"边"，如图15-6所示。

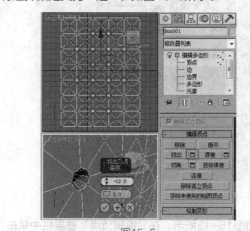

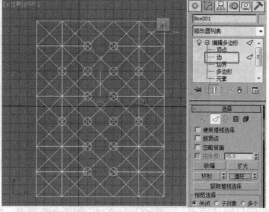

图15-5　　　　　　　　　　　　　　　　　　　　　图15-6

07 在"编辑边"卷展栏中单击"挤出"后的 □（设置）按钮，在弹出的助手小盒中设置高度为1、宽度为1，如图15-7所示。

08 设置好模型的挤出后，关闭选择集，为模型施加"涡轮平滑"修改器，如图15-8所示。

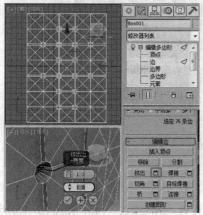

图15-7　　　　　　　　　　　　　　　　　　　　　图15-8

09 关闭涡轮平滑修改器的效果显示，将选择集定义为"边"，如图15-9所示选择边。

10 设置边的挤出，看一下挤出后的平滑效果，如图15-10所示。

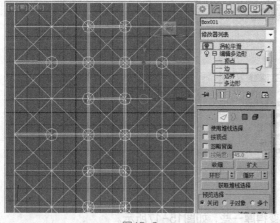

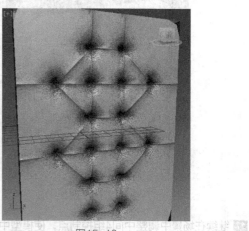

图15-9　　　　　　　　　　　　　　　　　　　　　图15-10

11 关闭显示平滑效果，并将选择集定义为"顶点"，选择并调整如图15-11所示的顶点。

12 删除"涡轮平滑"修改器，使用"附加"工具，将另一个分离出去的模型附加到一起，如图15-12所示。

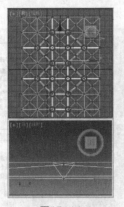
图15-11

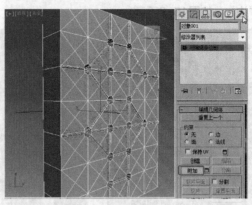
图15-12

13 将选择集定义为"顶点"，按<Ctrl+A>组合键全选顶点，如图15-13所示，在"编辑顶点"卷展栏中单击"焊接"按钮，使用默认的焊接参数即可。

14 继续选择切角边之后的一组顶点，单击"焊接"后的■（设置）按钮，在弹出的助手小盒中设置焊接顶点的参数合适即可，将切角后的顶点焊接，如图15-14所示。

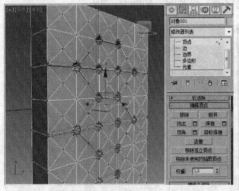
图15-13

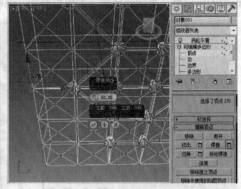
图15-14

15 焊接顶点后，关闭选择集，为模型施加"涡轮平滑"修改器，设置"迭代次数"为5，如图15-15所示。

16 为模型施加"FFD 4×4×4"修改器，将选择集定义为"控制点"，在"前"视图中调整控制点，如图15-16所示。

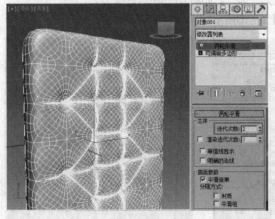
图15-15

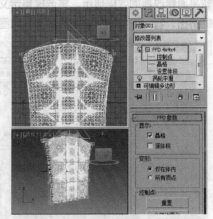
图15-16

17 继续在场景中调整中间4组控制点，使模型中间变得厚一些，如图15-17所示。

18 单击"　（创建）>　（几何体）> 扩展基本体 > 切角长方体"按钮，在"顶"视图中创建"切角长方体"，在"参数"卷展栏中设置"长度"为110、"宽度"为145、"高度"为50、"圆角"为10、"长度分段"为4、"宽度分段"为4、"高度分段"为1、"圆角分段"为3，如图15-18所示。

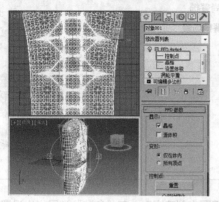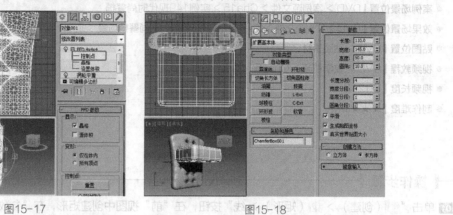

图15-17　　　　　　　　　　　　　图15-18

19 切换到　（修改）命令面板，为切角长方体施加"FFD 4×4×4"修改器，将选择集定义为"控制点"，在场景中调整控制点，如图15-19所示。

20 单击"　（创建）>　（几何体）> 标准基本体 > 长方体"按钮，在"顶"视图中创建长方体，在"参数"卷展栏中设置"长度"为125、"宽度"为138、"高度"为5，如图15-20所示。

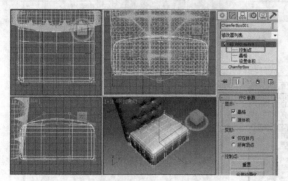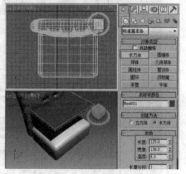

图15-19　　　　　　　　　　　　　图15-20

21 继续创建长方体，在"参数"卷展栏中设置"长度"和"宽度"均为14、"高度"为100，在场景中对长方体进行复制，如图15-21所示。

22 在场景中为其中一个长方体施加"编辑多边形"修改器，使用"附加"工具，附加其他作为腿的模型，将选择集定义为"顶点"，在场景中缩放顶点，如图15-22所示。

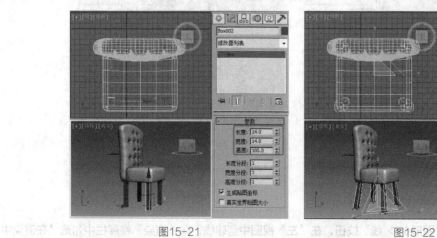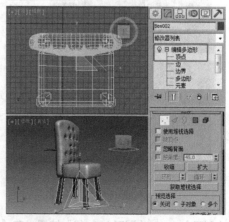

图15-21　　　　　　　　　　　　　图15-22

现代时尚餐椅

- **案例场景位置 |** DVD > 案例源文件 > Cha15 > 实例149现代时尚餐椅
- **效果场景位置 |** DVD > 案例源文件 > Cha15 > 实例149现代时尚餐椅场景
- **贴图位置 |** DVD > 贴图素材
- **视频教程 |** DVD > 教学视频 > Cha15 > 实例149
- **视频长度 |** 6分21秒
- **制作难度 |** ★★★☆☆

操作步骤

01 单击"（创建）>（矩形）>线"按钮，在"前"视图中创建矩形，在"参数"卷展栏中设置"长度"为260、"宽度"为100、"角半径"为0，如图15-23所示。

02 切换到（修改）命令面板，为矩形施加"编辑样条线"修改器，将选择集定义为"顶点"，在"几何体"卷展栏中单击"圆角"按钮，在场景中设置顶部两个点的圆角，然后再对其进行调整，如图15-24所示。

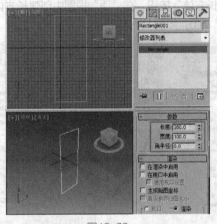
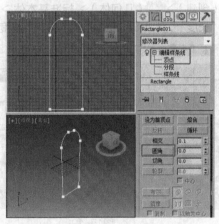

图15-23   图15-24

03 继续在"左"视图中调整矩形的弯曲，如图15-25所示。

04 关闭选择集，为图形施加"挤出"修改器，在"参数"卷展栏中设置"数量"为5，如图15-26所示。

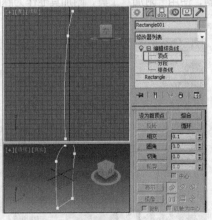
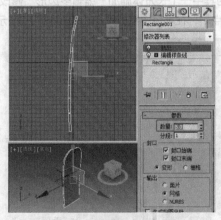

图15-25   图15-26

05 单击"（创建）>（图形）>线"按钮，在"左"视图中创建线，在"渲染"卷展栏中勾选"在渲染中启用"和"在视口中启用"选项，设置"厚度"为5，如图15-27所示。

06 将可渲染的样条线的选择集定义为"样条线"，在"几何体"卷展栏中勾选"连接复制"组中的"连接"选项，如图15-28所示。

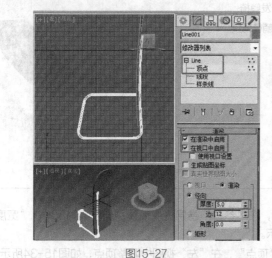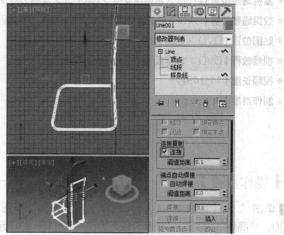

图15-27 图15-28

07 在场景中选择样条线，并在"顶"视图中按住<Shift>键移动复制样条线，复制出样条线后，取消"连接复制"组中的"连接"选项的勾选。

08 将选择集定义为"顶点"，在场景中调整作为座椅支架的形状，如图15-29所示。

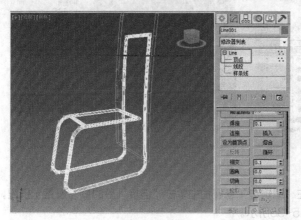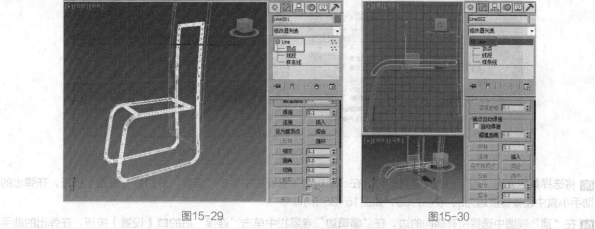

图15-29 图15-30

09 单击"* （创建）> * （图形）> 线"按钮，取消图形的可渲染，并切换到 * （修改）命令面板，将选择集定义为"顶点"，在场景中调整图形，如图15-30所示。

10 为图形施加"挤出"修改器，在"参数"卷展栏中设置"数量"为100，如图15-31所示。

11 组合并调整完成的时尚餐椅模型如图15-32所示。

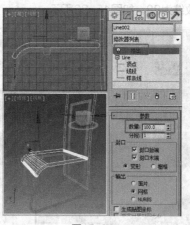

图15-31 图15-32

实例 150 沙发躺椅

- **案例场景位置** | DVD > 案例源文件 > Cha15 > 实例150沙发躺椅
- **效果场景位置** | DVD > 案例源文件 > Cha15 > 实例150沙发躺椅场景
- **贴图位置** | DVD > 贴图素材
- **视频教程** | DVD > 教学视频 > Cha15 > 实例150
- **视频长度** | 11分49秒
- **制作难度** | ★★★☆☆

| 操作步骤 |

01 单击"📐（创建）> ◯（几何体）> 长方体"按钮，在"参数"卷展栏中设置"长度"为500、"宽度"为200、"高度"为60、"长度分段"为6，如图15-33所示。

02 为模型施加"编辑多边形"修改器，将选择集定义为"顶点"，在"左"视图中调整顶点，如图15-34所示。

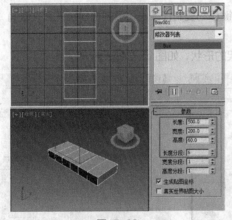

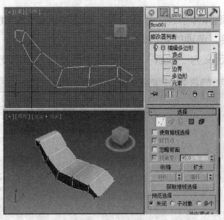

图15-33   图15-34

03 将选择集定义为"边"，选择垂直的边，在"编辑边"卷展栏中单击"连接"后的 ▢（设置）按钮，在弹出的助手小盒中设置链接边为2、收缩为65，如图15-35所示。

04 在"顶"视图中选择所有横向的边，在"编辑边"卷展栏中单击"连接"后的 ▢（设置）按钮，在弹出的助手小盒中设置链接边为2、收缩为88，如图15-36所示。

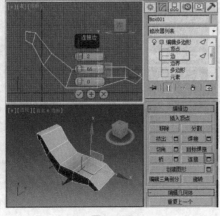

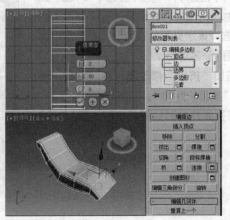

图15-35   图15-36

05 关闭选择集，为模型施加"涡轮平滑"修改器，在"涡轮平滑"卷展栏中设置"迭代次数"为2。看一下模型的效果，如图15-37所示。

06 继续为模型施加"编辑多边形"修改器，在场景中选择如图15-38所示的多边形。

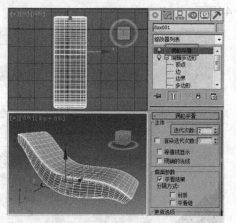

图15-37

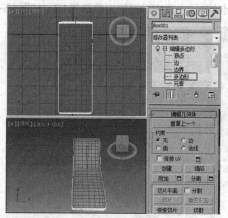

图15-38

07 按<Ctrl+V>组合键，在弹出的快捷菜单中选择"复制"选项，单击"确定"按钮，如图15-39所示。

08 将选择集定义为"多边形"，在场景中选择如图15-40所示的多边形。

图15-39

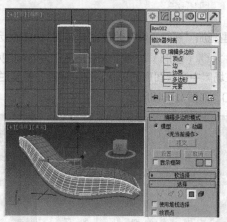

图15-40

09 按<Ctrl+I>组合键，反选多边形，删除反选的多边形，将选择集定义为"边"，在场景中选择如图15-41所示的边。

10 在"编辑边"卷展栏中单击"挤出"后的■（设置）按钮，在弹出的助手小盒中设置挤出的高度为-3.5、宽度为2.466，如图15-42所示。

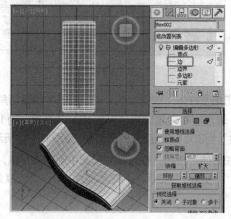

图15-41

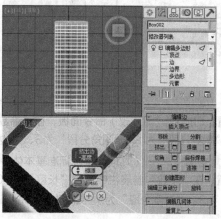

图15-42

11 继续单击"切角"后的 ■（设置）按钮，在弹出的助手小盒中设置切角量为1、切角分段为1，如图15-43
所示。

12 将选择集定义为"多边形"，在场景中全选多边形，在"编辑多边形"卷展栏中单击"挤出"后的 ■（设置）
按钮，在弹出的助手小盒中设置挤出数量为10，如图15-44所示。

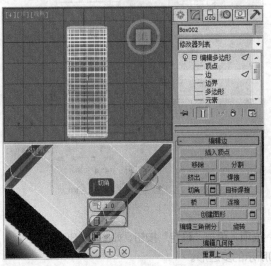

图15-43

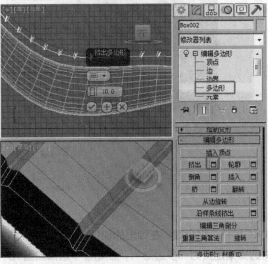

图15-44

13 关闭选择集，为模型施加"涡轮平滑"修改器，如图15-45所示。

14 单击"★（创建）> ○（图形）> 线"按钮，在"左"视图中创建线，切换到 ✐（修改）命令面板，将选择
集定义为"顶点"，在场景中调整图形的形状，在"渲染"卷展栏中勾选"在渲染中启用"和"在视口中启用"选
项，设置"厚度"为10，如图15-46所示。

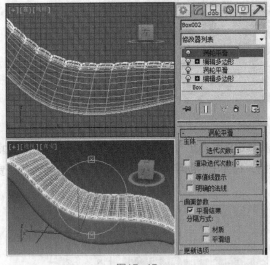

图15-45

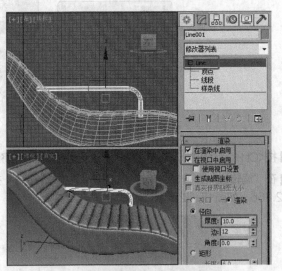

图15-46

15 单击"★（创建）> ○（几何体）> 扩展基本体 > 切角圆柱体"按钮，在"前"视图中创建切角圆柱体，调
整模型的位置。切换到 ✐（修改）命令面板，在"参数"卷展栏中设置"半径"为18、"高度"为184.5、"圆
角"为10、"高度分段"为1、"圆角分段"为3、"边数"为30、"端面分段"为1，如图15-47所示。

16 单击"★（创建）> ○（几何体）> 标准基本体 > 长方体"按钮，在"顶"视图中创建长方体，在场景中调
整模型的位置，在"参数"卷展栏中设置"长度"为20、"宽度"为20、"高度"为100、"长度分段"为3、
"宽度分段"为3、"高度分段"为5，如图15-48所示。

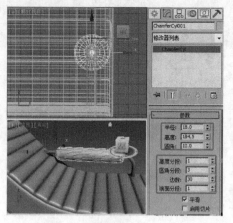
图15-47

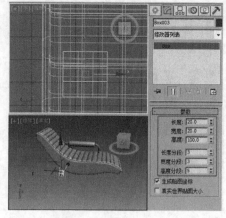
图15-48

17 为长方体施加"编辑多边形"修改器，将选择集定义为"顶点"，在场景中调整模型，如图15-49所示。

18 为模型施加"涡轮平滑"修改器，对模型进行复制，为其施加"FFD2×2×2"修改器，将选择集定义为"控制点"，在场景中调整模型的控制点，如图15-50所示。

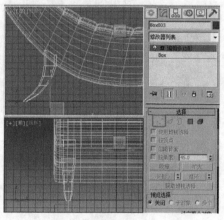
图15-49

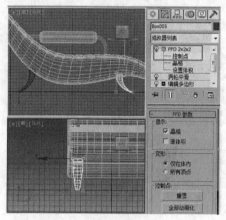
图15-50

实例 151 休闲藤椅

● **案例场景位置** | DVD > 案例源文件 > Cha15 > 实例151休闲藤椅

● **效果场景位置** | DVD > 案例源文件 > Cha15 > 实例151休闲藤椅场景

● **贴图位置** | DVD > 贴图素材

● **视频教程** | DVD > 教学视频 > Cha15 > 实例151

● **视频长度** | 7分21秒

● **制作难度** | ★★★☆☆

│ 操作步骤 │

01 单击" （创建）> ○（几何体）> 圆柱体"按钮，在"参数"卷展栏中设置"半径"为150、"高度"为100、"高度分段"为1、"端面分段"为2、"边数"为18，如图15-51所示。

02 切换到 ☑（修改）命令面板，为模型施加"编辑多边形"修改器，将选择集定义为"顶点"，在场景中调整顶点，如图15-52所示。

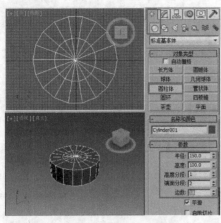
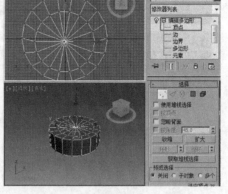

图15-51　　　　　　　　　　　　　图15-52

03 将选择集定义为"多边形"，在场景中选择多边形，在"编辑多边形"卷展栏中单击"挤出"后的■（设置）按钮，在弹出的助手小盒中设置挤出高度为100，如图15-53所示。

04 将选择集定义为"顶点"，在场景中调整顶点，如图15-54所示。

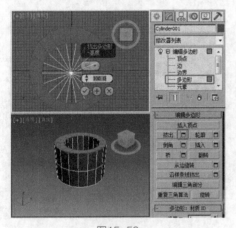
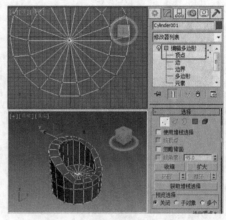

图15-53　　　　　　　　　　　　　图15-54

05 将选择集定义为"边"，在场景中选择如图15-55所示的边。

06 在"编辑边"卷展栏中单击"切角"后的■（设置）按钮，在弹出的助手小盒中设置切角量为12、切角分段为2，如图15-56所示。

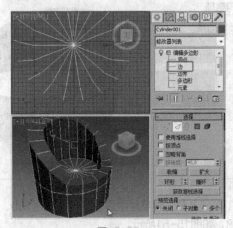
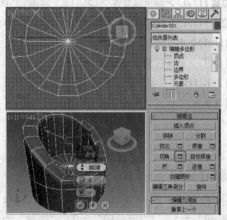

图15-55　　　　　　　　　　　　　图15-56

07 在场景中选择底部外侧的一圈边，在"编辑边"卷展栏中单击"切角"后的■（设置）按钮，在弹出的助手小盒中设置切角量为67、分段为3，如图15-57所示。

08 在场景中调整顶点，效果如图15-58所示。

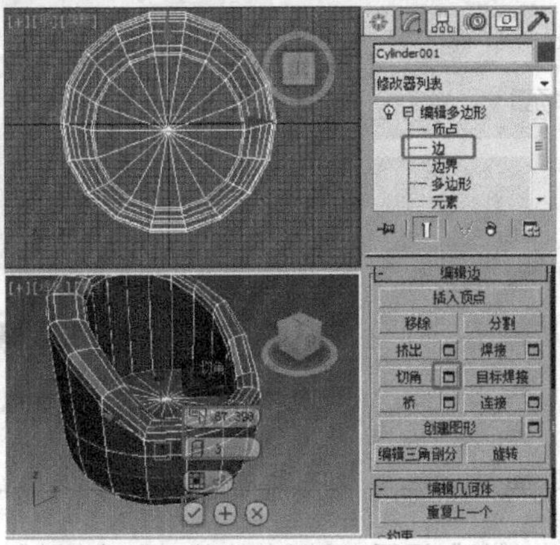

图15-57

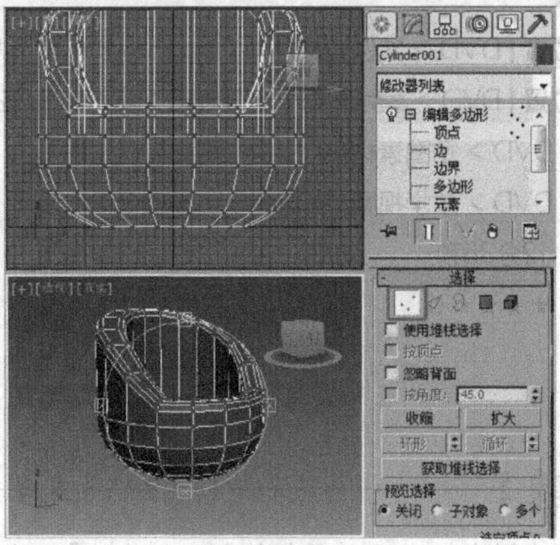

图15-58

09 在场景中选择作为坐垫位置的内侧一圈的边，在“编辑边”卷展栏中单击“切角”后的□（设置）按钮，在弹出的助手小盒中设置切角量为7.934、分段为2，如图15-59所示。

10 关闭选择集，为模型施加“涡轮平滑”修改器，再为模型施加“FFD 4×4×4”修改器，将选择集定义为“控制点”，在场景中调整控制点，如图15-60所示。

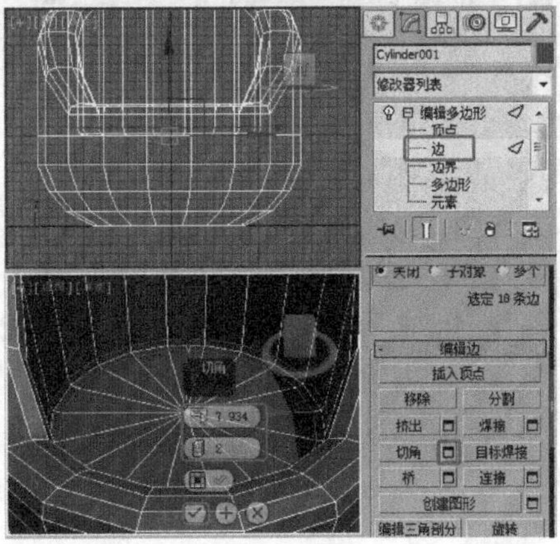

图15-59

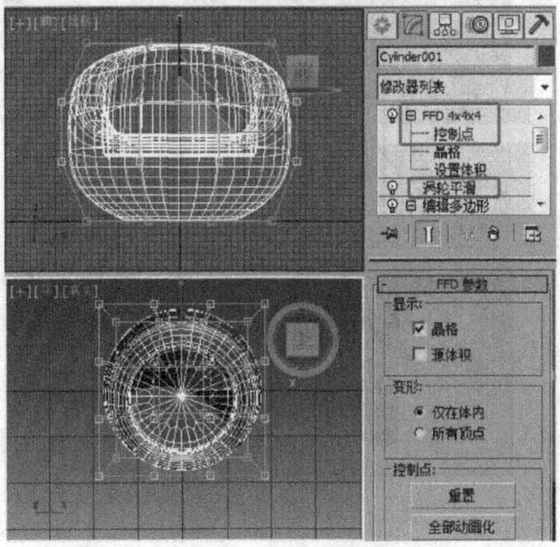

图15-60

11 单击“（创建）>（几何体）> 扩展基本体 > 切角圆柱体”按钮，调整模型的位置，切换到（修改）命令面板，在“参数”卷展栏中设置“半径”为120、“高度”为20、“圆角”为10，设置“高度分度”为1、“圆角分段”为3、“边数”为50、“端面分段”为1，如图15-61所示。

12 完成的休闲藤椅模型如图15-62所示。

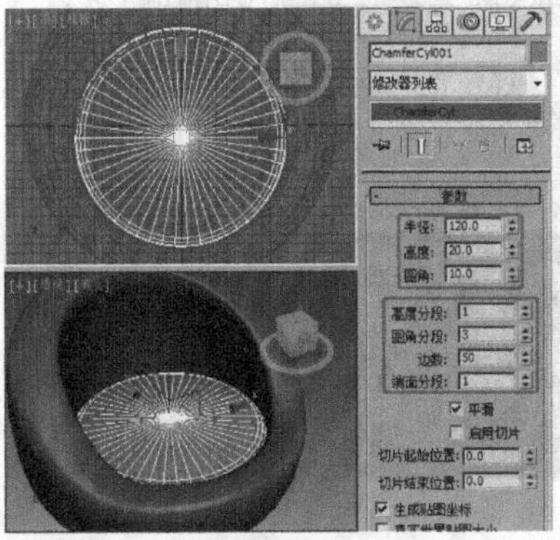

图15-61

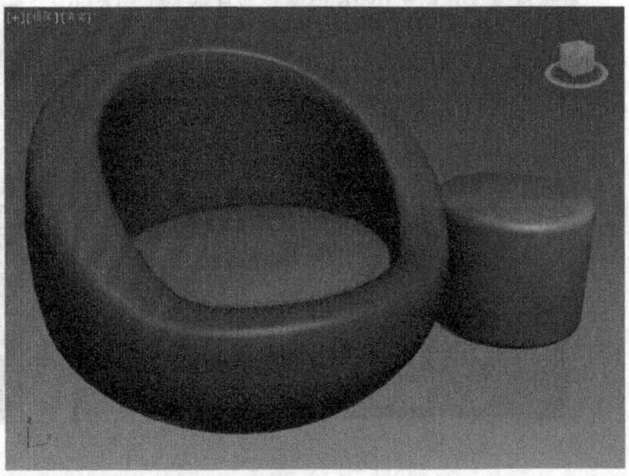

图15-62

实例 152 办公椅

- **案例场景位置** | DVD > 案例源文件 > Cha15 > 实例152办公椅
- **效果场景位置** | DVD > 案例源文件 > Cha15 > 实例152办公椅场景
- **贴图位置** | DVD > 贴图素材
- **视频教程** | DVD > 教学视频 > Cha15 > 实例152
- **视频长度** | 12分38秒
- **制作难度** | ★★★☆☆

┤操作步骤├

01 单击"（创建）>（几何体）> 长方体"按钮，在"前"视图中创建长方体，在"参数"卷展栏中设置"长度"为174、"宽度"为100、"高度"为30、"长度分段"为6、"宽度分段"为4、"高度分段"为1，如图15-63所示。

02 为长方体施加"编辑多边形"修改器，将选择集定义为"多边形"，在场景中选择正面的多边形，在"编辑几何体"卷展栏中单击"隐藏未选定对象"按钮，将没有被选中的多边形隐藏，如图15-64所示。

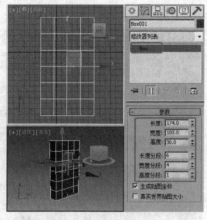
图15-63

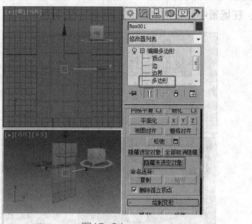
图15-64

03 将选择集定义为"顶点"，在场景中选择如图15-65所示的顶点，在"编辑顶点"卷展栏中单击"挤出"后的（设置）按钮，在弹出的助手小盒中设置挤出的高度为-7、宽度为5，如图15-65所示。

04 将选择集定义为"边"，在场景中选择如图15-66所示的边。

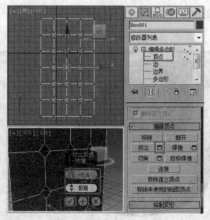
图15-65

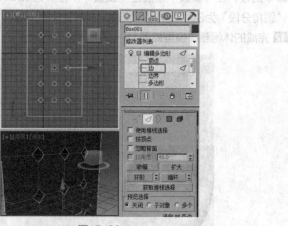
图15-66

05 在"编辑边"卷展栏中单击"挤出"后的 ■（设置）按钮，在弹出的助手小盒中设置挤出的高度为-3、宽度为 2，如图15-67所示。

06 在"编辑几何体"卷展栏中单击"全部取消隐藏"按钮，将隐藏的多边形全部取消隐藏，将选择集定义为 "边"，在场景中选择如图15-68所示的边。

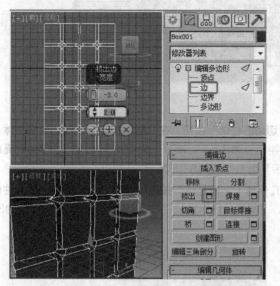

图15-67

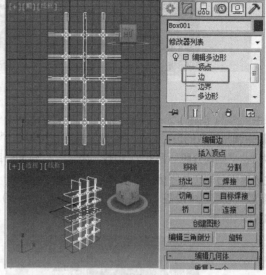

图15-68

07 在"编辑边"卷展栏中单击"切角"后的 ■（设置）按钮，在弹出的助手小盒中设置切角量为1、分段为1，如 图15-69所示。

08 关闭选择集，为模型施加"涡轮平滑"修改器，在"涡轮平滑"卷展栏中设置"迭代次数"为2，如图15-70 所示。

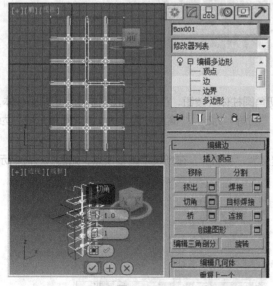

图15-69

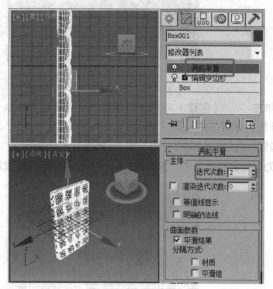

图15-70

09 为模型施加"弯曲"修改器，在"参数"卷展栏中设置"角度"为90、"方向"为90，选择"弯曲轴"为 "Y"，在"限制"组中勾选"限制效果"选项，设置"上限"为0、"下限"为-24，如图15-71所示。

10 单击" ■ （创建）> □ （图形）> 线"按钮，在场景中创建线。切换到 □ （修改）命令面板，将选择集定义 为"顶点"，在场景中调整出图形的形状，在"渲染"卷展栏中勾选"在渲染中启用"和"在视口中启用"选项， 设置"厚度"为5，如图15-72所示。

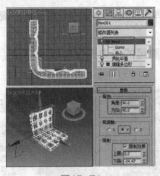
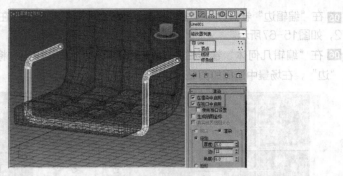

图15-71　　　　　　　　　　　图15-72

11 单击"　（创建）> 　（几何体）> 扩展基本体 > 切角圆柱体"按钮，在"前"视图中创建切角圆柱体，并在场景中调整模型的位置，在"参数"卷展栏中设置"半径"为3.5、"高度"为45、"圆角"为1、"高度分段"为1、"圆角分段"为3、"边数"为30、"端面分段"为1，如图15-73所示。

12 在场景中复制切角圆体，单击"　（创建）> 　（几何体）> 圆柱体"按钮，在"顶"视图中创建圆柱体，在"参数"卷展栏中设置"半径"为4、"高度"为-40、"高度分段"为1、"端面分段"为1、"边数"为30，如图15-74所示。

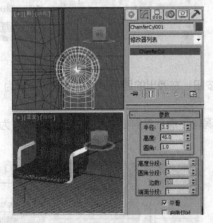
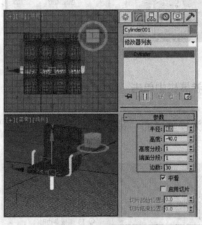

图15-73　　　　　　　　　　　图15-74

13 单击"　（创建）> 　（几何体）> 扩展基本体 > 切角圆柱体"按钮，在"顶"视图中创建切角圆柱体，在"参数"卷展栏中设置"半径"为50、"高度"为20、"圆角"为5、"高度分段"为1、"圆角分段"为3、"边数"为30、"端面分段"为1，如图15-75所示。

14 为切角圆柱体施加"编辑多边形"修改器，将选择集定义为"顶点"，在场景中调整顶点，如图15-76所示。

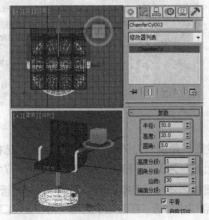
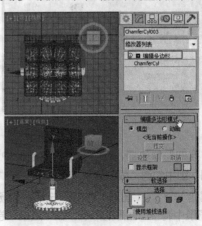

图15-75　　　　　　　　　　　图15-76

实例
153 沙发凳

● **案例场景位置** | DVD > 案例源文件 > Cha15 > 实例153沙发凳
● **效果场景位置** | DVD > 案例源文件 > Cha15 > 实例153沙发凳场景
● **贴图位置** | DVD > 贴图素材
● **视频教程** | DVD > 教学视频 > Cha15 > 实例153
● **视频长度** | 8分57秒
● **制作难度** | ★★★☆☆

━┥ **操作步骤** ┝━━

01 在场景中创建"圆柱体",在"参数"卷展栏中设置"半径"为120、"高度"为90、"高度分段"为1、"端面分段"为2、"边数"为18,如图15-77所示。

02 为圆柱体施加"编辑多边形"修改器,将选择集定义为"顶点",在场景中选择顶部中间的顶点,单击"编辑顶点"卷展栏中"挤出"后的■(设置)按钮,在弹出的助手小盒中设置挤出高度为-5、宽度为5,如图15-78所示。

图15-77

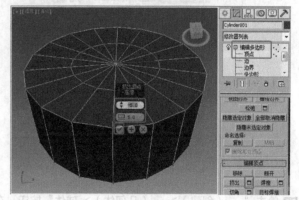

图15-78

03 将选择集定义为"边",在场景中选择如图15-79所示的边。
04 在"选择"卷展栏中单击"循环"按钮,循环选择边,如图15-80所示。

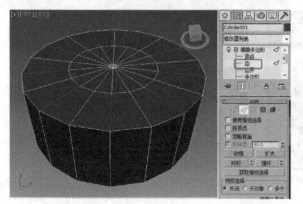

图15-79

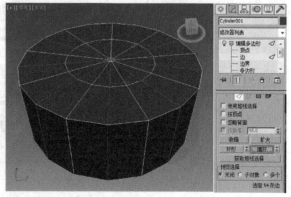

图15-80

05 在"编辑边"卷展栏中单击"挤出"后的■(设置)按钮,在弹出的助手小盒中设置挤出的高度为-5、宽度为5,如图15-81所示。

06 在场景中选择中间的切角出的点,如图15-82所示,在"前"视图中对其进行缩放,缩放到一个水平面上。

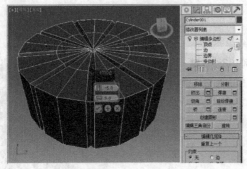

图15-81

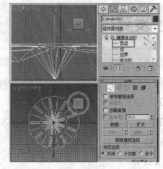

图15-82

07 调整好之后，关闭选择集，为模型施加"涡轮平滑"修改器，在"涡轮平滑"修改器参数卷展栏中设置"迭代次数"为2，如图15-83所示。

08 为模型施加"FFD 4×4×4"修改器，将选择集定义为"控制点"，在场景中选择中心处的4种顶部控制点，在"前"视图中将其向下调整，如图15-84所示。

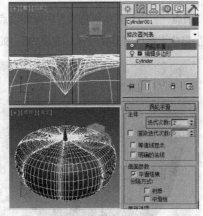

图15-83

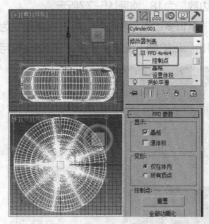

图15-84

09 单击"（创建）>（几何体）> 球体"按钮，在"顶"视图中创建球体，调整球体的位置，设置一个合适的参数，如图15-85所示。

10 单击"（创建）>（几何体）> 长方体"按钮，在"顶"视图中创建一个长方体，在"参数"卷展栏中设置"长度分段"和"宽度分段"为1、"高度分段"为5，如图15-86所示。

图15-85

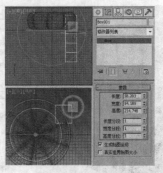

图15-86

11 为长方体施加"编辑多边形"修改器，将选择集定义为"顶点"，在场景中缩放并调整顶点的位置，如图15-87所示。

12 调整模型后，为其施加"涡轮平滑"修改器，在"涡轮平滑"卷展栏中设置"迭代次数"为2，如图15-88所示。

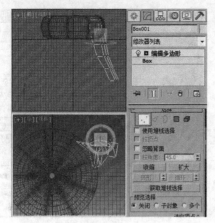 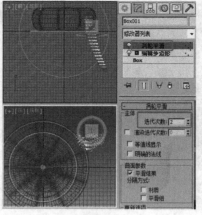

图15-87　　　　　　　　　　　　　　图15-88

13 在场景中复制模型，可以为腿模型施加"FFD 4×4×4"修改器，调整模型的高度，如图15-89所示。

14 调整组合完成的模型，效果如图15-90所示。

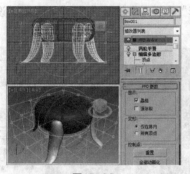 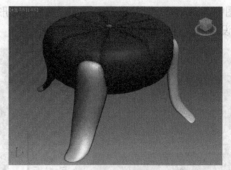

图15-89　　　　　　　　　　　　图15-90

实例 154　鼓凳

- 案例场景位置 | DVD > 案例源文件 > Cha15 > 实例154鼓凳
- 效果场景位置 | DVD > 案例源文件 > Cha15 > 实例154鼓凳场景
- 贴图位置 | DVD > 贴图素材
- 视频教程 | DVD > 教学视频 > Cha15 > 实例154
- 视频长度 | 3分59秒
- 制作难度 | ★★☆☆☆

┥操作步骤┝

01 单击"（创建）>（几何体）> 圆柱体"按钮，在"顶"视图中创建圆柱体，在"参数"卷展栏中设置"半径"为120、"高度"为200、"高度分段"为2、"端面分段"为1、"边数"为12，如图15-91所示。

02 切换到（修改）命令面板，为模型施加"编辑多边形"修改器，将选择集定义为"顶点"，在场景中调整顶点，如图15-92所示。

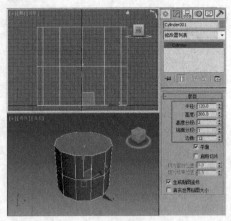
图15-91

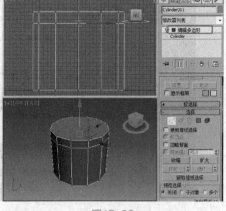
图15-92

03 将选择集定义为"多边形",在场景中选择下面一圈的垂直多边形,在"编辑多边形"卷展栏中单击"倒角"后的 □（设置）按钮,在弹出的助手小盒中设置倒角的高度为0、"轮廓"为-16,如图15-93所示。

04 在"前"视图中选择顶部一圈的多边形,在"编辑多边形"卷展栏中单击"挤出"后的 □（设置）按钮,在弹出的助手小盒中设置挤出的高度为14,如图15-94所示。

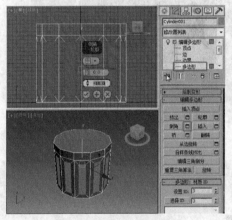
图15-93

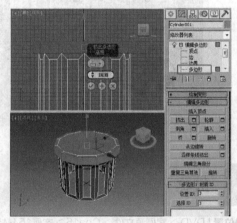
图15-94

05 将选择集定义为"边",在场景中选择最底端的一圈边,在"编辑边"卷展栏中单击"切角"后的 □（设置）按钮,在弹出的助手小盒中设置切角量为11.784、分段为3,如图15-95所示。

06 关闭选择集,为模型施加"壳"修改器,在"参数"卷展栏中设置"外部量"为6,如图15-96所示。

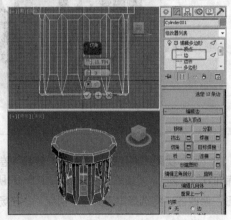
图15-95

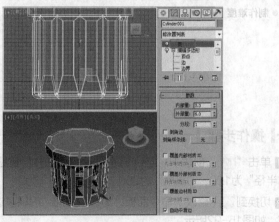
图15-96

07 为模型施加"涡轮平滑"修改器，在"涡轮平滑"卷展栏中设置"迭代次数"为3，如图15-97所示。

08 设置模型的平滑后，为模型施加"FFD 4×4×4"修改器，将选择集定义为"控制点"，在场景中调整模型的效果，如图15-98所示。

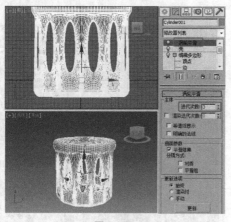

图15-97

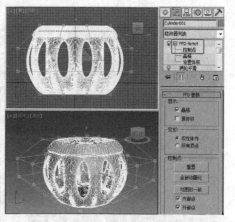

图15-98

实 例

155　博古架

- **案例场景位置** | DVD > 案例源文件 > Cha15 > 实例155博古架
- **效果场景位置** | DVD > 案例源文件 > Cha15 > 实例155博古架场景
- **贴图位置** | DVD > 贴图素材
- **视频教程** | DVD > 教学视频 > Cha15 > 实例155
- **视频长度** | 10分33秒
- **制作难度** | ★★☆☆☆

╋ 操作步骤 ┠

01 单击"＊（创建）> ◎（图形）> 矩形"按钮，在"前"视图中创建矩形，在"参数"卷展栏中设置"长度"为280、"宽度"为300、"角半径"为0，如图15-99所示。

02 单击"＊（创建）> ◎（图形）> 圆"按钮，在矩形的内侧创建圆，在"参数"卷展栏中设置"半径"为125，如图15-100所示。

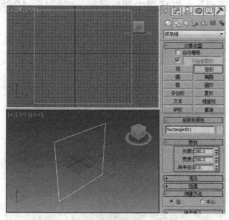

图15-99

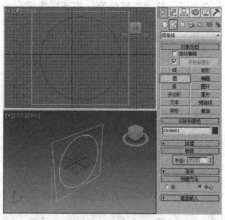

图15-100

03 在场景中选择矩形，切换到 （修改）命令面板，为矩形施加"编辑样条线"修改器，在"几何体"卷展栏中单击"附加"按钮，在场景中附加圆，如图15-101所示。

04 将选择集定义为"样条线"，在"几何体"卷展栏中单击"轮廓"按钮，在场景中设置矩形的轮廓，如图15-102所示。

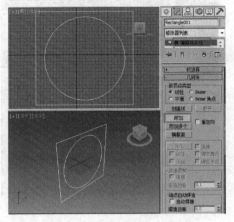

图15-101

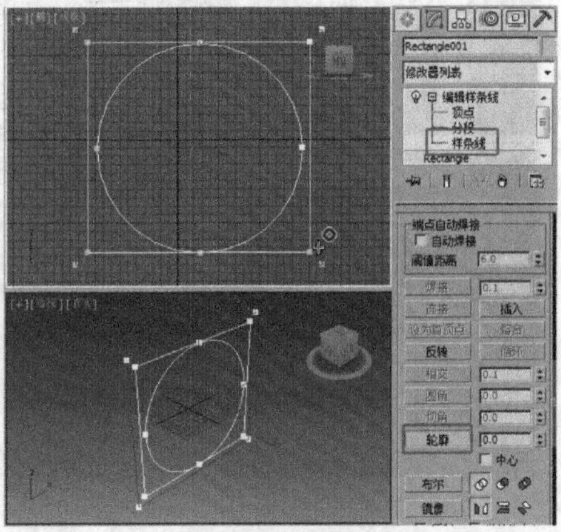

图15-102

05 继续使用"轮廓"工具，设置圆的轮廓，如图15-103所示。

06 关闭选择集，为图形施加"挤出"修改器，在"参数"卷展栏中设置"数量"为40，如图15-104所示。

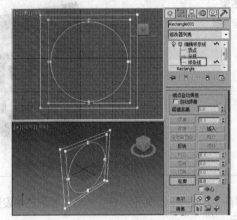

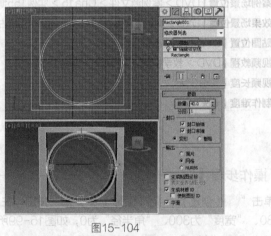

图15-103

图15-104

07 单击" （创建）> （图形）> 线"按钮，在"前"视图中如图15-105所示的位置创建并调整图形。

08 复制创建出的图形，并调整其角度，将选择集定义为"顶点"，在场景中调整图形，如图15-106所示。

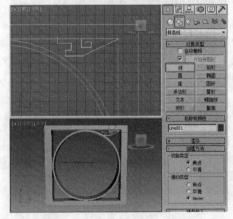

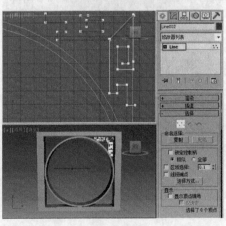

图15-105

图15-106

09 调整好图形后，将选择集定义为"样条线"，在"几何体"卷展栏中设置图形的轮廓，并将选择集定义为"顶点"，继续调整图形的形状，如图15-107所示。

10 为图形施加挤出修改器，设置合适的参数。

11 继续使用"线"工具，取消"开始新图形"选项的勾选，在圆的内侧创建图形，如图15-108所示。

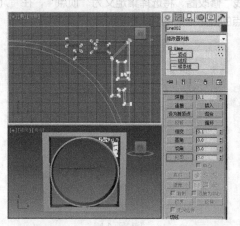
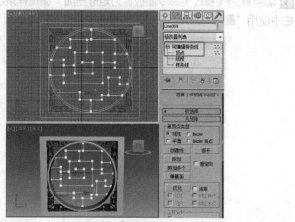

图15-107　　　　　　　　　　　　　　　图15-108

12 将选择集定义为"样条线"，在"几何体"卷展栏中单击使用"轮廓"工具，在场景中设置图形的轮廓，如图15-109所示。

13 关闭选择集，为图形设置"挤出"修改器，在"参数"卷展栏中设置"数量"为30，如图15-110所示。

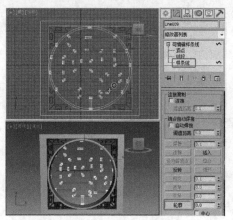
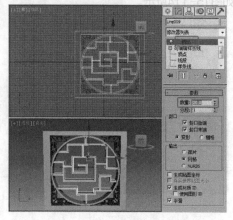

图15-109　　　　　　　　　　　　　　　图15-110

实例 156　边几

- **案例场景位置** | DVD > 案例源文件 > Cha15 > 实例156边几
- **效果场景位置** | DVD > 案例源文件 > Cha15 > 实例156边几场景
- **贴图位置** | DVD > 贴图素材
- **视频教程** | DVD > 教学视频 > Cha15 > 实例156
- **视频长度** | 7分36秒
- **制作难度** | ★★☆☆☆

操作步骤

01 单击"■（创建）> ■（图形）> 矩形"按钮，在"前"视图中创建矩形，在"参数"卷展栏中设置"长度"为20、"宽度"为350，如图15-111所示。

02 切换到 ■（修改）命令面板，为矩形施加"编辑样条线"修改器，将选择集定义为"顶点"，在"几何体"卷展栏中使用"圆角"工具，在"前"视图中设置左侧两个顶点的圆角，如图15-112所示。

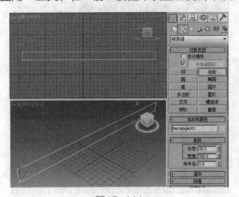

图15-111   图15-112

03 在场景中对矩形进行复制，并调整图形的形状，如图15-113所示。

04 选择外侧的矩形，为其施加"倒角"修改器，在"倒角值"卷展栏中设置"级别1"的"高度"为1、"轮廓"为1；勾选"级别2"选项，设置"高度"为100、"轮廓"为0；勾选"级别3"选项，设置"高度"为1、"轮廓"为-1，如图15-114所示。

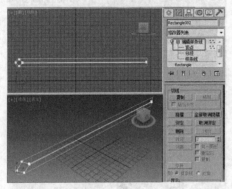
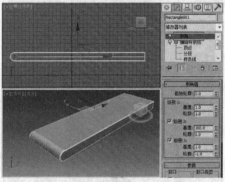

图15-113   图15-114

05 为图形施加"挤出"修改器，在"参数"卷展栏中设置"数量"为103，如图15-115所示。调整模型的位置。

06 单击"■（创建）> ■（图形）> 圆"按钮，在"前"视图中创建圆，在"参数"卷展栏中设置"半径"为110，如图15-116所示。

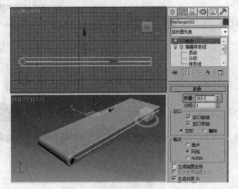
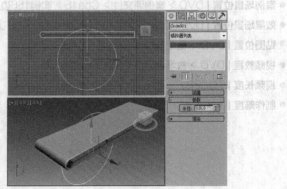

图15-115   图15-116

07 切换到 ☑（修改）命令面板，为圆施加"编辑样条线"修改器，将选择集定义为"样条线"，在"几何体"卷展栏中单击"轮廓"按钮，在场景中设置圆的轮廓，如图15-117所示。

08 关闭"轮廓"按钮，在场景中调整圆的样条线位置，如图15-118所示。

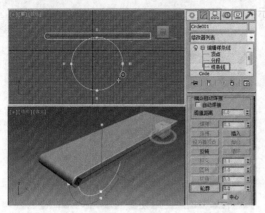

图15-117　　　　　　　　图15-118

09 将选择集定义为"分段"，在场景中选择并删除分段，如图15-119所示。

10 将选择集定义为"顶点"，在"几何体"卷展栏中单击"连接"按钮，在场景中创建图形的连接，如图15-120所示。

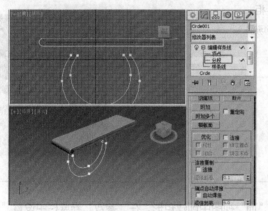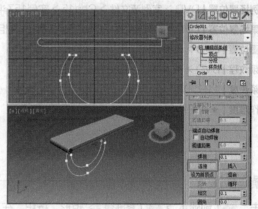

图15-119　　　　　　　　图15-120

11 关闭"连接"按钮，并关闭选择集，为图形施加"挤出"修改器，在"参数"卷展栏中设置"数量"为20，如图15-121所示。

12 单击" ＊（创建）> ☑（图形）> 矩形"按钮，在"前"视图中创建矩形，调整矩形的位置，切换到 ☑（修改）命令面板，在"参数"卷展栏中设置"长度"为20、"宽度"为350、"角半径"为3，如图15-122所示。

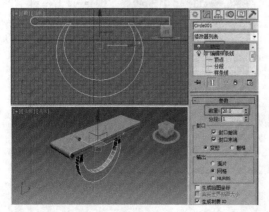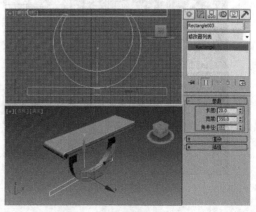

图15-121　　　　　　　　图15-122

13 为矩形施加"倒角"修改器，在"倒角值"卷展栏中设置"级别1"的"高度"为1、"轮廓"为1；勾选"级别2"选项，设置其"高度"为100；勾选"级别3"选项，设置"高度"为1、"轮廓"为-1，如图15-123所示。

14 复制底部倒角出的矩形模型，修改此图形比原图形小，并设置其图形的轮廓，并为其设置"挤出"修改器，在"参数"卷展栏中设置"数量"为103，如图15-124所示。

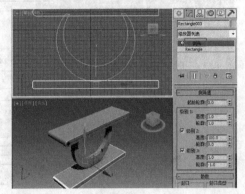

图15-123

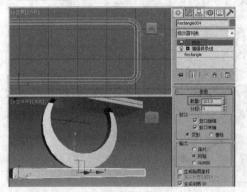

图15-124

实例 157 斗柜

● **案例场景位置** | DVD > 案例源文件 > Cha15 > 实例157斗柜

● **效果场景位置** | DVD > 案例源文件 > Cha15 > 实例157斗柜场景

● **贴图位置** | DVD > 贴图素材

● **视频教程** | DVD > 教学视频 > Cha15 > 实例157

● **视频长度** | 11分50秒

● **制作难度** | ★★★☆☆

操作步骤

01 单击"   （创建） >   （图形）> 矩形"按钮，在"顶"视图中创建矩形，在"参数"卷展栏中设置"长度"为150、"宽度"为350，如图15-125所示。

02 单击"   （创建） >   （图形）> 线"按钮，创建样条线，切换到   （修改）命令面板，将选择集定义为"顶点"，调整样条线的形状，如图15-126所示。

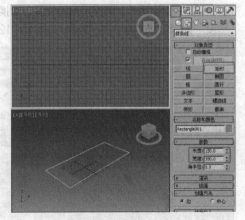

图15-125

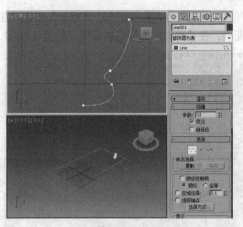

图15-126

03 在场景中选择矩形，为其施加"倒角剖面"修改器，在"参数"卷展栏中单击"拾取剖面"按钮，在场景中拾取样条线，制作出桌面模型，如图15-127所示。

04 单击"　（创建）> 　（图形）> 矩形"按钮，在"左"视图中创建矩形，在"参数"卷展栏中设置"长度"为220、"宽度"为137，如图15-128所示。

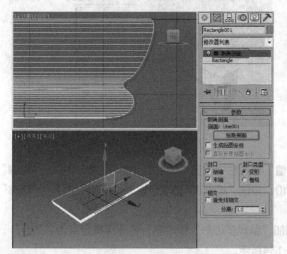

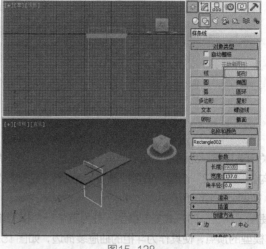

图15-127 图15-128

05 切换到 　（修改）命令面板，为矩形施加"编辑样条线"修改器，将选择集定义为"顶点"，在"几何体"卷展栏中单击"优化"按钮，在"左"视图中优化矩形，并调整其图形的形状，如图15-129所示。

06 调整图形的形状后，为其施加"挤出"修改器，在"参数"卷展栏中设置"数量"为335，如图15-130所示。

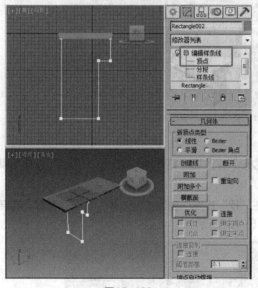

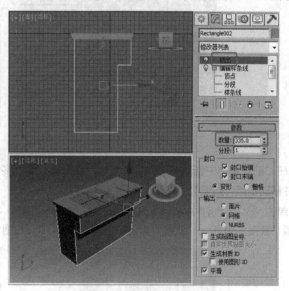

图15-129 图15-130

07 单击"　（创建）> 　（图形）> 矩形"按钮，在"前"视图中创建矩形，在"参数"卷展栏中设置合适的长宽，如图15-131所示。

08 切换到 　（修改）命令面板，为矩形施加"编辑样条线"修改器，将选择集定义为"样条线"，在"几何体"卷展栏中单击"轮廓"按钮，在场景中调整图形的轮廓，如图15-132所示。

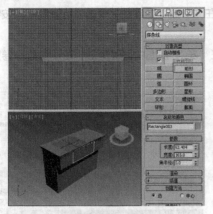
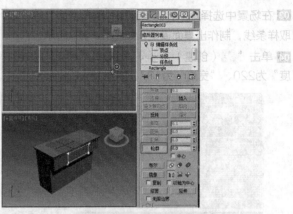

图15-131　　　　　　　　　　　图15-132

09 关闭选择集，为图形施加"倒角"修改器，在"倒角值"卷展栏中设置"级别1"的"高度"为0、"轮廓"为0；勾选"级别2"选型，设置"高度"为2、"轮廓"为0；勾选"级别3"选项，设置"高度"为1、"轮廓"为-1，如图15-133所示。

10 使用"实例"的方式复制模型，并为其中一个模型施加"编辑多边形"修改器，将选择集定义为"顶点"，调整其模型的顶点，使其作为斗柜的抽屉装饰边，如图15-134所示。

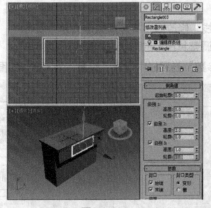
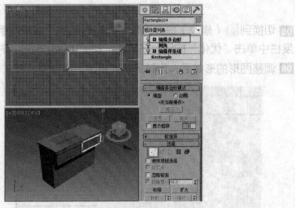

图15-133　　　　　　　　　　　图15-134

11 在"前"视图中创建"球体"模型，为其施加"编辑多边形"修改器，将选择集定义为"顶点"，在场景中缩放并移动顶点，如图15-135所示。

12 单击"[创建] > [几何体] > 长方体"按钮，在"顶"视图中创建"长方体"，在"参数"卷展栏中设置"长度"为20、"宽度"为20、"高度"为70，如图15-136所示。

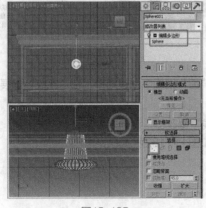
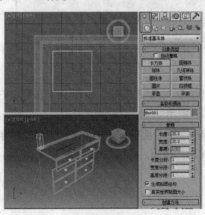

图15-135　　　　　　　　　　　图15-136

13 为长方体施加"编辑多边形"修改器，将选择集定义为"顶点"，调整长方体的形状，使其作为腿，并对模型进行复制，如图15-137所示。

图15-137

实 例
158
鞋柜

- **案例场景位置**｜DVD＞案例源文件＞Cha15＞实例158鞋柜
- **效果场景位置**｜DVD＞案例源文件＞Cha15＞实例158鞋柜场景
- **贴图位置**｜DVD＞贴图素材
- **视频教程**｜DVD＞教学视频＞Cha15＞实例158
- **视频长度**｜9分52秒
- **制作难度**｜★★☆☆☆

╊ 操作步骤 ╊

01 单击"（创建）＞（几何体）＞长方体"按钮，在"前"视图中创建"长方体"，在"参数"卷展栏中设置"长度"为240、"宽度"为266、"高度"为76，如图15-138所示。

02 击"（创建）＞（图形）＞矩形"按钮，在"前"视图中创建"矩形"，在"参数"卷展栏中设置"长度"为288、"宽度"为266，如图15-139所示。

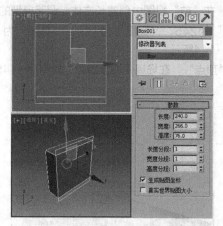

图15-138

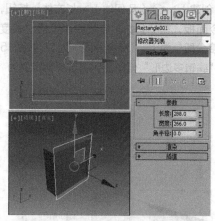

图15-139

03 为矩形施加"编辑样条线"，将选择集定义为"样条线"，在"几何体"卷展栏中单击"轮廓"按钮，设置矩形的"轮廓"，也可以在轮廓后输入数值14，按<Enter>键设置出精确的轮廓参数，如图15-140所示。

04 将选择集定义为"分段"，选择并删除底部的分段，如图15-141所示。

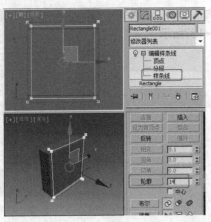

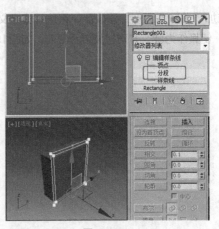

图15-140   图15-141

05 将选择集定义为"顶点",在"前"视图中调整顶部顶点,使其处于同一水平,在"几何体"卷展栏中使用"连接"按钮,连接顶点,如图15-142所示。

06 连接顶点后,为模型施加"挤出"修改器,在"参数"卷展栏中设置"数量"为85,如图15-143所示。

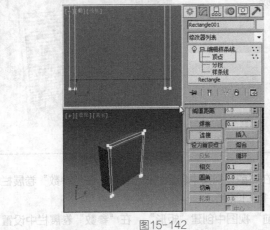

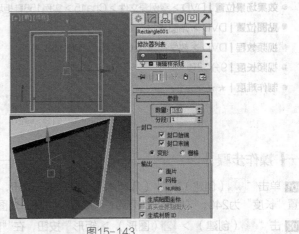

图15-142   图15-143

07 单击"（创建）＞（几何体）＞长方体"按钮,在"前"视图中创建长方体,调整模型的位置。切换到（修改）命令面板,在"参数"卷展栏中设置"长度"为245、"宽度"为119、"高度"为10、"长度分段"为3、"宽度分段"为3、"高度分段"为1,如图15-144所示。

08 为模型施加"编辑多边形"修改器,将选择集定义为"顶点",在场景中调整顶点,如图15-145所示。

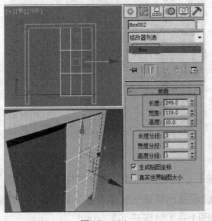

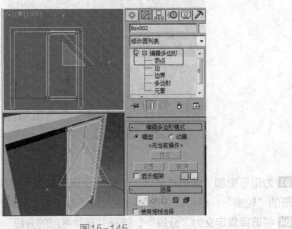

图15-144   图15-145

09 将选择集定义为"多边形"，选择中间的前后两面多边形，在"编辑多边形"卷展栏中单击"桥"按钮得到如图15-146所示的效果。

10 单击"（创建）>（几何体）> 长方体"按钮，在"前"视图中创建"长方体"，在"参数"卷展栏中设置"长度"为7、"宽度"为100、"高度"为2，如图15-147所示。

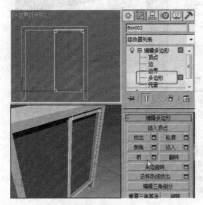

图15-146　　　　　　　　　　　　　　　　图15-147

11 在场景中调整模型的角度，并对模型进行复制，如图15-148所示。

12 单击"（创建）>（图形）> 矩形"按钮，在"左"视图中创建"矩形"，在"参数"卷展栏中设置"长度"为30、"宽度"为15，如图15-149所示。

13 单击"（创建）>（图形）> 椭圆"按钮，在"顶"视图中创建"椭圆"，在"参数"卷展栏中设置"长度"为1.3、"宽度"为2.5，如图15-150所示。

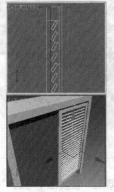

图15-148　　　　　　　　图15-149　　　　　　　　图15-150

14 在场景中选择矩形，单击"（创建）>（几何体）> 复合对象 > 放样"按钮，使用"放样"工具，单击"获取图形"按钮，在场景中拾取椭圆，如图15-151所示。

15 切换到（修改）命令面板，将选择集定义为"图形"，在场景中旋转图形的角度，如图15-152所示。

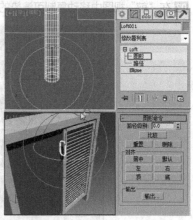

图15-151　　　　　　　　　　　　　　　　图15-152

16 为模型施加"编辑多边形"修改器，将选择集定义为"多边形"，在场景中选择如图15-153所示的多边形，并将其删除。

17 在场景中对模型进行复制，完成鞋柜的制作，如图15-154所示。

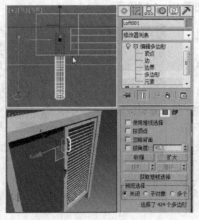

图15-153　　　　　　　　　图15-154

实例 159　铁艺床

- 案例场景位置 | DVD > 案例源文件 > Cha15 > 实例159铁艺床
- 效果场景位置 | DVD > 案例源文件 > Cha15 > 实例159铁艺床场景
- 贴图位置 | DVD > 贴图素材
- 视频教程 | DVD > 教学视频 > Cha15 > 实例159
- 视频长度 | 37分54秒
- 制作难度 | ★★★☆☆

操作步骤

01 单击"（创建）>（图形）>线"按钮，在"前"视图中创建线，在"渲染"卷展栏中勾选"在渲染中启用"和"在视口中启用"选项，设置"厚度"为3，如图15-155所示。

02 在"前"视图中移动复制可渲染的样条线，重新设置"厚度"为2，如图15-156所示。

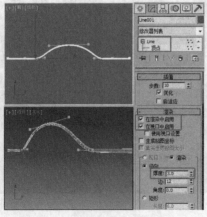
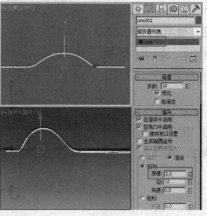

图15-155　　　　　　　　　图15-156

03 使用"线"工具，在"前"视图中创建床腿截面图形，调整图形的形状，如图15-157所示。

04 调整床腿顶部的图形形状，如图15-158所示。

05 为图形施加"车削"修改器，在"参数"卷展栏中设置"分段"为20，选择"方向"为"Y"，选择"对齐"为"最小"，如图15-159所示。

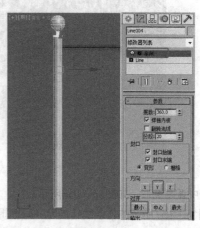

图15-157　　　　　　　　　　图15-158　　　　　　　　　　图15-159

06 使用"线"工具，在"前"视图中创建样条线，在"渲染"卷展栏中勾选"在渲染中启用"和"在视口中启用"选项，设置"厚度"为4.5，如图15-160所示。

07 继续在"前"视图中创建可渲染的样条线，如图15-161所示。

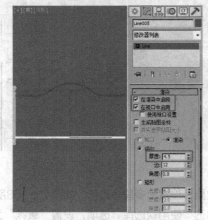

图15-160　　　　　　　　　　　　图15-161

08 将可渲染的样条线转换为"可编辑网格"，在"顶"视图中缩放模型，如图15-162所示。

09 使用"线"工具，在"前"视图中创建线，并对其进行调整，在"渲染"卷展栏中勾选"在渲染中启用"和"在视口中启用"选项，设置"厚度"为1.5，如图15-163所示。

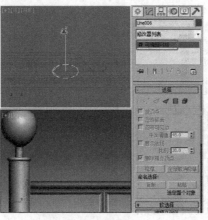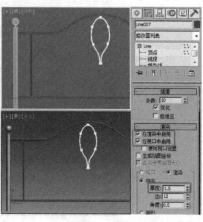

图15-162　　　　　　　　　　　　图15-163

10 取消图形的可渲染，调整样条线的形状，如图15-164所示。

11 复制样条线并对其进行调整，使用"优化"工具，优化图形，如图15-165所示。

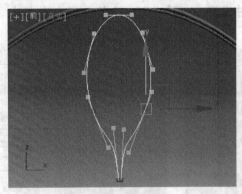
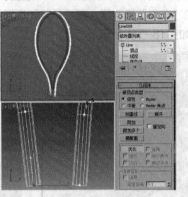

图15-164　　　　　　　　　　　　　　图15-165

12 在场景中调整图形，如图15-166所示。

13 将如图15-167所示的样条线转换为"可编辑多边形"，将选择集定义为"边"，在场景中选择多余的边，并将其"移除"。

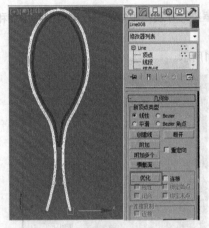
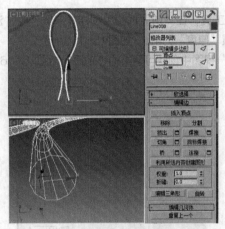

图15-166　　　　　　　　　　　　　　图15-167

14 将选择集定义为"多边形"，设置多边形的"插入"效果，设置出多段多边形，如图15-168所示。

15 将选择集定义为"多边形"，在"软选择"卷展栏中勾选"使用软选择"选项，设置"衰减"为0.8，并调整多边形的位置，调整很粗的模型，如图15-169所示。

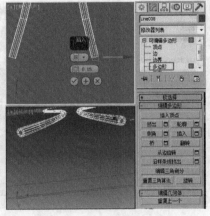
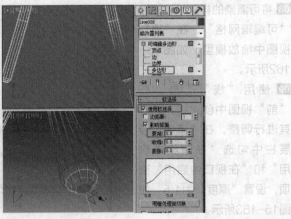

图15-168　　　　　　　　　　　　　　图15-169

16 将选择集定义为"顶点"，在场景中调整顶点，如图15-170所示。

17 使用"线"工具，在"前"视图中创建样条线，如图15-171所示。

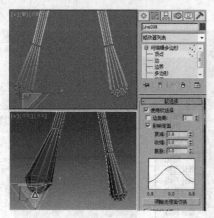
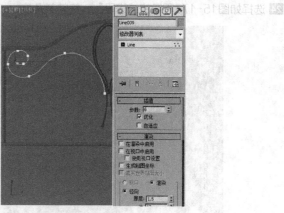

图15-170 图15-171

18 将选择集定义为"样条线"，在场景中选择样条线，在"几何体"卷展栏中单击 ⬚ （垂直镜像）按钮，单击
"镜像"按钮，设置样条线的镜像，如图15-172所示。

19 将选择集定义为"顶点"，在场景中选择镜像的相近的顶点，将"顶点"进行焊接。

20 如图15-173所示，设置合适的渲染参数。

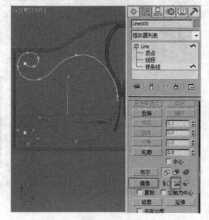
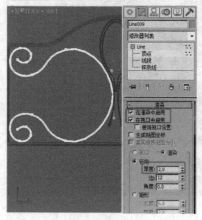

图15-172 图15-173

21 缩放复制样条线，并修改其样条线的可渲染的"厚度"为1.2，如图15-174所示。

22 修改复制出的样条线，删除多余的样条线，如图15-175所示。

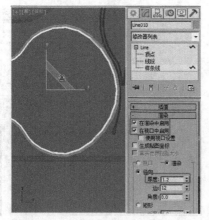
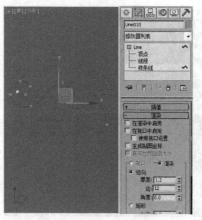

图15-174 图15-175

23 在场景中按<Alt+Q>组合键，孤立复制出的样条线，可以先取消其可渲染，选择如图15-176所示的顶点，鼠标右击，弹出快捷菜单，从中选择"断开顶点"，如图15-176所示。

24 选择如图15-177所示的"线段"，旋转其角度。

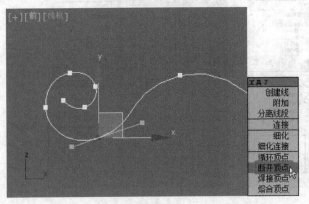

图15-176

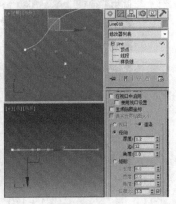

图15-177

25 焊接顶点，如图15-178所示。

26 将选择集定义为"样条线"，镜像复制样条线，如图15-179所示。

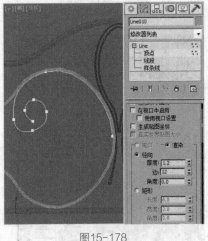

图15-178

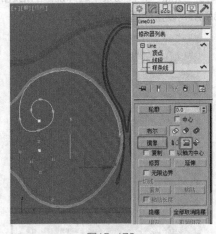

图15-179

27 调整并焊接顶点，如图15-180所示，启用其可渲染。

28 在顶视图中创建"矩形"，为矩形设置圆角，为其施加"编辑样条线"修改器，调整图形的顶点，如图15-181所示。

图15-180

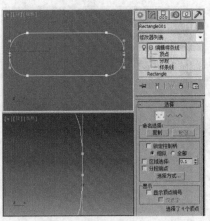

图15-181

29 为图形施加"挤出"修改器,在"参数"卷展栏中设置"数量"为10(该参数合适即可),如图15-182所示。

30 镜像复制模型,如图15-183所示。

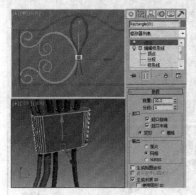

图15-182   图15-183

31 复制床头模型,并调整床头腿模型的高度,如图15-184所示。

32 单击"▓(创建)>▓(几何体)>扩展基本体>切角长方体"按钮,在"顶"视图中创建圆切角长方体,在"参数"卷展栏中设置"长度"为30、"宽度"为470、"高度"为340、"圆角"为0.5,如图15-185所示。

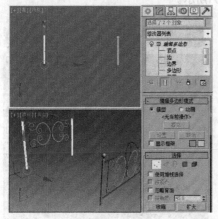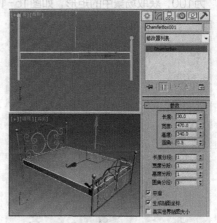

图15-184   图15-185

33 在"顶"视图中创建矩形,为矩形施加"编辑样条线"修改器,将选择集定义为"分段",在"几何体"卷展栏中设置"拆分"为5,单击"拆分"按钮,拆分分段,如图15-186所示。

34 将选择集定义为"顶点",调整图形的形状,如图15-187所示。

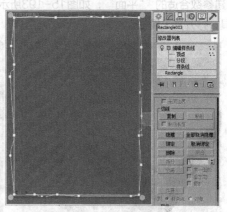

图15-186   图15-187

35 复制矩形,删除"编辑样条线"修改器,如图15-188所示。

36 单击"（创建）>（图形）>线"按钮，在"前"视图中创建线作为放样路径，如图15-189所示。

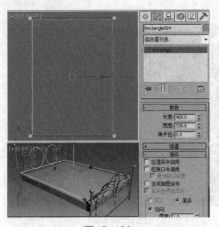

图15-188

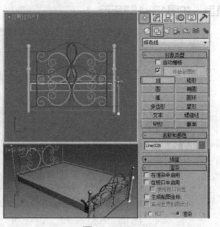

图15-189

37 单击"（创建）>（几何体）>扩展基本体 > 放样"按钮，在场景中选择作为路径的样条线，在"创建方法"卷展栏中单击"获取图形"按钮，在场景中拾取调整后的矩形，如图15-190所示。

38 设置"路径"为100，获取场景中的矩形，如图15-191所示。

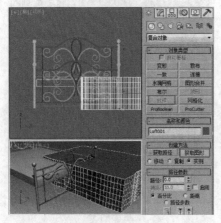

图15-190

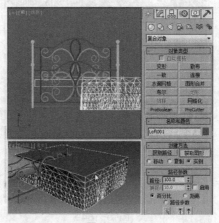

图15-191

39 单击"（创建）>（几何体）> 复合对象 > 扩展基本体"按钮，在场景中修改切角长方体的参数，如图15-192所示，该模型为辅助模型，最后可以将其删掉。

40 在场景中创建参数合适的 "平面"，如图15-193所示，在工具栏的空白处鼠标右击，在弹出的快捷菜单中选择MassFX工具，打开其工具栏。

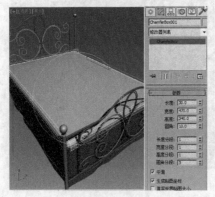

图15-192

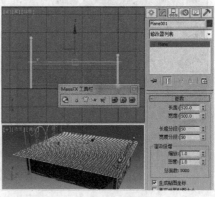

图15-193

41 在场景中选择放样出的床围和切角长方体模型，在MassFX工具栏中单击 ⭕（刚体）工具，在场景中选择平面模型，在工具栏中单击 🔱（布料）工具，可以看到为平面施加了相应的布料修改器，如图15-194所示。单击"烘焙"按钮，即可烘焙出布料。

42 保留合适的帧，为平面模型施加"编辑多边形"修改器，将选择集定义为"顶点"，在场景中调整顶点，如图15-195所示。

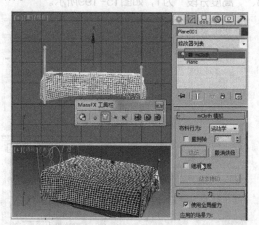

图15-194

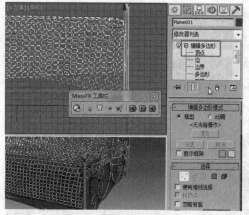

图15-195

43 调整好平面的顶点，为平面施加"壳"修改器，设置合适的参数，如图15-196所示。

44 为平面施加"网格平滑"修改器，这样床的模型就制作完成了，如图15-197所示。为场景中床架设置金属材质，为床单设置布纹材质，设置合适的场景对模型进行渲染，这里就不详细介绍了。

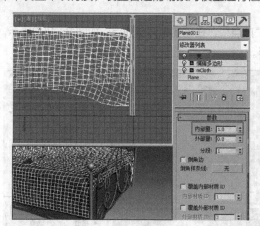

图15-196

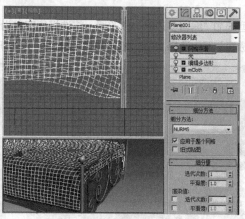

图15-197

实例 160　中式木床

- **案例场景位置** | DVD > 案例源文件 > Cha15 > 实例160中式木床
- **效果场景位置** | DVD > 案例源文件 > Cha15 > 实例160中式木床场景
- **贴图位置** | DVD > 贴图素材
- **视频教程** | DVD > 教学视频 > Cha15 > 实例160
- **视频长度** | 12分05秒
- **制作难度** | ★★★☆☆

┨ 操作步骤 ┠

01 单击"🔧（创建）> ⭕（几何体）> 长方体"按钮，在"顶"视图中创建长方体，在"键盘输入"卷展栏中输入"长度"为180、"宽度"为200、"高度"为30，单击"创建"按钮，如图15-198所示。

02 选择长方体，按<Ctrl+V>组合键，组合复制长方体，在"参数"卷展栏中修改"长度"为190、"宽度"为220、"高度"为5、"长度分段"为3、"宽度分段"为3、"高度分段"为1，如图15-199所示。

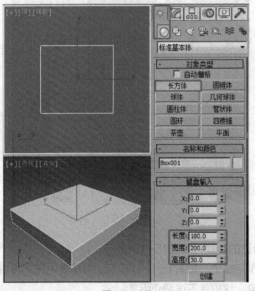

图15-198

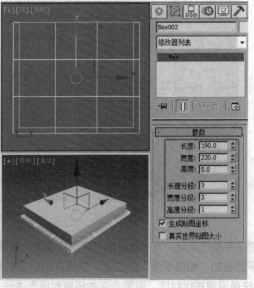

图15-199

03 为模型施加"编辑多边形"修改器，将选择集定义为"顶点"，在场景中调整顶点，如图15-200所示。

04 在"透视"图中选择底部的如图15-201所示的多边形。

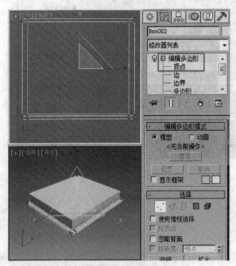

图15-200

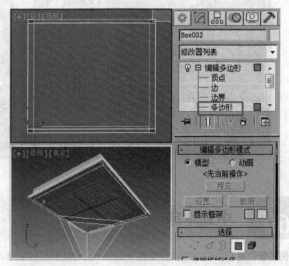

图15-201

05 选择多边形后，在"编辑多边形"卷展栏中单击"挤出"后的🔲（设置）按钮，在弹出的助手小盒中设置挤出的高度为3，如图15-202所示。

06 单击"🔧（创建）> ⭕（几何体）> 扩展基本体 > 切角长方体"按钮，在"顶"视图中创建切角长方体，在场景中调整模型的位置。切换到 📐（修改）命令面板，在"参数"卷展栏中设置"长度"为180、"宽度"为200、"高度"为8、"圆角"为2，设置"圆角分段"为3，如图15-203所示。

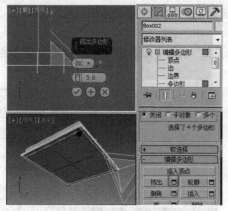

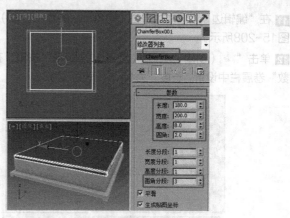

图15-202　　　　　　　　　图15-203

07 单击"（创建）> ○（几何体）> 标准基本体 > 长方体"按钮，在"顶"视图中创建长方体，在"参数"卷展栏中设置"长度"为190、"宽度"为10、"高度"为110、"长度分段"为3、"宽度分段"为1、"高度分段"为3，如图15-204所示。

08 为模型施加"编辑多边形"修改器，将选择集定义为"顶点"，在"左"视图中调整顶点，如图15-205所示。

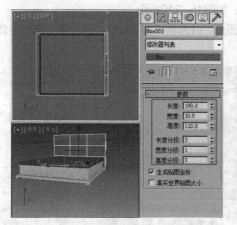
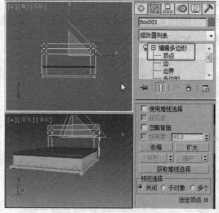

图15-204　　　　　　　　　图15-205

09 将选择集定义为"多边形"，在场景中选择如图15-206所示的多边形，在"编辑多边形"卷展栏中单击"桥"按钮。

10 将选择集定义为"边"，在场景中选择如图15-207所示的边。

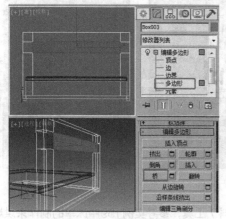
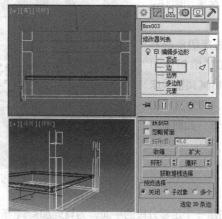

图15-206　　　　　　　　　图15-207

11 在"编辑边"卷展栏中单击"切角"后的 ■（设置）按钮，在弹出的助手小盒中设置切角量为2、分段为3，如图15-208所示。

12 单击" ✳（创建）> ◎（图形）> 矩形"按钮，在"左"视图中如图15-209所示的位置创建矩形，在"参数"卷展栏中设置"长度"为15、"宽度"为28。

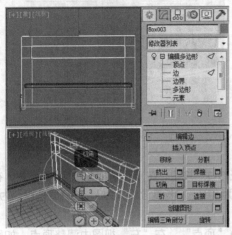

图15-208

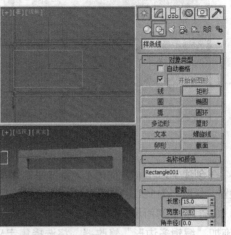

图15-209

13 取消"开始新图形"的勾选，在矩形内侧创建小矩形，如图15-210所示。

14 继续创建矩形，形成如图15-210所示的花纹。调整图形，并为其施加"挤出"修改器，在"参数"卷展栏中设置"数量"为5，如图15-211所示。

图15-210

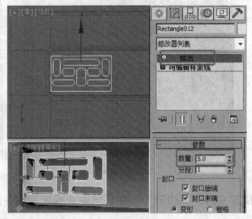

图15-211

15 复制模型，效果如图15-212所示。

16 在场景中选择切角长方体，为其施加"编辑多边形"修改器，将其调整至床的高度和大小，并为其施加 ●（刚体）工具，如图15-213所示。

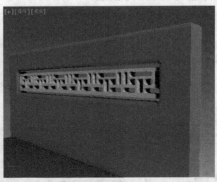

图15-212

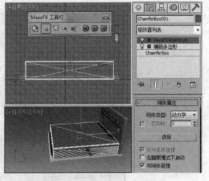

图15-213

17 在场景中创建一个足够分段的平面，为其施加 ⬚（布料）工具，参考实例159中床单的制作来烘焙出床单，如图15-214所示。

18 将床单模型转换为"可编辑多边形",将选择集定义为"顶点",在"顶"视图中选择如图15-215所示的顶点,在"编辑顶点"卷展栏中单击"移除"按钮,如图15-215所示。

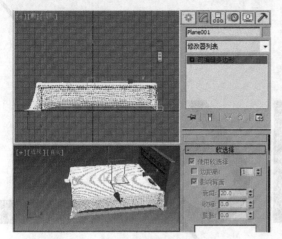
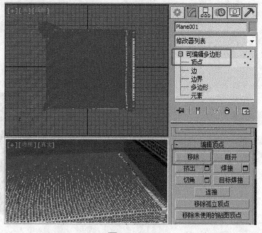

图15-214　　　　　　　　　　　　　　　图15-215

19 关闭选择集,为模型施加"壳"修改器,在"参数"卷展栏中设置"外部量"为1,如图15-216所示。

20 最后可以为模型施加一个"涡轮平滑",这里就不详细介绍了,效果如图15-217所示。

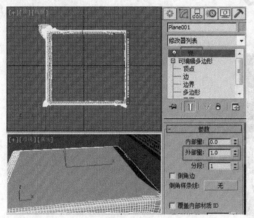

图15-216　　　　　　　　　　　　　　　图15-217

第 **16** 章

室外建筑环境的制作

在前面第15章中介绍了室内家具模型的制作，在本章中我们将
介绍如何使用3ds Max制作室外建筑环境。

廊架

- **案例场景位置** | DVD > 案例源文件 > Cha16 > 实例161廊架
- **效果场景位置** | DVD > 案例源文件 > Cha16 > 实例161廊架场景
- **贴图位置** | DVD > 贴图素材
- **视频教程** | DVD > 教学视频 > Cha16> 实例161
- **视频长度** | 15分27秒
- **制作难度** | ★★ ☆ ☆ ☆

操作步骤

01 单击 "⚙（创建）> ◻（几何体）> 扩展基本体 > 切角长方体" 按钮，在 "顶" 视图中创建切角长方体作为支柱，设置 "长度" 为220、"宽度" 为220、"高度" 为3000、"圆角" 为5、"圆角分段" 为3，如图16-1所示。

02 使用移动复制法复制支柱模型。

03 继续在 "前" 视图中创建切角长方体作为横杆，设置 "长度" 为120、"宽度" 为3200、"高度" 为100、"圆角" 为5、"圆角分段" 为3，调整模型至合适的位置，如图16-2所示。

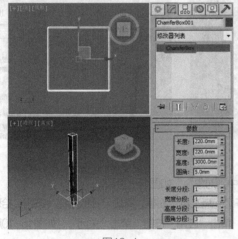

图16-1

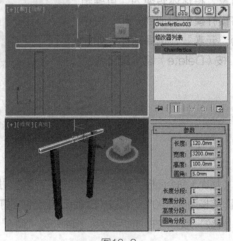

图16-2

04 为模型施加 "编辑多边形" 修改器，将选择集定义为 "边"，在 "前" 视图中选择边，在 "编辑边" 卷展栏中单击 "连接" 后的 ◻（设置）按钮，设置合适的参数，如图16-3所示。

05 将选择集定义为 "顶点"，选择如图16-4所示的顶点，调整顶点位置。

图16-3

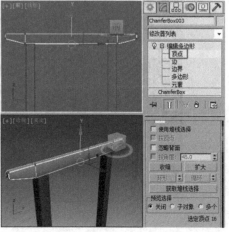

图16-4

06 在"顶"视图中创建弧作为廊架立柱的间隔路径，如图16-5所示。

07 为"弧"施加"编辑样条线"修改器，设置"轮廓"的数量为-2000，如图16-6所示。

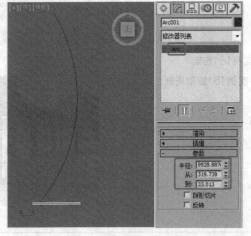
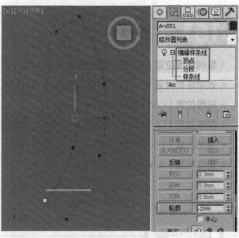

图16-5 图16-6

08 激活 （2.5捕捉开关），根据弧的上下中点再创建一个弧作为横杆的间隔路径，如图16-7所示。

09 在"顶"视图中随便创建一个球体作为反塌陷对象，将球体转换为"可编辑网格"，将横杆模型附加到一起，将选择集定义为"元素"，选择球体，如图16-8所示，按〈Delete〉键将其删除。

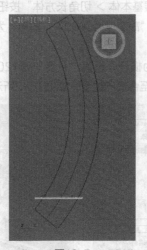
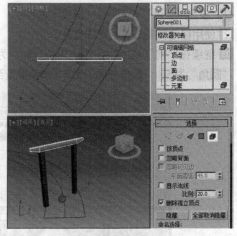

图16-7 图16-8

10 切换到 （层次）命令面板，激活"仅影响轴"，单击"居中到对象"，如图16-9所示。

11 先在"顶"将模型旋转90°，再按〈Shift+I〉组合键，打开"间隔工具"面板，单击"拾取路径"按钮，拾取作为路径的弧，设置"计数"为60，在"前后关系"组中勾选"跟随"，单击"应用"按钮，单击"关闭"，如图16-10所示。

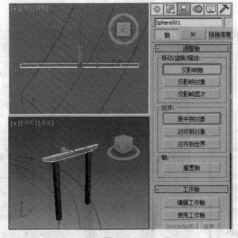
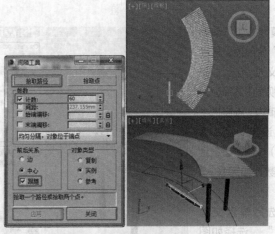

图16-9 图16-10

12 选择立柱的路径，将选择集定义为"分段"，选择如图16-11所示的分段，设置"拆分"的数量为5，如图16-11所示。

13 选择如图16-12所示的分段，按〈Delete〉键删除。

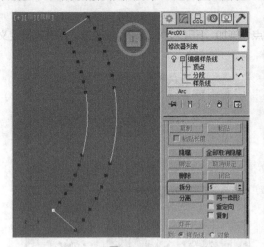
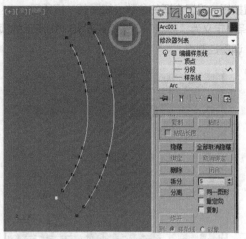

图16-11　　　　　　　　　　　　　　　图16-12

14 将选择集定义为"样条线"，选择其中一根样条线，在"几何体"卷展栏中单击"分离"按钮，将线分离出去，使两根线作为单独的路径，如图16-13所示。

15 选择立柱模型，使用"间隔工具"分别复制模型，如图16-14所示。

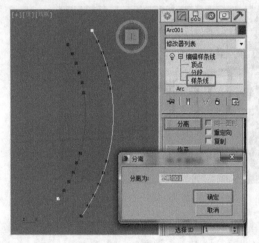

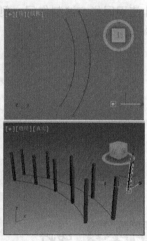

图16-13　　　　　　　　　　　　　　　图16-14

16 在"顶"视图中创建合适的切角长方体作为梁，复制模型，并依次调整位置和角度，如图16-15所示。

17 复制并修改模型参数作为两端的梁角，如图16-16所示。

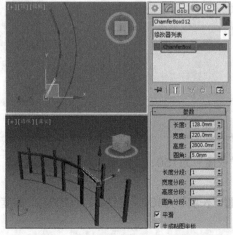
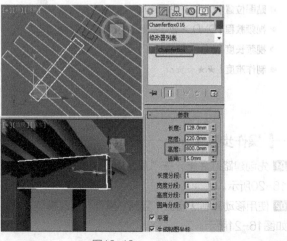

图16-15　　　　　　　　　　　　　　　图16-16

18 为模型施加"编辑多边形"修改器,将选择集定义为"边",选择边,右击鼠标,在四元菜单中选择"连接"前的设置按钮,设置合适的参数,如图16-17所示。

19 将选择集定义为"顶点",选择如图16-18所示的顶点,施加"FFD 2×2×2"修改器,将选择集定义为"控制点",调整控制点。

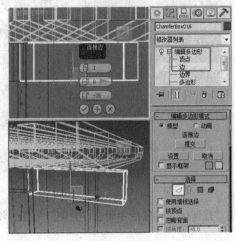

图16-17

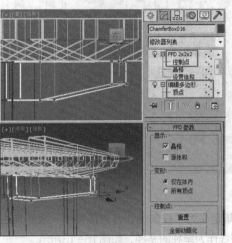

图16-18

20 使用同样方法制作另一侧,完成的廊架模型如图16-19所示。

图16-19

实 例
162
    路灯

● **案例场景位置** ┃ DVD > 案例源文件 > Cha16 > 实例162路灯

● **效果场景位置** ┃ DVD > 案例源文件 > Cha16 > 实例162路灯场景

● **贴图位置** ┃ DVD > 贴图素材

● **视频教程** ┃ DVD > 教学视频 > Cha16> 实例162

● **视频长度** ┃ 8分04秒

● **制作难度** ┃ ★★☆☆☆

┃ 操作步骤 ┃

01 先创建路灯底座,在"顶"视图中创建长方体,设置"长度"为150、"宽度"为150、"高度"为8,如图16-20所示。

02 使用移动复制法向上"复制"模型,修改模型参数,设置"长度"为100、"宽度"为100、"高度"为200,如图16-21所示。

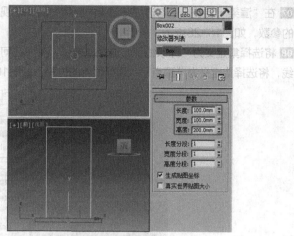

图16-20　　　　　　　　　　　　　　　　图16-21

03 为模型施加"编辑多边形"修改器，将选择集定义为"多边形"，为顶部的多边形设置"倒角"，设置合适的参数，如图16-22所示。

04 继续为多边形设置"挤出"，设置合适的数量，如图16-23所示。

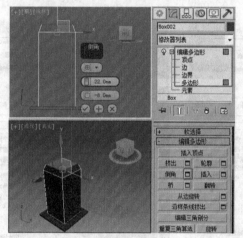

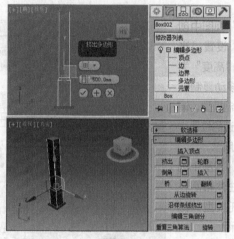

图16-22　　　　　　　　　　　　　　　　图16-23

05 在"前"视图中创建如图16-24所示的线。

06 将选择集定义为"顶点"，选择拐角的点，拖曳"圆角"后的微调器，设置合适的圆角大小，如图16-25所示。

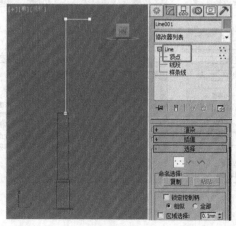

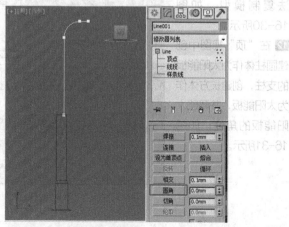

图16-24　　　　　　　　　　　　　　　　图16-25

07 在"渲染"卷展栏中勾选"在渲染中启用"和"在视口中启用"选项，选择渲染的类型为"矩形"，设置合适的参数，如图16-26所示。

08 将选择集定义为"样条线"，选择样条线，在"几何体"卷展栏中先勾选"镜像"下的"复制"，再镜像复制线，将选择集定义为"顶点"，调整顶点的位置，如图16-27所示。

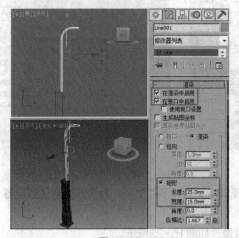
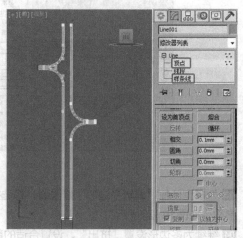

图16-26　　　　　　　图16-27

09 在"左"视图中创建圆柱体，设置"半径"为7、"高度"为95，使用移动复制法"实例"复制模型，调整模型至合适的位置，如图16-28所示。

10 在"顶"视图中创建切角圆柱体和圆柱体作为灯托模型，如图16-29所示。

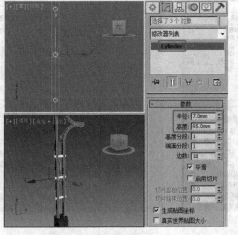
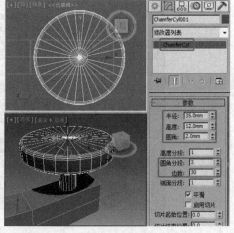

图16-28　　　　　　　图16-29

11 创建球体作为灯泡，再使用移动复制法复制模型，如图16-30所示。

12 在"顶"视图中创建圆柱体作为太阳能板的支柱，创建长方体作为太阳能板，并调整太阳能板的角度，如图16-31所示。

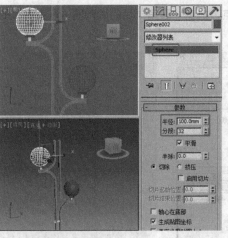
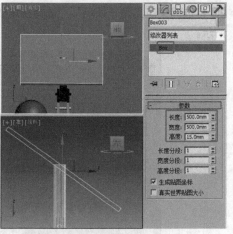

图16-30　　　　　　　图16-31

13 为太阳能板的支柱模型施加"FFD 2×2×2"修改器，将选择集定义为"控制点"，在视图中根据太阳能板的角度调整控制点，如图16-32所示。

图16-32

┨ **操作步骤** ┠

01 在"前"视图中创建矩形，设置"长度"为1350、"宽度"为600，再创建一个"长度"为1000、"宽度"为450的矩形，调整矩形至合适的位置，如图16-33所示。

02 选择其中一个矩形，施加"编辑样条线"修改器，将选择集定义为"分段"，选择如图16-34所示的两个分段，按〈Delete〉键删除。

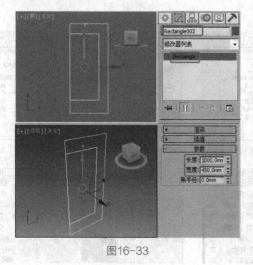

图16-33

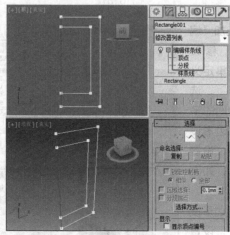

图16-34

03 右击鼠标，在四元菜单中选择"连接"命令，分别将两处的点连接上，如图16-35所示。

04 为图形施加"挤出"修改器，设置挤出的"数量"为550，如图16-36所示。

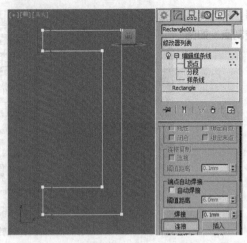

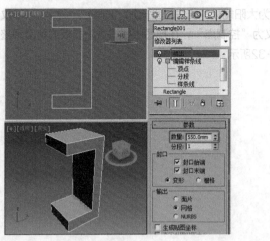

图16-35   图16-36

05 为模型施加"编辑多边形"修改器，将选择集定义为"边"，按〈Ctrl+A〉组合键全选，为边设置"切角"，设置合适的参数，如图16-37所示。

06 在场景中创建切角长方体作为灯，设置"长度""宽度""高度"均为450，设置"圆角"为2、"圆角分段"为3，调整模型至合适的位置，如图16-38所示。

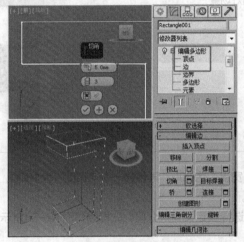
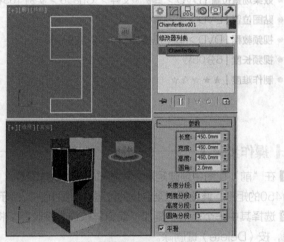

图16-37   图16-38

07 为模型施加"编辑多边形"修改器，将选择集定义为"多边形"，选择可见的中间的多边形，为多边形设置"插入"，设置合适的参数，如图16-39所示。

08 继续为多边形设置"挤出"，设置合适的参数，如图16-40所示。

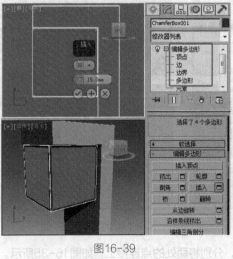
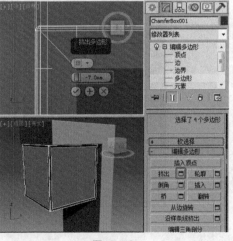

图16-39   图16-40

09 再次为多边形设置"插入"，设置合适的参数，如图16-41所示。

10 再次为多边形设置"挤出"，设置合适的参数，如图16-42所示。

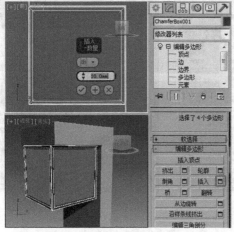

图16-41

图16-42

11 再次设置"插入"，如图16-43所示。

12 再次设置"挤出"，如图16-44所示。

13 完成的模型如图16-45所示。

图16-43

图16-44

图16-45

实例 164 **建筑围墙**

- **案例场景位置** | DVD > 案例源文件 > Cha16 > 实例164 建筑围墙

- **效果场景位置** | DVD > 案例源文件 > Cha16 > 实例 164 建筑围墙场景

- **贴图位置** | DVD > 贴图素材

- **视频教程** | DVD > 教学视频 > Cha16> 实例164

- **视频长度** | 11分32秒

- **制作难度** | ★★☆☆☆

┤操作步骤├

01 单击"　（创建）>　（几何体）> 长方体"按钮，在"顶"视图中创建长方体，在"参数"卷展栏中设置"长度"为200、"宽度"为200、"高度"为40，如图16-46所示。

02 复制长方体，在"参数"卷展栏中修改其"长度"为150、"宽度"为150、"高度"为40，如图16-47所示，调整模型的位置。

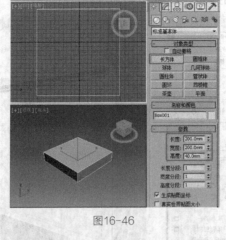

图16-46

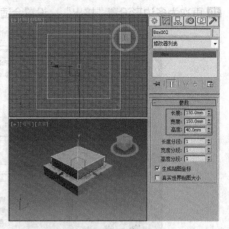

图16-47

03 复制长方体，在"参数"卷展栏中修改其"长度"为120、"宽度"为120、"高度"为500，设置"长度分段""宽度分段"和"高度分段"均为3，如图16-48所示，调整模型的位置。

04 为模型施加"编辑多边形"修改器，将选择集定义为"顶点"，在场景中调整顶点，如图16-49所示。

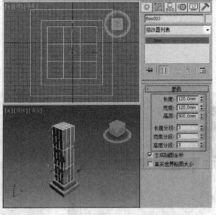

图16-48

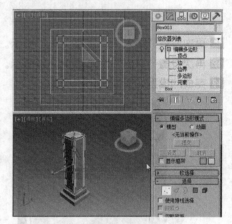

图16-49

05 将选择集定义为"多边形"，在场景中选择多边形，如图16-50所示。

06 在"编辑多边形"卷展栏中，单击"挤出"后的　（设置）按钮，在弹出的助手小盒中设置挤出高度为-5，如图16-51所示。

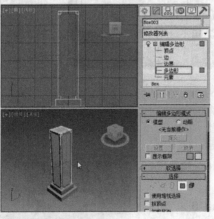

图16-50

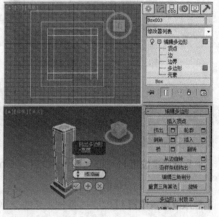

图16-51

07 复制长方体，在"参数"卷展栏中修改其"长度"为130、"宽度"为130、"高度"为10，设置"长度分段""宽度分段""高度分段"均为1，如图16-52所示，调整模型的位置。

08 在场景中复制长方体，在"参数"卷展栏中修改其"长度"为150、"宽度"为150、"高度"为10，如图16-53所示。调整模型的位置。

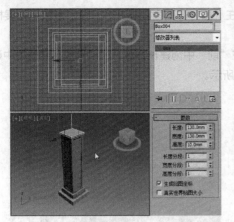

图16-52　　　　　　　　　　　　　　　　　图16-53

09 复制长方体，在"参数"卷展栏中修改其"长度"为180、"宽度"为180、"高度"为10，如图16-54所示。调整模型的位置。

10 复制长方体，在"参数"卷展栏中修改其"长度"为220、"宽度"为220、"高度"为10，如图16-55所示。调整模型的位置。

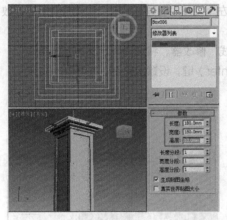
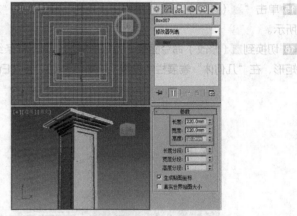

图16-54　　　　　　　　　　　　　　　　　图16-55

11 单击"　（创建）>　（几何体）> 圆柱体"按钮，在"顶"视图中创建"圆柱体"，在"参数"卷展栏中设置"半径"为25、"高度"为44、"高度分段"为5、"端面分段"为1、"边数"为18，如图16-56所示。

12 为模型施加"锥化"修改器，在"参数"卷展栏中设置"数量"为0.77、"曲线"为-0.81，如图16-57所示。

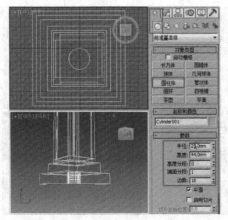
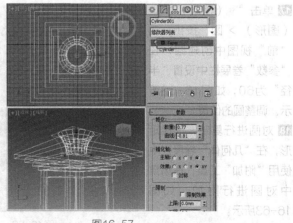

图16-56　　　　　　　　　　　　　　　　　图16-57

13 单击"（创建）>（几何体）>球体"按钮，在"顶"视图中创建球体，在"参数"卷展栏中设置"半径"为40、"分段"为30，如图16-58所示。

14 单击"（创建）>（几何体）长方体"按钮，在"前"中创建长方体，在"参数"卷展栏中设置"长度"为100、"宽度"为1000、"高度"为80，如图16-59所示。

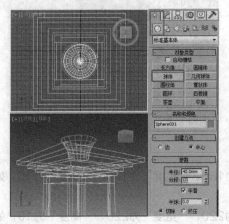

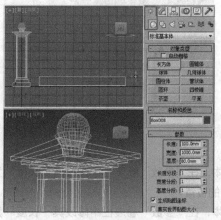

图16-58　　　　　　　　　　　　　　　　　　图16-59

15 单击"（创建）>（图形）>矩形"按钮，在"左"视图中创建"矩形"，设置合适的参数，如图16-60所示。

16 切换到（修改）命令面板，为矩形施加"编辑样条线"修改器，将选择集定义为"样条线"，在场景中选择矩形，在"几何体"卷展栏中设置"轮廓"为50，按〈Enter〉键，设置出轮廓，如图16-61所示。

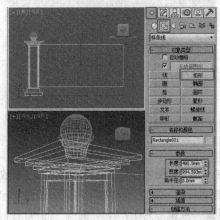
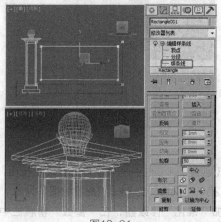

图16-60　　　　　　　　　　　　　　　　　　图16-61

17 单击"（创建）>（图形）>圆"按钮，在"前"视图中创建圆，在"参数"卷展栏中设置"半径"为60，如图16-62所示。调整圆的位置。

18 对圆进行复制，选择矩形，在"几何体"卷展栏中使用"附加"工具，在场景中对圆进行附加，如图16-63所示。

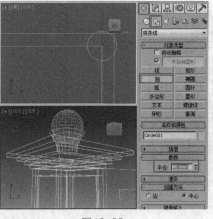
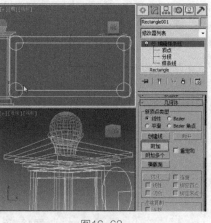

图16-62　　　　　　　　　　　　　　　　　　图16-63

⑲ 将选择集定义为"样条线",使用"修剪"工具,修剪图形至如图16-64所示的效果。

⑳ 修剪图形后,将选择集定义为"顶点",按〈Ctrl+A〉组合键全选顶点,使用"焊接"工具焊接顶点,如图16-65所示。

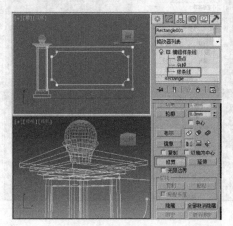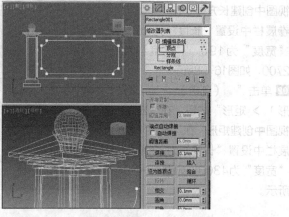

图16-64　　　　　　　　　　　图16-65

㉑ 为图形施加"挤出"修改器,在"参数"卷展栏中设置"数量"为20,如图16-66所示。

㉒ 在场景中创建"平面",设置合适的参数,并调整其至合适的位置,如图16-67所示,这样就完成围墙的制作。

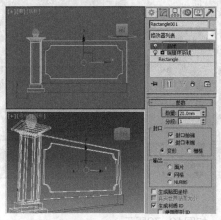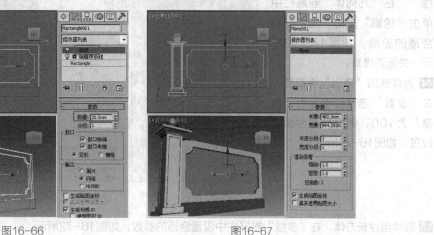

图16-66　　　　　　　　　　　图16-67

- **案例场景位置|** DVD > 案例源文件 > Cha16 > 实例165
  交通护栏
- **效果场景位置|** DVD > 案例源文件 > Cha16 > 实例165
  交通护栏场景
- **贴图位置|** DVD > 贴图素材
- **视频教程|** DVD > 教学视频 > Cha16> 实例165
- **视频长度|** 3分41秒
- **制作难度|** ★★☆☆☆

操作步骤

01 单击"（创建）>（几何体）>长方体"按钮，在"顶"视图中创建长方体，在"参数"卷展栏中设置"长度"为85、"宽度"为190、"高度"为2700，如图16-68所示。

02 单击"（创建）>（图形）>矩形"按钮，在"左"视图中创建矩形，在"参数"卷展栏中设置"长度"为2200、"宽度"为4300，如图16-69所示。

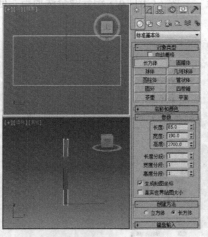
图16-68

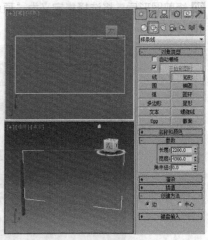
图16-69

03 将矩形转换为"可编辑样条线"，将选择集定义为"样条线"，在"几何体"卷展栏中单击"轮廓"按钮，为其设置合适的轮廓，如图16-70所示。关闭选择集。

04 为其施加"挤出"修改器，在"参数"卷展栏中设置"数量"为100，调整其至合适的位置，如图16-71所示。

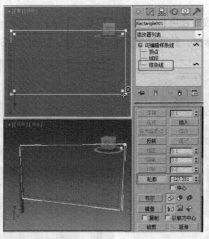
图16-70

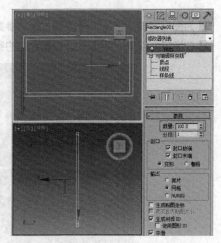
图16-71

05 继续创建长方体，在"参数"卷展栏中设置合适的参数，如图16-72所示。

06 在场景中选择模型并将其复制，完成的模型如图16-73所示。

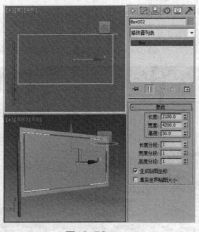
图16-72

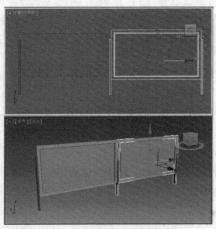
图16-73

<table>
<tr><td>实 例</td></tr>
<tr><td>166</td></tr>
</table>

小喷泉

- **案例场景位置** | DVD > 案例源文件 > Cha16 > 实例166
  小喷泉
- **效果场景位置** | DVD > 案例源文件 > Cha16 > 实例166
  小喷泉场景
- **贴图位置** | DVD > 贴图素材
- **视频教程** | DVD > 教学视频 > Cha16> 实例166
- **视频长度** | 10分09秒
- **制作难度** | ★★☆☆☆

操作步骤

01 单击 " ■（创建）> ■（多边形）> 圆" 按钮，在 "顶" 视图中创建多边形，在 "参数" 卷展栏中设置 "半径" 为120、"边数" 为6，如图16-74所示。

02 切换到 ■（修改）命令面板，为多边形施加 "编辑样条线"，将选择集定义为 "样条线"，在 "几何体" 卷展栏中单击 "轮廓" 按钮，为其设置合适的轮廓，如图16-75所示。关闭选择集。

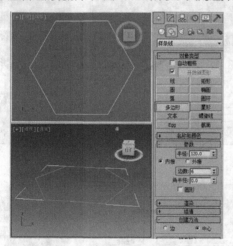

图16-74

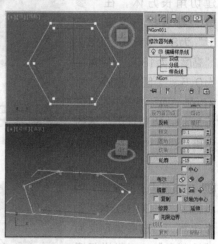

图16-75

03 为其施加 "挤出" 修改器，在 "参数" 卷展栏中设置 "数量" 为78，调整其至合适的位置，如图16-76所示。

04 继续在 "顶" 视图中创建多边形，在 "参数" 卷展栏中设置 "半径" 为120、"边数" 为6，如图16-77所示。

图16-76

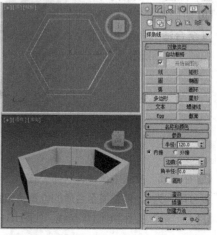

图16-77

05 为其施加"挤出"修改器,在"参数"卷展栏中设置"数量"为45,调整其至合适的位置,如图16-78所示。

06 在"前"视图中创建切角长方体,在"参数"卷展栏中设置"长度"为9、"宽度"为6、"高度"为155、"圆角"为0.5、"圆角分段"为2,如图16-79所示。

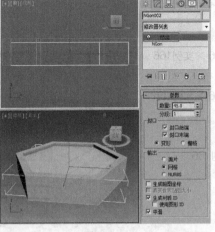

图16-78

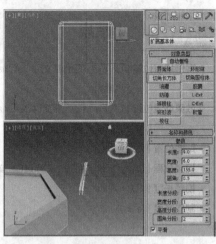

图16-79

07 对切角长方体进行复制,调整其至合适的角度和位置,如图16-80所示。

08 继续在"前"视图中创建切角长方体,在"参数"卷展栏中设置"长度"为8、"宽度"为8、"高度"为180、"圆角"为0.5、"圆角分段"为2,在"顶"视图中对其进行复制并调整其至合适的位置,如图16-81所示。

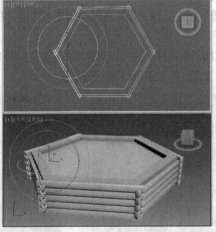

图16-80

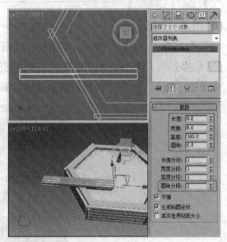

图16-81

09 在场景中选择模型,为其施加"FFD(长方体)"修改器,将选择集定义为"控制点",对其进行调整,如图16-82所示。

10 对模型进行复制并调整其至合适的角度和位置,如图16-83所示。

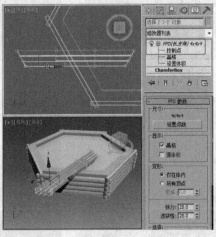

图16-82

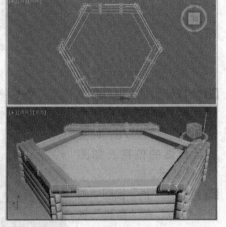

图16-83

11 在"顶"视图中创建管状体,在"参数"卷展栏中设置"半径1"为3、"半径2"为2、"高度"为50、"高度分段"为1,调整其至合适的位置,如图16-84所示。

12 在"前"视图中创建样条线,如图16-85所示。

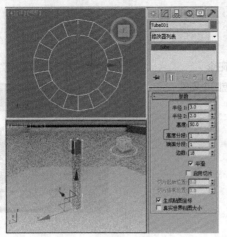

图16-84   图16-85

13 为其施加"车削"修改器,在"参数"卷展栏中设置"度数"为360、"分段"为30、在"方向"组中单击"Y"按钮,在"对齐"组中单击"最小"按钮,如图16-86所示。

14 在"顶"视图中创建球体,在"参数"卷展栏中设置"半径"为50、"分段"为32、"半球"为0.5,如图16-87所示。

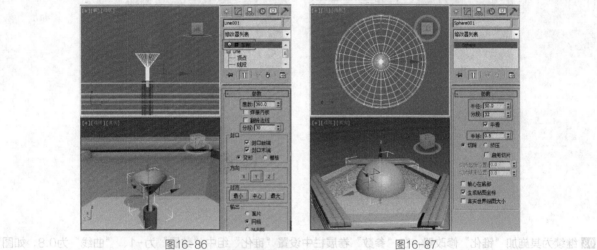

图16-86   图16-87

15 为球体施加"编辑多边形"修改器,将选择集定义为"顶点",使用软选择对顶点进行调整,完成的模型如图16-88所示。

16 组合完成的场景模型如图16-89所示。

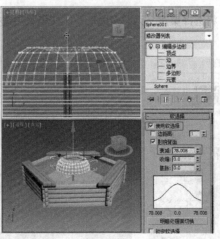

图16-88   图16-89

实 例
167 遮阳伞

- **案例场景位置** | DVD > 案例源文件 > Cha16 > 实例167遮阳伞
- **效果场景位置** | DVD > 案例源文件 > Cha16 > 实例167遮阳伞场景
- **贴图位置** | DVD > 贴图素材
- **视频教程** | DVD > 教学视频 > Cha16> 实例167
- **视频长度** | 4分28秒
- **制作难度** | ★★☆☆☆

---┃ 操作步骤 ┃---

01 在 "顶" 视图中创建星形，在 "参数" 卷展栏中设置 "半径1" 为100、"半径2" 为85、"点" 为12、"圆角半径" 为19，如图16-90所示。

02 为其施加 "挤出" 修改器，在 "参数" 卷展栏中设置 "数量" 为40、"分段" 为5，如图16-91所示。

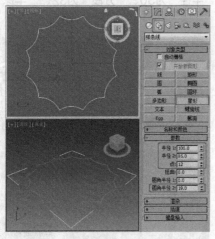

图16-90

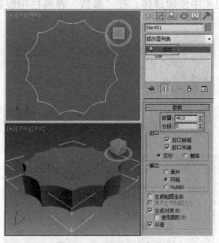

图16-91

03 继续为其施加 "锥化" 修改器，在 "参数" 卷展栏中设置 "锥化" 组中 "数量" 为-1、"曲线" 为0.8，如图16-92所示。

04 继续为其施加 "编辑多边形" 修改器，将选择集定义为 "多边形"，在场景中选择底部多边形，如图16-93所示，并将其删除。

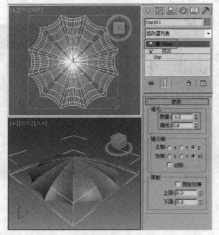

图16-92

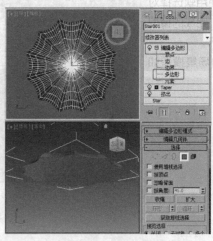

图16-93

05 在"顶"视图中创建圆柱体，在"参数"卷展栏中设置"半径"为2、"高度"为200、"高度分段"为2，调整其至合适的位置，如图16-94所示。

06 为其施加"编辑多边形"修改器，将选择集定义"顶点"，调整顶点的位置并对顶部顶点进行缩放，如图16-95所示。

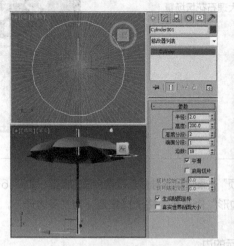
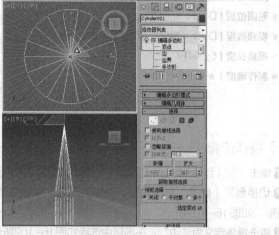

图16-94　　　　　　　　　　　　　　图16-95

07 继续在"顶"视图中创建圆柱体，在"参数"卷展栏中修改其"半径"为3、"高度"为28、"高度分段"为1，调整其至合适的位置，如图16-96所示。

08 为其施加"编辑多边形"修改器，将选择集定义"顶点"，对底部顶点进行缩放，如图16-97所示，关闭选择集。

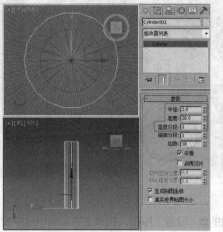
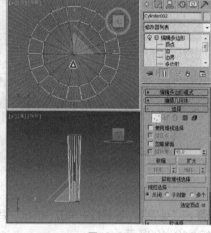

图16-96　　　　　　　　　　　　　图16-97

09 继续在"顶"视图中创建切角圆柱体，在"参数"卷展栏中设置"半径"为50、"高度"为8、"圆角"为3、"高度分段"为1、"圆角分段"为3、"边数"为25，调整其至合适的位置，如图16-98所示。

10 组合完成的遮阳伞模型如图16-99所示。

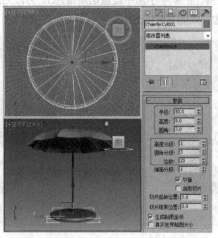

图16-98　　　　　　　　　　　图16-99

实例
168 大理石花坛

- **案例场景位置** | DVD > 案例源文件 > Cha16 > 实例168大理石花坛
- **效果场景位置** | DVD > 案例源文件 > Cha16 > 实例168大理石花坛场景
- **贴图位置** | DVD > 贴图素材
- **视频教程** | DVD > 教学视频 > Cha16> 实例168
- **视频长度** | 5分04秒
- **制作难度** | ★★☆☆☆

┤ 操作步骤 ├

01 单击"　（创建）>　（几何体）>球体"按钮，在"顶"视图中创建球体，设置合适的参数，如图16-100所示。

02 切换到　（修改）命令面板，为模型施加"编辑多边形"修改器，将选择集定义为"多边形"，删除顶部的多边形，如图16-101所示。

03 将选择集定义为"边"，在场景中选择如图16-102所示的边。

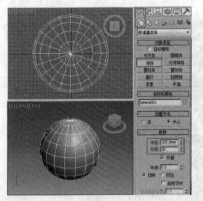

图16-100

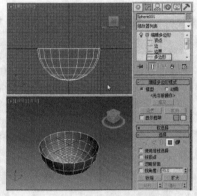

图16-101

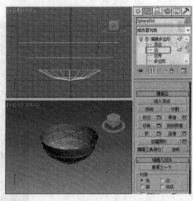

图16-102

04 在"编辑边"卷展栏中单击"挤出"后的　（设置）按钮，在弹出的助手小盒中设置挤出的高度为-9、宽度为5，如图16-103所示。

05 继续设置单击"切角"后的　（设置）按钮，在弹出的助手小盒中设置切角量为3、分段为2，如图16-104所示。

06 选择顶部的"边"，按住〈Shift〉键移动复制边，如图16-105所示。

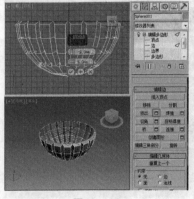

图16-103

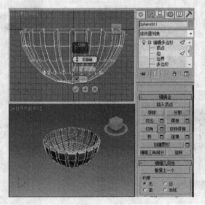

图16-104

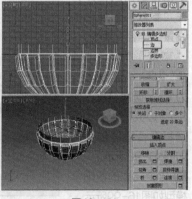

图16-105

07 移动、缩放复制边，得到如图16-106所示的效果。

08 将选择集定义为"多边形",选择底部的多边形,在"编辑多边形"卷展栏中单击"挤出"后的 ☐（设置）按钮,在弹出的助手小盒中设置挤出的高度为20,如图16-107所示。

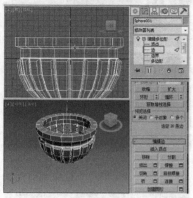
图16-106

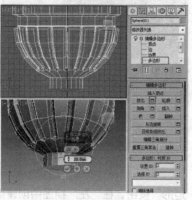
图16-107

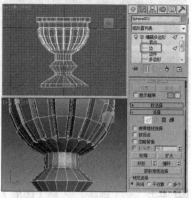
图16-108

09 删除处于选择状态的多边形,将选择集定义为"边",可以使用顶部复制边的方法设置底部的支架,可以挤出后对其进行调整,如图16-108所示。

10 关闭选择集,为模型施加"涡轮平滑"修改器,如图16-109所示。

图16-109

实例 169	路标

- **案例场景位置** ┃ DVD > 案例源文件 > Cha16 > 实例169路标
- **效果场景位置** ┃ DVD > 案例源文件 > Cha16 > 实例169路标场景
- **贴图位置** ┃ DVD > 贴图素材
- **视频教程** ┃ DVD > 教学视频 > Cha16 > 实例169
- **视频长度** ┃ 3分20秒
- **制作难度** ┃ ★★☆☆☆

┨ **操作步骤** ┠

01 单击"⬛（创建）> ◯（几何体）> 圆柱体"按钮,在"顶"视图中创建"圆柱体",在"参数"卷展栏中设置"半径"为10、"高度"为400、"高度分段"为8、"端面分段"为1、"边数"为18,如图16-110所示。

02 在场景中复制并调整圆柱体,并修改圆柱体的"半径"为10、"高度"为200,如图16-111所示。

03 设置模型的"噪波"修改器,在"参数"卷展栏中勾选"分形"选项,在"强度"组中设置"X/Y/Z"均为10,如图16-112所示。

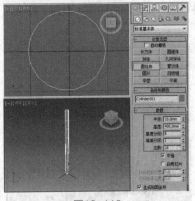

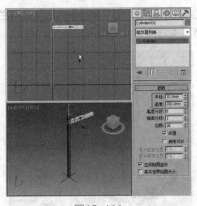

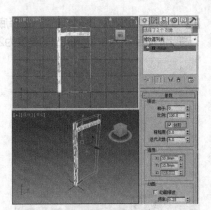

图16-110　　　　　　　　　图16-111　　　　　　　　　图16-112

04 单击"　（创建）>　（图形）>矩形"按钮，在"左"视图中创建矩形，在"参数"卷展栏中设置"长度"为45、"宽度"为170、"角半径"为10，如图16-113所示。

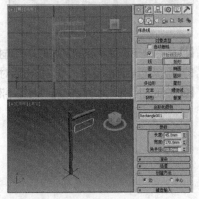

图16-113

05 切换到　（修改）命令面板，为矩形施加"挤出"修改器，在"参数"卷展栏中设置"数量"为7，如图16-114所示。

06 单击"　（创建）>　（图形）>圆"按钮，在"左"视图中创建圆，在"参数"卷展栏中设置"半径"为5，在"渲染"卷展栏中勾选"在渲染中启用"和"在视口中启用"选项，设置"厚度"为2，如图16-115所示。

07 对可渲染的圆进行复制，完成的路标模型如图16-116所示。

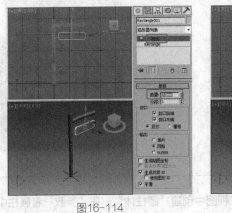

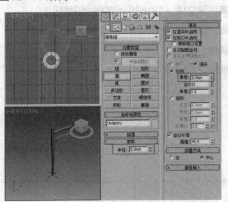

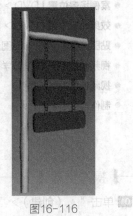

图16-114　　　　　　　　　图16-115　　　　　　　　　图16-116

第 **17** 章

各种门窗的制作

本章介绍在效果图中常用的几种门窗的制作方法。

● **案例场景位置** | DVD > 案例源文件 > Cha17 > 实例170中式窗

● **效果场景位置** | DVD > 案例源文件 > Cha17 > 实例170中式窗场景

● **贴图位置** | DVD > 贴图素材

● **视频教程** | DVD > 教学视频 > Cha17 > 实例170

● **视频长度** | 3分59秒

● **制作难度** | ★ ★ ☆ ☆ ☆

┨ 操作步骤 ┠

01 单击"■（创建）> ◙（图形）> 矩形"按钮，在"前"视图中创建矩形，在"参数"卷展栏中设置"长度"为80、"宽度"为80，在"渲染"卷展栏中勾选"在渲染中启用"和"在视口中启用"选项，选择"矩形"选项，设置"长度"为6、"宽度"为4，如图17-1所示。

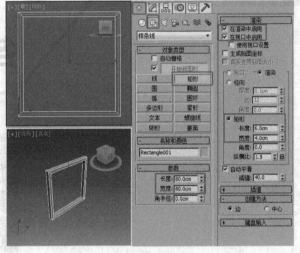

图17-1

02 单击"■（创建）> ◙（图形）> 线"按钮，在"前"视图中创建样条线，设置其可渲染为"矩形"，设置"长度"为4、"宽度"为2，如图17-2所示。

03 继续使用可渲染的样条线来制作出窗花效果，如图17-3所示。

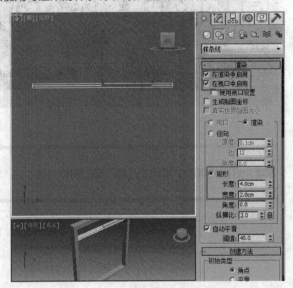

图17-2

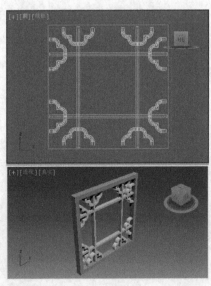

图17-3

实例 171　欧式花窗

- ● **案例场景位置** | DVD > 案例源文件 > Cha17 > 实例171欧式花窗
- ● **效果场景位置** | DVD > 案例源文件 > Cha17 > 实例171欧式花窗场景
- ● **贴图位置** | DVD > 贴图素材
- ● **视频教程** | DVD > 教学视频 > Cha17 > 实例171
- ● **视频长度** | 11分18秒
- ● **制作难度** | ★★★☆☆

─┤ **操作步骤** ├─

01 单击"■（创建）> ◙（图形）> 线"按钮，在"前"视图中绘制"线"，切换到◪（修改）命令面板，调整线的形状，作为窗框图形，如图17-4所示。

02 单击"■（创建）> ◙（图形）>矩形"按钮，在"顶"视图中创建"矩形"，在"参数"卷展栏中设置合适的参数，如图17-5所示。

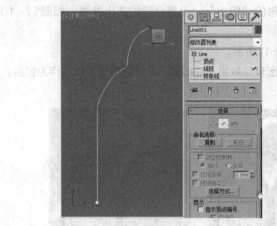

图17-4　　　　　　　　　　　　　　　　图17-5

03 为矩形施加"编辑样条线"修改器，将选择集定义为"分段"，使用"拆分"工具拆分分段，并将选择集定义为"顶点"，在场景中调整图形的形状，如图17-6所示。

04 在场景中选择窗框图形，为其施加"扫描"修改器，在"截面类型"卷展栏中选择"使用自定义截面"选项，单击"拾取"按钮，在场景中拾取调整后的矩形，设置合适的扫描参数，如图17-7所示。

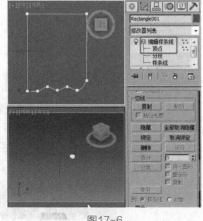
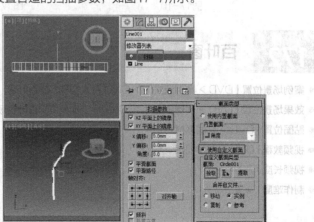

图17-6　　　　　　　　　　　　　　　　图17-7

05 镜像实例复制模型，并为其施加"编辑多边形"修改器，将选择集定义为"顶点"，在场景中调整模型顶点，如图17-8所示。

06 将选择集定义为"多边形"，按住〈Shift〉，移动复制出多边形，作为内部窗框隔断，并对其进行调整，如图17-9所示。

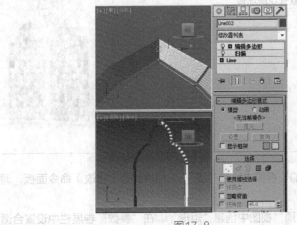
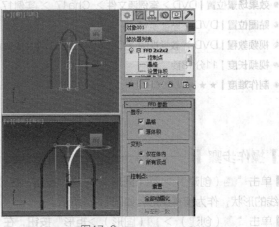

图17-8 图17-9

07 在"前"视图中创建图形，调整图形的形状，并设置图形的"挤出"，设置合适的挤出参数，如图17-10所示。

08 使用同样的方法创建并设置图形的"挤出"，效果如图17-11所示。

09 在"前"视图中创建图形，并设置图形的"挤出"，制作出玻璃效果，并创建一个"切角长方体"作为窗台，效果如图17-12所示，完成窗户的制作。

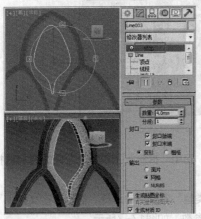

图17-10 图17-11 图17-12

实 例 172	百叶窗

- **案例场景位置** | DVD > 案例源文件 > Cha17 > 实例172百叶窗
- **效果场景位置** | DVD > 案例源文件 > Cha17 > 实例172百叶窗场景
- **贴图位置** | DVD > 贴图素材
- **视频教程** | DVD > 教学视频 > Cha17 > 实例172
- **视频长度** | 7分41秒
- **制作难度** | ★★☆☆☆

┤ 操作步骤 ├

01 单击"（创建）>（几何体）> 长方体"按钮，在"前"视图中创建长方体，在"参数"卷展栏中设置"长度"为2800、"宽度"为2400、"高度"为240、"长度分段"为3、"宽度分段"为3，如图17-13所示。

02 切换到（修改）命令面板，为模型施加"编辑多边形"修改器，将选择集定义为"顶点"，在场景中缩放顶点，调整顶点的位置，如图17-14所示。

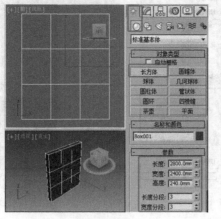

图17-13

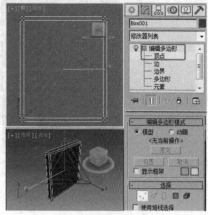

图17-14

03 将选择集定义为"边"，在场景中选择边，并设置出边的"连接"，连接4条边，如图17-15所示。

04 选择连接处的边，在"编辑边"卷展栏中单击"挤出"后的（设置）按钮，在弹出的助手小盒中设置挤出高度为25、宽度为10，如图17-16所示。

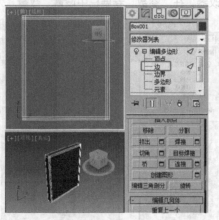

图17-15

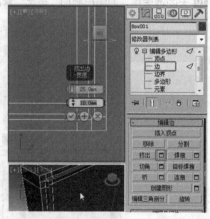

图17-16

05 挤出边之后，单击"编辑边"卷展栏中"切角"后的（设置）按钮，在弹出的助手小盒中设置切角量为10、分段为1，如图17-17所示。

06 将选择集定义为"多边形"，使用选择工具，在"前"视图中框选多边形，在"编辑多边形"卷展栏中单击"桥"按钮，如图17-18所示。

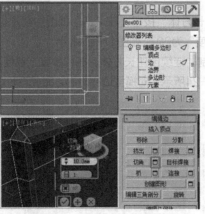

图17-17

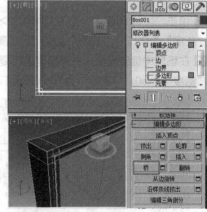

图17-18

07 将选择集定义为"边"，在场景中选择内外正面两圈的边，在"编辑边"卷展栏中单击"切角"后的（设置）按钮，在弹出的助手小盒中设置切角量为10、分段为1，如图17-19所示。

08 单击"（创建）>（图形）> 矩形"按钮，在"前"视图中创建矩形，在"参数"卷展栏中设置"长度"为2600、"宽度"为1090，如图17-20所示。

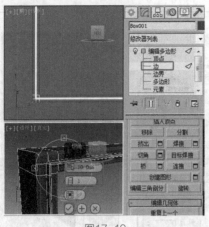
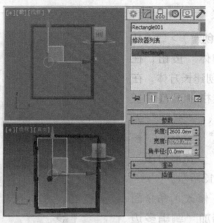

图17-19   图17-20

09 为矩形施加"编辑样条线"修改器，将选择集定义为"样条线"，在场景中选择矩形的样条线，在"几何体"卷展栏中设置"轮廓"为60，按〈Enter〉键确定，设置出轮廓，如图17-21所示。

10 关闭选择集，为图形施加"挤出"修改器，在"参数"卷展栏中设置"数量"为100，如图17-22所示。

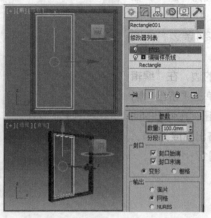

图17-21   图17-22

11 单击"■（创建）> ○（几何体）> 长方体"按钮，在"前"视图中创建长方体，在"参数"卷展栏中设置"长度"为99.2、"宽度"为970、"高度"为20，如图17-23所示。

12 在场景中旋转模型，并对模型进行复制，继续创建长方体，在"参数"卷展栏中设置"长度"为2457.652、"宽度"为50、"高度"为10，如图17-24所示。对模型进行复制，完成百叶窗的制作。

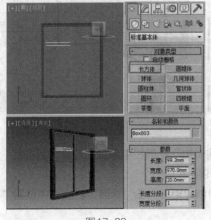
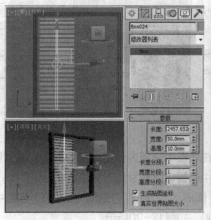

图17-23   图17-24

实例 173　飘窗

- **案例场景位置** | DVD > 案例源文件 > Cha17 > 实例173飘窗
- **效果场景位置** | DVD > 案例源文件 > Cha17 > 实例173飘窗场景
- **贴图位置** | DVD > 贴图素材
- **视频教程** | DVD > 教学视频 > Cha07> 实例173
- **视频长度** | 8分39秒
- **制作难度** | ★★☆☆☆

操作步骤

01 单击"■（创建）> ◙（图形）> 矩形"按钮，在"前"视图中创建一个矩形作为墙体，"长度"为3000、"宽度"为2600，再创建一个"长度"为1600、"宽度"为1500的矩形，调整图形至合适的位置，如图17-25所示。

02 为其中一个矩形施加"编辑样条线"修改器，右击图形，选择"附加"命令，附加另一个图形，为图形施加"挤出"修改器，设置"数量"为200，如图17-26所示。

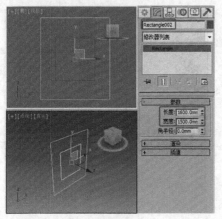

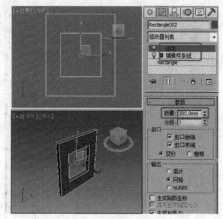

图17-25　　　　　　　　　　　　　　　　　　　图17-26

03 激活■（2.5捕捉开关）按钮，单击"■（创建）> ◙（图形）> 矩形"按钮，在前视图中根据墙内线创建矩形作为窗框，如图17-27所示。

04 切换到☑（修改）命令面板，为图形施加"编辑样条线"修改器，将选择集定义为"样条线"，向内轮廓50，如图17-28所示。

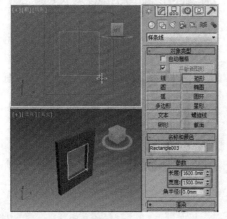
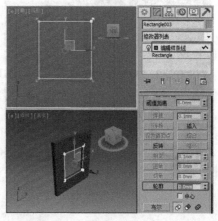

图17-27　　　　　　　　　　　　　　　　　　　图17-28

05 为模型施加"挤出"修改器，设置"数量"为50，如图17-29所示。

06 为模型施加"编辑网格"修改器，将选择集定义为"面"，选择右侧的面，使用移动复制法复制面，如图17-30所示。

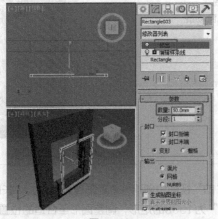

图17-29　　　　　　　　　　　　　　　　　图17-30

07 由于复制出的是三角面，将选择集定义为"顶点"，调整顶点的位置，避免不必要的共面，如图17-31所示。

08 将选择集定义为"面"，选择左侧和上下的面，激活"顶"视图，按住〈Shift〉键旋转复制面，如图17-32所示。

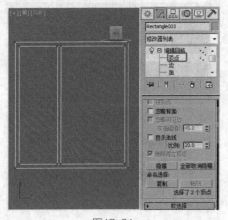
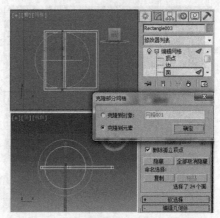

图17-31　　　　　　　　　　　　　　　　　图17-32

09 调整面至合适的位置，将选择集定义为"顶点"，调整顶点，如图17-33所示。

10 将选择集定义为"元素"，在"顶"视图移动复制元素，如图17-34所示。

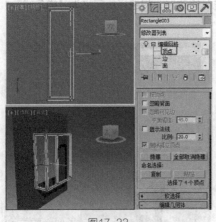
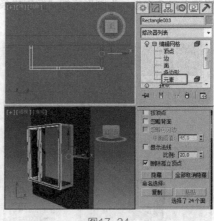

图17-33　　　　　　　　　　　　　　　　　图17-34

11 使用"线"在"顶"视图中根据窗框内侧创建样条线作为玻璃，将选择集定义为"样条线"，向外轮廓为5，如图17-35所示。

12 为图形施加"挤出"修改器，设置一个大体的参数，调整模型至合适的位置，如图17-36所示。

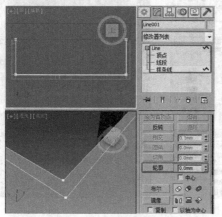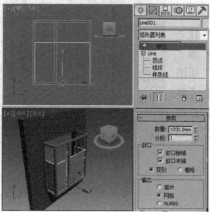

图17-35　　　　　　　　　　　　　　　图17-36

13 为模型施加"编辑网格"修改器，将选择集定义为"顶点"，在"前"视图中选择顶部的顶点，向上调整，如图17-37所示。

14 在"前"视图中创建长方体作为阳台板，设置合适的参数，复制模型并调整模型至合适的位置，如图17-38所示。

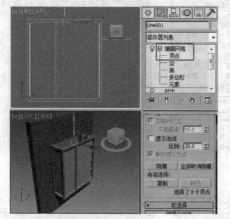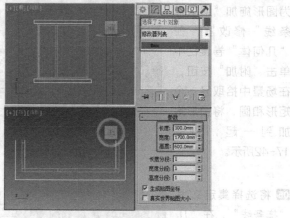

图17-37　　　　　　　　　　　　　　　图17-38

实例 174　月亮门

- **案例场景位置** | DVD > 案例源文件 > Cha17 > 实例174月亮门
- **效果场景位置** | DVD > 案例源文件 > Cha17 > 实例174月亮门场景
- **贴图位置** | DVD > 贴图素材
- **视频教程** | DVD > 教学视频 > Cha07> 实例174
- **视频长度** | 9分51秒
- **制作难度** | ★★☆☆☆

┤ **操作步骤** ├

01 单击"■（创建）> □（图形）> 矩形"按钮，在"前"视图中创建矩形，在"参数"卷展栏中设置"长度"为200、
"宽度"为230，如图
17-39所示。

02 单击"■（创建）
> □（图形）> 圆"
按钮，在"前"视图
中创建圆，在"参
数"卷展栏中设置
"半径"为79.7，如
图17-40所示。

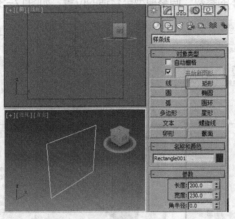
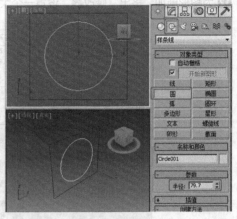

图17-39 图17-40

03 单击"■（创建）> □（图形）> 矩形"按钮，在"前"视图中创建矩形，在"参数"卷展栏中设置"长度"
为65.197、"宽度"为86.192，如图17-41所示。

04 在场景中选择较大
的矩形，切换到 □
（修改）命令面板，
为图形施加"编辑样
条线"修改器，在
"几何体"卷展栏中
单击"附加"按钮，
在场景中拾取另一个
矩形和圆，将图形附
加到一起，如图
17-42所示。

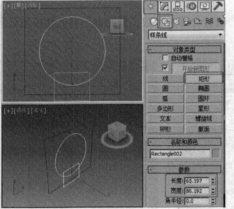
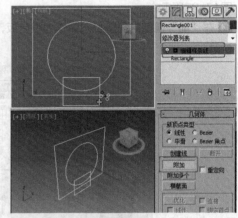

图17-41 图17-42

05 将选择集定义为
"样条线"，在"几
何体"卷展栏中单击
"修剪"按钮，在场
景中将多余的样条线
修剪掉，如图17-43
所示。

06 将选择集定义为
"顶点"，在场景中按
〈Ctrl+A〉组合键，全
选顶点，在"几何体"
卷展栏中单击"焊接"

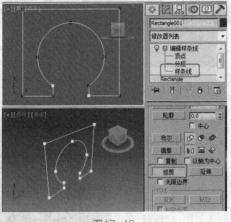

图17-43 图17-44

按钮，焊接顶点，如图17-44所示。

07 单击"■（创建）> □（图形）> 矩形"按钮，在"顶"视图中创建矩形，在"参数"卷展栏中设置"长度"
为20、"宽度"为5，设置合适的参数，如图17-45所示。

08 在场景中小矩形的位置创建"圆",设置合适的参数后,对圆进行复制;选择矩形,切换到 (修改)命令面板,为图形施加"编辑样条线"修改器,在"几何体"卷展栏中单击"附加"按钮,附加圆,如图17-46所示。

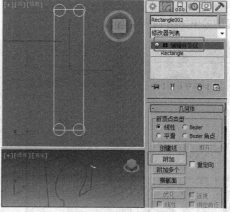

图17-45　　　　　　　　　　　　　　　　　　　　图17-46

09 参考前面"修剪"和"焊接"的使用调整出截面图形的形状,如图17-47所示。

10 在场景中选择月亮门的挤出图形,为其施加"扫描"修改器,在"截面类型"卷展栏中选择"使用自定义截面"选项,单击"拾取"按钮,在场景中拾取作为截面的图形,如图17-48所示。

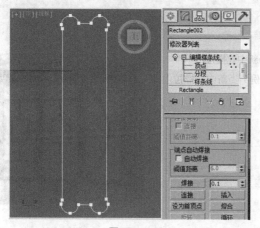

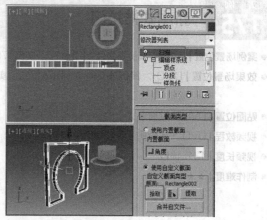

图17-47　　　　　　　　　　　　　　　　　　　　图17-48

11 在场景中调整截面图形的形状,直到调整出满意的月亮门边框,如图17-49所示。

12 继续在扫描出的模型修改器堆栈中选择"编辑样条线"修改器,将选择集定义为"顶点",在场景中调整模型的形状,如图17-50所示。

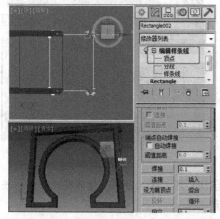

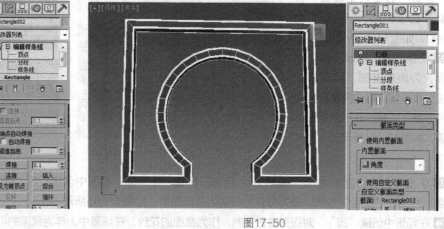

图17-49　　　　　　　　　　　　　　　　　　　　图17-50

13 在场景中创建可渲染的样条线，在"渲染"卷展栏中勾选"在渲染中启用"和"在视口中启用"选项，选择"矩形"选项，并设置"长度"为10、"宽度"为2，制作出可渲染的花纹格，这样月亮门就制作完成了，如图17-51所示。

14 完成的模型效果如图17-52所示。

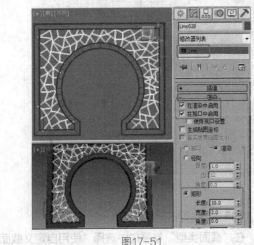

图17-51

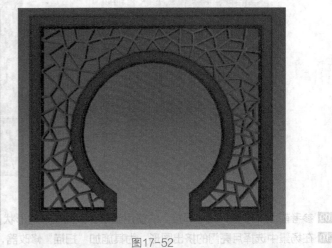

图17-52

| 实 例 **175** | 新中式推拉门 |

● **案例场景位置** | DVD > 案例源文件 > Cha17 > 实例175新中式推拉门

● **效果场景位置** | DVD > 案例源文件 > Cha17 > 实例175新中式推拉门场景

● **贴图位置** | DVD > 贴图素材

● **视频教程** | DVD > 教学视频 > Cha07> 实例175

● **视频长度** | 13分46秒

● **制作难度** | ★★☆☆☆

— **操作步骤** —

01 单击"■（创建）> ■（图形）> 矩形"按钮，在"前"视图中创建矩形，在"参数"卷展栏中设置"长度"为300、"宽度"为500，如图17-53所示。

02 切换到 ■（修改）命令面板，为矩形施加"编辑样条线"修改器，将选择集定义为"分段"，删除底部的矩形分段，如图17-54所示。

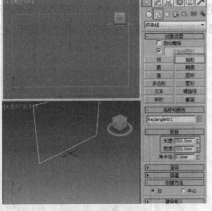

图17-53

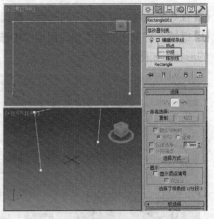

图17-54

03 单击"■（创建）> ■（图形）> 矩形"按钮，在"顶"视图中创建矩形，在"参数"卷展栏中设置"长度"为50、"宽度"为30，该矩形作为扫描的截面图形，如图17-55所示。

04 在场景中创建"圆"，对图形进行复制，作为截面的花纹，在场景中为作为截面的小矩形施加"编辑样条线"，在"几何体"卷展栏中使用"附加"工具，附加圆作为截面图形，如图17-56所示。

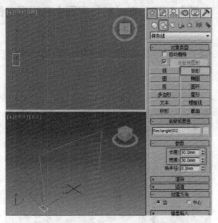

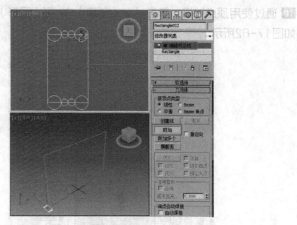

图17-55 图17-56

05 将选择集定义为"样条线"，使用"修剪"工具，修剪图形，并将选择集定义为"顶点"，全选顶点，对顶点进行"焊接"，如图17-57所示。

06 为调整的门框矩形施加"扫描"修改器，选择"使用自定义截面"选项；单击"拾取"按钮，在场景中拾取截面图形，如图17-58所示。

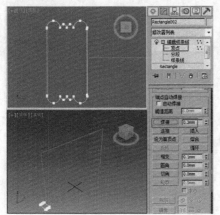
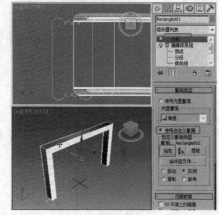

图17-57 图17-58

07 单击"（创建）>（图形）> 矩形"按钮，在"前"视图中创建矩形，在"参数"卷展栏中设置"长度"为283、"宽度"为125，如图17-59所示。

08 切换到（修改）命令面板，为矩形施加"编辑样条线"修改器，将选择集定义为"样条线"，设置样条线的"轮廓"，如图17-60所示。

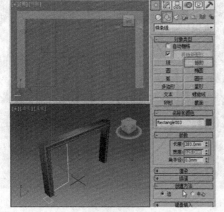

图17-59 图17-60

09 关闭选择集，为图形施加"挤出"修改器，设置合适的参数，如图17-61所示。

10 通过使用顶点捕捉，单击"■（创建）> ▣（图形）> 弧"按钮，在"前"视图中在门框内侧创建"弧"，如图17-62所示。

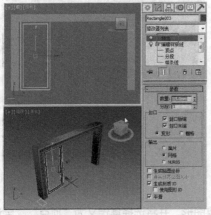

图17-61   图17-62

11 使用同样的方法设置弧的轮廓和挤出，并创建平面作为玻璃，如图17-63所示。

12 在场景中复制门框和玻璃，创建另一个门框中的花纹，如图17-64所示。

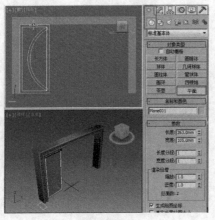
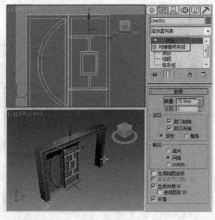

图17-63   图17-64

13 在场景中对两个门框进行成组，实例复制出另两扇门，并通过施加FFD变形，调整门在门框中的效果，直到满意为止，如图17-65所示。

14 在场景中推拉门的底端建长方体，设置合适的参数，至此推拉门就制作完成了，效果如图17-66所示。

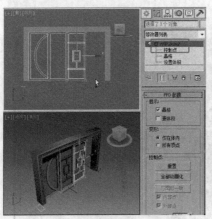
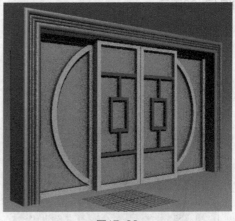

图17-65   图17-66

第

18章

室内框架模型的建立

从本章起我们将学习完整的制作室内和室外效果图的方法。在制作效果图前，我们先了解一下制作效果图必不可少的3个流程，即前期的模型制作，中期的相机、材质、灯光、渲染处理，后期的PS后期处理。本章将介绍前期模型的创建。

实例 176　现代客厅模型的建立

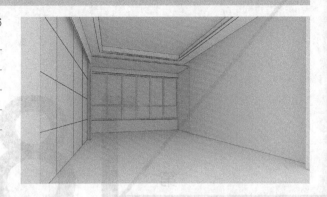

- **案例场景位置** | DVD > 案例源文件 > Cha18 > 实例176 现代客厅模型的建立
- **贴图位置** | DVD > 贴图素材
- **视频教程** | DVD > 教学视频 > Cha18 > 实例176
- **视频长度** | 34分01秒
- **制作难度** | ★★★☆☆

┤ 操作步骤 ├

01 室内模型一般都是根据CAD图纸建立的，所以在建模之前要先看一下CAD布局，并导出CAD图纸。本例的CAD布局图纸如图18-1所示。

提示

CAD 图纸的导出就不详细介绍了，本例提供了已导出的 CAD 图纸。

02 单击 (应用程序)按钮，单击"导入"命令，选择需要导入的CAD图纸，图纸为随书资源文件中的"案例176现代客厅模型的建立>家装平面.dwg"文件，如图18-2所示。

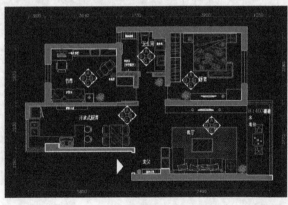

图18-1

图18-2

03 此时弹出"AutoCAD DWG/DXF导入选项"窗口，一般保持默认设置即可，如图18-3所示。

04 按<Ctrl+A>组合键选择所有的图纸，在创建面板中单击"名称和颜色"卷展栏下的色块，选择一种与背景差异较大的颜色，如图18-4所示。

提示

3ds Max 默认为黑色背景，应为图纸选择其他亮色。

图18-3

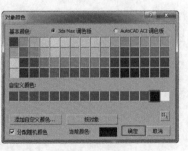

图18-4

05 在菜单栏中选择"组>成组"命令，将图纸成组，如图18-5所示。

06 在坐标栏中右击每个坐标后的 ▇（微调器）按钮将坐标归零，如图18-6所示。

07 右击图纸，在弹出的四元菜单中选择"冻结当前选择"命令，将图纸冻结，如图18-7所示。

提示

冻结图纸是为了避免误选，此时可以存储下场景。

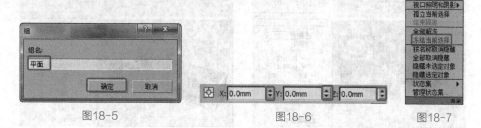

图18-5　　　　　图18-6　　　　　图18-7

08 按住<Ctrl>键右击鼠标，选择"线"命令，在创建面板中取消勾选"开始新图形"选项，在"顶"视图中创建如图18-8所示的图形。

09 将选择集定义为"样条线"，设置合适的"轮廓"，将选择集定义为"顶点"，根据图纸调整顶点位置，如图18-9所示。

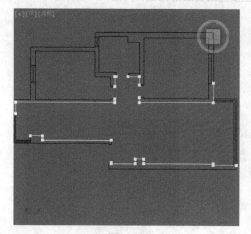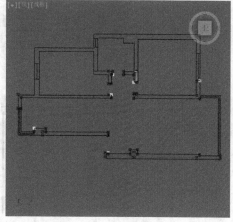

图18-8　　　　　　　　　图18-9

10 为图形施加"挤出"修改器，设置"数量"为2800，如图18-10所示。

11 创建客厅阳台的窗下墙，高度为500，如图18-11所示。

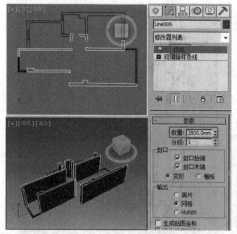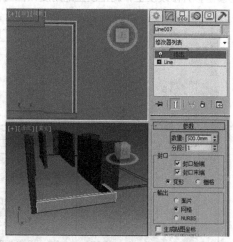

图18-10　　　　　　　　　图18-11

12 创建厨房的窗下墙，设置高度为900，如图18-12所示。

13 使用移动复制法复制客厅和厨房的窗下墙作为窗上墙，设置高度为400，如图18-13所示。

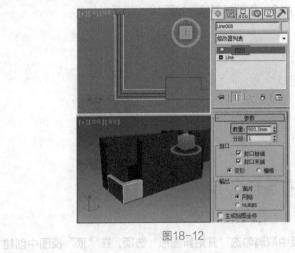 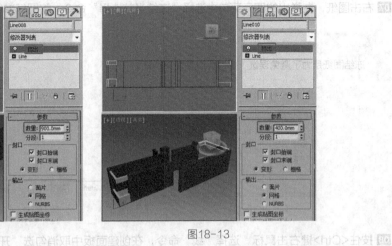

图18-12 图18-13

14 切换到"右"视图，根据墙体创建矩形作为窗框，为矩形施加"编辑样条线"修改器，将选择集定义为"样条线"，设置"轮廓"为50，如图18-14所示。

15 为图形施加"挤出"修改器，设置"数量"为50，调整模型至合适的位置，如图18-15所示。

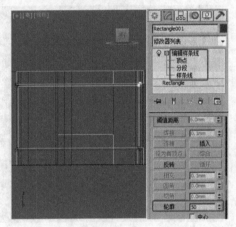 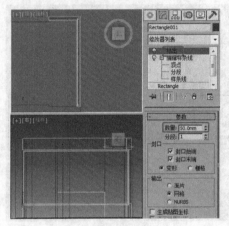

图18-14 图18-15

16 为模型施加"编辑网格"修改器，将选择集定义为"面"，使用移动复制法复制面，如图18-16所示。

17 复制窗框模型，并修改模型，调整模型的角度和位置，如图18-17所示。

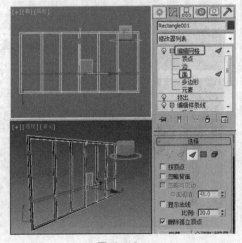 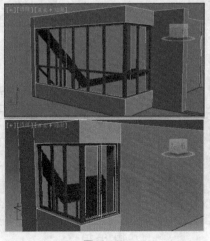

图18-16 图18-17

18 在"顶"视图中创建矩形作为门上墙，设置高度为800，如图18-18所示。

19 根据图纸在"顶"视图中创建如图18-19所示的图形作为地面，为图形施加"编辑网格"修改器，转换为模型。

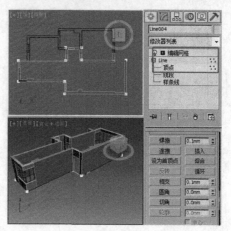

图18-18　　　　　　　　　　　　　　　图18-19

20 使用移动复制法复制模型作为顶，为模型施加"法线"修改器，如图18-20所示。

21 根据窗框创建线作为玻璃，将选择集定义为"样条线"，设置"轮廓"的数量为5，如图18-21所示。

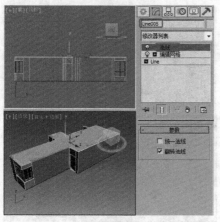
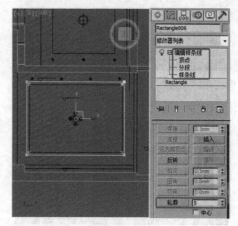

图18-20　　　　　　　　　　　　　　　图18-21

22 为图形施加"挤出"修改器，设置合适的"数量"，如图18-22所示。

23 在"顶"视图中创建如图18-23所示的图形作为吊顶的灯池板。

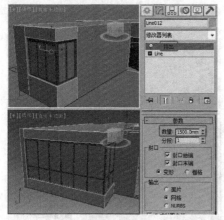
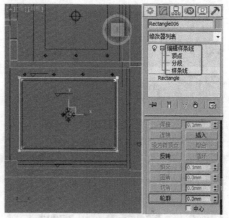

图18-22　　　　　　　　　　　　　　　图18-23

24 为图形施加"挤出"修改器，设置"数量"为20，如图18-24所示。

25 在"顶"视图中创建如图18-25所示的模型作为客厅顶，设置高度为200，调整模型至合适的位置。

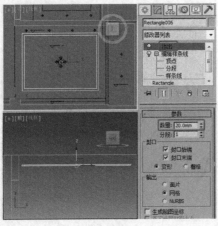

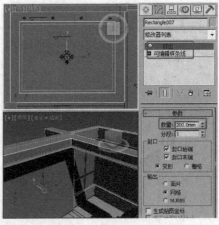

图18-24　　　　　　　　　　　　　　　图18-25

26 在"顶"视图中创建如图18-26所示的模型作为阳台顶，设置高度为200，调整模型至合适的位置。

27 在"前"视图中创建如图18-27所示的模型作为电视背景墙的墙体，设置厚度为20。

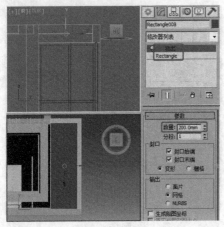
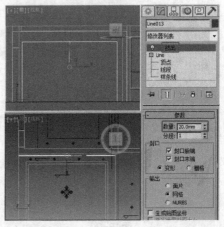

图18-26　　　　　　　　　　　　　　　图18-27

28 继续在"前"视图创建如图18-28所示的模型，设置厚度为80，调整模型至合适的位置，如图18-28所示。

29 在"前"视图中创建平面作为电视背景墙，调整模型至合适的位置，如图18-29所示。

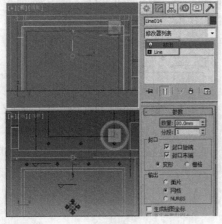

图18-28　　　　　　　　　　　　　　　图18-29

30 模型创建完后的效果如图18-30所示。

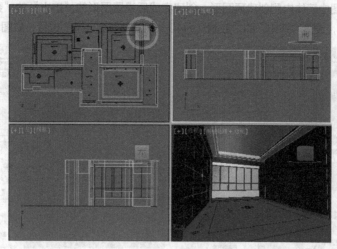

图18-30

<table>
<tr><td>实 例
177</td><td>**卫生间模型的建立**</td></tr>
</table>

● **案例场景位置** | DVD > 案例源文件 > Cha18 > 实例177卫生间模型的建立

● **贴图位置** | DVD > 贴图素材

● **视频教程** | DVD > 教学视频 > Cha18> 实例177

● **视频长度** | 11分28秒

● **制作难度** | ★★★☆☆

操作步骤

01 导入CAD图纸，将图纸成组、改颜色、位置归零、冻结，如图18-31所示。

02 根据图纸，在"顶"视图中创建如图18-32所示的图形。

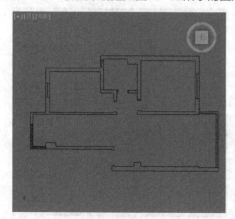

图18-31

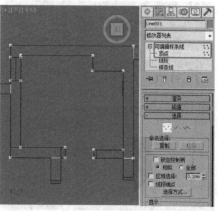

图18-32

03 为图形施加"挤出"修改器，设置"数量"为2800，如图18-33所示。

04 根据图纸在"顶"视图中墙体内侧创建顶图形，创建完成后设置图形的"挤出"的"数量"为200。再使用同样的方法创建或复制地面，设置"挤出"的"数量"为40，调整模型至合适的位置，如图18-34所示。

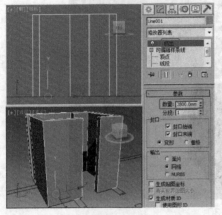

图18-33

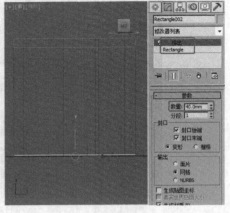

图18-34

05 在"顶"视图中创建矩形作为窗下墙，设置高度为1100，如图18-35所示。

06 使用移动复制法创建窗上墙，设置高度为300，调整模型至合适的位置，如图18-36所示。

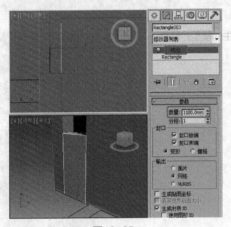

图18-35

图18-36

07 在"顶"视图中创建矩形作为门上墙，设置高度为460，如图18-37所示。

08 在"左"视图中创建矩形作为窗套，为其施加"挤出"修改器，设置"数量"为60，在"封口"组中取消勾选"封口始端"和"封口末端"，调整模型至合适的位置，如图18-38所示。

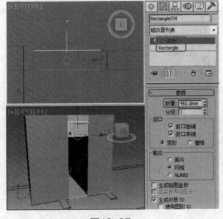

图18-37

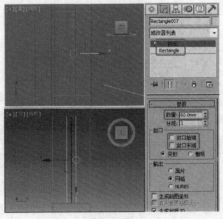

图18-38

09 为模型施加"壳"修改器，设置"内部量"为20、"外部量"为0，勾选"将角拉直"，如图18-39所示。

10 使用同样方法创建如图18-40所示的模型作为窗框，设置"内部量"为35，如图18-40所示。

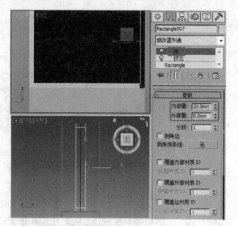

图18-39　　　　　　　　　　　图18-40

11 根据窗框创建长方体作为玻璃，如图18-41所示。

12 在"顶"视图中创建平面作为防水铝塑板，设置"长度分段"为6、"宽度分段"为6，调整模型至合适的位置，如图18-42所示。

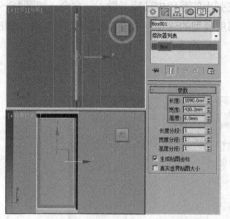 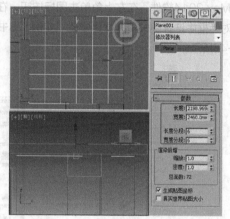

图18-41　　　　　　　　　　　图18-42

13 将模型转换为"可编辑多边形"，将选择集定义为"顶点"，调整顶点间隔为400，如图18-43所示。

14 将选择集定义为"边"，按<Ctrl+A>组合键全选，按住<Alt>键减选周围的一圈边，为边设置"挤出"，设置"高度"为5、"宽度"为5，如图18-44所示。

> **提示**
>
> 　　在坐标栏中将回（绝对模式变换输入）改为回（偏移模式变换输入），将第2排点与第1排重叠，再在坐标栏中输入偏移值即可，其他点可以用捕捉定位。

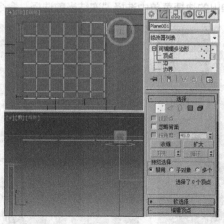 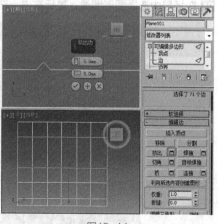

图18-43　　　　　　　　　　　图18-44

15 至此，卫生间框架模型制作完成。

<table>
<tr><td>实 例
178</td><td>**书房模型的建立**</td></tr>
</table>

● 案例场景位置 | DVD > 案例源文件 > Cha18 >实例178
书房模型的建立

● 贴图位置 | DVD > 贴图素材

● 视频教程 | DVD > 教学视频 > Cha18> 实例178

● 视频长度 | 32分53秒

● 制作难度 | ★★★☆☆

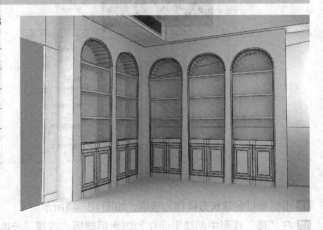

操作步骤

01 打开3ds Max 2014软件，在左上角单击图标按钮，在弹出的菜单中选择"导入"命令，如图18-45所示。

02 在弹出的对话框中选择随书资源文件中的"实例178书房模型的建立 > 书房图纸.DWG"文件，单击"打开"按钮，如图18-46所示。

图18-45

图18-46

03 打开的图纸如图18-47所示。

04 在场景中选择图形图像，鼠标右击，在弹出的快捷菜单中选择"冻结当前选择"命令，如图18-48所示。

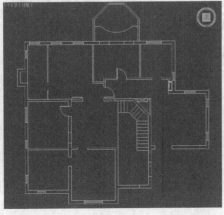

图18-47

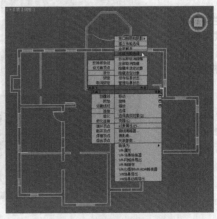

图18-48

05 在场景中的书房位置绘制图形，如图18-49所示。

06 为绘制的图形施加"挤出"修改器，在"参数"卷展栏中设置"数量"为2872.5（参数合适即可），并设置"分段"为3，如图18-50所示。

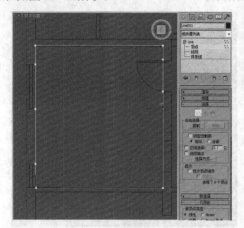

图18-49

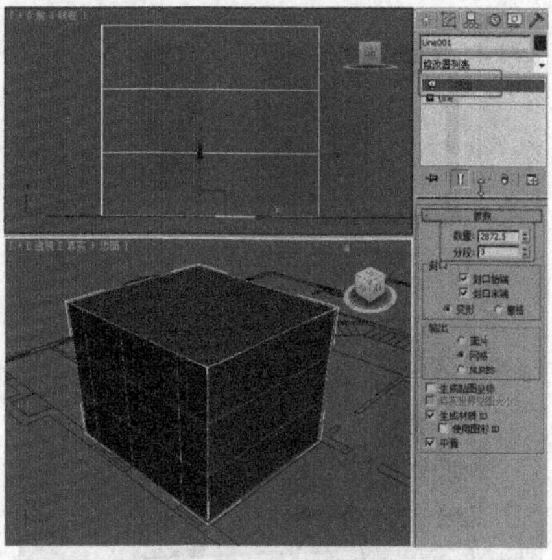

图18-50

07 为挤出的框架模型施加"编辑多边形"修改器，将选择集定义为"顶点"，在场景中调整出门洞的位置，如图18-51所示。

08 将选择集定义为"多边形"，在场景中选择作为门洞的多边形，在"编辑多边形"卷展栏中单击"挤出"后的 ■（设置）按钮，在弹出的小盒中设置挤出数量，如图18-52所示。

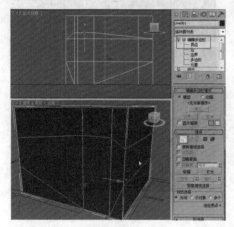
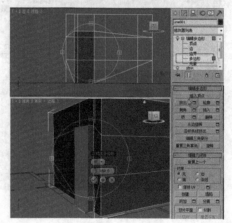

图18-51

图18-52

09 将选择集定义为"顶点"，在场景中调整出窗洞的效果，如图18-53所示。

10 设置窗户的"挤出"，如图18-54所示。

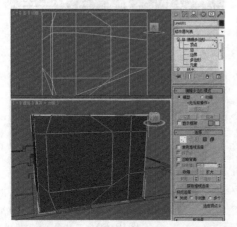
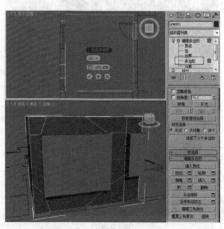

图18-53

图18-54

11 删除门洞和窗洞的多边形，如图18-55所示。

12 在窗洞的位置创建两个矩形，为图形施加"编辑样条线"修改器，使用"附加"按钮，将两个矩形附加到一起；使用"轮廓"工具，设置样条线的轮廓，如图18-56所示。

图18-55

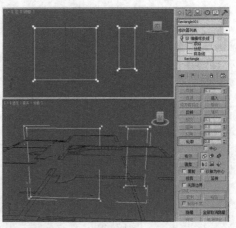
图18-56

13 关闭选择集，为图形施加"挤出"修改器，设置挤出参数，如图18-57所示。

14 在"顶"视图中创建吊顶图形，并为其施加"挤出"修改器，调整模型的位置，如图18-58所示。

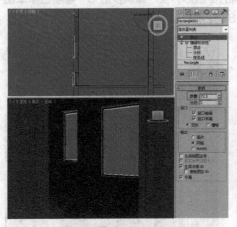
图18-57

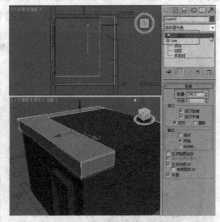
图18-58

15 在"左"视图中创建空调口边框矩形，设置矩形的参数，如图18-59所示。

16 为矩形施加"编辑样条线"修改器，设置样条线的轮廓，如图18-60所示，为图形施加"挤出"修改器，设置的参数。

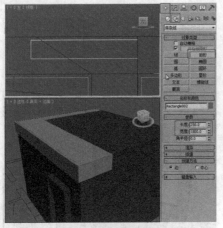
图18-59

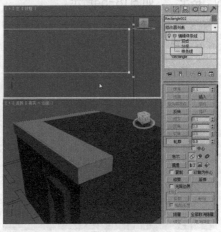
图18-60

17 在"左"视图中创建空调风叶，设置合适的参数，调整模型的旋转角度，如图18-61所示。

18 在场景中复制并调整模型，如图18-62所示。

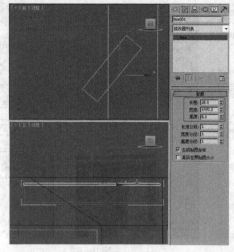

图18-61　　　　　　　　　　　　　　　　　　图18-62

19 在"左"视图中创建垂直的隔断，设置合适的参数，如图18-63所示。

20 在场景中选择框架模型，按<Ctrl+V>组合键，在弹出的对话框中选择"复制"选项，如图18-64所示。

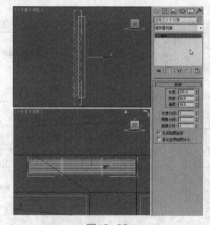
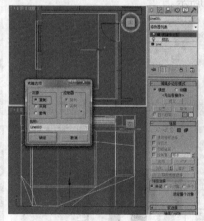

图18-63　　　　　　　　　　　　　　　　　　图18-64

21 在修改器堆栈中将"编辑多边形"修改器删除，回到"Line"，并将选择集定义为"线段"，将门洞处的线段删除，如图18-65所示。

22 将选择集定义为"样条线"，使用"轮廓"工具，设置样条线的轮廓，如图18-66所示。

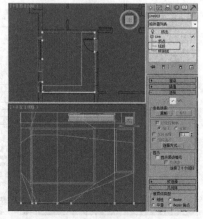
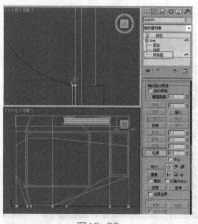

图18-65　　　　　　　　　　　　　　　　　　图18-66

23 修改"挤出"的"数量"的参数，合适即可，如图18-67所示。

24 下面介绍制作书柜的方法，在墙的位置创建矩形，设置合适的参数，如图18-68所示。

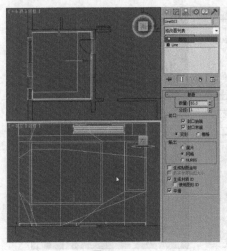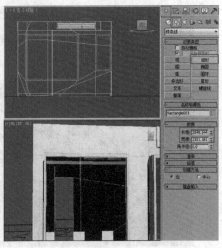

| 图18-67 | 图18-68 |

25 继续创建矩形，设置合适的参数，如图18-69所示。

26 将其他模型隐藏，只显示两个作为书柜的矩形，为其中一个矩形施加"编辑样条线"，将两个矩形"附加"到一起，如图18-70所示。

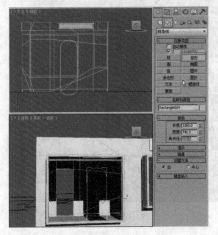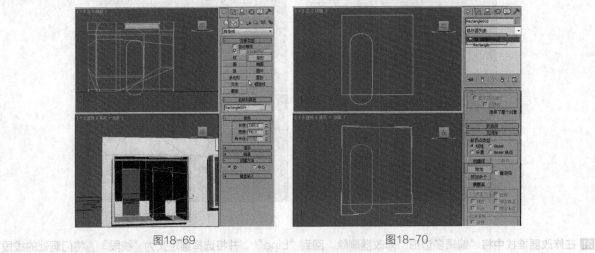

| 图18-69 | 图18-70 |

27 将选择集定义为"样条线"，按住<Shift>键移动复制小的圆角矩形，如图18-71所示。

28 使用"修改"工具，在场景中修剪图形的形状，如图18-72所示。

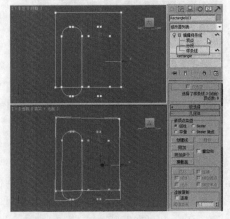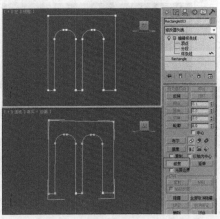

| 图18-71 | 图18-72 |

29 将选择集定义为"顶点",按<Ctrl+A>组合键,在"几何体"卷展栏中单击"焊接"按钮,如图18-73所示。

30 设置图形后,为其施加"挤出"修改器,显示所有模型,如图18-74所示。

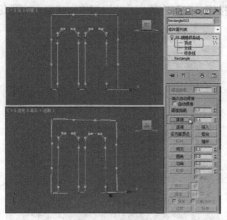

图18-73

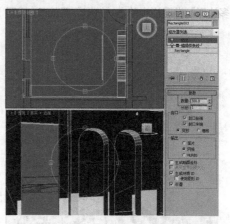

图18-74

31 为模型施加"编辑多边形"修改器,将选择集定义为"边",在场景中选择拱形外侧边和临近门的外侧边,如图18-75所示。

32 在"编辑边"卷展栏中单击"切角"后的■(设置)按钮,在弹出的小盒中设置多边形的切角,如图18-76所示。

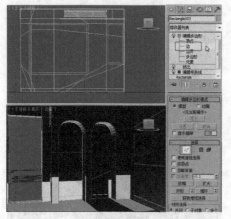

图18-75

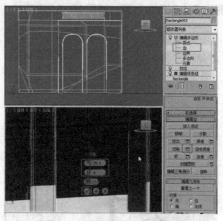

图18-76

33 使用同样的方法创建另一侧墙体的书架外框模型,如图18-77所示,在场景中选择外侧墙体框架,按<Alt+X>组合键,设置墙体为透明,看一下效果。

34 在"前"视图中创建长方体,设置长方体的参数和分段,如图18-78所示。

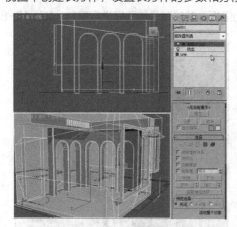

图18-77

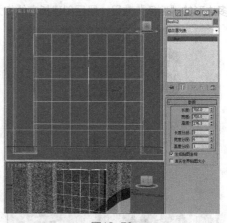

图18-78

35 为长方体施加"编辑多边形"修改器，将选择集定义为"顶点"，在场景中调整顶点，将选择集定义为"多边形"，选择如图18-79所示的多边形。

36 在"编辑多边形"卷展栏中单击"挤出"后的■（设置）按钮，在弹出的小盒中设置挤出数量，如图18-80所示。

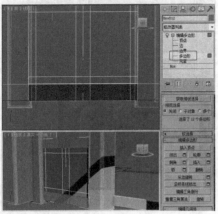

图18-79   图18-80

37 选择如图18-81所示的多边形，在"编辑多边形"卷展栏中单击"倒角"后的■（设置）按钮，在弹出的小盒中设置多边形的倒角参数。

38 设置另一侧的多边形倒角效果，如图18-82所示。

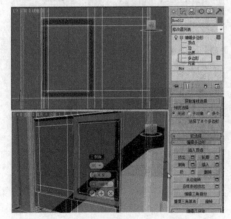
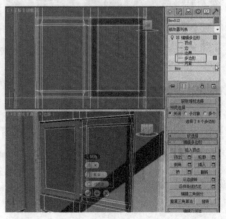

图18-81   图18-82

39 在场景中选择柜子门中间的多边形，在"编辑多边形"卷展栏中单击"倒角"后的■（设置）按钮，在弹出的小盒中设置多边形的倒角参数，如图18-83所示。

40 继续设置多边形的"倒角"效果，最后创建长方体作为隔板，并对橱子和隔板进行复制，如图18-84所示。

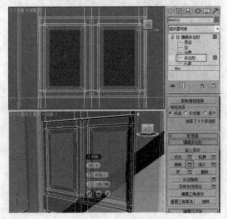
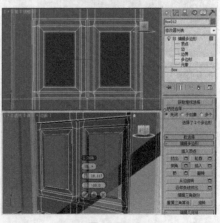

图18-83   图18-84

41 在"顶"视图中创建"目标"摄影机，在场景中调整摄影机的角度和位置，激活"透视"图，按<C>键，将视图改为摄影机视图，在"参数"卷展栏中设置"镜头"为35，在"剪切平面"组中勾选"手动剪切"选项，设置"近距衰减"和"远距衰减"的参数，如图18-85所示。

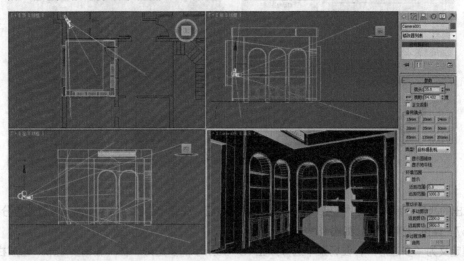

图18-85

- **案例场景位置** | DVD > 案例源文件 > Cha18 > 实例179
  卧室模型的建立
- **贴图位置** | DVD > 贴图素材
- **视频教程** | DVD > 教学视频 > Cha18 > 实例179
- **视频长度** | 10分42秒
- **制作难度** | ★★★☆☆

┨ **操作步骤** ┠

01 单击"（创建）　>（几何体）　>长方体"按钮，在"顶"视图中创建长方体，在"参数"卷展栏中设置"长度"为3580、"宽度"为4800、"高度"为2800，如图18-86所示。

02 切换到　（修改）命令面板，为模型施加"编辑多边形"修改器，将选择集定义为"边"，在"左"视图中选择左右两侧的边，在"编辑边"卷展栏中单击"连接"后的　（设置）按钮，在弹出的窗口助手小盒中设置连接分段为2、连接边的收缩为56、连接边滑块为-6，如图18-87所示。

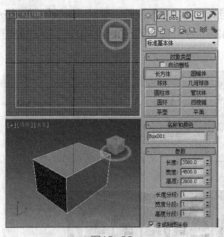
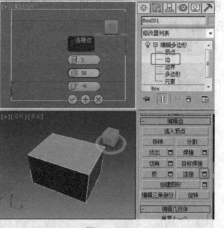

图18-86 图18-87

03 选择拆分出的两条分段，单击"连接"后的■（设置）按钮，在弹出的窗口助手小盒中设置连接分段为2、连接边的收缩为57、连接边滑块为0，如图18-88所示。

04 将选择集定义为"多边形"，在场景中选择如图18-89所示的多边形，在"编辑多边形"卷展栏中单击"挤出"后的■（设置）按钮，在弹出的窗口助手小盒中设置挤出高度为180。

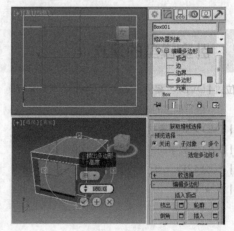

图18-88 图18-89

05 将处于选择状态的多边形删除，如图18-90所示。

06 在场景中选择顶部的多边形，在"编辑多边形"卷展栏中单击"插入"后的■（设置）按钮，在弹出的窗口助手小盒中设置插入数量为480，如图18-91所示。

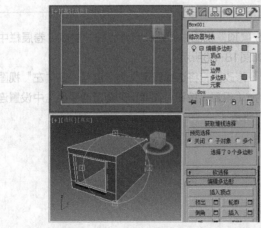
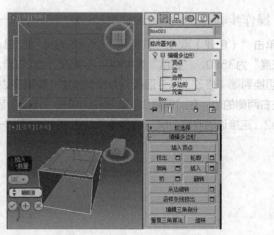

图18-90 图18-91

07 单击"挤出"后的 ■ （设置）按钮，在弹出的窗口助手小盒中设置挤出高度为120，如图18-92所示。

08 单击" ▓ （创建）> ▣ （图形）>矩形"按钮，在"前"视图中创建矩形，在"参数"卷展栏中设置"长度"为1792，设置"宽度"为4800，如图18-93所示。

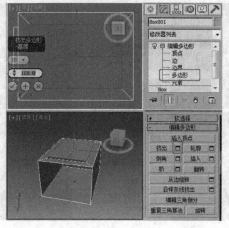
图18-92

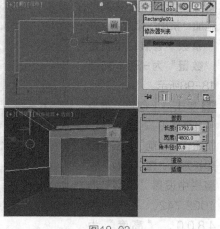
图18-93

09 单击" ▓ （创建）> ▣ （图形）>圆"按钮，在"前"视图中创建大小不一的圆，如图18-94所示。

10 在场景中选择矩形，切换到 ☑ （修改）命令面板，为矩形施加"编辑样条线"修改器，在"几何体"卷展栏中单击"附加多个"按钮，在弹出的对话框中附加创建的所有圆，如图18-95所示。

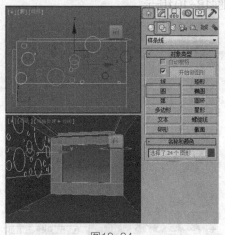
图18-94

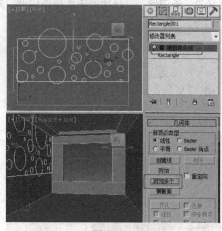
图18-95

11 将选择集定义为"样条线"，在"几何体"卷展栏中单击"修剪"按钮，在场景中修剪图形，如图18-96所示。

12 将选择集定义为"顶点"，按<Ctrl+A>组合键，全选顶点，在"几何体"卷展栏中单击"焊接"按钮，焊接顶点，如图18-97所示。

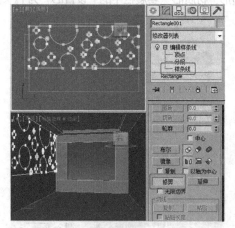
图18-96

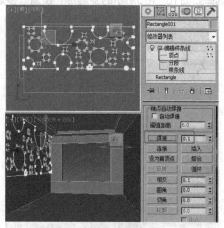
图18-97

13 关闭选择集，为图形施加"挤出"修改器，在"参数"卷展栏中设置"数量"为-30，如图18-98所示。

14 单击"（创建） > （几何体） > 长方体"按钮，在"前"视图中创建长方体，在"参数"卷展栏中设置"长度"为1002.742、"宽度"为4800、"高度"为-30，如图18-99所示。

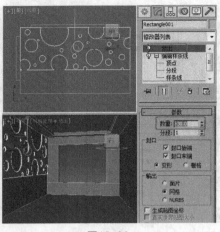

图18-98

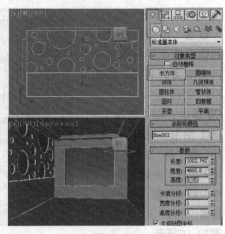

图18-99

15 在场景中选择作为框架的长方体，将选择集定义为"边"，在"编辑几何体"卷展栏中打开"切片平面"按钮，勾选"分割"选项，在场景中调整切片平面，并单击"切片"按钮，如图18-100所示。

16 将选择集定义为"多边形"，在场景中选择多边形，如图18-101所示。

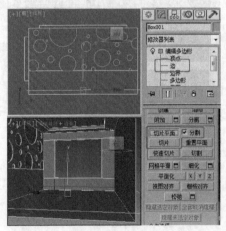

图18-100

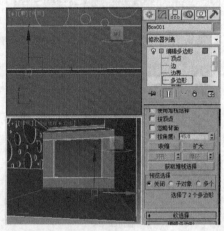

图18-101

17 在"编辑多边形"卷展栏中单击"挤出"后的 （设置）按钮，在弹出的窗口助手小盒中设置挤出高度为-25，选择挤出类型为本地法线，如图18-102所示。

18 在场景中选择如图18-103所示的多边形，设置"多边形：材质ID"卷展栏中的"设置ID"为1。

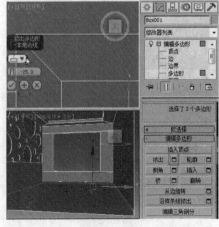

图18-102

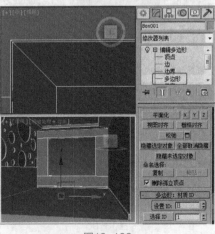

图18-103

19 在场景中选择如图18-104所示的多边形，设置"多边形：材质ID"卷展栏中的"设置ID"为2。

20 在场景中选择如图18-105所示的多边形，设置"多边形：材质ID"卷展栏中的"设置ID"为3。

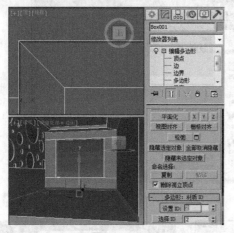
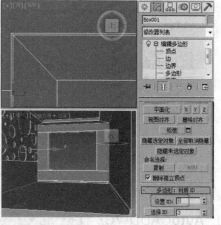

图18-104　　　　　　　　图18-105

21 在场景中选择如图18-106所示的多边形，设置"多边形：材质ID"卷展栏中的"设置ID"为4。

图18-106

实例 **180**　**会议室模型的建立**

- **案例场景位置 |** DVD > 案例源文件 > Cha18 >实例180
  会议室模型的建立
- **贴图位置 |** DVD > 贴图素材
- **视频教程 |** DVD > 教学视频 > Cha18> 实例180
- **视频长度 |** 32分43秒
- **制作难度 |** ★★★★☆

操作步骤

01 在3ds Max2014软件的左上角处单击软件图标按钮，在弹出的菜单中选择"导入"命令，如图18-107所示。

02 在弹出的对话框中选择随书资源文件中的"实例180会议室模型的建立>会议室.DWG"文件，单击"打开"按钮，如图18-108所示。

图18-107

图18-108

03 在弹出的"AutoCADDWG/DWF导入选项"对话框中使用默认的参数,如图18-109所示。

04 导入图形后,在透视图中单击"[真实]"命令,在弹出的菜单中选择"视口背景>纯色",可以将渐变的透视图变为纯色,如图18-110所示。

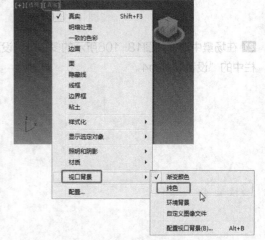

图18-109

图18-110

05 单击"（创建）>（图形）>线"按钮,在顶视图中根据导入的图像墙体的位置创建图形,在门窗的位置创建顶点,如图18-111所示,这里可以忽略柱子的轮廓。

06 切换到（修改）命令面板,在修改器列表中选择"挤出"修改器,在"参数"卷展栏中设置"数量"为3400,并设置"分段"为3,如图18-112所示。

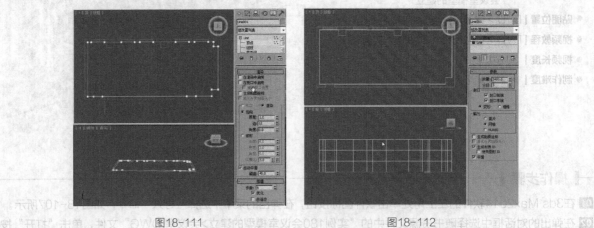

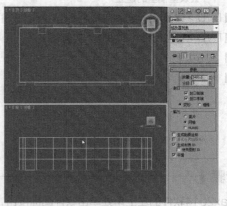

图18-111

图18-112

07 接着再为模型施加"编辑多边形"修改器,将选择集定义为"顶点",在场景中调整顶点,调整出窗洞的大小,如图18-113所示。

08 将选择集定义为"多边形",在场景中选择作为窗洞的多边形,在"编辑多边形"卷展栏中单击"挤出"后的回(设置)按钮,在弹出的小盒中设置挤出高度为280,单击☑按钮,如图18-114所示。挤出多边形后,将选择的多边形删除,做出窗洞。

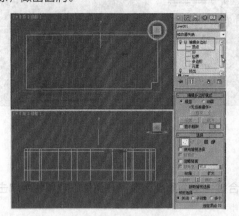

图18-113　　　　　　　　　　　图18-114

09 将选择集定义为"顶点",在场景中调整门洞的顶点,如图18-115所示。

10 将选择集定义为"多边形",在场景中选择作为门洞的多边形,在"编辑多边形"卷展栏中单击"挤出"后的回(设置)按钮,在弹出的小盒中设置挤出高度为280,单击☑按钮,如图18-116所示。挤出多边形后,将选择的多边形删除,做出门洞。

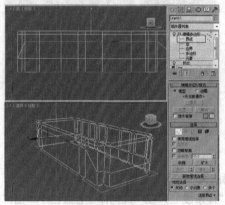 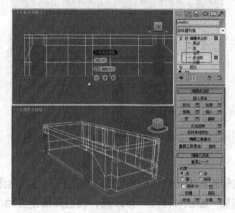

图18-115　　　　　　　　　　　图18-116

11 单击"（创建）>（图形）>矩形"按钮,在"后"视图中创建矩形,设置合适的参数,作为窗框,如图18-117所示。

12 为矩形施加"编辑样条线"修改器,将选择集定义为"样条线",在"几何体"卷展栏中单击"轮廓"按钮,在场景中设置矩形的轮廓,如图18-118所示。

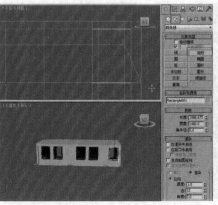 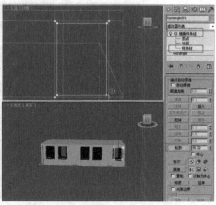

图18-117　　　　　　　　　　　图18-118

13 单击"■（创建）>■（图形）>矩形"按钮，将"开始新图形"取消勾选，并在"后"视图中创建合适的矩形，作为窗框中间的隔断，如图18-119所示。

14 将选择集定义为"样条线"，在"几何体"卷展栏中单击"修剪"按钮，在场景中修剪出窗框的截面图形，如图18-120所示。

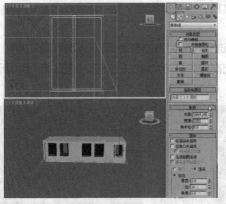

图18-119

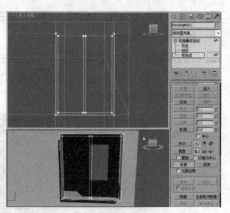

图18-120

15 将选择集定义为"顶点"，在场景中按<Ctrl+A>组合键，全选顶点，在"几何体"卷展栏中单击"焊接"按钮，如图18-121所示。

16 关闭选择集，在修改器列表中为作为窗框的图形施加"倒角"修改器，在"倒角值"卷展栏中勾选"级别2"选项，设置"高度"为10、"轮廓"为15；勾选"级别3"选项，设置"高度"为80，如图18-122所示。

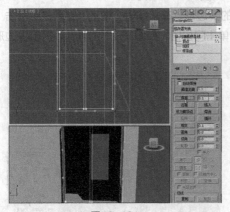

图18-121

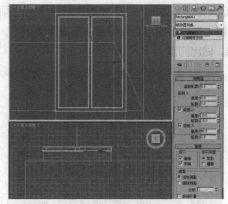

图18-122

17 在窗框内侧的其中一个窗框洞位置创建矩形，设置合适的大小即可，如图18-123所示。

18 为矩形施加"编辑样条线"修改器，将选择集定义为"样条线"，在"几何体"卷展栏中单击"轮廓"按钮，在场景中设置矩形为合适的轮廓，如图18-124所示。

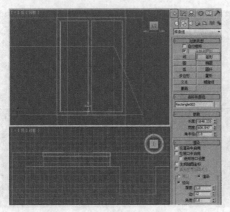

图18-123

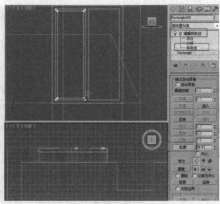

图18-124

19 为图形施加"倒角"
修改器，在倒角值"卷
展栏中勾选""级别2"
选项，设置"高度"为
10、"轮廓"为15；勾
选"级别3"选项，设置
"高度"为50，在场景
中移动实例复制模型，
如图18-125所示。

20 在场景中选择导入到
场景中的DWG图形，鼠
标右击图形，在弹出的
快捷菜单中选择"冻结
当前选择"命令，如图
18-126所示。

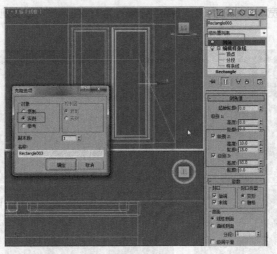
图18-125

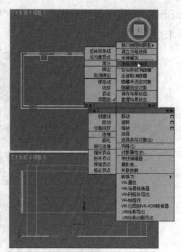
图18-126

21 在门洞的位置创建作
为门框的图形，如图18-
127所示。

22 将选择集定义为"样
条线"，在场景中设置
样条线的轮廓，如图18-
128所示。

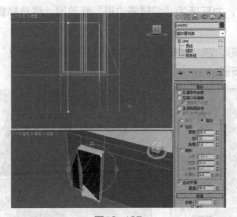
图18-127

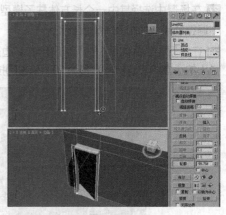
图18-128

23 为图形施加"倒角"修改器，在"倒角值"卷展栏中设置"级别1"的"高度"为50、"轮廓"为0；勾选"级
别2"选项，设置"高度"为10、"轮廓"为-10，如图18-129所示。

24 在门洞的位置创建大小合适的长方体，作为门，如图18-130所示。

图18-129

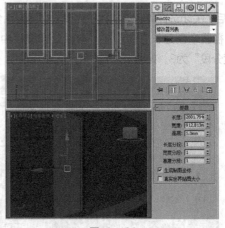
图18-130

25 在场景中复制门框和门模型，如图18-131所示。

26 在"顶"视图中创建长方体，作为柱子，在"参数"卷展栏中"长度"为605、"宽度"为810、"高度"为

850，设置"长度分段"为3、"宽度分段"为3、"高度分段"为3，在场景中以实例的方式复制模型，如图18-132所示。

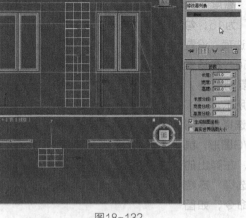

图18-131 图18-132

27 在场景中选择其中一个长方体柱子模型，为其施加"编辑多边形"修改器，将选择集定义为"顶点"，在场景中调整顶点，如图18-133所示。

28 在场景中选择如图18-134所示的多边形，在"编辑多边形"卷展栏中单击"挤出"后的 █（设置）按钮，在弹出的小盒中设置挤出数量为10，单击 ☑ 按钮。

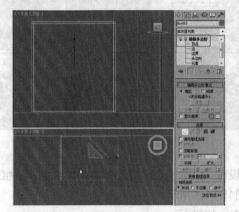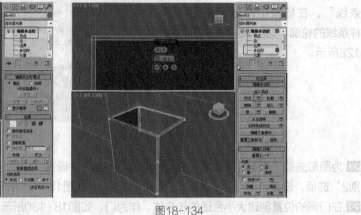

图18-133 图18-134

29 调整模型后，关闭选择集，复制柱子模型，如图18-135所示。

30 在"左"视图中创建长方体，在"参数"卷展栏中设置"长度"为3464、"宽度"为1400、"高度"为100、"长度分段"为3，如图18-136所示。

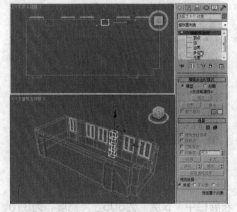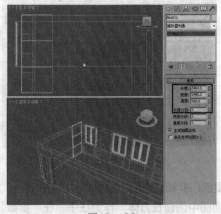

图18-135 图18-136

31 为长方体施加"编辑多边形"修改器，将选择集定义为"多边形"，在场景中选择如图18-137所示的多边形，在"编辑多边形"卷展栏中单击"倒角"后的■（设置）按钮，在弹出的小盒中设置倒角为0、轮廓为-40，单击☑按钮。

32 单击"挤出"后的■（设置）按钮，在弹出的小盒中设置挤出数量为10，单击☑按钮，如图18-138所示。

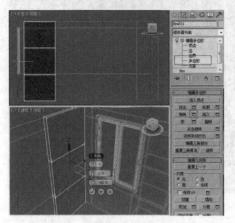

图18-137　　　　　　　　　　图18-138

33 复制模型，如图18-139所示。

34 调整模型的大小，如图18-140所示。

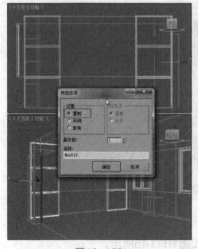
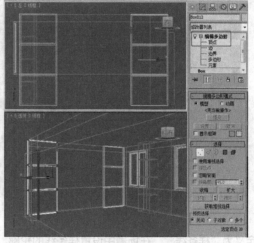

图18-139　　　　　　　　　　图18-140

35 在"顶"视图中创建图形，作为踢脚线，将选择集定义为"线段"，将门洞处的线段删除，如图18-141所示。

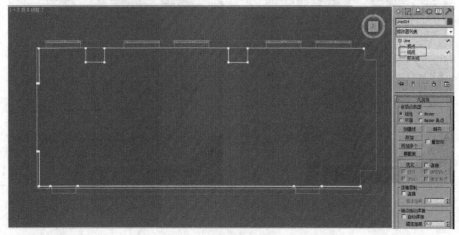

图18-141

36 将选择集定义为"样条线",在场景中设置样条线的轮廓,如图18-142所示。

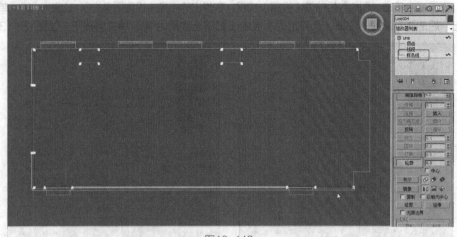

图18-142

37 关闭选择集,在修改器列表中选择"挤出"修改器,在"参数"卷展栏中设置"数量"为154,并在场景中调整模型的位置,如图18-143所示。

38 在顶视图中创建合适大小的顶矩形,如图18-144所示。

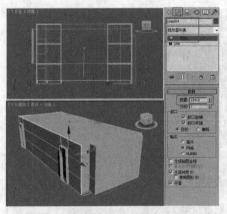

图18-143

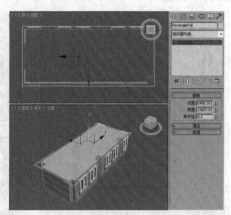

图18-144

39 将选择集定义为"样条线",在场景中设置样条线的轮廓,如图18-145所示。

40 调整样条线的轮廓后,为图形施加"挤出"修改器,并设置"数量"为150,如图18-146所示。

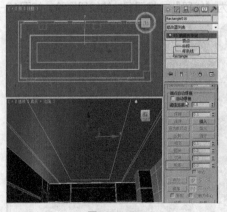

图18-145

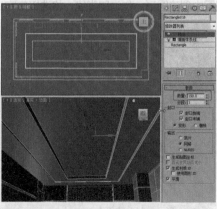

图18-146

41 在吊灯的中心位置创建矩形，设置合适的参数，作为灯池中的灯，如图18-147所示。

42 为矩形施加"编辑样条线"修改器，将选择集定义为"样条线"，在场景中调整样条线的形状，为模型施加"挤出"修改器，设置合适的参数；创建长方体，作为发光的灯片，如图18-148所示。

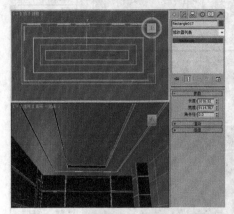

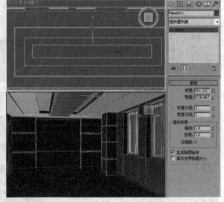

图18-147   图18-148

43 在"左"视图中创建平面，作为屏幕，如图18-149所示。

44 在"前"视图中创建合适大小的圆柱体作为屏幕的卷轴，如图18-150所示。

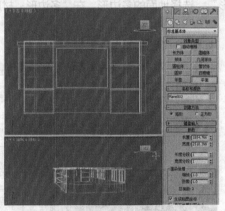

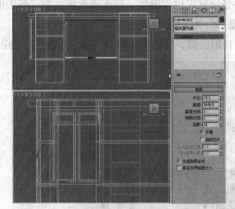

图18-149   图18-150

45 在"顶"视图中创建平面作为地毯，设置合适的参数即可，如图18-151所示。

46 在"前"视图中墙壁的位置创建合适的长方体，将该模型作为遮光模型，如图18-152所示。

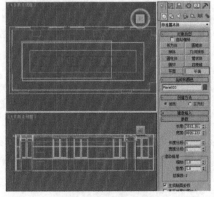

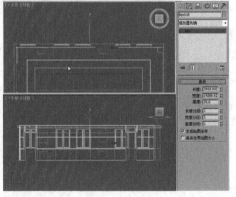

图18-151   图18-152

47 在场景中选择屏幕左右的模型，并将模型进行复制，然后，将该模型调整为门侧面墙体的墙面，如图18-153所示，也可以使用布尔工具制作出该装饰墙，这里就不详细介绍了。

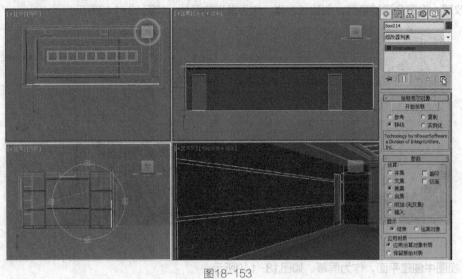

图18-153

48 在场景中选择室内框架模型，将选择集定义为"多边形"，选择地面的多边形，在"多边形：材质ID"卷展栏中设置"设置ID"为1，如图18-154所示。

49 按<Ctrl+I>组合键，反选多边形，设置"设置ID"为2，如图18-155所示。

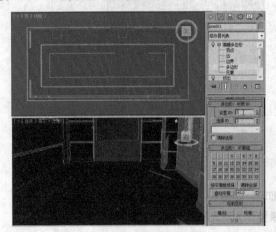

图18-154

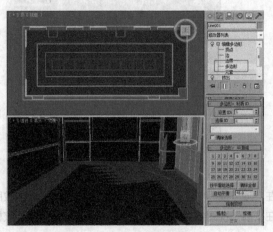

图18-155

现代简约风格演染制作

第 **19** 章

室内效果图的渲染制作

本章介绍室内效果图的渲染制作。首先，确定镜头的角度；
再初调场景模型材质；调入家居、家电及装饰小品模型；打
灯光照亮场景；然后渲染光子图；最后，渲染和保存效果图
和通道图。

实例
181 现代客厅的渲染制作

- **案例场景位置** | DVD > 案例源文件 > Cha19 >实例181
  现代客厅的渲染制作

- **贴图位置** | DVD > 贴图素材

- **视频教程** | DVD > 教学视频 > Cha19> 实例181

- **视频长度** | 1小时01分26秒

- **制作难度** | ★ ★ ★ ★ ☆

━┥ **操作步骤** ┝━

01 打开之前制作的客厅框架模型场景。首先设置一个测试渲染参数。按<F10>键或单击 🖱 （渲染设置）按钮，打开"渲染设置"面板，在"指定渲染器"卷展栏中单击"产品级"后的选择渲染器按钮，在弹出的对话框中选择"V-Ray Adv"，单击"确定"，如图19-1所示。

02 切换到"V-Ray"选项卡，在"V-Ray全局开关"卷展栏中设置"二次光线偏移"为0.001；在"V-Ray图像采样器（反锯齿）"卷展栏中选择"图像采样器"的"类型"为固定，选择"抗锯齿过滤器"为Catmull-Rom，取消勾选"开"选项；在"V-Ray颜色贴图"卷展栏中勾选"子像素贴图"和"钳制输出"，如图19-2所示。

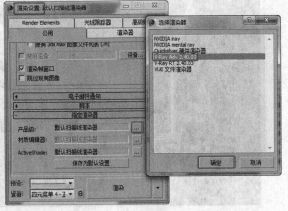

图19-1

图19-2

03 切换到"间接照明"选项卡，在"V-Ray间接照明"卷展栏中勾选"开"选项，在"二次反弹"组中选择"全局照明引擎"的类型为灯光缓存；在"V-Ray发光图"卷展栏中选择"当前预置"为"非常低"，再选择为"自定义"，设置"最小比率"为-5、"最大比率"为-4、"半球细分"为20、"插值采样"为20，如图19-3所示。

04 在"V-Ray灯光缓存"卷展栏中设置"细分"为100，如图19-4所示。

图19-3

图19-4

05 切换到"设置"选项卡，在"V-Ray系统"卷展栏中设置"最大树形深度"为90、"动态内存限制"为电脑的最大内存、"默认几何体"为"动态"、"区域排序"为"上->下"，在"V-Ray日志"组中取消勾选"显示窗口"，如图19-5所示。

06 在设置完室内测试渲染参数后，可将参数保存以方便以后直接调用。单击面板下方的"预设"右侧的下拉箭头，选择"保存预设"选项，如图19-6所示。

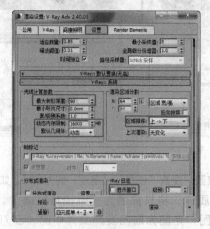

图19-5

图19-6

07 在弹出的"保存渲染预设"窗口中输入文件名称，如图19-7所示。

08 在弹出的"选择预设类别"窗口中选择除了"公用"外的所有选项，因为每次制作的场景不可能为同一个尺寸。单击"保存"按钮，如图19-8所示。

> **提示**
>
> 需要调用时，同样单击"预设"右侧的下拉箭头，直接选择，或者选择"加载预设"即可。

图19-7

图19-8

09 在场景中选择地面模型，按<M>键打开"材质编辑器"，选择一个新的材质球，将其命名为"地面"，将材质转换为"VRaymtl"材质，为"漫反射"指定"位图"贴图，贴图为随书资源文件中的"DVD>贴图素材>新雅米黄-11.jpg"文件，进入"漫反射贴图"层级面板，设置"模糊"为0.1，如图19-9所示。

10 为反射指定"衰减"贴图，进入"反射贴图"层级面板，选择"衰减类型"为Fresnel，设置"折射率"为1.4，如图19-10所示。

11 返回主材质面板，解锁"高光光泽度"，并设置其数值为0.88，设置"反射光泽度"为0.92，如图19-11所示。

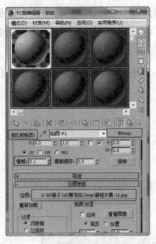  

图19-9　　　　　　　　　　图19-10　　　　　　　　　　图19-11

12 将材质指定给选定对象，为模型施加"UVW贴图"修改器，设置"长度""宽度"均为900，如图19-12所示。

13 在场景中选择电视背景墙模型，选择一个新的材质球，将其命名为"电视背景墙"，将材质转换为"VRaymtl"材质，为"漫反射"指定"位图"贴图，贴图为随书资源文件中的"DVD >贴图素材>attachment_48-无缝.jpg"文件，进入"漫反射贴图"层级面板，设置"模糊"为0.01，如图19-13所示。

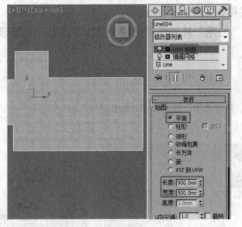 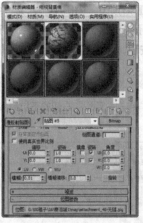

图19-12　　　　　　　　　　　　　　　　图19-13

14 返回主材质面板，设置"反射"颜色的"亮度"为7，解锁"高光光泽度"，并设置其数值为0.4，设置"反射光泽度"为0.55，如图19-14所示。

15 在"贴图"卷展栏中将"漫反射"的贴图复制给"凹凸"，设置其数量为60，如图19-15所示。

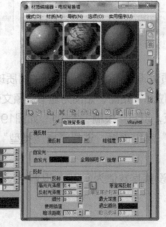 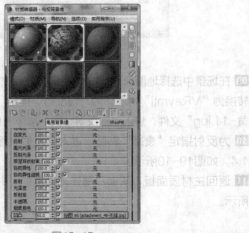

图19-14　　　　　　　　　　　　　　　图19-15

16 将材质指定给选定对象，为模型施加"UVW贴图"修改器，设置"长度"为2000、"宽度"为1000，如图19-16所示。

17 选择场景中的玻璃模型，选择一个新的材质球，将其命名为"玻璃"，将材质转换为"VRaymtl"材质，设置"漫反射"颜色的"色调"为青绿之间、"饱和度"为209、"亮度"为168，设置"反射"颜色的"亮度"为177，设置"折射"颜色的"亮度"为255，勾选"影响阴影"，选择"影响通道"类型为"颜色+Alpha"，将材质指定给选定模型，如图19-17所示。

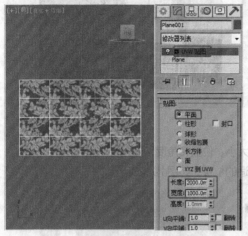

图19-16

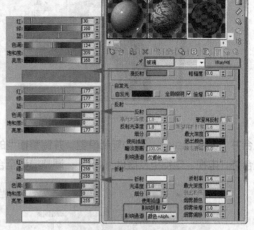

图19-17

18 选择场景中的窗框模型，选择一个新的材质球，将其命名为"窗框"，将材质转换为"VRaymtl"材质，设置"漫反射"颜色的"色调"为35、"饱和度"为18、"亮度"为238，设置"反射"颜色的"亮度"为8，解锁"高光光泽度"，并设置其数值为0.65，设置"反射光泽度"为0.7，将材质指定给选定模型，如图19-18所示。

19 选择场景中的墙体、吊顶、顶部灯池、电视背景墙的墙体模型，将材质转换为"VRaymtl"材质，设置"漫反射"颜色的"亮度"为253，设置"反射"颜色的"亮度"为5，解锁"高光光泽度"，并设置其数值为0.55，设置"反射光泽度"为0.65，将材质指定给选定模型，如图19-19所示。

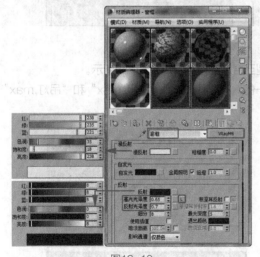

图19-18

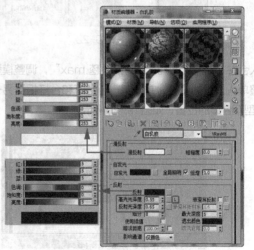

图19-19

初调材质后，下面来导入家具、家电、装饰小品模型。

20 选择"导入>合并"命令，导入随书资源文件中的"DVD > 案例源文件 > Cha19 > 现代客厅>门.max"文件，调整模型至合适的位置，为模型施加"FFD 2×2×2"修改器，调整模型的大小，再使用移动复制法复制模型，如图19-20所示。

21 导入合并"餐桌.max"文件，调整模型至合适的位置，该模型摄影机直观无法看到，作为玻璃的反射使用，如图19-21所示。

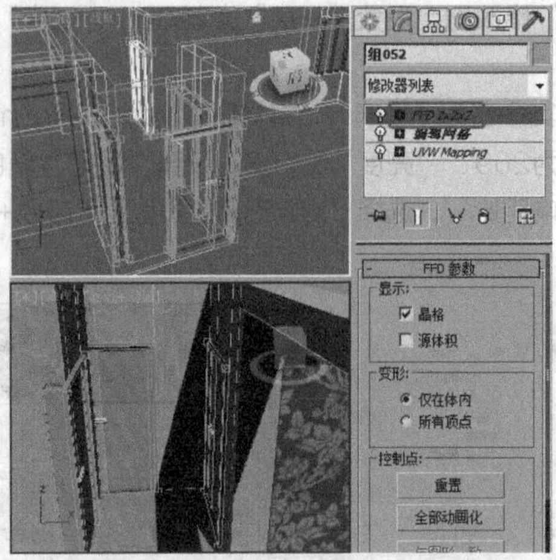

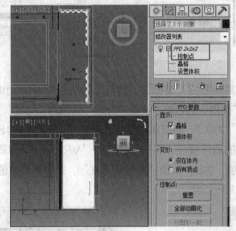

图19-20

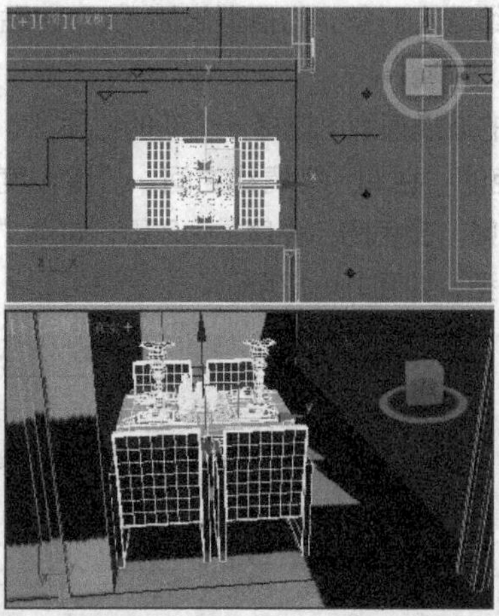

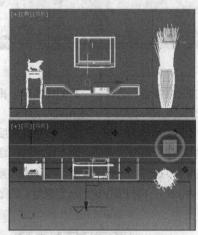

图19-21

22 导入合并"窗帘.max"，移动复制模型，并调整模型的大小、位置和角度，如图19-22所示。

23 导入合并"电视、电视柜及摆件.max"，调整模型至合适的位置，如图19-23所示。

图19-22

图19-23

24 导入合并"沙发、茶几、台灯及地毯.max"，调整模型至合适的位置，如图19-24所示。

25 调整单人沙发的位置，并复制一个台灯和台灯柜至另一侧。继续导入合并"屏风.max"和"吊灯.max"文件，调整模型至合适的位置，如图19-25所示。

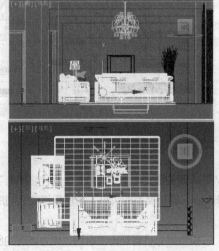

图19-24

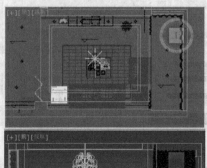
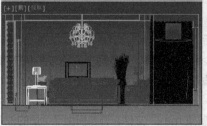

图19-25

26 导入合并"筒灯.max"文件，移动复制模型，注意客厅与走廊筒灯所在高度是不同的，如图19-26所示。

27 导入合并"装饰画.max"文件，调整模型至沙发背景墙，如图19-27所示。

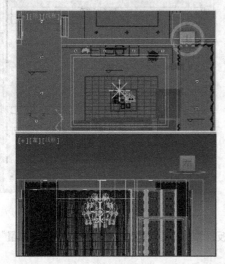

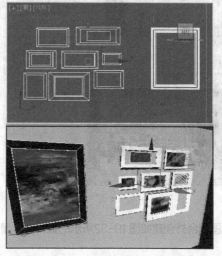

图19-26　　　　　　　　　　　　　　图19-27

导入完模型后，下面打个镜头观察场景。

28 在"顶"视图中创建目标摄影机，在"参数"卷展栏中设置"镜头"为20，选择相机和目标点，将其抬高800，选择目标点，调整目标点的高度，如图19-28所示。

29 选择相机，右击鼠标，在弹出的四元菜单中选择"应用摄影机校正修改器"命令，如图19-29所示。

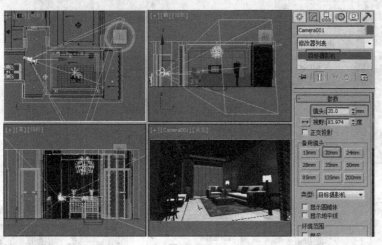

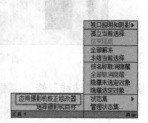

图19-28　　　　　　　　　　　　　　图19-29

30 应用摄影机校正后的效果如图19-30所示，如果再次调整了相机或目标点，单击"推测"即可。

> **提示**
>
> 调整相机或目标点后，再次施加"应用摄影机校正修改器"是没有效果的，所以必须点"推测"。

下面创建并调试灯光。

31 按<F10>键打开"渲染设置"面板，切换到"V-Ray"选项卡，在"V-Ray颜色贴图"卷展栏中选择"类型"为"指数"，如图19-31所示。

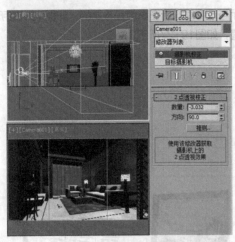 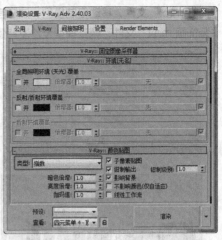

图19-30   图19-31

32 在"顶"视图阳台外创建如图19-32所示的弧作为背景板，为弧施加"挤出"修改器，设置"数量"为3000，如图19-32所示。

33 确定背景板处于选择状态，右击鼠标，在弹出的四元菜单中选择"对象属性"命令，弹出"对象属性"窗口，在"显示属性"组中勾选"背面消隐"，单击"确定"按钮。此时，观察到背景板的法线是反的，如图19-33所示。

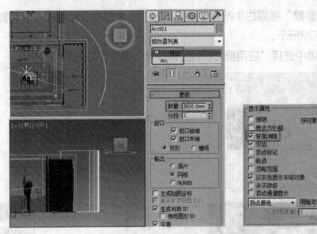 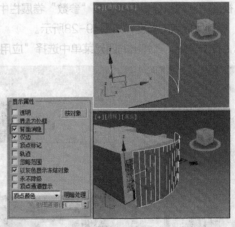

图19-32   图19-33

34 为模型施加"法线"修改器，将法线翻转，如图19-34所示。

35 按<M>键打开"材质编辑器"窗口，选择一个新的材质球，将其命名为"背景板"，将材质转换为"VR灯光材质"，设置"颜色"的倍增为1.5，为其指定"位图"贴图，贴图为随书资源文件中的"DVD >贴图素材> 20100418_21617_1rr.jpg"文件，将材质指定给选定模型，如图19-35所示。

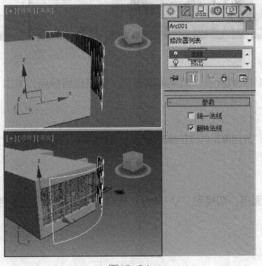 

图19-34   图19-35

36 进入 "灯光颜色" 层级面板，单击 图（视图中显示明暗处理材质）将其激活，返回主材质面板，将 "颜色" 色块的 "亮度" 降低使贴图可显示在背景板上。为背景板施加 "UVW 贴图" 修改器，选择 "贴图" 类型为长方体，将选择集定义为 "Gizmo"，在摄影机视图中观察背景板，调整 Gizmo 的位置，如图 19-36 所示。

37 在厨房玻璃处创建 VR 灯光，在 "参数" 卷展栏中设置 "倍增器" 为 5，设置灯光 "颜色" 的 "色调" 为 160、"饱和度" 为 124、"亮度" 为 255，勾选 "不可见" 选项、取消勾选 "影响反射" 选项，"实例" 灯光，调整灯光的角度和位置，灯光的宽度通过缩放调整，与窗口同宽即可，调整灯光至合适的位置，如图 19-37 所示。

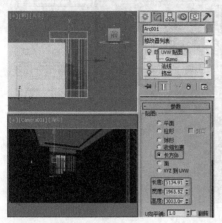
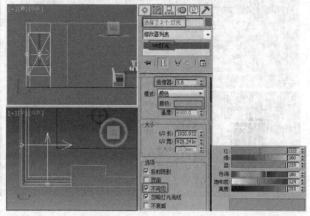

图 19-36　　　　　　　　　　　　　　　　　　图 19-37

38 在 "顶" 视图灯池位置按照灯槽尺寸创建 VR 灯光，将灯光镜像翻转使其方向向上，"实例" 复制灯光至另一侧，再 "实例" 旋转复制两个灯光，使用缩放工具调整宽度，调整灯光至合适的位置。在 "参数" 卷展栏中设置 "倍增器" 为 4，设置灯光 "颜色" 的 "色调" 为 160、"饱和度" 为 124、"亮度" 为 255，勾选 "不可见" 选项、取消勾选 "影响反射" 选项，如图 19-38 所示。

39 在沙发背景墙灯槽位置创建 VR 灯光，"实例" 复制，总共 3 个灯光，调整灯光至合适的位置。在 "参数" 卷展栏中设置 "倍增器" 为 6，设置灯光 "颜色" 的 "色调" 为 151、"饱和度" 为 42、"亮度" 为 255，勾选 "不可见" 选项、取消勾选 "影响反射" 选项，如图 19-39 所示。

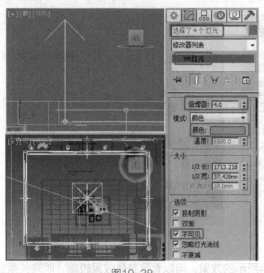
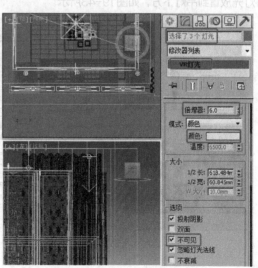

图 19-38　　　　　　　　　　　　　　　　　　图 19-39

40 在 "前" 视图中创建光度学目标灯光作为射灯，在 "常规参数" 卷展栏中勾选 "阴影" 组中的 "启用" 选项，选择阴影类型为 "VRay 阴影"，选择 "灯光分布（类型）" 为 "光度学 Web"，在 "分布（光度学 Web）" 卷展栏中单击 "选择光度学文件" 按钮，选择光度学文件，文件为随书资源文件中的 "DVD>贴图素材>7.ies" 文件，在 "强度/颜色/衰减" 卷展栏中设置 "过滤颜色" 的 "色调" 为 22、"饱和度" 为 159、"亮度" 为 255，在 "暗淡"

组中勾选百分比，设置为120%，选择灯光和目标点，使用移动复制法"实例"复制灯光，调整灯光至合适的位置，如图19-40所示。

41 在"顶"视图中电视背景墙创建VR灯光作为电视背景墙的灯带，在"参数"卷展栏中设置"倍增器"为4，设置灯光"颜色"的"色调"为153、"饱和度"为45、"亮度"为255，勾选"不可见"选项、取消勾选"影响反射"选项，"实例"复制灯光，调整灯光的宽度、角度和位置，如图19-41所示。

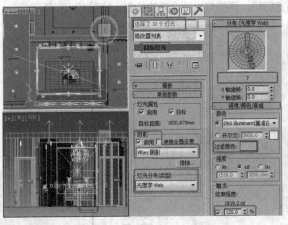
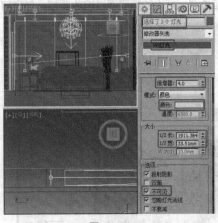

图19-40　　　　　　　　　　　　　　　　　　　图19-41

42 在"前"视图中创建光度学目标灯光作为两个沙发的补光照明，在"常规参数"卷展栏中勾选"阴影"组中的"启用"选项，选择阴影类型为"VRay"阴影，选择"灯光分布（类型）"为"光度学Web"，在"分布（光度学Web）"卷展栏中单击"选择光度学文件"按钮，选择光度学文件，文件为随书资源文件中的"DVD>贴图素材>8.IES"文件，在"强度/颜色/衰减"卷展栏中设置"过滤颜色"的"色调"为22、"饱和度"为122、"亮度"为255，"实例"复制灯光至另一个沙发上，如图19-42所示。

43 在"顶"视图吊灯位置创建VR灯光作为吊灯灯光，在"参数"卷展栏中设置"倍增器"为2，设置灯光"颜色"的"色调"为143、"饱和度"为60、"亮度"为255，勾选"双面"和"不可见"选项、取消勾选"影响反射"选项，将灯光放置到吊灯下方，如图19-43所示。

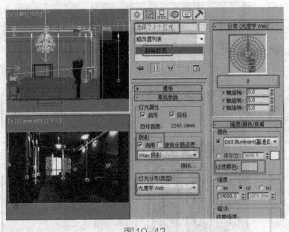
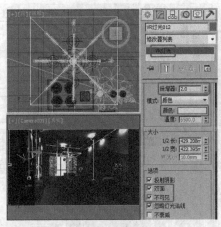

图19-42　　　　　　　　　　　　　　　　　　　图19-43

44 灯光创建完成后，测试渲染当前场景，得到如图19-44所示的效果。可以看到整体效果较暗，明暗关系还算可以，我们拿到后期去处理明暗。

在测试渲染并调整灯光后，我们先渲染光子图，这样可以提高工作效率。

45 按<F10>键打开"渲染设置"面板，设置一个较小的渲染尺寸，如图19-45所示。

图19-44

图19-45

46 切换到"间接照明"选项卡，在"V-Ray发光图"卷展栏中选择"当前预置"为"中"，设置"半球细分"为50、"插值采样"为30，在"在渲染结束后"组中勾选"自动保存"和"切换到保存的贴图"选项，单击"浏览"按钮指定一个输出路径，如图19-46所示。

47 在"V-Ray灯光缓存"卷展栏中设置"细分"为1000，在"在渲染结束后"组中勾选"自动保存"和"切换到保存的贴图"选项，单击"浏览"按钮指定一个输出路径，如图19-47所示。

图19-46

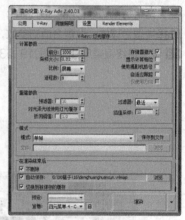
图19-47

48 切换到"V-Ray"选项卡，在"V-Ray全局开关"卷展栏中勾选"不渲染最终的图像"选项，取消勾选"过滤贴图""光泽效果"选项，如图19-48所示。

49 单击"渲染"按钮，渲染光子图。渲染完成后，弹出"加载发光图"窗口，单击"打开"按钮，如图19-49所示。

图19-48

图19-49

> **提示**
>
> 加载光子图后，不可以动场景中的模型和灯光位置，不可以调整灯光的倍增和颜色，不能添加模型，但是可以添加灯光，添加的灯光会重新添加渲染。

50 此时可以看到，"V-Ray发光图"和"V-Ray灯光缓存"卷展栏中的"模式"组中，"模式"由"单帧"改为"从文件"，文件为之前指定的光子图文件，如图19-50所示。渲染完光子图后，设置最终渲染参数。

51 切换到"V-Ray"选项卡，在"V-Ray全局开关"卷展栏中取消勾选"不渲染最终的图像"选项，勾选"过滤贴图""光泽效果"选项，如图19-51所示。

图19-50　　　　　　图19-51

52 打开"材质编辑器"窗口，将每个"VRayMtl"材质中"反射"的"细分"按照"反射光泽度"的参数对应提高；再将每个VR灯光的细分提高；选择光度学目标灯光，在"V-Ray阴影参数"卷展栏中勾选"区域阴影"选项，选择类型为球体，设置合适的参数，提高细分，如图19-52所示。

53 设置最终渲染尺寸，如图19-53所示。

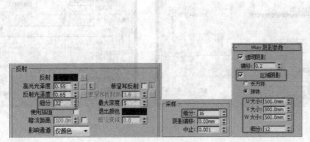

图19-52　　　　　　图19-53

54 切换到"V-Ray"选项卡，在"V-Ray图像采样器（反锯齿）"卷展栏中选择"图像采样器"的"类型"为"自适应确定性蒙特卡洛"，在"抗锯齿过滤器"组中勾选"开"选项，如图19-54所示。

55 切换到"设置"选项卡，在"V-Ray DMC采样器"卷展栏中设置"适应数量"为0.8、"噪波阈值"为0.001，如图19-55所示。

图19-54　　　　　　图19-55

56 渲染场景，得到如图19-56所示的效果，在渲染帧窗口中单击 ■（保存图像）按钮，将图像存储为.tga格式，注意不能勾选"压缩"。

在后期制作中，一般需要一张或几张通道图配合后期制作。在渲染通道图之前，必须将场景保存一次，且渲染完通道图后不能保存场景。

57 在创建面板中选择 ↗（实用程序）面板，单击"MAXScript"，在弹出的"MAXScript"卷展栏中单击"运行脚本"按钮，如图19-57所示。

图19-56　　　　　　　　　　　　　　　　　图19-57

58 弹出"选择编辑器文件"窗口，3ds Max的所有插件和脚本一般都放在该文件夹中，从中选择室内常用的插件 "random color.mzp"文件，如图19-58所示。

> **提示**
>
> 插件位于随书资源文件"DVD > 案例源文件 > Cha19> 现代客厅"中。

59 在"MAXScript"卷展栏中"实用程序"下此时显示为"random color"，需要单击下拉选项，再次选择 "random color"，如图19-59所示。

图19-58　　　　　　　　　　　　　　　　　图19-59

60 在弹出的"random color"卷展栏中单击"Apply"，在弹出的对话框中单击"是"按钮，可以观察到场景中的物体已经按材质区分了颜色，如图19-60所示。

> **提示**
>
> 如果对当前颜色分配不满意，可以再次单击"Apply"按钮重新分配颜色。

61 打开"渲染设置"面板，切换到"间接照明"选项卡，在"间接照明"卷展栏中取消勾选"开"选项；将场景中所有的灯光删除或关闭，如图19-61所示。

图19-60 · 图19-61

62 渲染当前场景，得到如图19-62所示的通道图，存储为.tga格式。直接重置或关闭场景，不要保存。

图19-62

实 例 182　卫生间的渲染制作

- **案例场景位置** | DVD > 案例源文件 > Cha19 > 实例182卫生间的渲染制作
- **贴图位置** | DVD > 贴图素材
- **视频教程** | DVD > 教学视频 > Cha19> 实例182
- **视频长度** | 57分47秒
- **制作难度** | ★★★★☆

┤操作步骤├

01 打开之前制作的卫生间框架模型场景。按<F10>键打开"渲染设置"面板，单击"预设"后的下拉按钮，选择之前存储的"室内测试"预设，如图19-63所示。

02 在"顶"视图中创建目标摄影机，在"参数"卷展栏中设置"镜头"为24，选择相机和目标点，将其抬高970，选择目标点，调整目标点的高度。选择相机，为其应用摄影机校正，如图19-64所示。

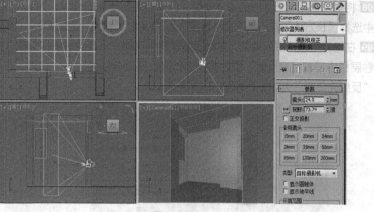

图19-63　　　　　　　　　　　　　图19-64

03 在场景中选择所有
的墙体模型,按<M>
键打开"材质编辑器"
窗口,选择一个新的材
质球,将其命名为"墙
体",将材质转换为
"VRayMtl"材质,为
"漫反射"指定"平
铺"贴图,进入"漫反
射贴图"层级面板,在
"标准控制"卷展栏中
选择"预设类型"为
堆栈砌合;在"高级

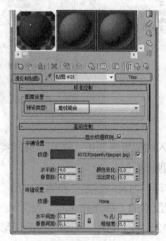

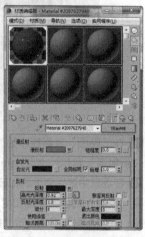

图19-65　　　　　　　　　　图19-66　　　　　　　　　　图19-67

控制"卷展栏的"平铺设置"组中单击"纹理"后的"None"按钮,为其指定"位图"贴图,贴图为随书资源文件中
的"DVD >贴图素材> 150723tjzqae6yttjegopt.jpg"文件,设置"淡出变化"为0,在"砖缝设置"组中设置"水
平间距"和"垂直间距"为0.1,"%孔"为0、"粗糙度"为0,如图19-65所示。

04 返回到主材质面板,在"贴图"卷展栏中为"反射"指定"衰减"贴图,进入漫反射贴图层级面板,在"衰减参
数"卷展栏中设置"衰减类型"为Fresnel,设置"折射率"为1.4,如图19-66所示。

05 返回到主材质面板,在"基本参数"卷展栏中设置反射的"高光光泽度"为0.92,如图19-67所示。

06 在"贴图"卷展栏中将"漫反射"
的平铺贴图拖曳到"凹凸"后的
"无"按钮上,在弹出的对话框中选
择"复制"选项,复制贴图后的效果
如图19-68所示。

07 进入凹凸贴图层级面板,在"高级
控制"卷栅栏中设置"纹理"的色
调、饱和度、亮度分别为0、0、
207,如图19-69所示。

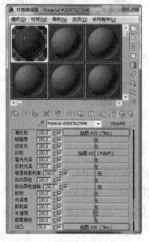

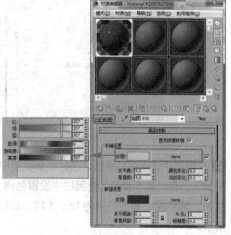

图19-68　　　　　　　　　　　　　图19-69

08 将材质指定给场景中的墙体模型，选择指定材质后的模型，为其施加"UVW贴图"修改器，在"参数"卷展栏中选择"长方体"选项，设置"长度"为2000、"宽度"为2000、"高度"为1500，如图19-70所示。

09 在场景中选择吊顶模型，在材质编辑器中选择一个新的材质样本球，将其转换为VRayMtl材质，在"基本参数"卷展栏中设置"漫反射"的色调、饱和度、亮度分别为0、0、255，在"反射"组中设置"高光光泽度"为0.7、"反射光泽度"为0.89，如图19-71所示。

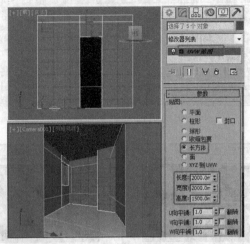

图19-70　　　　　　　　　　　　　　　　图19-71

10 在"贴图"卷展栏中为"反射"指定"衰减"贴图，进入贴图层级面板，选择"衰减类型"为Fresnel，设置"折射率"为1.3，如图19-72所示，将材质指定给场景中的顶部模型。

11 在场景中选择窗玻璃和玻璃隔断，选择一个新的材质样本球，为其命名为"玻璃"，在"基本参数"卷展栏中设置"反射"的色调、饱和度、亮度分别为0、0、255，设置反射的"高光光泽度"为0.5，勾选"菲涅尔反射"选项；在"折射"组中设置"折射"的色调、饱和度、亮度为128、2、255，勾选"影响阴影"选项，设置"阴影通道"为"颜色+Alpha"，如图19-73所示。将材质指定给场景中的窗玻璃和玻璃隔断模型。

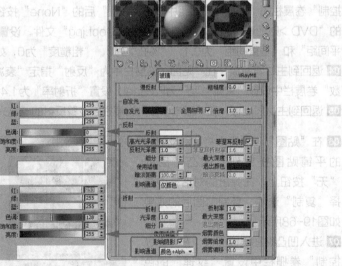

图19-72　　　　　　　　　　　　　　　　图19-73

12 在场景中选择窗框模型，在材质编辑器中选择一个新的材质样本球，将材质转换为VRayMtl，命名材质为"铝合景窗"，在"基本参数"卷展栏中设置色调、饱和度、亮度分别为14、184、25；在"反射"组中设置"反射"的色调、饱和度、亮度分别为15、111、85，设置"高光光泽度"为0.75、"反射光泽度"为0.95，如图19-74所示。

13 在"双向反射分布函数"卷展栏中选
择类型为"沃德"，设置"各向异性"
为0.5，如图19-75所示。将材质指定给
场景中的窗框。

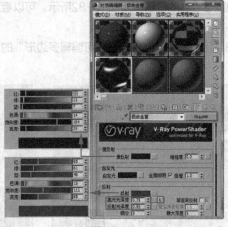

图19-74　　　　　　　　图19-75

14 在场景中选择作为地
面的模型，在材质编辑器
中选择一个新的材质样本
球，将材质转换为
VRayMtl。在"贴图"卷
展栏中为"漫反射"指定
"位图"贴图，贴图为随
书资源文件中的"DVD
>贴图素材> SP1503.
jpg"文件，在"坐标"
卷展栏中设置"模糊"为
0.01，如图19-76所示。

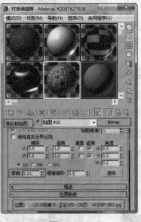

图19-76

图19-77

图19-78

15 返回到主材质面板，为"反射"指定"衰减"贴图，进入贴图层级面板，在"衰减参数"卷展栏中设置"衰减类
型"为Fresnel，如图19-77所示。

16 返回到主材质面板，在"基本参数"卷展栏中设置"反射"的"反射光泽度"为0.95，如图19-78所示。

17 在"贴图"卷展栏中
为"凹凸"指定"位图"
贴图，贴图为随书资源文
件中的"DVD >贴图素
材> SP1503-2.jpg"文
件，如图19-79所示。将
材质指定给场景中的地面
模型。

18 在场景中选择地面模
型，为其施加"UVW贴
图"修改器，在"参数"
卷展栏中选择贴图类型为

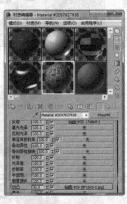

图19-79

图19-80

图19-81

"长方体"，设置"长度"为2000、"宽度"为2000、"高度"为2000，如图19-80所示。
初调材质后，下面导入卫浴小品模型。

19 选择"导入>合并"命令，导入随书资源文件中的"Cha19>实例182卫生间的渲染制作>小品.max"文件，在弹
出的对话框中选择需要合并的模型，这里单击"全部"按钮，然后单击"确定"按钮，如图19-81所示。

20 导入小品后，调整各个模型至合适的位置，如图19-82所示。可以看到导入的模型洗衣机台柜和玻璃浴室不太合适，需要修改。

21 在场景中选择如图19-83所示的洗衣机台柜，将"可编辑多边形"的选择集定义为"顶点"，将外侧顶点调至墙的位置即可。

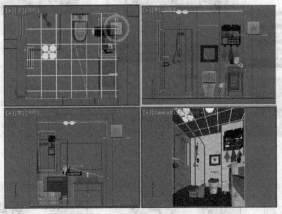
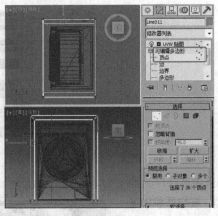

图19-82　　　　　　　　　　　　　　　　图19-83

22 将玻璃浴室模型解组，将纵向的大理石、外侧马赛克的瓷砖和玻璃模型删除，只保留纵向的两个金属，将横向的模型旋转90°，使马赛克瓷砖向外，调整各模型的顶点，完成的效果如图19-84所示。

23 在"前"视图中创建"长度"为35、"宽度"为500和"高度"合适的长方体作为浴室玻璃上的固定杆，并指定金属材质。再导入合并盆栽模型，调整模型至合适的位置，如图19-85所示。

图19-84　　　　　　　　　　　　　　　　图19-85

24 导入毛巾模型，调整其至合适的位置，如图19-86所示。

25 导入并修改镜前灯，如图19-87所示。

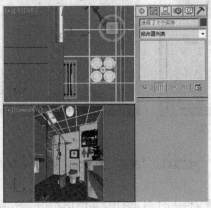
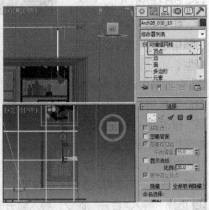

图19-86　　　　　　　　　　　　　　　　图19-87

26 导入门并调整门的效果，将其作为推拉门，如图19-88所示。

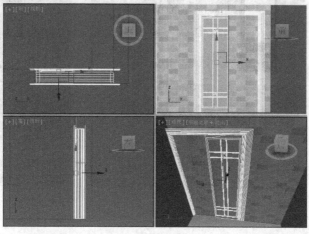

图19-88

27 在场景中创建摄影机，在"参数"卷展栏中设置"镜头"为20，在"剪切平面"组中勾选"手动剪切"选项，设置"近距剪切"为290、"远距剪切"为5000，如图19-89所示。选择"透视"图，按<C>键，将其转换为摄影机视图，调整摄影机。

28 在场景中选择位于摄影机镜头处的门模型，单击鼠标右键，在弹出的快捷菜单中选择"对象属性"命令，在弹出的对话框中选择"常规"选项卡，从中取消勾选"对摄影机可见"选项，如图19-90所示。

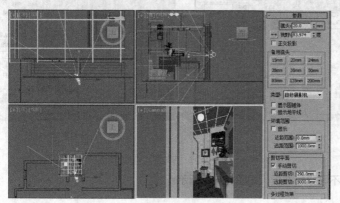

图19-89

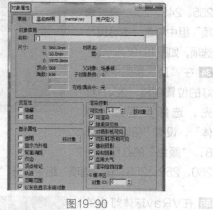

图19-90

29 在"右"视图中创建平面，作为窗外景，设置合适的参数即可，如图19-91所示。

30 打开材质编辑器，从中选择一个新的材质样本球，将其材质转换为VR灯光材质，并设置灯光的倍增为1.5，单击"无"按钮，在弹出的"材质/贴图浏览器"中选择"位图"，选择位图为随书资源文件中的"贴图素材＞T18. JPG"，如图19-92所示。

图19-91

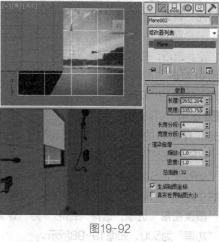

图19-92

接下来创建场景灯光。

31 使用"VR灯光"，在"左"视图中如图19-45所示的位置创建一个VR灯光，调整灯光的位置，在"参数"卷展栏中设置"倍增器"为12，设置颜色为天空的浅蓝色，设置合适的大小，并在"选项"组中勾选"不可见"选项，如图19-93所示。

32 移动复制灯光，以实例的方式进行复制，如图19-94所示，缩放灯光的大小。

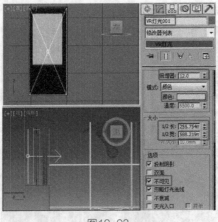

图19-93

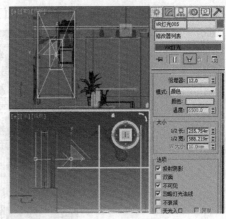

图19-94

33 继续在"前"视图中推拉门的位置创建一盏VR灯光，在"参数"卷展栏中设置"倍增"为6，"颜色"的红绿蓝为255、248、239，在"选项"组中勾选"不可见"选项，如图19-95所示。

34 在"顶"视图中吸顶灯的位置创建一盏VR灯光，选择类型为"球体"，设置"倍增器"为8，"颜色"的红绿蓝为250、252、255，在"选项"组中勾选"不可见"选项，如图19-96所示。

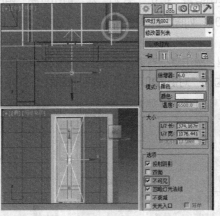

图19-95

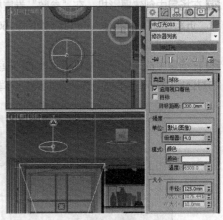

图19-96

35 在VRay球体灯光的下方创建一盏VRay平面灯光，设置"倍增器"为8、"颜色"为250、252、255，在"选项"组中勾选"不可见"选项，如图19-97所示。

36 使用"VRayIES"灯光，在射灯的位置创建"VRayIES"灯光，在"VRay IES参数"卷展栏中单击"目标"下的"无"按钮，设置一个IES灯光，灯光为随书资源文件中的"贴图素材> 2.IES"文件，勾选

图19-97

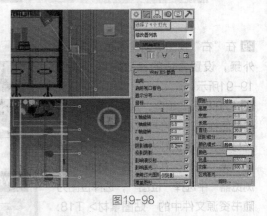

图19-98

"覆盖图形"选项，选择"图形"为"球体"，设置"直径"为30、"颜色"的红绿蓝为255、236、211，设置"功率"为500，如图19-98所示。

37 继续在如图19-99所示的位置创建VRayIES灯光，在"VRay IES参数"卷展栏中单击"目标"下的"无"按钮，设置一个IES灯光，灯光为随书资源文件中的"贴图素材> 8.IES"文件，勾选"覆盖图形"选项，选择"图形"为"球体"，设置"直径"为50、"图形细分"为8、"颜色"的红绿蓝为255、236、211，设置"功率"为500，如图19-99所示。

38 测试渲染场景，得到如图19-100所示的效果，在该图中可以看到墙面溢色的效果，且地面较暗，下面针对这些情况来调整一下场景中的材质。

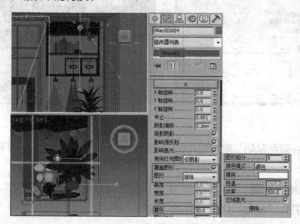

图19-99

图19-100

39 打开材质编辑器，从中选择墙面材质，在材质按钮上单击，将材质转换为"VR覆盖材质"，将原来的材质作为子材质，在"参数"卷展栏中将"基本材质"拖曳到"全局照明材质"后的"无"按钮上，复制材质，如图19-101所示。

40 进入"全局照明材质"层级面板，在"基本参数"卷展栏中设置"漫反射"的色调、饱和度、亮度的参数分别为0、0、220，如图19-102所示。

图19-101

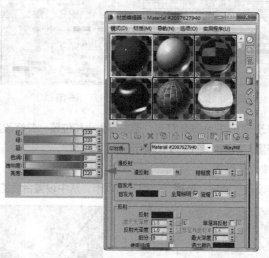

图19-102

41 在"贴图"卷展栏中设置"漫反射"的数量为10，如图19-103所示。

42 接着再调整一下地面的亮度。在材质编辑器中选择作为地面材质的样本球，进入"漫反射"贴图层级面板。在"输出"卷展栏中勾选"启用颜色贴图"选项，并调整暗调的曲线，将该材质变亮，如图19-104所示。

43 测试渲染场景，得到如图19-105所示的效果，在该效果中可以看到整体暗调还是太强，且玻璃的反射效果不是很好。

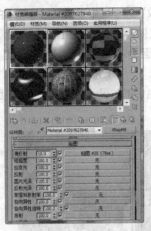
图19-103

图19-104

图19-105

44 打开"渲染设置"面板，从中设置"V-Ray颜色贴图"卷展栏中的"暗色倍增"为1.2，如图19-106所示，调高暗调的亮度。

45 打开材质编辑器，从中用吸管工具吸取隔断的玻璃，可以看到这里使用的是普通的"菲涅耳反射"，如图19-107所示。需要将"菲涅耳反射"取消勾选，并为"反射"指定"衰减"贴图，在贴图层级面板中选择"衰减类型"为Fresnel，设置"折射率"为1.6，如图19-108所示。

图19-106

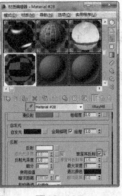
图19-107

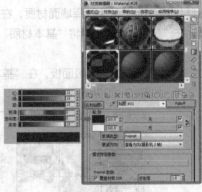
图19-108

46 在场景中修改一下VRay球体灯光，调整其大小和位置，并修改其"倍增器"为3，如图19-109所示。

47 测试渲染场景，得到如图19-110所示的效果。

接下来渲染光子贴图。

48 打开"渲染设置"面板，选择"公用"选项卡，从中设置合适的光子尺寸，如图19-111所示。

图19-109

图19-110

图19-111

49 切换到"V-Ray"选项卡，在"V-Ray全局照明"卷展栏中取消"过滤贴图"和"光泽效果"的勾选，勾选"间接照明"组中的"不渲染最终的图像"选项，如图19-112所示。

50 切换到"间接照明"选项卡，在"V-Ray发光图"卷展栏中选择"当前预置"为"中"，设置"半球细分"为50、"插值采样"为35，在"在渲染结束后"组中勾选"自动保存"和"切换到保存的贴图"选项，单击"浏览"按钮指定一个输出路径，如图19-113所示。

51 在"V-Ray灯光缓存"卷展栏中设置"细分"为1200，在"在渲染结束后"组中勾选"自动保存"和"切换到保存的贴图"选项，单击"浏览"按钮指定一个输出路径，如图19-114所示。

图19-112

图19-113

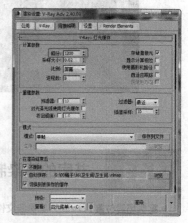
图19-114

52 继续在场景中提高灯光和带有反射折射材质的细分，细分为12~16最好。单击"渲染"按钮，渲染光子图，渲染完成后，弹出"加载发光图"窗口，单击"打开"按钮，可以加载光子图。

渲染完光子图后，下面设置最终渲染参数。

53 在"公用"选项卡中设置一个最终渲染尺寸，如图19-115所示。

54 切换到"V-Ray"选项卡，在"V-Ray全局开关"卷展栏中取消勾选"不渲染最终的图像"选项，勾选"过滤贴图""光泽效果"选项；在"V-Ray图像采样器（反锯齿）"卷展栏中选择"图像采样器"的"类型"为"自适应确定性蒙特卡洛"，在"抗锯齿过滤器"组中勾选"开"选项，选择其类型为Catmull-Rom，如图19-116所示。

55 切换到"设置"选项卡，在"V-Ray DMC采样器"卷展栏中设置"适应数量"为0.8、"噪波阈值"为0.003，如图19-117所示。

图19-115

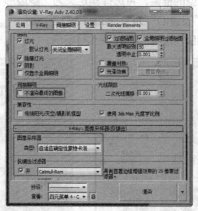
图19-116

图19-117

56 渲染场景得到如图19-118所示的效果。渲染出一个颜色通道图，并渲染出一个没有玻璃的通道图，如图19-119所示。这里可以参考现代客厅中颜色通道的渲染方法。最后将图像存储，这里就不重复介绍了。

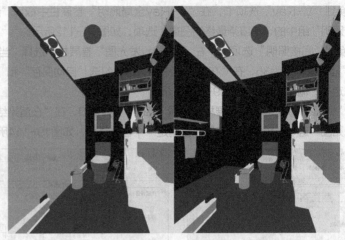

图19-118　　　　　　　　　　　　　　　　　图19-119

实 例
183　书房的渲染制作

- **案例场景位置 |** DVD > 案例源文件 > Cha19 > 实例183
  书房的渲染制作
- **贴图位置 |** DVD > 贴图素材
- **视频教程 |** DVD > 教学视频 > Cha19> 实例183
- **视频长度 |** 22分15秒
- **制作难度 |** ★★★☆☆

▌操作步骤 ▐

01 创建完成书房模型后，选择室内模型的框架，将选择集定义为"多边形"，在场景中选择作为地面的多边形，在"多边形：材质ID"卷展栏中设置"设置ID"为1，如图19-120所示。

02 选择作为墙体的模型，设置"设置ID"为2，如图19-121所示。

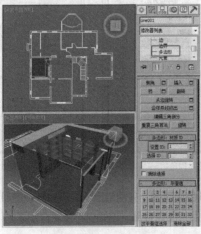

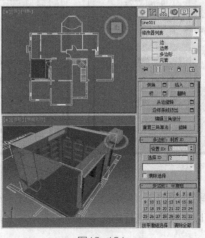

图19-120　　　　　　　　　　　　　　　　图19-121

03 在场景中选择作为顶的模型，设置"设置ID"为3，如图19-122所示。

04 打开材质编辑器，选择一个新的材质样本球，将材质转换为"多维/子对象"材质，单击"设置数量"按钮，在弹出的对话框中设置"材质数量"为3，如图19-123所示。

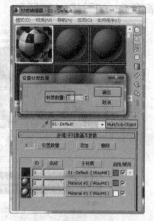

图19-122   图19-123

05 进入1号材质设置面板，将材质转换为VRayMtl材质，在"贴图"卷展栏中为"漫反射"指定"位图"，位图为随书资源文件中的"贴图素材>木381.jpg"文件，并为"反射"指定"衰减"贴图，如图19-124所示。

06 进入反射的贴图层级面板，在"衰减参数"卷展栏中选择"衰减类型"为Fresnel，如图19-125所示。

07 返回到1号材质的主材质面板，在"基本参数"卷展栏中设置"反射"的"反射光泽度"为0.92、"细分"为15，如图19-126所示。

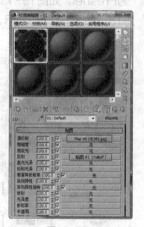

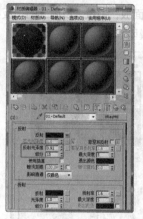

图19-124   图19-125   图19-126

08 进入2号材质设置面板，在"贴图"卷展栏中为"漫反射"指定"位图"贴图，贴图为随书资源文件中的"贴图素材> 014-embed. jpg"文件，并将漫反射的贴图拖曳到"凹凸"后的"无"按钮上，复制贴图，设置凹凸的数量为35，如图19-127所示。

09 在"基本参数"卷展栏中设置"反射"的颜色红绿蓝均为7，"高光光泽度"为0.65、"反射光泽度"为0.72、"细分"调整至28，如图19-128所示。该细分参数为最终渲染的细分参数，所以在测试渲染时应适当地降低该参数。

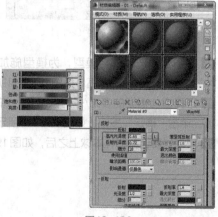

图19-127   图19-128

10 进入3号材质设置面板，设置"漫反射"为白色，如图19-129所示，转到多维/子对象材质的主材质面板，将材质指定给场景中的室内框架模型。

11 在场景中选择室内的框架模型，为其施加"UVW贴图"修改器，在"参数"卷展栏中选择贴图类型为"长方体"，设置合适的长宽高参数，如图19-130所示。

图19-129

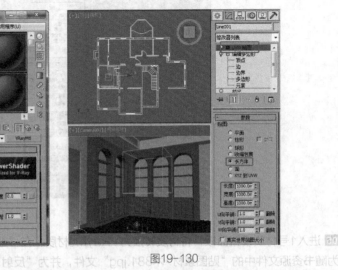

图19-130

12 选择一个新的材质样本球，将材质转换为VRayMtl材质，在"贴图"卷展栏中为"漫反射"指定"位图"，位图为随书资源文件中的"贴图素材>wood sofa.jpg"文件，为"反射"指定"衰减"贴图，如图19-131所示。

13 进入反射的贴图层级面板，在"衰减参数"卷展栏中设置"衰减类型"为Fresnel，如图19-132所示。

14 转到主材质面板，设置"反射"的"反射光泽度"为0.88、"细分"为15，如图19-133所示。将材质指定给场景中的书柜模型。

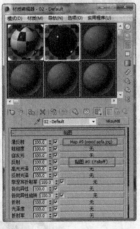

图19-131

图19-132

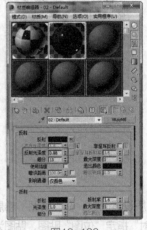

图19-133

15 在场景中选择书柜模型，为模型施加"UVW贴图"修改器，在"参数"卷展栏中选择贴图类型为"长方体"，设置合适的长宽高，如图19-134所示。

16 选择室内框架的多维/子对象材质，将3号材质拖曳到新的材质样本球上，在弹出的对话框中选择"复制"选项，单击"确定"按钮，如图19-135所示。

17 复制材质到新的样本球上之后，如图19-136所示，将材质指定给场景中其他的顶部模型。

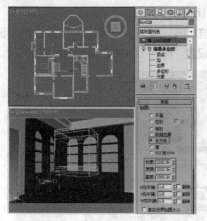

图19-134　　　　　　　　　　图19-135　　　　　　　　　　图19-136

18 使用"导入"命令，导入"实例183书房的渲染制作"中的书房小品，这里就不详细介绍了，如图19-137所示。

19 导入并调整小品之后的效果如图19-138所示。

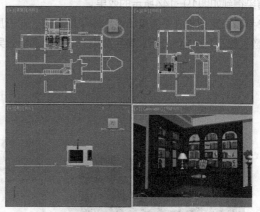

图19-137　　　　　　　　　　　　　　图19-138

20 打开"渲染设置"面板，可以参考前面案例的测试渲染场景的设置，设置一个测试渲染的参数，也可以加载存储的室内测试渲染参数，如图19-139所示。

21 在场景中创建一盏"目标平行光"，在场景中调整灯光的位置和照射角度，在"常规参数"卷展栏中勾选"阴影"组中的"启用"选项，选择阴影类型为"VRay阴影"；在"强度/颜色/衰减"卷展栏中设置"倍增"为1.5，设置灯光的颜色红绿蓝为255、246、228，在"VRay阴影参数"卷展栏中勾选"区域阴影"选项，设置合适的UVW大小的参数；在"平行光参数"卷展栏中设置一个合适的"聚光区/光束"和"衰减区/区域"参数，如图19-140所示。

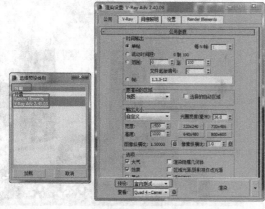

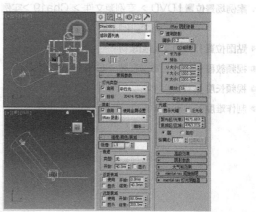

图19-139　　　　　　　　　　　　　　图19-140

22 测试渲染场景，可以看到光线照射到室内的效果，如图19-141所示。

23 在场景中窗洞位置创建VR灯光，在"参数"卷展栏中设置"倍增器"为3.5、"颜色"红绿蓝为205、229、255，如图19-142所示。在"选项"组中勾选"不可见"选项，设置"细分"为16，如图19-143所示。

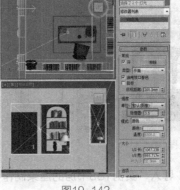

图19-141   图19-142   图19-143

24 测试渲染得到如图19-144所示的效果。

25 最后参考前面案例的光子渲染和最终渲染的设置，对书房进行渲染输出，或者可以简单地使用预设的"室内出图"的参数，如图19-145所示。最后渲染一个颜色通道效果，这里就不再重复介绍了。

图19-144   图19-145

<table>
<tr><td>实例
184</td><td>**卧室的渲染制作**</td></tr>
</table>

● **案例场景位置** | DVD > 案例源文件 > Cha19 >实例184
　　　　　　　　卧室的渲染制作

● **贴图位置** | DVD > 贴图素材

● **视频教程** | DVD > 教学视频 > Cha19> 实例184

● **视频长度** | 17分41秒

● **制作难度** | ★★★☆☆

操作步骤

01 在前面设置好了室内框架的材质ID，接下来设置框架的材质。打开材质编辑器，选择一个新的材质样本球，将材质转换为多维/子对象材质，在"多维/子对象基本参数"卷展栏中单击"设置数量"按钮，在弹出的对话框中设置数量为4，如图19-146所示。

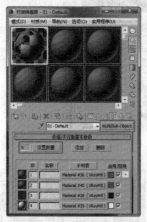

图19-146

图19-147

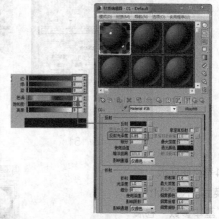

图19-148

02 进入1号材质设置面板，将材质转换为VRayMtl材质，在"贴图"卷展栏中为"漫反射"指定位图，贴图为随书资源文件中的"贴图素材> as2_wood_19.jpg"文件，为"凹凸"指定位图，贴图为随书资源文件中的"贴图素材> as2_wood_19_bump.jpg"文件，如图19-147所示。

03 在"基本参数"卷展栏中设置"反射"的色块红绿蓝为8、8、8，设置"反射光泽度"为0.85，如图19-148所示。

04 将1号材质复制到2号材质的材质按钮上，进入2号材质设置面板，看一下材质，如图19-149所示。

05 进入"漫反射"贴图层级，在"位图参数"卷展栏中勾选"裁剪/放置"组中的"应用"选项，单击"查看图像"，在弹出的对话框中设置裁剪区域，如图19-150所示。

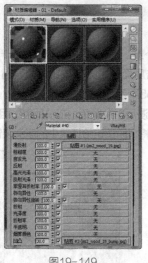

图19-149

图19-150

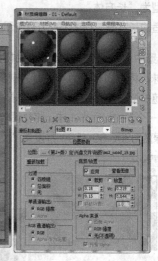

06 使用同样的方法进入凹凸贴图层级面板，设置裁剪/放置的UVWH参数，或直接单击"查看图像"按钮，在弹出的对话框中裁剪图像，并勾选"应用"选项，如图19-151所示。

07 进入3号材质设置面板，将材质转换为VRayMtl材质，设置"反射"的颜色为白色，如图19-152所示。

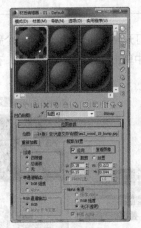

图19-151

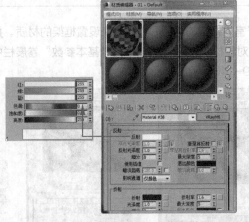

图19-152

08 进入4号材质面板，将材质转换为VRayMtl材质，在"基本参数"卷展栏中设置"漫反射"的红绿蓝为250、250、250，如图19-153所示。将材质指定给场景中的室内框架。

09 在场景中选择室内框架模型，为其施加"UVW贴图"修改器，在"参数"卷展栏中设置贴图类型为"长方体"，设置合适的长宽高，如图19-154所示。

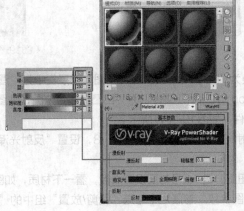

图19-153

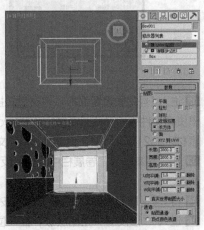

图19-154

10 在场景中创建一个长方体或平面模型，将其放置到窗户外，使其作为窗外景。在菜单编辑器中选择一个新的材质样本球，将材质转换为"VR灯光材质"，设置"颜色"的倍增为2，单击后面的"无"按钮，为其指定位图，贴图为随书资源文件中的"贴图素材> naturewe8.JPG"文件，如图19-155所示。

11 选择一个新的材质样本球，将材质转换为VRayMtl材质，设置一个白色的"漫反射"颜色，在"反射"组中设置反射的红绿蓝为30、30、30，并设置"反射光泽度"为0.9，如图19-156所示。将材质指定给场景中的床头装饰墙。

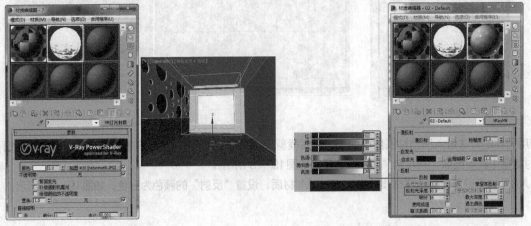

图19-155

图19-156

12 选择装饰墙下方的模型，选择一个新的材质样本球，将材质转换为"VRayMtl"材质，在"贴图"卷展栏中为"漫反射"指定"衰减"，为"反射"指定"衰减"，为"凹凸"指定"位图"，贴图位于随书资源文件中的"贴图素材> archinteriors_12_02_leather_bump.jpg"文件，如图19-157所示。

13 进入漫反射贴图层级，在"衰减参数"卷展栏中设置第1个色块的红绿蓝为255、255、255，设置第2个色块的红绿蓝为164、149、136，如图19-158所示。

14 进入反射贴图层级面板，在"衰减参数"卷展栏中设置"衰减类型"为Fresnel，如图19-159所示。

图19-157 图19-158 图19-159

15 转到主材质面板，在"基本参数"卷展栏中设置"高光光泽度"为0.8，"反射光泽度"为0.85，如图19-160所示。将材质指定给场景中的装饰墙下模型。

16 在场景中选择指定材质后的模型，为模型施加"UVW贴图"修改器，在"参数"卷展栏中选择贴图类型为"长方体"，设置合适的长宽高参数，如图19-161所示。

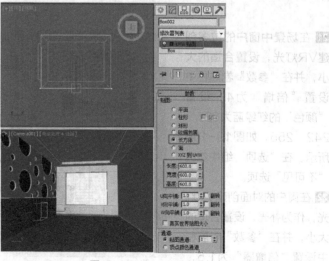

图19-160 图19-161

17 导入卧室家具模型，调整模型到合适的位置，效果如图19-162所示。

参考前面案例中的测试渲染参数，接下来就为场景设置照明灯光。

18 在场景中创建VR太阳，在场景中调整灯光的位置和照射角度，在"VRay太阳参数"卷展栏中设置"臭氧"为0.35、"强度倍增"为0.05、"大小倍增"为5、"阴影参数"为8、"阴影偏移"为0.2、"光子发射半径"为50，如图19-163所示。

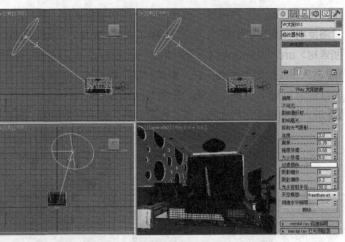

图19-162 　　　　　　　　　　　　　　　　　　　　图19-163

19 按<8>键，打开
"环境和效果"面板，
从中为"环境贴图"指
定"VR天空"，如图
19-164所示。

20 测试渲染场景，得
到如图19-165所示的
效果。

图19-164 　　　　　　　　　　　　　　　图19-165

21 在场景中窗户的位置创
建VR灯光，设置合适的大
小，并在"参数"卷展栏中
设置"倍增"为4，设置
"颜色"的红绿蓝为227、
242、255，如图19-166
所示。在"选项"组中勾选
"不可见"选项。

22 在窗户的对面创建VR灯
光，作为补光，设置合适的
大小，并在"参数"卷展栏
中设置"倍增器"为1.5，
设置"颜色"的红绿蓝为
255、252、243，如图19-167所示。

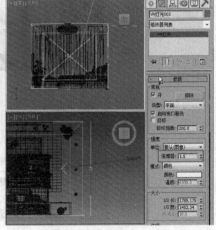

图19-166 　　　　　　　　　　　　　　图19-167

23 最后，参考前面案例中设置场景的最终渲染和颜色通道图像，渲染效果图和颜色通道图像后，将图像和效果图进行存储，这里就不详细介绍了。

实例
185   会议室的渲染制作

● **案例场景位置**┃DVD > 案例源文件 > Cha19 > 实例185
会议室的渲染制作

● **贴图位置**┃DVD > 贴图素材

● **视频教程**┃DVD > 教学视频 > Cha19> 实例185

● **视频长度**┃33分48秒

● **制作难度**┃★★★☆☆

┃ 操作步骤 ┃

01 在前面设置好了室内框架的材质ID,接下来设置框架的材质。打开材质编辑器,选择一个新的材质样本球,将材质转换为"多维/子对象"材质,在"多维/子对象基本参数"卷展栏中单击"设置数量"按钮,在弹出的对话框中设置数量为2,如图19-168所示。

02 进入1号材质设置面板,将材质转换为VRayMtl材质,在"贴图"卷展栏中为"漫反射"指定位图,贴图为随书资源文件中的"贴图素材> DT-012.jpg"文件,为"凹凸"指定位图,贴图为随书资源文件中的"贴图素材> as2_cloth_10_bump.jpg"文件,如图19-169所示。

03 进入漫反射贴图层级面板,在"坐标"卷展栏中设置"瓷砖"的U和V均设为1.5,如图19-170所示。

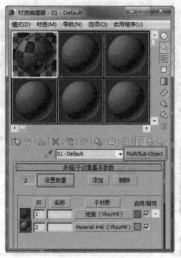

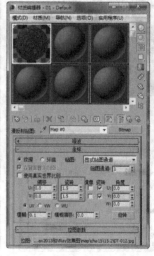

图19-168   图19-169   图19-170

04 进入2号材质面板,将材质转换为VRayMtl材质,在"基本参数"卷展栏中设置"漫反射"的红绿蓝为171、153、137,设置"反射"的红绿蓝为8、8、8,设置"高光光泽度"为0.55、"反射光泽度"为0.65,如图19-171所示。将材质指定给场景中的室内框架模型。

05 为场景中的室内框架模型施加"UVW贴图"修改器,在"参数"卷展栏中选择"平面"选项,设置合适的长宽参数,如图19-172所示。

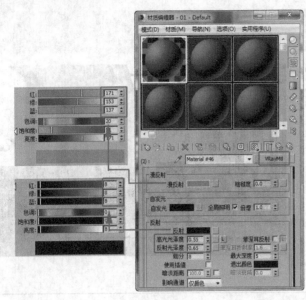
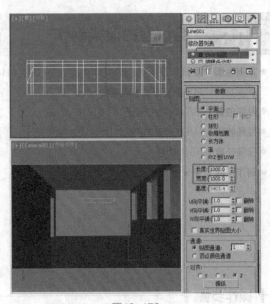

图19-171   图19-172

06 选择一个新的材质样本球，将材质转换为VRayMtl材质，在"基本参数"卷展栏中设置"反射光泽度"为0.8、"细分"为16，如图19-173所示。

07 在"贴图"卷展栏中为"漫反射"指定位图，贴图为随书资源文件中的"贴图素材>赤杨杉-8.JPG"文件，为"反射"指定"衰减"贴图，如图19-174所示。

08 进入反射贴图层级面板，在"衰减参数"卷展栏中设置"衰减类型"为Fresnel，如图19-175所示。

图19-173   图19-174   图19-175

09 将材质指定给场景中如图19-176所示的模型，并为模型施加"UVW贴图"修改器，在"参数"卷展栏中选择"长方体"选项，设置合适的长宽高参数，如图19-176所示。

10 在场景中选择吊顶模型，在材质编辑器中选择一个新的材质样本球，将材质转换为VRayMtl材质，在"基本参数"卷展栏中设置"漫反射"为白色，设置"反射"的红绿蓝为5、5、5，设置"高光光泽度"为0.55、"反射光泽度"为0.65、"细分"为16，如图19-177所示。将材质指定给相应的吊顶模型。

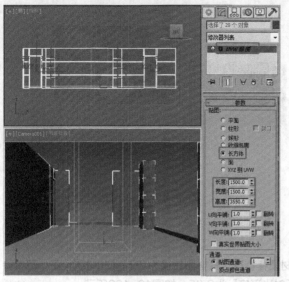

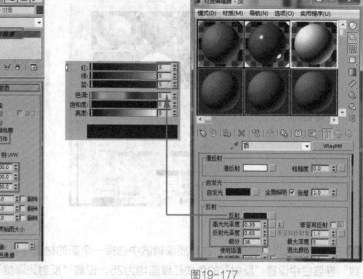

图19-176

图19-177

11 在场景中选择作为灯池中的灯框，在材质编辑器中选择一个新的材质样本球，将材质转换为VRayMtl材质，在"基本参数"卷展栏中设置"漫反射"的红绿蓝均为30，设置"反射"的红绿蓝均为20，设置"反射光泽度"为0.93、"细分"为12，如图19-178所示。

12 进入反射贴图层级面板，在"衰减参数"卷展栏中设置"衰减类型"为Fresnel，如图19-179所示。

13 选择灯池中的灯作为灯片的模型，在材质编辑器中选择一个新的材质样本球，将材质转换为VR灯光材质，使用默认的参数即可，将材质指定给场景中的灯片模型，如图19-180所示。

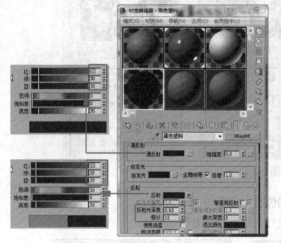

图19-178

图19-179

图19-180

14 在场景中选择右侧墙体的遮光模型，在材质编辑器中选择一个新的材质样本球，将材质转换为VRayMtl材质，在"基本参数"卷展栏中设置"漫反射"的红绿蓝均为200，如图19-181所示。

15 设置"折射"的红绿蓝均为150，设置"光泽度"为0.75、"细分"为16、"折射率"为1.2，如图19-182所示。设置完成后将材质指定给场景中的遮光板模型。

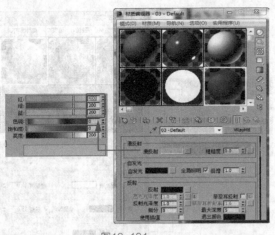

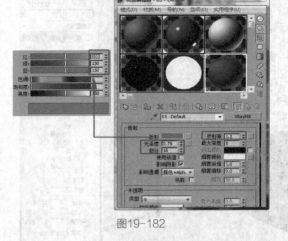

图19-181　　　　　　　　　　　　　图19-182

16 在场景中选择窗框模型，在材质编辑器中选择一个新的材质样本球，将材质转换为VRayMtl材质，在"基本参数"卷展栏中设置"反射"的色块红绿蓝均为25，设置"反射光泽度"为0.85，如图19-183所示。

17 在场景中选择地毯模型，在材质编辑器中选择一个新的材质样本球，将材质转换为VRayMtl材质，在"贴图"卷展栏中为"漫反射"指定位图，贴图为随书资源文件中的"贴图素材>会议室地毯.jpg"文件，为"凹凸"指定位图，贴图为随书资源文件中的"贴图素材> 27065127.jpg"文件，如图19-184所示。

18 进入凹凸贴图层级面板，在"坐标"卷展栏中设置"瓷砖"的U和V均为8，如图19-185所示。

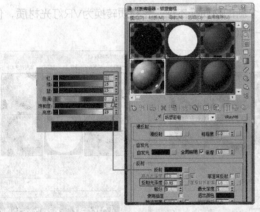

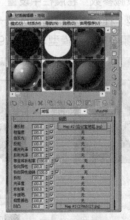

图19-183　　　　　　　　图19-184　　　　　　　　图19-185

19 使用导入，将会议室的家具小品合并到场景中，调整模型的位置，如图19-186所示。

20 参考前面的案例设置测试渲染，设置一个合适的测试渲染尺寸，如图19-187所示。

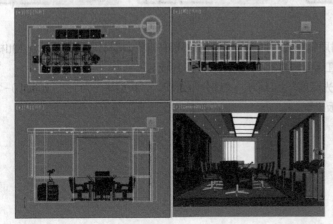

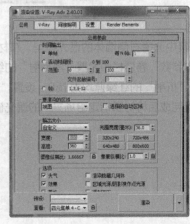

图19-186　　　　　　　　　　　　　图19-187

接下来为场景创建灯光。

21 使用"VR灯光",在窗户的位置创建VR灯光,对灯光进行实例复制,并对灯光进行移动和缩放,在"参数"卷展栏中设置灯光的"倍增器"为4,设置灯光的"颜色"红绿蓝为175、190、255,如图19-188所示。在"选项"组中勾线"不可见"选项。

22 测试渲染场景,得到如图19-189所示的效果。

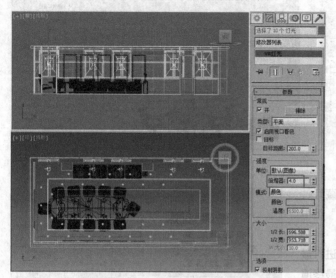
图19-188

图19-189

23 使用"目标灯光",在场景中筒灯的位置创建灯光,并实例复制灯光到每个筒灯的位置,在"常规参数"卷展栏中勾选"阴影"组中的"启用"选项,选择阴影类型为"VRay阴影",选择"灯光分布(类型)"为"光度学Web";在"分布(光度学Web)"中指定光度学筒灯文件,文件为"贴图素材>筒灯(牛眼灯).IES";在"VRay阴影参数"卷展栏中设置"细分"为12;在"强度/颜色/衰减"卷展栏中选择"强度"为"cd",设置"暗淡"组中的强度为300%,如图19-190所示。

24 测试渲染场景,得到如图19-191所示的效果。

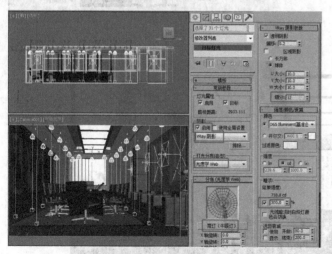
图19-190

图19-191

25 使用VR灯光,在场景中吊顶的位置创建VR灯光,作为暗藏灯光晕,在"参数"卷展栏中设置"倍增器"为3,在"选项"组中勾选"不可见"选项,如图19-192所示。

26 继续使用VR灯光,在顶灯的位置创建VR灯光,在"参数"卷展栏中设置"倍增器"为5,设置灯光的颜色为白色,在"选项"组中勾选"不可见"选项,如图19-193所示。

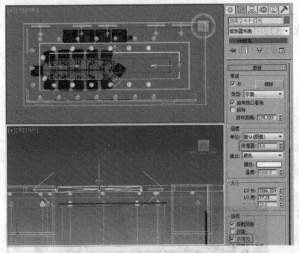

图19-192

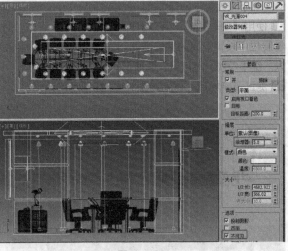

图19-193

27 在场景中正面墙体的位置创建VR灯光，作为暗藏灯，在"参数"卷展栏中设置"倍增器"为4，在"选项"组中勾选"不可见"选项，如图19-194所示。

28 测试渲染的场景如图19-195所示。可以对场景进行最终渲染，提高场景细分，并参考前面案例设置一个最终渲染尺寸，这里就不详细介绍了。

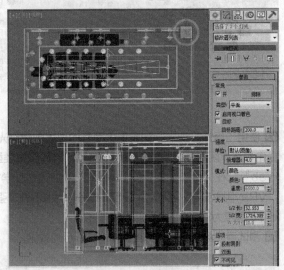

图19-194

图19-195

第 **20** 章

室内效果图的后期处理

本章介绍室内效果图的后期处理。前面章节介绍了室内效果图的制作及渲染，本章通过对输出效果图进行调整来完成效果图的后期处理。

实例 186 现代客厅的后期处理

- **案例场景位置** | DVD > 案例源文件 > Cha20 > 实例186
  现代客厅的后期处理
- **贴图位置** | DVD > 贴图素材
- **视频教程** | DVD > 教学视频 > Cha20> 实例186
- **视频长度** | 26分12秒
- **制作难度** | ★ ★ ★ ☆ ☆

┨ 操作步骤 ┠

01 运行Photoshop软件，打开渲染输出的效果图和线框颜色通道图，如图20-1所示。

02 在工具箱中选择 ▶︎ (移动工具)，将线框颜色通道图拖曳复制到效果图中，如图20-2所示。

图20-1

图20-2

03 选择"背景"图层，按<Ctrl+J>组合键，或将图形拖曳到 ⬛ (创建新图层)按钮上，都可以复制图层副本，如图20-3所示，复制出两个图层副本，并调整图层的位置，设置"背景 副本2"图层的混合模式为"滤色"，设置图层的"不透明度"为60%，然后选择"背景 副本2"图层,按<Ctrl+E>组合键，将其合并到"背景 副本"图层中。

04 在工具箱中选择 ⬛ (魔棒工具)，在工具属性栏中设置工具的属性，如图20-4所示。

图20-3

图20-4

05 在"图层"面板中按住<Alt>键，选择并单击"图层1"前的眼睛图标 ，单击之后只显示"图层1"，使用 ⬛ (魔棒工具)，在通道中选择白乳胶的颜色，创建选区，然后再按<Alt>键单击"图层1"前的眼睛图标，显示出其他图层，选择"背景 副本"图层，按<Ctrl+J>组合键，将选区中的图像复制到新的图层中，将新图层命名为"白乳胶"。在菜单栏中选择"图像>调整>色阶"命令，在弹出的对话框中调整色阶的明调和暗调的色块位置，单击"确定"按钮，如图20-5所示。

图20-5

06 在"图层"面板中按住<Alt>键，选择并单击"图层1"前的眼睛图标，单击之后只显示"图层1"，使用 （魔棒工具），在通道中选择地面的颜色，创建选区，然后再按<Alt>键单击"图层1"前的眼睛图标，显示出其他图层，选择"背

图20-6

景 副本"图层，按<Ctrl+J>组合键，将选区中的图像复制到新的图层中，将新图层命名为"地面"。在菜单栏中选择"图像>调整>色阶"命令，在弹出的对话框中调整色阶的明调和暗调的色块位置，单击"确定"按钮，如图20-6所示。

07 在菜单栏中选择"图像>调整>曲线"命令，在弹出的对话框中调整曲线的形状，调整图像层次，如图20-7所示。

08 在"图层"面板中按住<Alt>键，选择并单击"图层1"前的眼睛图标，单击之后只显示"图层1"，使用 （魔棒工具），在通道中选择电视背景墙的颜色，创建出选区，然后再按<Alt>键，单击"图层1"前的眼睛图标，显示出其他图层，选择"背景 副本"图层，按<Ctrl+J>组合键，将选区中的图像复制到新的图层中，将新图层命名为"电视背景墙"。在菜单栏中选择"图像>

图20-7

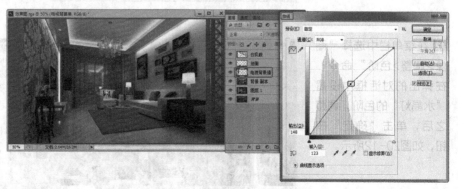

图20-8

调整>曲线"命令，在弹出的对话框中调整曲线的形状，单击"确定"按钮，如图20-8所示。

09 在"图层"面板中按住<Alt>键，选择并单击"图层1"前的眼睛图标，单击之后只显示"图层1"，使用 ▨ （魔棒工具），在通道中选择窗帘和吊灯的颜色，创建出选区，然后再按<Alt>键单击"图层1"前的眼睛图标，显示出其他图层，选择"背景 副本"图层，按<Ctrl+J>组合键，将选区中的图像复制到新的图层中，将新图层命名为"窗帘"，再次按<Alt>键，单击"窗帘"图层前的眼睛图标，仅显示"窗帘"图层，如图20-9所示。

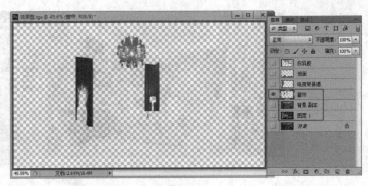

图20-9

10 在"窗帘"图层中使用 ▨ （多边形套索工具），从中选择吊灯区域，按<Ctrl+X>组合键，再按<Ctrl+V>组合键，剪切选区到新的图层中，命名图层为"水晶灯"，使用 ▸ （移动工具），调整图像的位置，选择"窗帘"图层，在菜单栏中选择"图像>调整>曲线"命令，在弹出的对话框中调整曲线的形状，单击"确定"按钮，如图20-10所示。使用同样的方法调整"水晶灯"的曲线。

图20-10

11 选择"水晶灯"图层，在菜单栏中选择"图像>调整>色相/饱和度"命令，在弹出的对话框中调整"饱和度"的参数，单击"确定"按钮，如图20-11所示。

图20-11

12 在菜单栏中选择"图像>调整>色阶"命令，在弹出的对话框中设置"水晶灯"的色阶，调整之后，单击"确定"按钮，如图20-12所示。

图20-12

13 选择"水晶灯"图层，按<Ctrl+J>组合键，复制图层副本，设置"水晶灯 副本"图层的混合模式为"滤色"，设置"不透明度"为40%，如图20-13所示。

14 确定"水晶灯 副本"图层处于选择状态，在菜单栏中选择"滤镜>模糊>高斯模糊"命令，在弹出的对话框中设置模糊的"半径"为20，单击"确定"按钮，如图20-14所示。

图20-13

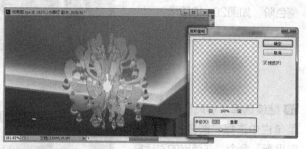
图20-14

15 通过通道图层"图层1"复制出"沙发布""棕色抱枕"和"茶几"区域图形到新的图层，命名图层，并调整"沙发布""棕色抱枕"和"茶几"的"色阶"效果，使其明暗和色彩效果增强，如图20-15所示。

图20-15

16 通过通道图层"图层1"，使用 （魔棒工具）选择并复制出"角几"图像到图层，在菜单栏中选择"图像>调整>色阶"命令，调整一下色阶的明调色阶位置，使图像变亮，如图20-16所示。

图20-16

17 通过通道图层"图层1"，复制出"筒灯灯片"图像区域，在菜单栏中选择"图像>调整>曲线"命令，在弹出的对话框中调整曲线的形状，如图20-17所示。

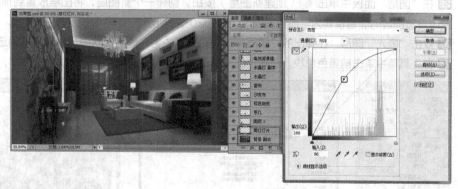
图20-17

18 通过通道图层"图层1"，复制出"屏风"图像区域，在菜单栏中选择"图像>调整>色阶"命令，在弹出的对话框中调整色阶，如图20-18所示。

图20-18

19 继续选择"屏风"图层，在菜单栏中选择"图像>调整>色彩平衡"命令，在弹出的对话框中调整色彩平衡的参数，如图20-19所示。

图20-19

20 通过通道"图层1"，选择出远处的植物，将其区域复制到新的图层中，命名图层为"干枝"，调整一下："干枝"的"色阶"效果，如图20-20所示。

21 按<Ctrl+Shift+Alt+E>组合键，盖印所有可见图层到新的图层中，设置图层的混合模式为"柔光"，设置图层的"不透明度"为20%，如图20-21所示。

图20-20

图20-21

22 在"图层"面板中单击 （创建新图层）按钮，创建一个新图层，将图层放置到顶部，命名图层为"喷光"，继续设置图层的混合模式为"颜色减淡"，如图20-22所示。

23 双击"喷光"图层，在弹出的"图层样式"对话框中将"透明形状图层"选项取消选择，如图20-23所示。

24 在工具箱中单击前景色色块，在弹出的"拾色器"中设置RGB为238、223、203，如图20-24所示。

图20-22

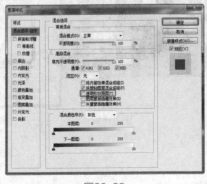

图20-23

图20-24

25 使用 ✎ （画笔工具），在工具属性栏中设置一个柔边笔触的画笔，设置合适的画笔大小，在效果图中绘制出"喷光"效果，如图20-25所示。

26 打开随书资源文件中的"案例源文件> Cha20> zw-deng33-3.jpg"的素材文件，使用 ▣▸ （移动工具），将打开的图像拖曳到效果图中的简灯位置，按<Ctrl+T>组合键，打开自由边框，调整图像周围的边框，可以调整素材的大小，按<Enter>键确定自由变换。最后设置图像所在图层的混合模式为"滤色"，设置"不透明度"为80%，将该效果调整复制到其他的简灯位置上，如图20-26所示。

图20-25

图20-26

27 按<Ctrl+Shift+Alt+E>组合键，盖印所有可见图层到新的图层中，调整图层到图层面板的顶部，设置图层的混合模式为"正片叠底"，设置图层的"不透明度"为30%，在工具箱中选择 ◙ （橡皮擦工具），设置一个较大的柔边笔触，擦除中间的图像区域，制作出四角压暗效果，如图20-27所示。

28 这样既可完成效果图的后期处理。之后，在菜单栏中选择"文件>存储为"命令，在弹出的对话框中选择一个存储路径，命名，并设置存储的文件类型为.psd格式，该格式可以存储带有图层的文件，便于以后修改使用。

图20-27

29 存储带有图层的文件后，在图层面板中单击 ▼≡ 按钮，在弹出的快捷菜单中选择"拼合图像"命令，将图层进行合并，合并图层后，选择"文件>存储为"命令，在弹出的对话框中选择一个存储路径，命名，并选择存储格式为.tiff，该图像为不失真的位图图像，便于观察和打印。

实 例
187　卫生间的后期处理

- **案例场景位置 |** DVD > 案例源文件 > Cha20 > 实例187卫生间的后期处理
- **贴图位置 |** DVD > 贴图素材
- **视频教程 |** DVD > 教学视频 > Cha20> 实例187
- **视频长度 |** 17分55秒
- **制作难度 |** ★★★☆☆

操作步骤

01 运行Photoshop软件，打开渲染输出的效果图和两个线框颜色通道图，将两个通道图使用 ┣▸┫（移动工具）拖曳到效果图中，命名图层名称为"通道"和"通道-无玻璃"，如图20-28所示。

02 选择"背景"图层，按<Ctrl+J>组合键，或将图形拖曳到 ┗┛（创建新图层）按钮上，都可以

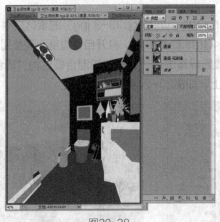

图20-28

图20-29

复制图层副本，如图20-29所示复制出两个图层副本，并调整图层的位置，设置"背景 副本2"图层的混合模式为"滤色"，并设置器"不透明度"为60%。

03 继续对"背景"图层进行复制，复制出"背景副本3"图层，设置图层的混合模式为"柔光"，设置"不透明度"为30%，如图20-30所示。

04 按住<Ctrl>键，选择"背景 副本"、"背景 副本2"、"背景 副本3"三个图层，然后按<Ctrl+E>组合键，合并图层为"背景 副本3"，按住<Alt>键单击"通道-无玻璃"图层前的眼睛按钮，仅显示"通道-无玻璃"图层，使用 ┣▨┫（魔棒工具），在"通道-无玻璃"图层中选择顶部的天花区域，按<Alt>键单击"通道-无玻璃"前的眼睛按钮，显示出其他的图层，选择"背景 副本3"，按<Ctrl+J>组合键，复制选区到新的图层中，命名图层为"全部天花"，如图20-31所示。在菜单栏中单击"图像>调整>色相/饱和度"命令，在弹出的对话框中设置合适的参数。

图20-30

图20-31

05 继续在菜单栏中选择"图像>调整>色阶"命令，在弹出的对话框中调整色阶，单击"确定"按钮，如图20-32所示。

图20-32

06 通过通道图层，选择玻璃选区，并通过"背景 副本3"复制出玻璃区域到新的图层中，命名图层为"透明玻璃"，在菜单栏中选择"图像>调整>色阶"命令，在弹出的对话框中调整色阶，单击"确定"按钮，如图20-33所示。

图20-33

07 通过通道图层，选择墙选区，并通过"背景 副本3"复制出墙区域到新的图层中，命名图层为"墙"，在菜单栏中选择"图像>调整>色阶"命令，在弹出的对话框中调整色阶，单击"确定"按钮，如图20-34所示。

图20-34

08 通过通道图层，选择右侧洗手盆处爵士白大理石选区，并通过"背景 副本3"复制出墙区域到新的图层中，命名图层为"爵士白大理石"，在菜单栏中选择"图像>调整>色阶"命令，在弹出的对话框中调整色阶，单击"确定"按钮，如图20-35所示。

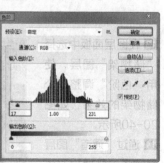

图20-35

09 继续在菜单栏中单击"图像>调整>色相/饱和度"命令，在弹出的对话框中设置"饱和度"参数，单击"确定"按钮，如图20-36所示。

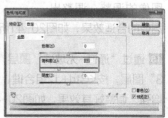

图20-36

10 利用"通道"图层选择出白色洗手盆和置物架区域，选择"背景 副本3"图层，按<Ctrl+J>组合键复制选区中的图像到新的图层中，命名图层为"白洗手盆"，如图20-37所示。

图20-37

图20-38

11 选择"白洗手盆"图层，在工具箱中选择▣（矩形选框工具），在场景中使用矩形选框工具框选出墙壁储物架，按<Ctrl+X>组合键，然后再按<Ctrl+V>组合键，剪切图像到新的图层中，命名新图层为"储物架"，调整图像到相应的位置，如图20-38所示。

12 在场景中选择"白洗手盆"图层，在菜单栏中选择"图像>调整>色相/饱和度"命令，在弹出的对话框中降低饱和度参数，单击"确定"按钮，如图20-39所示。

图20-39

13 在图层面板中选择"储物架"图层，使用"色阶"调整一个储物架的效果，如图20-40所示。

14 通过"通道"图层将镜子、马桶、卫生纸、卫生纸架子、浴霸、镜前吊灯、储物架编织盒、垃圾桶金属的区域复制到新的图层中，参考前面对图像的调整，调整出图像的合适效果，如图20-41所示。

图20-40

图20-41

15 通过"通道-无玻璃"图层，使用▨（魔棒工具）在"通道-无玻璃"图层中选择地面颜色，选择"背景 副本3"图层，按<Ctrl+J>组合键，复制选区到新的图层中，命名图层为"地面"，使用"色阶"调整色彩明暗层次的增强，调整好其效果，如图20-42所示。

16 通过"通道"图层，使用 （魔棒工具）在"通道"图层中选择植物颜色，选择"背景 副本3"图层，按 <Ctrl+J>组合键，复制选区到新的图层中，命名图层为"植物"，在菜单栏中选择"图像>调整>色相/饱和度"命令，在弹出的对话框中设置合适的色相、饱和度、明度参数，单击"确定"按钮，调整到合适的效果，如图 20-43所示。

图20-42

图20-43

17 在图像中可以看到"爵士白大理石"图层右下角处有个黑色的渲染错误的地方，这里可以选择"爵士白大理石"图层，使用 （仿制图章工具），在正常的"爵士白大理石"图像上按<Alt>键，吸取源点，然后在错误的地方绘制，即可修补掉错误的区域，如图 20-44所示。

图20-44

图20-45

18 按<Ctrl+Shift+Alt+E>组合键，盖印所有可见图层到新的图层中，调整图层到图层面板的顶部，设置图层的混合模式为"正片叠底"，设置图层的"不透明度"为30%，在工具箱中选择 （橡皮擦工具），设置一个较大的柔边笔触，擦除中间的图像区域，制作出四角压暗效果，如图20-45所示。

实 例	书房的后期处理
188	

- **案例场景位置** | DVD > 案例源文件 > Cha20 > 实例188
  书房的后期处理
- **贴图位置** | DVD > 贴图素材
- **视频教程** | DVD > 教学视频 > Cha20> 实例188
- **视频长度** | 12分46秒
- **制作难度** | ★★★☆☆

┤ 操作步骤 ├

01 运行Photoshop软件，打开渲染输出的效果图和线框颜色通道图，将通道图使用▶️（移动工具）拖曳到效果图中，命名图层名称为"通道"，如图20-46所示。选择"背景"图层，按<Ctrl+J>组合键，复制出"背景 副本"图层，调整副本图层到"通道"图层上方。

图20-46

02 通过"通道"图层，使用🪄（魔棒工具），在通道中选择顶的颜色，创建选区后，选择"背景 副本"图层，按<Ctrl+J>组合键，将选区中的顶部图像复制到新的图层中，将图层命名为"顶"，如图20-47所示。

图20-47

03 选择"顶"图层，在菜单栏中选择"图像>调整>色阶"命令，在弹出的对话框中设置色阶参数，调整色阶后，单击"确定"按钮，如图20-48所示。

图20-48

04 通过"通道"图层，使用🪄（魔棒工具），在通道中选择壁纸的颜色，创建选区后，选择"背景 副本"图层，按<Ctrl+J>组合键，将选区中的壁纸图像复制到新的图层中，将图层命名为"壁纸"，如图20-49所示。

图20-49

05 选择"壁纸"图层，在菜单栏中选
择"图像>调整>色阶"命令，在弹出
的对话框中调整色阶，单击"确定"
按钮，如图20-50所示。

图20-50

06 通过"通道"图层，使用 （魔棒
工具），在通道中选择门和书柜的颜
色，创建选区后，选择"背景 副本"
图层，按<Ctrl+J>组合键，将选区中
的门和书柜图像复制到新的图层中，
将图层命名为"门和书柜"，如图
20-51所示。

图20-51

07 选择"门和书柜"图层，在菜单栏
中选择"图像>调整>色阶"命令，在
弹出的对话框中调整色阶，单击"确
定"按钮，如图20-52所示。

图20-52

08 通过"通道"图层，使用 （魔棒
工具），在通道中选择书桌和边几的颜
色，创建选区后，选择"背景 副本"
图层，按<Ctrl+J>组合键，将选区中
的书桌和边几图像复制到新的图层中，
将图层命名为"书桌和边几"，如图
20-53所示。

图20-53

09 选择"书桌和边几"图层，在菜单栏中选择"图像>调整>色阶"命令，在弹出的对话框中调整色阶，单击"确定"按钮，如图20-54所示。

图20-54

10 通过"通道"图层，使用（魔棒工具），在通道中选择地面的颜色，创建选区后，选择"背景 副本"图层，按<Ctrl+J>组合键，将选区中的地面图像复制到新的图层中，将图层命名为"地面"，如图20-55所示。

图20-55

11 选择"地面"图层，在菜单栏中选择"图像>调整>色阶"命令，在弹出的对话框中调整色阶，单击"确定"按钮，如图20-56所示。

图20-56

12 通过"通道"图层，使用（魔棒工具），在通道中选择书的颜色，创建选区后，选择"背景 副本"图层，按<Ctrl+J>组合键，将选区中的书图像复制到新的图层中，将图层命名为"书"，如图20-57所示。

图20-57

13 选择"书"图层,在菜单栏中选择"图像>调整>色阶"命令,在弹出的对话框中调整色阶,单击"确定"按钮,如图20-58所示。

图20-58

14 通过"通道"图层,使用,在通道中选择座椅布的颜色,创建选区后,选择"背景 副本"图层,按<Ctrl+J>组合键,将选区中的座椅布图像复制到新的图层中,将图层命名为"座椅布",如图20-59所示。

图20-59

15 选择"座椅布"图层,在菜单栏中选择"图像>调整>色阶"命令,在弹出的对话框中调整色阶,单击"确定"按钮,如图20-60所示。

图20-60

16 继续在菜单栏中选择"图像>调整>色相/饱和度"命令,在弹出的对话框中勾选"着色"选项,从中设置合适的参数,单击"确定"按钮,如图20-61所示为图像设置一个合适的颜色。

图20-61

17 在工具箱中选择 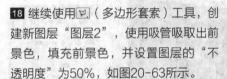 （多边形套索）工具，选择如图20-62所示的顶部区域，在工具箱中单击前景色，在弹出的"拾色器"中拾取选区中的一个顶部颜色，单击"确定"按钮，新建"图层1"，将图层放置到"顶"图层的上方，确定选区处于选择状态，按<Alt+Delete>组合键，填充选区前景色，设置"图层1"的"不透明度"为80%，如图20-62所示。

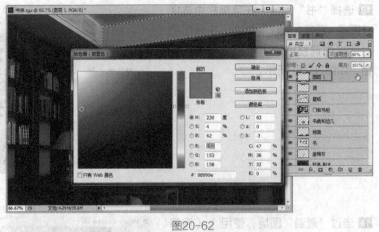

图20-62

18 继续使用 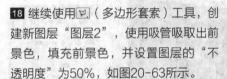（多边形套索）工具，创建新图层"图层2"，使用吸管吸取出前景色，填充前景色，并设置图层的"不透明度"为50%，如图20-63所示。

图20-63

19 使用同样的方法填充空调位侧面的顶，其图层为"图层3"，使用 （橡皮擦工具），擦除填充覆盖的空调位，设置图层的"不透明度"为50%，如图20-64所示。

图20-64

20 从渲染出的图中可以看出书柜模型上出现了错误材质，这里我们可以使用 （仿制图章工具），在场景中错误材质的上方按住<Alt>键拾取源，然后在错误材质的上方进行涂抹，修改掉错误的区域，如图20-65所示。

图20-65

21 按<Ctrl+Shift+Alt+E>组合键，盖印
所有可见图层到新的图层中，调整图层
到图层面板的顶部，如图20-66所示。

图20-66

22 按<Ctrl+M>组合键，在弹出的对话
框中调整曲线，如图20-67所示。

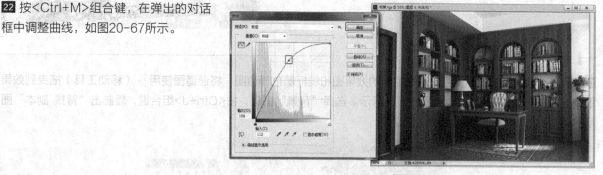

图20-67

23 设置图层的混合模式为
"柔光"，设置图层的"不透
明度"为40%，按<Ctrl+L>
组合键，在弹出的对话框中调
整色阶的位置，如图20-68
所示。

图20-68

24 按<Ctrl+Shift+Alt+E>组合键，盖印
所有可见图层到新的图层中，调整图层
到图层面板的顶部，设置图层的混合模
式为"正片叠底"，设置图层的"不透
明度"为30%，在工具箱中选择 ◢ （橡
皮擦工具），设置一个较大的柔边笔
触，擦除中间的图像区域，制作出四角
压暗效果，如图20-69所示。

图20-69

实例 189 卧室的后期处理

- **案例场景位置** | DVD > 案例源文件 > Cha20 > 实例189 卧室的后期处理
- **贴图位置** | DVD > 贴图素材
- **视频教程** | DVD > 教学视频 > Cha20> 实例189
- **视频长度** | 9分19秒
- **制作难度** | ★★★☆☆

操作步骤

01 运行Photoshop软件，打开渲染输出的效果图和线框颜色通道图，将通道图使用 ▶+（移动工具）拖曳到效果图中，其图层为"图层1"，如图20-70所示。选择"背景"图层，按<Ctrl+J>组合键，复制出"背景 副本"图层，调整副本图层到"图层1"图层上方。

图20-70

02 通过通道图层，使用 ⚲（魔棒工具），在通道中选择顶的颜色，创建选区后，选择"背景 副本"图层，按<Ctrl+J>组合键，将选区中的顶部图像复制到新的图层中，在菜单栏中选择"图像>调整>曲线"命令，在弹出的对话框中调整曲线的形状，单击"确定"按钮，如图20-71所示，将图层命名为"白色乳胶"。

图20-71

03 通过通道图层，使用 (魔棒工具)，在通道中选择床头的背景墙颜色，创建选区后，选择"背景 副本"图层，按<Ctrl+J>组合键，将选区中的图像复制到新的图层中，将图层命名为"背景墙"，在菜单栏中选择"图像>调整>曲线"命令，在弹出的对话框中调整曲线的形状，单击"确定"按钮，如图20-72所示。

图20-72

04 通过通道图层，使用 (魔棒工具)，在通道中选择红绒布的颜色，创建选区后，选择"背景 副本"图层，按<Ctrl+J>组合键，将选区中的图像复制到新的图层中，将图层命名为"红绒布"。在菜单栏中选择"图像>调整>色阶"命令，在弹出的对话框中设置色阶参数，单击"确定"按钮，如图20-73所示。

图20-73

05 通过通道图层，使用 (魔棒工具)，在通道中选择窗纱的颜色，创建选区后，选择"背景 副本"图层，按<Ctrl+J>组合键，将选区中的图像复制到新的图层中，将图层命名为"窗纱"。在菜单栏中选择"图像>调整>色阶"命令，在弹出的对话框中设置色阶参数，单击"确定"按钮，如图20-74所示。

图20-74

06 通过通道图层，使用 （魔棒工具），在通道中选择吸顶灯的颜色，创建选区后，选择"背景 副本"图层，按<Ctrl+J>组合键，将选区中的图像复制到新的图层中，将图层命名为"灯"。在菜单栏中选择"图像>调整>色阶"命令，在弹出的对话框中设置色阶参数，单击"确定"按钮，如图20-75所示。

图20-75

07 通过通道图层，使用 （魔棒工具），在通道中选择图中的皮革材质的颜色，创建选区后，选择"背景 副本"图层，按<Ctrl+J>组合键，将选区中的图像复制到新的图层中，将图层命名为"皮革"。在菜单栏中选择"图像>调整>曲线"命令，在弹出的对话框中调整曲线，单击"确定"按钮，如图20-76所示。

图20-76

08 通过通道图层，使用 （魔棒工具），在通道中选择植物的颜色，创建选区后，选择"背景 副本"图层，按<Ctrl+J>组合键，将选区中的图像复制到新的图层中，将图层命名为"植物"。在菜单栏中选择"图像>调整>色阶"命令，在弹出的对话框中设置色阶参数，单击"确定"按钮，如图20-77所示。

图20-77

09 通过通道图层，使用 （魔棒工具），在通道中选择床头灯灯罩的颜色，创建选区后，选择"背景副本"图层，按<Ctrl+J>组合键，将选区中的图像复制到新的图层中，将图层命名为"床头灯灯罩"。在菜单栏中选择"图像>调整>曲线"命令，在弹出的对话框中调整曲线，单击"确定"按钮，如图20-78所示。

图20-78

10 通过通道图层，使用 （魔棒工具），在通道中选择地面的颜色，创建选区后，选择"背景 副本"图层，按<Ctrl+J>组合键，将选区中的图像复制到新的图层中，将图层命名为"地板"。在菜单栏中选择"图像>调整>色阶"命令，在弹出的对话框中调整色阶参数，单击"确定"按钮，如图20-79所示。

图20-79

11 按<Ctrl+Shift+Alt+E>组合键，盖印所有可见图层到新的图层中，调整图层到图层面板的顶部，设置图层的混合模式为"柔光"，设置图层的"不透明度"为30%。在菜单栏中选择"图像>调整>色阶"命令，在弹出的对话框中调整色阶参数，单击"确定"按钮，如图20-80所示。

图20-80

12 按<Ctrl+Shift+Alt+E>组合键，盖印所有可见图层到新的图层中，调整图层到图层面板的顶部，设置图层的混合模式为“正片叠底”，设置图层的“不透明度”为80%。在工具箱中选择（橡皮擦工具），设置一个较大的柔边笔触，擦除中间的图像区域，制作出四角压暗效果，如图20-81所示。

图20-81

实例 190 会议室的后期处理

- **案例场景位置** | DVD > 案例源文件 > Cha20 > 实例190 会议室的后期处理
- **贴图位置** | DVD > 贴图素材
- **视频教程** | DVD > 教学视频 > Cha20> 实例190
- **视频长度** | 10分38秒
- **制作难度** | ★★★☆☆

操作步骤

01 运行Photoshop软件，打开渲染输出的效果图和线框颜色通道图，将通道图使用（移动工具）拖曳到效果图中，其图层为“图层1”，如图20-82所示。选择“背景”图层，按<Ctrl+J>组合键，复制出“背景 副本”图层，调整副本图层到“图层1”图层上方。

图20-82

02 通过通道图层，使用 ![魔棒] （魔棒工具），在通道中选择顶的颜色，创建选区后，选择"背景 副本"图层，按 <Ctrl+J>组合键，将选区中的顶部图像复制到新的图层中。在菜单栏中选择"图像>调整>色阶"命令，在弹出的 对话框中调整色阶参数，单击"确定"按钮，如图20-83所示。将图层命名为"顶"。

图20-83

03 通过通道图层，使用 ![魔棒] （魔棒工具），在通道中选择顶灯池和屏幕背景墙颜色，创建选区后，选择"背景 副 本"图层，按<Ctrl+J>组合键，将选区中的图像复制到新的图层中，将图层命名为"顶中"。在菜单栏中选择 "图像>调整>色阶"命令，在弹出的对话框中调整色阶参数，单击"确定"按钮，如图20-84所示。

图20-84

04 通过通道图层，使用 ![魔棒] （魔棒工具），在通道中选择右侧遮光板的颜色，创建选区后，选择"背景 副本"图 层，按<Ctrl+J>组合键，将选区中的图像复制到新的图层中，将图层命名为"遮光墙"。在菜单栏中选择"图像> 调整>色阶"命令，在弹出的对话框中设置色阶参数，单击"确定"按钮，如图20-85所示。

图20-85

05 通过通道图层，使用 ![魔棒] （魔棒工具），在通道中选择木包墙的颜色，创建选区后，选择"背景 副本"图层，按 <Ctrl+J>组合键，将选区中的图像复制到新的图层中，将图层命名为"木包墙"。在菜单栏中选择"图像>调整> 色阶"命令，在弹出的对话框中设置色阶参数，单击"确定"按钮，如图20-86所示。

图20-86

06 通过通道图层，使用 （魔棒工具），在通道中选择右侧的沙发的颜色，创建选区后，选择"背景 副本"图层，按<Ctrl+J>组合键，将选区中的图像复制到新的图层中，将图层命名为"右侧沙发"。在菜单栏中选择"图像>调整>曲线"命令，在弹出的对话框中调整曲线参数，单击"确定"按钮，如图20-87所示。

图20-87

07 通过通道图层，使用 （魔棒工具），在通道中选择会议室椅子、桌子和会议桌椅下的地毯的颜色，创建选区后，选择"背景 副本"图层，按<Ctrl+J>组合键，将选区中的图像复制到新的图层中，将图层命名为"桌椅地毯"。在菜单栏中选择"图像>调整>曲线"命令，在弹出的对话框中调整曲线，单击"确定"按钮，如图20-88所示。

图20-88

08 通过通道图层，使用 （魔棒工具），在通道中选择地毯的颜色，创建选区后，选择"背景 副本"图层，按<Ctrl+J>组合键，将选区中的图像复制到新的图层中，将图层命名为"地毯"。在菜单栏中选择"图像>调整>曲线"命令，在弹出的对话框中设置曲线参数，单击"确定"按钮，如图20-89所示。

图20-89

09 通过通道图层，使用 ，在通道中选择右侧角几的颜色，创建选区后，选择"背景 副本"图层，按<Ctrl+J>组合键，将选区中的图像复制到新的图层中，将图层命名为"右角几"。在菜单栏中选择"图像>调整>曲线"命令，在弹出的对话框中调整曲线，单击"确定"按钮，如图20-90所示。

图20-90

10 通过通道图层，使用 ，在通道中选择右侧角几上的装饰颜色，创建选区后，选择"背景 副本"图层，按<Ctrl+J>组合键，将选区中的图像复制到新的图层中，将图层命名为"金属装饰物"。在菜单栏中选择"图像>调整>曲线"命令，在弹出的对话框中调整曲线形状，单击"确定"按钮，如图20-91所示。

图20-91

11 在"图层"面板中单击 按钮，创建一个新图层，将图层放置到顶部，设置图层的混合模式为"颜色减淡"，设置"不透明度"为30%，双击新建的图层，在弹出的"图层样式"对话框中将"透明形状图层"选项取消选择，如图20-92所示。

12 使用 ，在工具属性栏中设置一个柔边笔触的画笔，设置合适的画笔大小，如图20-93所示。

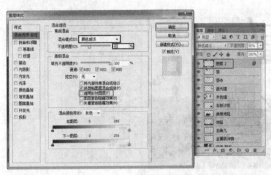

图20-92

图20-93

13 在效果图中绘制出喷光效果，如图
20-94所示。

图20-94

14 按<Ctrl+Shift+Alt+E>组合键，盖印所有可见图层到新的图层中，调整图层到图层面板的顶部。在菜单栏中选择"图像>调整>曲线"命令，在弹出的对话框中调整曲线，单击"确定"按钮，如图20-95所示。

图20-95

15 按<Ctrl+Shift+Alt+E>组合键，
盖印所有可见图层到新的图层中，调
整图层到图层面板的顶部，设置图层
的混合模式为"正片叠底"，设置图
层的"不透明度"为50%，在工具箱
中选择 （橡皮擦工具），设置一个
较大的柔边笔触，擦除中间的图像区
域，制作出四角压暗效果，如图
20-96所示。

图20-96

第 **21** 章

室外商务楼的制作

从本章起介绍室外效果图的制作方法。室外效果图最主要表现的是主体建筑，其次是周边地形地貌，然后是园林配景。大体的制作流程为：模型的建立、材质和灯光的设置、园林配景的摆放及渲染、后期制作。

本章案例的最终效果如图21-1所示。

图21-1

　商务楼模型的建立

● **案例场景位置 |** DVD > 案例源文件 > Cha21 >实例191

　　　　　　商务楼模　　型的建立

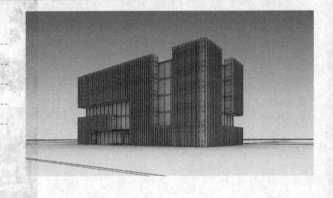

● **贴图位置 |** DVD > 贴图素材

● **视频教程 |** DVD > 教学视频 > Cha21> 实例191

● **视频长度 |** 54分26秒

● **制作难度 |** ★★★★☆

---| **操作步骤** |---

　　本例没有CAD图纸，模型根据图片及建筑基本数据创建。观察效果图可以看到建筑共5层，单层高大概为4米，玻璃幕墙为5层整，高度为20米；每块玻璃的纵横比为2∶1，外套的玻璃比内层的玻璃幕墙多高2米、多长4米、多宽4米，计算出外套玻璃长48米、宽22米、高21.8米，内层玻璃幕墙长44米、宽18米、高20米；内层玻璃幕墙长度方向由22块玻璃组成，竖着的装饰柱有23个，宽度方向有10个装饰柱；外套玻璃的长度方向有67个外立面装饰柱，两侧拐角处没有，则中间有68个空间，计算出每0.706米有一个外立面装饰柱。

01 在"顶"视图中创建长方体作为外套玻璃的参考参数，设置"长度"为22000、"宽度"为48000、"高度"为21800，如图21-2所示。

02 按<Ctrl+V>组合键原地复制模型，使用"复制"，修改模型参数，设置"长度"为20000、"宽度"为44000、"高度"为20000，在"前"视图中调整模型位置，如图21-3所示。

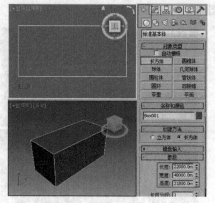

图21-2　　　　　　　　　　　　　　　　图21-3

03 在"顶"视图中创建长方体作为内层玻璃幕的装饰柱模型，设置"长度"为400、"宽度"为150、"高度"为20000，如图21-4所示。

04 按Ctrl+V组合键原地复制模型，在坐标栏中激活 （偏移模式变换输入）按钮，在X坐标后输入2000，如图21-5所示。这样保证模型间距是对的。

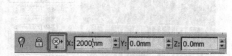

图21-4　　　　　　　　　　　　　　　　图21-5

05 激活 （2.5捕捉开关）按钮，使用定位移动复制法复制模型，设置"副本数"为21，选择所有的装饰柱模型，将模型塌陷，调整模型至合适的位置，如图21-6所示。

06 激活 （角度捕捉切换）按钮，使用旋转复制法复制模型，如图21-7所示。将选择集定义为"元素"，将多余的元素删除。

图21-6　　　　　　　　　　　　　　　　图21-7

07 将右侧装饰柱模型"实例"复制到左侧，调整模型至合适的位置，选择下边的装饰柱模型，根据两侧装饰柱模型调整左侧元素的顶点，如图21-8所示。

08 将下边的模型移动复制到上边，将两侧模型多余的元素删除，如图21-9所示。

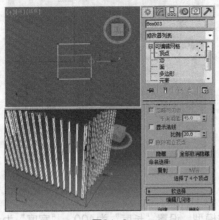 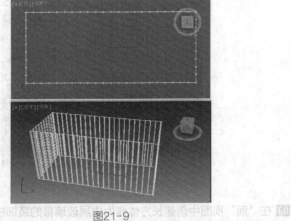

图21-8　　　　　　　　　　　　　　　　　　图21-9

09 在"顶"视图中根据装饰柱外侧创建长方体作为楼板，设置"高度"为200，先在"前"视图中调整楼板的位置，将楼板模型的底部与玻璃幕模型的底部对齐，再抬高4000，再使用定位复制法复制模型，如图21-10所示。

10 在"顶"视图中创建长方体作为外立面装饰柱，如图21-11所示。先激活捕捉开关调整模型位置，使其顶部边的中点对齐参照模型左下角的点，再使用坐标栏偏移模型，在X坐标后输入706，按<Enter>键确认。

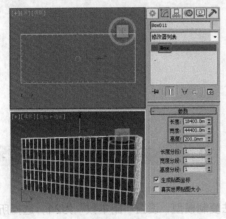 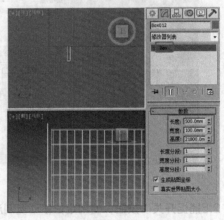

图21-10　　　　　　　　　　　　　　　　　　图21-11

11 使用定位复制法复制模型，设置"副本数"为66，如图21-12所示。

12 将外立面装饰柱模型塌陷，并将模型转换为"可编辑多边形"，将选择集定义为"多边形"，在"前"视图中从左至右框选底部多边形，选择36个，调整多边形的位置，如图21-13所示。

提示

使用"多边形"子集是为了确定调整的个数，在"选择"卷展栏中会显示多边形个数；如果使用"顶点"子集，则不好计数。

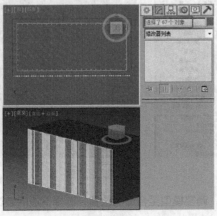 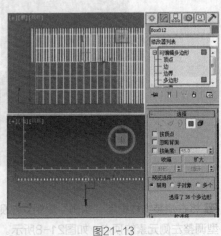

图21-12　　　　　　　　　　　　　　　　　　图21-13

13 继续调整模型，如图21-14所示。

14 在"顶"视图中创建长方体作为外套玻璃模型，设置"长度""宽度"均为1800，如图21-15所示。将模型转换为"可编辑多边形"，根据之前调整的外立面装饰柱模型，使用"连接"边、再"挤出"多边形的方法调整模型。

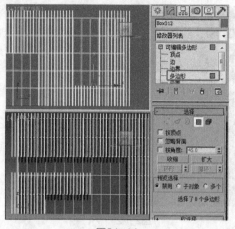
图21-14

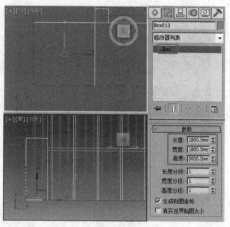
图21-15

15 使用旋转复制法复制外立面装饰柱模型，调整模型至合适的位置，并删除多余元素，调整后的模型如图21-16所示。

16 继续调整外套玻璃模型，完成的效果如图21-17所示。

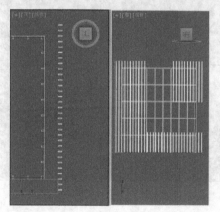
图21-16

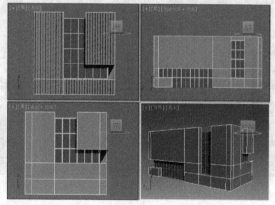
图21-17

17 继续复制并调整外立面装饰柱模型，完成的效果如图21-18所示。

18 在"前"视图中创建可渲染的线作为外套玻璃框架模型，在"渲染"卷展栏中勾选"在渲染中启用"和"在视口中启用"选项，选择"渲染"类型为矩形，设置"长度""宽度"均为60，如图21-19所示。

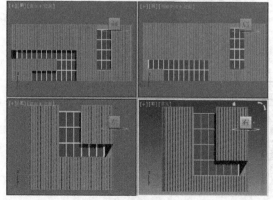
图21-18

图21-19

19 将模型转换为"可编辑多边形"，将模型底部与玻璃底部对齐，将选择集定义为"元素"，复制并调整元素，如图21-20所示。有3种偏移距离，分别为360、800、2040。

20 调整后的效果如图21-21所示。选择所有元素，移动复制一个作为备用。

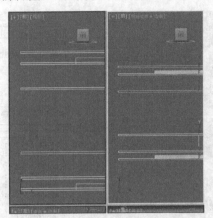
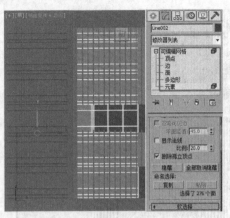

图21-20　　　　　　　　　　　　　　　图21-21

21 根据外套玻璃模型调整模型，完成的效果如图21-22所示。

22 使用线创建图形，施加"挤出"修改器，根据外套玻璃模型补齐楼板模型，如图21-23所示。

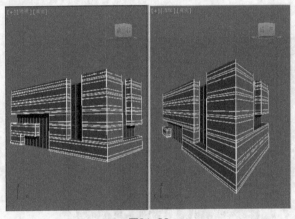

图21-22　　　　　　　　　　　　　　　图21-23

23 将选择集定义为"元素"，选择所有补齐的楼板，抬高60，如图21-24所示。

24 在"左"视图中创建矩形作为雨棚的支架模型，设置"长度"为150、"宽度"为1800，为矩形施加"编辑样条线"修改器，将选择集定义为"顶点"，按<Ctrl+A>组合键全选，右击鼠标，选择"角点"命令将所有顶点转为角点，如图21-25所示。

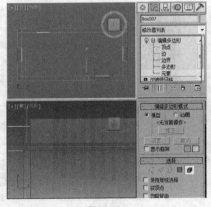
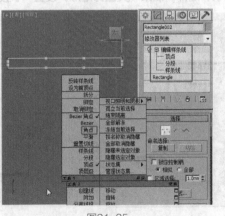

图21-24　　　　　　　　　　　　　　　图21-25

25 先将右下角顶点向左位移，再选择右侧的两个顶点，设置合适的圆角，调整后的效果如图21-26所示。

26 将选择集定义为"样条线"，向外轮廓为12，如图21-27所示。

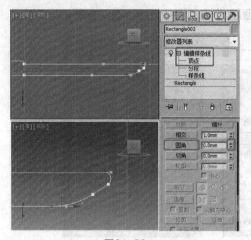

图21-26   图21-27

27 为图形施加"挤出"修改器，设置"数量"为50，如图21-28所示。

28 按<Ctrl+V>组合键原地复制模型，选择"复制"，选择"编辑样条线"的"样条线"选择集，将外侧样条线删除，选择"挤出"修改器，设置"数量"为10，调整模型至合适的位置，如图21-29所示。

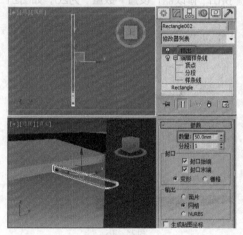
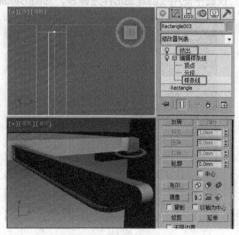

图21-28   图21-29

29 使用移动复制法复制模型,创建长方体作为玻璃,创建圆柱体作为支撑杆，设置"半径"为30，移动复制模型，完成的雨棚模型如图21-30所示。

30 创建长方体作为台阶模型，踏步的高度为150、宽度为250，移动复制模型，并修改模型参数，如图21-31所示。

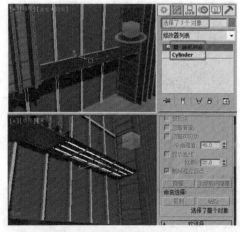
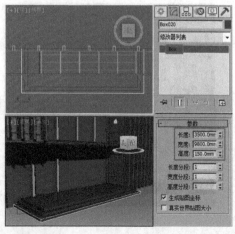

图21-30   图21-31

31 在"顶"视图中创建"长度""宽度"均为60的长方体作为门框模型,为模型施加"编辑网格"修改器,调整模型,再根据门框调整玻璃幕墙装饰柱模型,如图21-32所示。

32 按<F10>键打开"渲染设置"面板,设置一个合适的图像纵横比,并锁定纵横比,如图21-33所示。

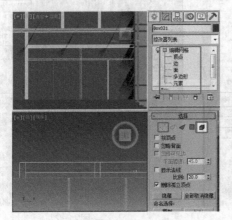

图21-32   图21-33

33 在"顶"视图中创建目标摄影机,使用28mm的镜头;将相机和目标点抬高1700改为人视角度;选择目标点,将其调高,人视角度的构图基本为地少天多;选择摄影机,应用摄影机校正。如图21-34所示。

34 在"顶"视图中使用线创建图形作为铺装,为图形施加"挤出"修改器,设置"数量"为20,如图21-35所示。

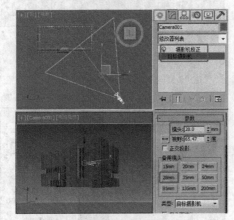
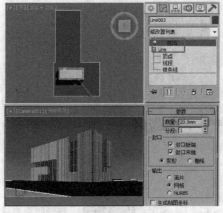

图21-34   图21-35

35 在"顶"视图中创建平面作为草地,调整模型位置,如图21-36所示。

36 在"顶"视图中创建"长度"为50、"高度"为100的长方体作为道牙模型,为模型施加"编辑网格"修改器,将选择集定义为"元素",复制元素作为后边的道牙,并调整顶点,如图21-37所示。

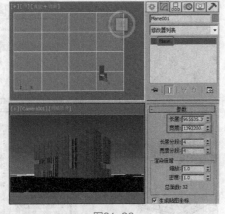

图21-36   图21-37

实 例
192 设置商务楼的材质和灯光

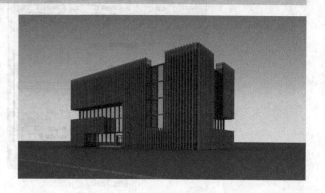

- **案例场景位置** | DVD > 案例源文件 > Cha21 > 实例192
  设置商务楼的材质和灯光
- **贴图位置** | DVD > 贴图素材
- **视频教程** | DVD > 教学视频 > Cha21> 实例192
- **视频长度** | 24分20秒
- **制作难度** | ★ ★ ★ ☆ ☆

▐ 操作步骤 ▐

在设置材质和灯光前，先设置测试渲染参数。

01 按<F10>键打开"渲染设置"面板，指定"V+Ray AdV"渲染器；切换到"V-Ray"选项卡，在"图像采样器"卷展栏的"材质"组中勾选"最大深度"，在"光线跟踪"组中设置"二次光线偏移"为0.001；在"V-Ray图像采样器（反锯齿）"卷展栏中选择"图像采样器"的"类型"为"固定"，选择"抗锯齿过滤器"为Catmull-Rom，取消勾选"开"选项，如图21-38所示。

> **提示**
>
> "最大深度"是 3ds Max 中继续反射和折射的次数。在室内渲染时，因为都是近距离观察，为了突出效果使用默认参数即可，不强制执行。但是室外效果图距离远，且成图都很大，一般勾选"最大深度"，限制反射和折射的次数最多为 2 次，这样节省了渲染时间；但是，如果有大面积的水或者玻璃幕墙等反射较强的物体，则不能限制次数。此案例我们为了节省渲染时间，勾选了"最大深度"。

02 在"V-Ray颜色贴图"卷展栏中勾选"子像素贴图"和"钳制输出"选项，如图21-39所示。

图21-38

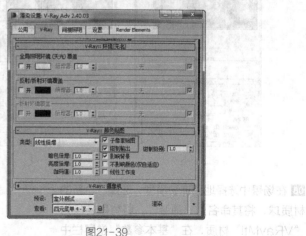

图21-39

03 切换到"间接照明"选项卡，在"V-Ray发光图"卷展栏中选择"当前预置"为"非常低"，再选择"自定义"，设置"最小比率"为-5、"最大比率"为-4、"半球细分"为20、"插值采样"为20，如图21-40所示。

04 切换到"设置"选项卡，在"V-Ray系统"卷展栏中设置"最大树形深度"为90、"动态内存限制"为电脑最大内存，选择"默认几何体"为"动态"、"区域排序"为"上->下"，取消勾选"显示窗口"不显示VRay日志，如图21-41所示。

图21-40　　　　　　　　　　　　　　图21-41

下面设置场景中模型的材质。

05 在场景中选择作为草地的平面，按<M>键打开"材质编辑器"窗口，选择一个新的材质球，将其命名为"草地"，使用"标准"材质，设置"高度级别"为10左右，如图21-42所示。

06 为"漫反射"指定"位图"贴图，贴图为随书资源文件中的"贴图素材> GRS_1024.TIF"文件。进入"漫反射颜色"贴图层级面板，设置"模糊"为0.1，如图21-43所示。

07 将材质指定给选定模型，为模型施加"UVW贴图"修改器，设置"长度""宽度"均为5000，如图21-44所示。

提示

每次设置完材质后，最好将模型隐藏，这样方便观察，不易出错。

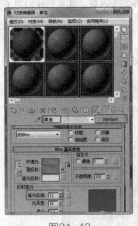

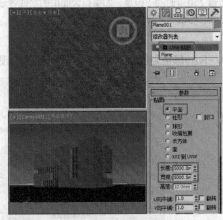

图21-42　　　　　　　　　图21-43　　　　　　　　　　图21-44

08 在场景中选择地面铺装模型，选择一个新的材质球，将其命名为"铺装"，将材质转换为"VRayMtl"材质，在"基本参数"卷展栏中设置"反射"颜色的"亮度"为25，设置"反射光泽度"为0.8，解锁"高光光泽度"防止曝光，如图21-45所示。

09 为"漫反射"指定"位图"贴图，贴图为随书资源文件中的"贴图素材> 灰色麻！.jpg"文件。进入"漫反射颜色"贴图层级面板，设置"模糊"为0.5，如图21-46所示。

图21-45　　　　　　　　　图21-46

10 将材质指定给选定模型，为模型施加"UVW贴图"修改器，选择"贴图"类型为"长方体"，设置"长度""宽度""高度"均为1000，如图21-47所示。

11 选择所有的外立面装饰柱模型，将模型塌陷，如图21-48所示。

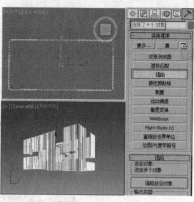

图21-47　　　　　　　　　　　　　　　　　图21-48

12 选择一个新的材质球，将其命名为"白漆"，使用"标准"材质，设置"高度级别"为5左右，为"漫反射"指定"位图"贴图，贴图为随书资源文件中的"贴图素材>Archexteriors1_003_stone_01.jpg"文件。进入"漫反射颜色"贴图层级面板，设置"模糊"为0.3，如图21-49所示。

13 将材质指定给选定模型，为模型施加"UVW贴图"修改器，选择"贴图"类型为"长方体"，设置"长度""宽度""高度"均为2000，如图21-50所示。

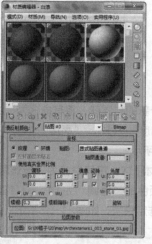
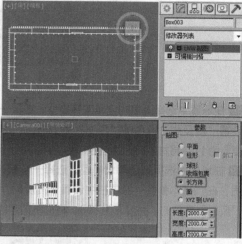

图21-49　　　　　　　　　　　　　　　　　图21-50

14 在场景中选择外套玻璃窗框模型，选择一个新的材质球，将其命名为"黑漆金属"，使用"标准"材质，设置"漫反射"颜色的"色调"为167、"饱和度"为159、"亮度"为40，设置"高度级别"为24、"光泽度"为17，将材质指定给选定模型，如图21-51所示。

15 在场景中选择台阶模型，选择一个新的材质球，将其命名为"大理石台阶"，将材质转换为"VRayMtl"材质，在"基本参数"卷展栏中设置"反射"颜色的"亮度"为25，设置"反射光泽度"为0.8，解锁"高光光泽度"防止曝光，如图21-52所示。

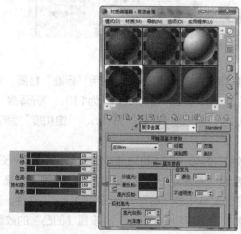
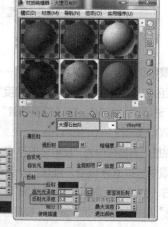

图21-51　　　　　　　　　　　　　　　　　图21-52

16 为"漫反射"指定"位图"贴图，贴图为随书资源文件中的" 贴图素材> 水磨石.jpg"文件，进入"漫反射颜色"贴图层级面板，如图21-53所示。

17 将材质指定给选定模型，为模型施加"UVW贴图"修改器，选择"贴图"类型为"长方体"，设置"长度""宽度""高度"均为500，如图21-54所示。

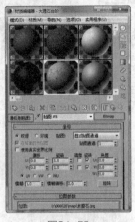

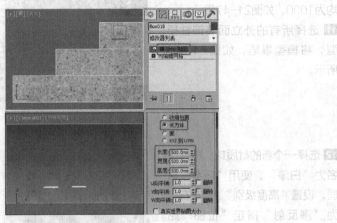

图21-53   图21-54

18 在场景中选择雨棚的金属架杆模型，选择一个新的材质球，将其命名为"浅灰色金属"，使用"标准"材质，设置"漫反射"颜色的"色调"为156、"饱和度"为13、"亮度"为181，设置"高度级别"为24、"光泽度"为17，将材质指定给选定模型，如图21-55所示。

19 在场景中选择玻璃幕墙模型，选择一个新的材质球，将其命名为"玻璃幕"，将材质转换为"VRayMtl"材质，在"基本参数"卷展栏中设置"漫反射"颜色的"色调"为145、"饱和度"为90、"亮度"为62，设置"反射"颜色的"亮度"为200，将材质指定给选定模型，如图21-56所示。

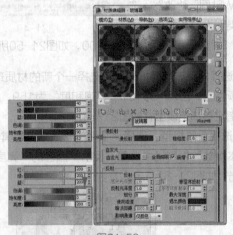

图21-55   图21-56

20 在场景中选择外套玻璃模型，选择一个新的材质球，将其命名为"玻璃幕-透"使用"标准"材质，设置"漫反射"颜色的"色调"为146、"饱和度"为145、"亮度"为60，设置"高度级别"为110、"光泽度"为60，设置"不透明度"为40；在"扩展参数"卷展栏中设置"过滤"颜色的"色调"为145、"饱和度"为62、"亮度"为120，如图21-57所示。

21 在"贴图"卷展栏中为"反射"指定"VR贴图"，设置"数量"为40，将材质指定给选定模型，如图21-58所示。

22 在场景中选择道牙模型，选择一个新的材质球，将其命名为"道牙"，使用"标准"材质，设置"高光级别"为10左右，为"漫反射"指定"位图"贴图，贴图为随书资源文件中的"贴图素材>路牙1.jpg"文件。进入"漫反射颜色"贴图层级面板，设置"模糊"为0.5，将"漫反射"贴图复制给"凹凸"，设置"凹凸"的数量为30，如图21-59所示。

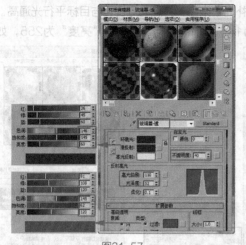
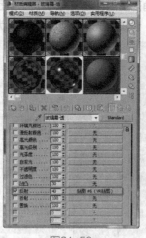
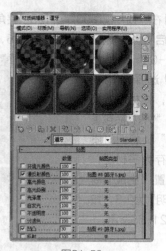

图21-57　　　　　　　　　　　图21-58　　　　　　　　　　图21-59

23 将材质指定给选定模型，为模型施加"UVW贴图"修改器，选择"贴图"类型为"长方体"，设置"长度"为1000、"宽度"为6000、"高度"为1000，如图21-60所示。

24 按<8>键打开"环境和效果"，为"环境贴图"指定"渐变"贴图，将贴图"实例"复制到一个新的材质球上，如图21-61所示。

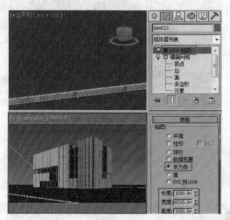

图21-60　　　　　　　　　　　　　　　　　图21-61

25 在"坐标"卷展栏中选择"贴图"的类型为"屏幕"，在"渐变参数"卷展栏中设置"颜色#1"颜色的"色调"为155、"饱和度"为135、"亮度"为255；设置"颜色#2"颜色的"色调"为150、"饱和度"为60、"亮度"为255；设置"颜色#3"颜色的"色调"为150、"饱和度"为15、"亮度"为255，如图21-62所示。

26 在"顶"视图中创建目标平行光，按<Shift+4>组合键切换到灯光视图，依次放大◎（灯光衰减区）和◎（灯光聚光区）范围，使范围包含整个场景。在"常规参数"卷展栏的"阴影"组中勾选"启用"，选择阴影类型为"VRay阴影"；在"强度/颜色/衰减"卷展栏设置"倍增"为1，设置灯光颜色的"色调"为28、"饱和度"为20、"亮度"为255，如图21-63所示。

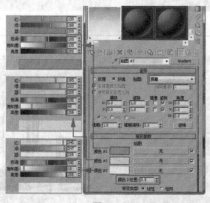

图21-62　　　　　　　　　　　　　　　　图21-63

27 在"顶"视图90°至120°夹角范围内创建泛光灯作为暗面补光和染色，将泛光灯调至与目标平行光通高。不开启阴影，设置"倍增"为0.05，设置灯光颜色的"色调"为146、"饱和度"为88、"亮度"为255，如图21-64所示。

28 选择草地材质，将材质转换为"VR材质包裹器"，将旧材质保存为子材质；设置"生成全局照明"为0.3，如图21-65所示。

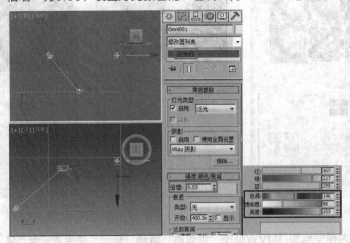

图21-64　　　　　　　　　　　　　　　　　图21-65

29 测试渲染当前场景，得到如图21-66所示的效果。

图21-66

实 例
193　配景素材的摆放及渲染

- **案例场景位置 |** DVD > 案例源文件 > Cha21 > 实例193
　　　　　　　配景素材的摆放及渲染
- **贴图位置 |** DVD > 贴图素材
- **视频教程 |** DVD > 教学视频 > Cha21> 实例193
- **视频长度 |** 32分21秒
- **制作难度 |** ★★★★☆

┤ 操作步骤 ├

　　在设置材质和灯光前，先设置测试渲染参数。

01 导入合并"小品.max"文件，通过摄影机视图观察，通过其他视图调整模型位置，如图21-67所示。

02 导入合并"车.max"文件，文件位于随书资源文件中的"案例源文件 > Cha21 > 配景素材"文

图21-67

件夹中，将车模放在停车位上，如图21-68所示。

03 在工具栏中单击"选择过滤器"，在弹出的列表中选择"组合"，弹出"过滤器组合"窗口，在"所有类别ID"组中选择"VR代理"，单击"添加"按钮，如图21-69所示，单击"确定"按钮，再次单击"选择过滤器"即可选择"VR代理"。

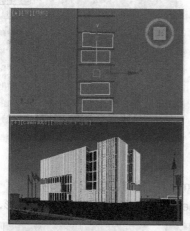
图21-68

图21-69

04 导入合并"植物.max"文件，将一堆花草灌木放于建筑右上方拐角处，再"实例"复制出一个绿篱，如图21-70所示。

05 复制出一些花草补齐镜头画面，如图21-71所示。

> **提示**
>
> 复制 VR 代理模型，必须使用"实例"复制，否则无法使用同一个 VR 代理文件，在渲染时会渲染出方块或者不显示；复制出来后，尽量使用旋转和缩放给植物的角度和大小做变化，使同一种素材不单调。在调整和复制植物时，应时时观看在摄影机视图中的变化，尽量用最少的素材摆放出丰富的画面。

06 复制灌木至楼体左侧，如图21-72所示。

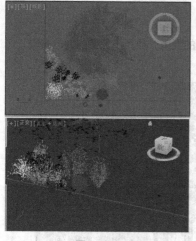
图21-70

图21-71

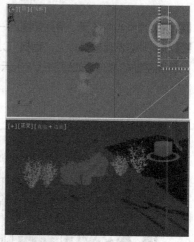
图21-72

07 移动并复制代理文件为"xingdaoshu001.vrmesh"的树，如图21-73所示。

08 移动并复制代理文件为"XU_archmodels58_040_.vrmesh"的树，如图21-74所示。

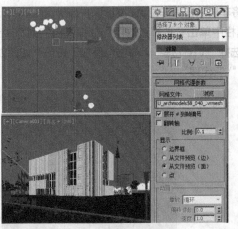

图21-73　　　　　　　　　　　　　　　　　　图21-74

09 移动并复制代理文件为"objArch31_015_obj_01.vrmesh"的树，如图21-75所示。

10 移动并复制代理文件为"archmodels58_009_00.vrmesh"的树作为左侧挂角和地面投影，如图21-76所示。

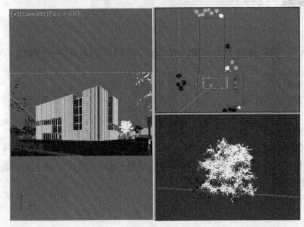
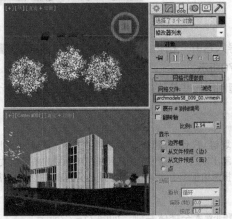

图21-75　　　　　　　　　　　　　　　　　　图21-76

11 测试渲染当前场景，得到如图21-77所示的效果。

12 移动并复制代理文件为"糖枫_C.vrmesh"的树，放置于楼前的作为玻璃的反射，放置于左侧的为远景树，作为画面空缺的补充，如图21-78所示。

图21-77　　　　　　　　　　　　　　　　　　图21-78

13 渲染场景，得到如图 21-79所示的效果。测试渲染完成后，我们将进行渲染的最后部分，渲染光子图并输出大图。

14 打开"渲染设置"面板，设置合适的渲染尺寸，如图21-80所示。

图21-79

图21-80

15 切换到"V-Ray"选项卡，在"V-Ray全局开关"卷展栏中勾选"不渲染最终的图像"，取消勾选"过滤贴图"和"光泽效果"，如图21-81所示。

16 切换到"间接照明"卷展栏，在"V-Ray发光图"卷展栏中选择"当前预置"为"中"，设置"半球细分"为50、"插值采样"为35；在"在渲染结束后"组中，勾选"自动保存"和"切换到保存的贴图"选项，单击"浏览"按钮设置一个存储路径，如图21-82所示。

17 单击"渲染"按钮渲染发光图，渲染完成后在"模式"组中，模式由"单帧"变为"从文件"，如图21-83所示。

图21-81

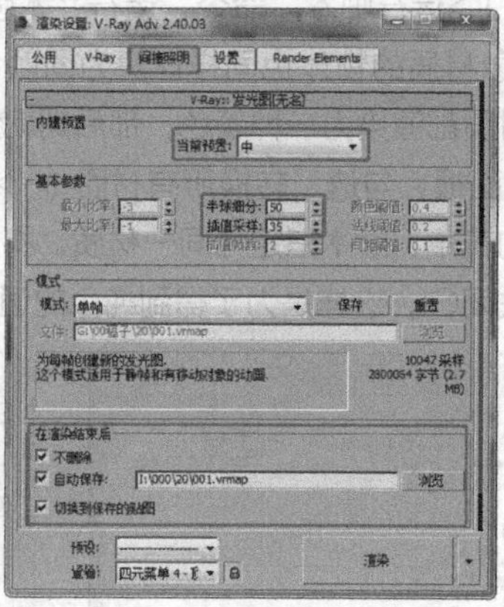

图21-82

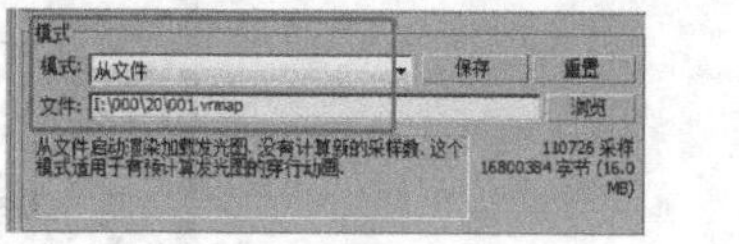

图21-83

18 切换到"公用"选项卡，设置最终输出尺寸，如图21-84所示。

19 切换到"V-Ray"选项卡，在"V-Ray全局开关"卷展栏中取消勾选"不渲染最终的图像"，勾选"过滤贴图""光泽效果"；在"V-Ray图像采样器（反锯齿）"卷展栏中选择"图像采样器"的"类型"为"自适应确定性蒙特卡洛"，打开"抗锯齿过滤器"，如图21-85所示。

20 切换到"设置"选项卡，在"V-Ray DMC采样器"卷展栏中设置"适应数量"为0.8、"嗓波阈值"为0.005，如图21-86所示。

图21-84

图21-85

图21-86

21 选择目标平行光，打开"区域阴影"，设置合适的区域阴影参数，提升阴影细分；提升各个"VRayMtl"材质中"反射"的"细分"，如图21-87所示。

22 渲染完成后的效果如图21-88所示，将图像存储为.tga格式，不压缩。

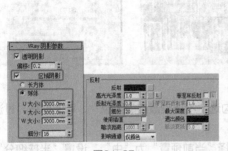

图21-87   图21-88

在渲染通道前一定要保存好场景，因为将材质转换后，场景材质是不可逆转的。且在渲染完通道后，不能保存场景。

23 在菜单栏中选择"MAXScript（X）>运行脚本"命令，运行"本强强"插件，如图21-89所示。该插件会将所有材质转换为标准材质，多维子对象材质的物体也同样计算为同颜色，主要针对VR代理物体，如植物、汽车等。一个物体有多种材质，如果每个材质都渲染为一种颜色，那后期就没法做了。

24 运行插件后弹出如图21-90所示的面板，勾选"转换所有材质（->Standard）"选项，单击"转换为通道渲染场景"按钮，然后手动将所有细碎的花草、灌木指定为同一材质。将所有的灯光删除或关闭；打开"渲染设置"面板，切换到"间接照明"选项卡，关闭GI，这样是为了得到纯色的通道图，不受其他因素影响。

图21-89   图21-90

25 渲染场景得到如图21-91所示的图像，将图像存储为.tga格式，不压缩。

26 再手动调节一张通道图，将主体建筑指定为同一材质，树分近、中、远及矮草灌木，其他的物体分为一种或两种颜色即可，渲染完成后的效果如图21-92所示，将图像存储为.tga格式，不压缩。

图21-91   图21-92

实例 194　商务楼的后期制作

- **案例场景位置 |** DVD > 案例源文件 > Cha21 > 实例194
  商务楼的后期制作
- **贴图位置 |** DVD > 贴图素材
- **视频教程 |** DVD > 教学视频 > Cha21 > 实例194
- **视频长度 |** 42分08秒
- **制作难度 |** ★★★★☆

操作步骤

01 运行Photoshop软件，选择"文件>打开"命令，或双击操作区空白处，打开之前渲染的效果图和两张通道图，选择"通道02"文件，按<V>键激活 ⊕（移动工具），按住<Shift>键将图像拖放到"效果图"文件的图像中，将图层命名为"通道2"，再将"通道01"文件中的图像拖放到"效果图"文件的图像中，将图层命名为"通道1"，如图21-93所示。

图21-93

02 在"图层"面板中选择"背景"图层，按<Ctrl+J>组合键复制图像到新的图层中；按<Ctrl+Shift+]>组合键将图层置顶；按<Ctrl+J>组合键复制图像到新的图层中，选择图层的混合模式为"柔光"。选择"通道2"图层，按<W>键激活 ✦（魔棒工具），设置"容差"值为10，取消勾选"连续"选项，先选择其中一种植物，再按住Shift键加选其他植物选区。选择"背景 副本2"图层，按<Delete>键删除，或按<E>键激活 ✐（橡皮擦工具）擦除较暗的区域，按<Ctrl+D>组合键撤销选区，设置图层的"不透明度"为30%，如图21-94所示。

> **提示**
>
> 使用"柔光"后，与下面的图层相结合，整体会增加彩色饱和度和对比度，亮处会稍微亮点，暗处会更暗，为了避免死黑以至于无法调节，应将植物和很暗的区域擦除。按 <V> 键激活 ⊕（移动工具）后，按数字键可直接更改图层的"不透明度"，如按 3 为 30%，连续按 2、3，则为 23%；如果激活了可设置透明度的工具时，会影响该工具的明度效果。

图21-94

03 按<Ctrl+E>组合键向下合并图层，再按<Ctrl+J>组合键复制出一层；切换到"通道"面板，按住<Ctrl>键并单击"Alpha1"通道的通道缩览图，按<Ctrl+Shift+I>组合键反选，选择天空选区，如图21-95所示。

> **提示**
>
> 再复制出一个图层来是因为后面需要剪切天空图层，但是在 PS 中剪切的选区边缘会有 0.5 个像素的损失，这样是将原图层作为底板用，不会出现漏的地方。使用"Alpha1"通道选择天空选区，是因为这样选出的天空选区比较纯净。

图21-95

04 单击"RGB"通道，再切换到"图层"面板，选择"背景 副本2"图层，按<Ctrl+Shift+J>组合键剪切图像到新的图层中，将其命名为"天空背景"，按<Ctrl+[>组合键后移一层，右击"背景 副本2"图层的 ◉（指示图层可见性），将其标注以方便查找，如图21-96所示。

图21-96

05 双击█（以快速蒙版模式编辑）按钮，弹出"快速蒙版选项"，确定"色彩指示"为"所选区域"，单击"确定"按钮，按<Q>键退出快速蒙版；单击选择"天空背景"图层，按住<Ctrl>键单击"天空背景"图层的图层缩览图，选择选区，按<Q>键进入快速蒙版，按<W>键使用█（魔棒工具）选择红色选区，按<G>键激活█（渐变工具），从右上至左下拉出渐变，一次不合适可以多拉几次渐变，如图21-97所示。

图21-97

06 按<Q>键退出快速蒙版，如果感觉有选区框不方便观察，可以按<Ctrl+H>组合键隐藏额外的选区框，按<Ctrl+M>组合键打开"曲线"，压暗选区中的图像，如图21-98所示。完成曲线后再按<Ctrl+H>组合键显示额外的选区框，按<Ctrl+D>组合键撤销选区。

图21-98

07 打开"天空001.jpg"文件，文件位于随书资源文件"案例源文件 > Cha21 > 后期素材"文件夹中，如图21-99所示。

08 按<V>键激活█（移动工具），按住<Shift>键将图像拖放到效果图文件中，将图层命名为"云"，按<Ctrl+[>组合键后移一层，按<Ctrl+T>组合键打开"自由变换"，调整图像的大小，如图21-100所示。按<Enter>键确定调整。

图21-99

图21-100

09 按<Shift+Ctrl+U>组合键"去色",按<Ctrl+L>组合键打开"色阶",在"输入色阶"中调整滑块,增加对比,以能观看清楚图片为准,如图21-101所示。

图21-101

10 选择图层的混合模式为"滤色",设置合适的"不透明度",如图21-102所示。

图21-102

11 打开"TA90草地.PSD"文件,文件位于随书资源文件"案例源文件 > Cha21 > 后期素材"文件夹中,在图层面板中选择前两个图层,在图层面板底部单击 ∞ (链接图层)按钮,将两个图层链接解除锁定,如图21-103所示。选择第2个图层,将图像拖放入效果图文件中。

图21-103

12 将图层命名为"远景草"，该图像主要用于填补草地的空白处，按<Ctrl+T>组合键打开"自由变换"，调整图像大小；选择天空选区，选择"通道1"图层，按<W>键激活 （魔棒工具），按住<Shift>键加选草地选区，选择"远景草"图层，单击 ![按钮]（添加图层蒙版）按钮，单击 ![按钮]（指示图层蒙版链接到图层）按钮解锁，如图21-104所示。

图21-104

13 单击图层缩览图选择图层图像，按<Ctrl+L>组合键打开"色阶"，增加色彩和明暗对比，如图21-105所示。

图21-105

14 按<Ctrl+J>组合键复制图像到新的图层中，调整图像的位置，按<E>键激活 （橡皮擦工具），设置合适的不透明度，擦除衔接处生硬的地方，如图21-106所示。

图21-106

15 再复制一个远景草图层，调整图像至楼体左侧，使用<Ctrl+T>组合键打开"自由变换"，调整图像的角度和大小，如图21-107所示。

图21-107

16 选择3个远景草图层，按<Ctrl+E>组合键合并图层。打开"配楼001.psd"文件，将图像拖放入效果图文件中，按<Ctrl+T>组合键打开"自由变换"，先均匀调整图像大小，再右击图像，在弹出的菜单中选择"水平翻转"命令，如图21-108所示。按<Enter>键确定调整。

图21-108

17 按住<Ctrl>键单击天空图层缩览图选择选区，按住<Ctrl+Shift>组合键，单击远景草的图层缩览图，添加选区，单击 （添加图层蒙版）按钮，为"配楼01"添加图层蒙版，将图层和蒙版解锁，调整图像位置，按<M>键使用 （矩形选框工具）选取多余的部分，按<Delete>键删除，为图层设置合适的"不透明度"，稍微调亮图像；使用同样方法制作"配楼02"，如图21-109所示。

图21-109

18 选择两个配楼图层，按<Ctrl+E>组合键合并图层。单击 ✎（吸管工具），吸一下楼体附近的天空，得到如图21-110所示的颜色。

19 按<G>键激活 ▇（渐变工具），单击 ▇▇▇▇▼（点按可编辑渐变），选择"预设"为第2种"前景色到透明渐变"，单击"确定"按钮，如图21-111所示。

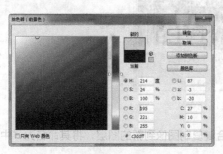

图21-110　　　　　　　　　　　　　图21-111

20 单击 ▣（创建新图层）按钮创建空层，将其命名为"远景配楼雾效"，从上往下拉出渐变，如图21-112所示。

图21-112

21 选择图层的混合模型是"滤色"，设置"不透明度"为60%，按<Ctrl+M>组合键打开"曲线"，压暗图像，如图21-113所示。

图21-113

22 使用通道选择如图21-114所示的选区，选择"背景 副本2"图层，按<Ctrl+J>组合键复制图像到新的图层，将其命名为"远景树"，使用"色阶"提亮选区，如图21-114所示。

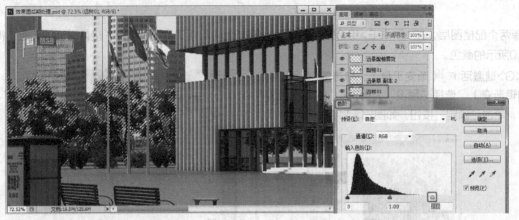

图21-114

23 使用通道图层选择中景的绿篱和树，按<Ctrl+J>组合键复制图像到新的图层，将其命名为"中景绿篱和树"，使用"色阶"调整图像，如图21-115所示。

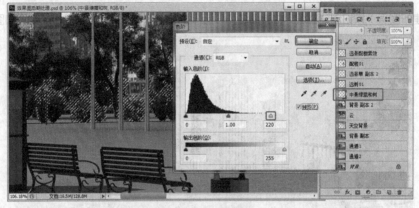

图21-115

24 按<Ctrl+B>组合键打开"色彩平衡"，选择"色调平衡"为高光，加一点青蓝色，如图21-116所示。

图21-116

25 使用"通道1"图层，选择外立面装饰柱选区，选择"背景 副本2"图层，按<Ctrl+J>组合键复制图像到新的图层，将其命名为"石墙装饰"，使用"色阶"调整增加色彩和明暗对比，如图21-117所示。

图21-117

26 按<Ctrl+B>组合键打开
"色彩平衡",选择"色调
平衡"为阴影,加一点青蓝
色,选择"色调平衡"为高
光,加一点红黄色,单击
"确定"按钮,如图21-
118所示。

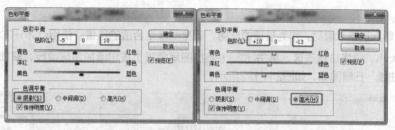

图21-118

27 使用"通道1"图层,选择内侧玻璃幕选区,使用"背景 副本2"图层将图像复制到新的图层中,将其命名为
"玻璃01",使用"色阶"增强对比,如图21-119所示。

图21-119

28 使用快速蒙版
选择上半部分选
区,使用"曲
线"提亮,如图
21-120所示。

图21-120

29 使用快速蒙版选择下半部分选区，使用"曲线"压暗，如图21-121所示。

图21-121

30 再次导入远景草素材，作为玻璃的反射，调整图像至合适的位置，使用<Ctrl+T>组合键打开"自由变换"，调整图像大小，选择玻璃选区，单击 ▣ （添加图层蒙版）按钮添加图层蒙版，解锁图层和图层蒙版，选择图层，使用"曲线"压暗图像，如图21-122所示。

图21-122

31 使用"通道1"图层选择外套玻璃幕选区，使用"背景 副本2"图层将图像复制出来，使用"曲线"提亮选区，如图21-123所示。

图21-123

32 使用 ▣（矩形选框工具）选择如图21-124所示的选区，使用"曲线"压暗图像。

图21-124

33 使用"通道1"图层选择地面选区，使用"背景 副本2"图层将图像复制出来，将其命名为"地面"，使用"色阶"增强对比，如图21-125所示。

图21-125

34 按<Ctrl+B>组合键打开"色彩平衡"，选择"中间调"，添加青蓝色，如图21-126所示。

图21-126

35 使用"通道1"图层选择草地选区，使用"背景 副本2"图层将图像复制出来，将其命名为"草地"，使用"色彩平衡"的"中间调"加点青蓝色，如图21-127所示。

图21-127

36 使用"前景色"吸一下电话亭玻璃的上部分颜色，使用"通道1"图层选择电话亭玻璃选区，使用"背景 副本2"图层将图像复制出来，将其命名为"电话亭玻璃"。电话亭玻璃反射的图像太过空旷，所以按住<Ctrl>键单击图层缩览图选择选区，按<Alt+Delete>组合键填充前景色，使玻璃不反射，如图21-128所示。

37 按<Ctrl+R>组合键打开"标尺"，从上标尺拉出标尺线作为人高度的参考，参照物可以为轿车、一层高度、电话亭等，调至大体1.7米的高度即可，如图21-129所示。

图21-128

图21-129

38 打开"人.psd"素材文件，分别插入人物并调整，如拖入"人001"，使用"自由变换"调整大小，使用"色阶"调整对比，如图21-130所示。

图21-130

39 按<Ctrl+J>组合键复制图像到新的图层，按<Ctrl+[>组合键后移一层，使用<Ctrl+T>组合键打开"自由变换"，按住<Ctrl>键调整上边的中点，再稍微调整角度使脚的位置对齐，如图21-131所示。

图21-131

40 按<Ctrl+U>组合键打开"色相/饱和度"，先将"明度"降低，使图像变黑，再次按<Ctrl+U>组合键打开"色相/饱和度"，先将"明度"提高，使图像变灰，使其亮度与其他阴影差不多，如图21-132所示。

图21-132

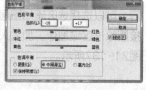

图21-133

41 按<Ctrl+B>组合键打开"色彩平衡"，使用"中间调"添加青蓝，如图21-133所示。

42 为图层设置合适的"不透明度"，在菜单栏中选择"滤镜>模糊>高斯模糊"命令，设置合适的模糊半径，如图21-134所示。

图21-134

43 选择"人001"，再次复制出一层作为铺装反射，按<Ctrl+T>组合键打开"自由变换"，右击图像，在弹出的菜单中选择"垂直翻转"，按<Enter>键确定；使用快速蒙版从下至上做选区，如图21-135所示。

图21-135

44 按<Delete>键删除图像，按
<Ctrl+D>组合键撤销选区，设置合适的
"不透明度"，如图21-136所示。

图21-136

45 使用同样方法添加人物素材，应注意
人物素材的向阳面、色调、明暗、阴影方
向的统一性，如人007在右侧挂角和路灯
后，可以选择选区添加图层蒙版，或者直
接删除该区域图像。加入人物后的效果如
图21-137所示。

图21-137

46 使用"通道2"图
层选择近景的挂角
树，通过"背景 副本
2"将图像复制出来，
使用"色阶"提亮，
如图21-138所示。

图21-138

47 单击 （创建新
图层）按钮创建空
层，将其命名为"喷
光"，选择图层的混
合模式为"颜色减
淡"；双击图层缩览
图，弹出"图层样
式"窗口，在"高级
混合"组中取消勾选
"透明形状图层"，

图21-139

单击"确定"按钮；单击"前景色"，设置前景色为红黄之间，饱和度较低；按B键激活 （画笔工具），在工
具属性栏中设置"不透明度"为5%至10%，使用<键和>键调整笔刷大小，在玻璃、地面、树的受光面等需要高
亮的位置喷光；为图层设置合适的"不透明度"，如图21-139所示。

48 按<Ctrl+Shift+Alt+E>组合键盖印可见图层到新的图层中，按<Ctrl+Alt+2>组合键提取高亮，按<Ctrl+J>组合键复制图像到新的图层中，将图层命名为"提取高亮"，如图21-140所示。

图21-140

49 选择图层的混合模式为"滤色"，在菜单栏中选择"滤镜>模糊>高斯模糊"命令，设置合适的模糊半径，如图21-141所示。

图21-141

50 为图层设置合适的"不透明度"，如图21-142所示。

图21-142

51 选择之前盖印的图层，将其命名为"高反差"，选择图层的混合模式为"叠加"，在菜单栏中选择"滤镜>其他>高反差保留"命令，设置合适的参数，如图21-143所示。

图21-143

52 按<Ctrl+Shift+Alt+E>组合键盖印可见图层到新的图层中，将其命名为"四角压暗"，选择图层的混合模式为"正片叠底"，使用"曲线"稍微压暗图像，如图21-144所示。

图21-144

53 按<E>键激活 ✎（橡皮擦工具），选择一种柔边的笔刷，按<0>键设置"不透明度"为100%，擦除中间区域，为图层设置合适的"不透明度"，如图21-145所示。

图21-145

第

22

章

室外别墅的制作

本章介绍别墅效果图的制作。在本案例中，读者主要可学到室外CAD建模的基本流程和技巧、各种砖瓦材质的体现以及后期制作的技巧。

本章案例的最终效果如图22-1所示。

图22-1

| 实 例 **195** | 别墅模型的建立 |

● **案例场景位置 |** DVD > 案例源文件 > Cha22 > 实例195
　　　　　别墅模型的建立

● **贴图位置 |** DVD > 贴图素材

● **视频教程 |** DVD > 教学视频 > Cha22 > 实例195

● **视频长度 |** 2小时37分42秒

● **制作难度 |** ★★★★★

━┃ **操作步骤** ┃━

01 打开3ds Max 2014软件，单击■（应用程序）按钮，选择"导入"命令，选择需要导入的一层平面图纸，鼠标双击文件或单击"打开"按钮，导入平面图纸，如图22-2所示。

02 在3ds Max中会弹出"Auto CAD导入选项"对话框，单击"确定"按钮，如图22-3所示。

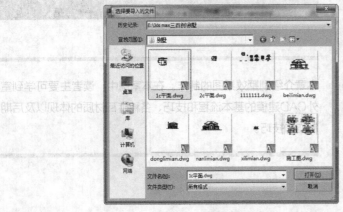

图22-2　　　　　　　　　　图22-3

03 将导入的图形"成组"，并为其命名，将线框颜色改为黑色，选择图形，按<W>键改为移动模型，在坐标栏中鼠标右击双箭头按钮，将X/Y/Z轴的坐标归0，如图22-4所示。

04 然后依次导入南立面、西立面、东立面、北立面、二层平面、屋顶平面图纸，调整各图纸的位置和方向。在平面中一般是上北下南、左西右东，在"顶"视图中将南立面放置于平面上方、北立面放置于平面下方、东立面放置于平面的左方、西立面放置于平面的右方，这样放置图纸便于在建模时观察模型，如图22-5所示。

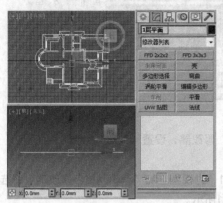

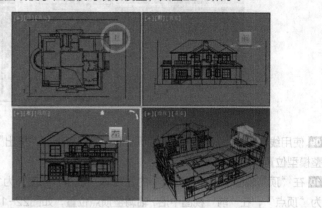

图22-4

图22-5

> **提示**
>
> 在导入立面后，应先在"顶"视图根据平面对齐位置，再旋转方向对齐立面位置。

05 在场景中选择一层平面、南立面、西立面，右击鼠标，在弹出的四元菜单中选择"隐藏未选定对象"，再次右击鼠标，选择"冻结当前选择"命令将图形冻结，如图22-6所示。

06 右击鼠标，在弹出的四元菜单中选择"保存场景状态"命令，在弹出的"保存场景状态"窗口中输入场景状态名称为"1c西南"，将当前场景状态存储下来。切换到图标（显示）命令面板，在"冻结"卷展栏中单击"按点击解冻"按钮，点击一层平面将其解冻，并将一层平面隐藏；右击鼠标，在弹出的四元菜单中选择"按名称取消隐藏"命令，在弹出的对话框中选择二层平面使其显示，冻结二层平面图纸，右击鼠标，保存当前场景状态，命名为"2c西南"；使用同样的方法保存"1c东北""2c东北""屋顶"图纸的场景状态。在室外建模时一般先创建南立面，右击鼠标，在弹出的四元菜单中选择"恢复场景状态>1c西南"选项，恢复一层、西立面、南立面的图纸状态，如图22-7所示。

图22-6

图22-7

07 激活"顶"视图，打开█（2.5维捕捉开关），按住<Ctrl>键，右击鼠标，在弹出的快捷菜单中选择"线"命令，勾出楼梯踏步旁的墙体结构，为图形施加"挤出"修改器，设置合适的高度，为模型施加"编辑网格"修改器，将选择集定义为"顶点"，在"前"视图中用捕捉沿Y轴调点，如图22-8所示。

08 使用同样方法创建矩形并施加"挤出"修改器作为踏步模型，为模型施加"编辑网格"修改器，将选择集定义为"元素"，激活"左"视图和捕捉开关，按<F8>键使用轴约束沿XY轴移动复制元素，如图22-9所示。

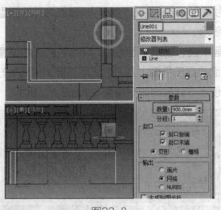
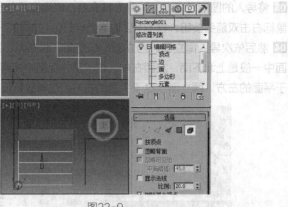

图22-8   图22-9

09 使用线在"顶"视图中勾出封闭图形，为图形施加"挤出"修改器，设置"数量"为150，在"前"视图中调整模型位置，如图22-10所示。

10 在"顶"视图中创建合适大小的圆柱体，设置"高度"为1，为模型施加"编辑网格"修改器，将选择集定义为"顶点"，在"前"视图中沿Y轴调整顶点位置，如图22-11所示。

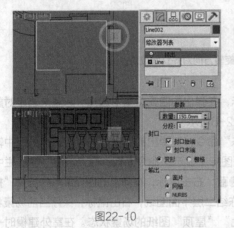

图22-10   图22-11

11 用线在"顶"视图中勾出如图22-12所示的图形，为图形施加"挤出"修改器，为模型施加"编辑网格"修改器，在"前"视图中调整顶点位置；继续在"顶"视图中使用矩形创建门上墙体模型。

12 在"前"视图中根据图纸勾出门槛、门套、门框图形，为图形施加"挤出"修改器，设置合适的"数量"，在"顶"视图中调整模型的位置，如图22-13所示。

> **提示**
>
> 门槛内边应比门洞墙内边稍大，比墙稍多出 10 至 20mm，门套和门框在墙中间即可。

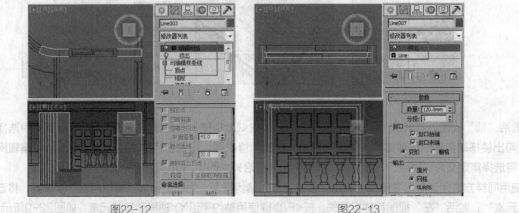
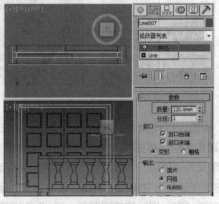

图22-12   图22-13

13 激活"前"视图，先使用矩形勾出门板的外框线，取消勾选"开始新图形"，继续用矩形勾出一个小矩形，将选择集定义为"样条线"，使用移动复制法复制样条线，关闭选择集，为图形施加"挤出"修改器，设置"数量"为60，在"顶"视图中调整模型至合适的位置，如图22-14所示。

14 在"前"视图中创建两个矩形作为门洞边框模型，为图形施加"挤出"修改器，设置合适的"数量"，为模型施加"编辑网格"修改器，将选择集定义为"元素"，使用移动复制法复制元素，如图22-15所示。

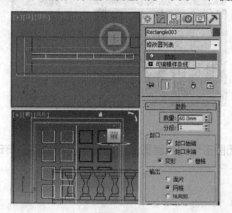 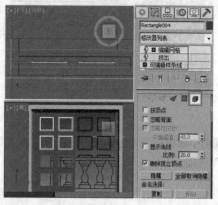

图22-14　　　　　　　　　　　　　　　　图22-15

15 选择踏步右侧围墙模型，将模型转换为"可编辑多边形"，将选择集定义为"边"，在"前"视图中从左至右框选最上层的边，在"编辑边"卷展栏中单击"利用所选内容创建图形"按钮，在弹出的"创建图形"对话框中选择"图形类型"为"线性"，单击"确定"按钮，如图22-16所示。

16 选择利用围墙模型创建的图形，将选择集定义为"样条线"，设置"轮廓"的数值为50，选择如图22-17所示的原始样条线，按<Delete>键删除，为图形施加"挤出"修改器，根据南立面调整数量。

 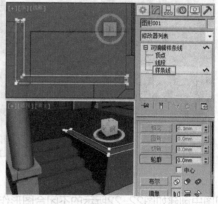

图22-16　　　　　　　　　　　　　　　　图22-17

17 激活"左"视图，使用线勾出如图22-18所示的图形，在"插值"卷展栏中设置"步数"为2，如图22-18所示。

> **提示**
>
> 在室外建模中应注意控制模型的面数。

18 为图形施加"车削"修改器，设置"度数"为360、勾选"焊接内核"、"分段"为16、"方向"为"Y"、"对齐"为"最小"，使用移动复制法"实例"复制模型，如图22-19所示。

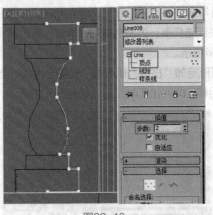

图22-18　　　　　　　　　　　　　　　　　　　　图22-19

19 在"前"视图中根据图纸勾出如图22-20所示的封闭图形作为截面图形，选择右下角顶点，右击鼠标，选择"设为首顶点"选项。

> **提示**
>
> 设置首顶点是便于选择扫描时截面位于路径的位置。

20 在"顶"视图中创建3点的线作为路径，为图形施加"扫描"修改器，在"截面类型"卷展栏中选择"使用自定义截面"，单击"拾取"按钮，拾取创建的截面，在"扫描参数"卷展栏中勾选"XZ平面上的镜像"，在"轴对齐"组中选择合适的对齐轴点，如图22-21所示。

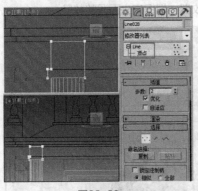
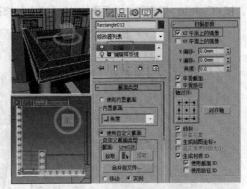

图22-20　　　　　　　　　　　　　　　　　　　　图22-21

21 在"前"视图中创建如图22-22所示的不闭合图形作为剖面，在"顶"视图中创建矩形作为路径，为矩形施加"倒角剖面"修改器，在"参数"卷展栏中单击"拾取剖面"按钮，拾取剖面，将选择集定义为"剖面Gizmo"，打开角度捕捉，在"前"视图中调整Gizmo的角度。

22 将模型转换为"可编辑多边形"，将选择集定义为"顶点"，调整顶点的位置，如图22-23所示。

> **提示**
>
> 也可以将选择集定义为"多边形"，将用不到的多边形删除，然后再缩放顶点，先选择同轴向需要缩放的顶点，激活 ▣（选择并挤压）、▣（使用选择中心）、▣（偏移模式变换输入），如需沿Y轴缩放则右击绝对值输入"Y"后的▣按钮，则选中顶点在Y轴为同坐标，该方法只适用于"编辑多边形"和"可编辑多边形"。

图22-22　　　　　　　　　　　　　　　　　　图22-23

23 根据图纸，在"顶"视图中勾出客厅的部分底墙图形，施加"挤出"修改器挤出模型，并施加"编辑网格"修改器调整高度，使用同样的方法创建出客厅外墙檐口，如图22-24所示。

24 继续创建如图22-25所示的模型。

> **提示**
>
> 该模型是在"左"视图根据西立面画出的。

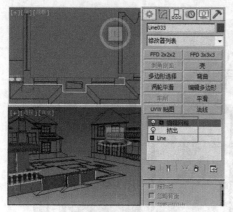

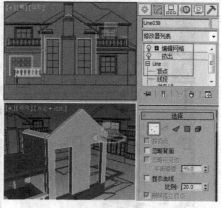

图22-24　　　　　　　　　　　　　　　　　　图22-25

25 创建平面作为玻璃，调整模型的大小、位置和角度，如图22-26所示。

26 根据图纸创建1楼客厅右侧的墙体、窗框、窗格、玻璃，调整模型至合适的位置，如图22-27所示。

> **提示**
>
> 同材质的模型尽量使用一个物体即可。

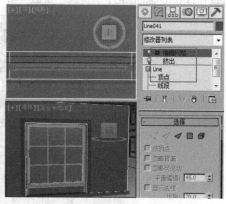

图22-26　　　　　　　　　　　　　　　　　　图22-27

27 根据图纸创建入户门2楼的墙体、窗框、窗格、玻璃以及阳台围栏和围栏柱，如图22-28所示。

28 根据图纸创建右侧的2层阳台及墙体结构，如图22-29所示。

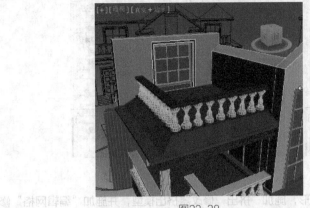
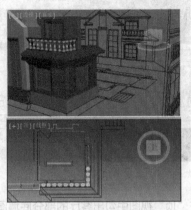

图22-28　　　　　　　　　　　　　　　　　图22-29

29 根据图纸创建烟囱及烟囱檐口的结构，如图22-30所示。

30 根据图纸创建客厅的顶和檐口结构，如图22-31所示。

提示

有在图纸中看不到的线时，先创建顶点，再根据调整顶点时线的变化确定顶点位置。

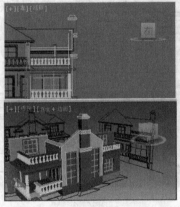
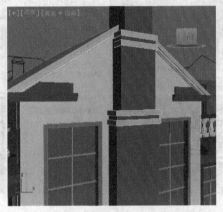

图22-30　　　　　　　　　　　　　　　　　图22-31

31 根据图纸创建图形，制作左侧弧形墙体的上下墙及檐口，如图22-32所示。

32 修改弧形墙的图形，并施加"挤出"和"编辑网格"修改器，制作如图22-33所示的墙体。

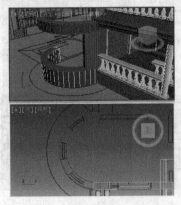
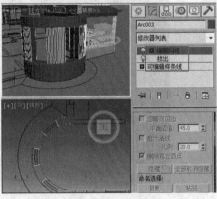

图22-32　　　　　　　　　　　　　　　　　图22-33

33 根据南立面图纸创建弧形墙体的窗套、窗框和玻璃，调整好模型位置后，为横向的模型设置分段，如图22-34所示。

34 选择模型，为模型施加"弯曲"修改器，在"参数"卷展栏中选择"弯曲轴"为"X"，设置弯曲的"角度"和"方向"，调整模型位置，如图22-35所示。

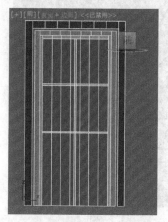

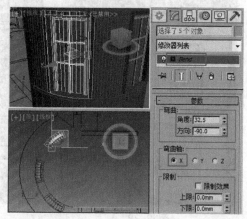

图22-34　　　　　　　　　　　　　图22-35

35 在"前"视图中根据南立面创建如图22-36所示的弧形墙的檐口和瓦的截面图形，再根据墙体外边创建一个弧形，为弧施加"扫描"修改器，拾取截面，将模型转换为"可编辑多边形"，使用 🔲（选择并挤压）、🔲（使用选择中心）、🔯（偏移模式变换输入），将选择集定义为"顶点"在"顶"视图中选择右侧的顶点，在坐标栏中右击"X"后的 🔹按钮将顶点位置归零，再调整顶点。

36 在"前"视图中根据图纸创建围栏柱，在"顶"视图中捕捉围栏檐口的中点创建弧，选择围栏柱模型，按<Shift+I>组合键打开"间隔工具"，拾取弧，选择间隔类型为"计数"并设置数量为14，选择"前后关系"为"边"，单击"应用"，再单击"关闭"，如图22-37所示。删除原始模型，并调整间隔复制的模型至合适的位置。

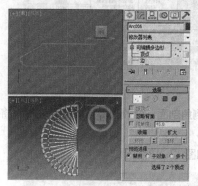

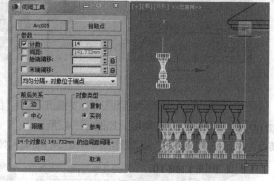

图22-36　　　　　　　　　　　　　图22-37

37 根据西立面创建墙体，复制窗框、窗套、玻璃、下墙、檐口模型，并修改模型，调整后的模型如图22-38所示。

38 恢复场景中的屋顶平面，打开捕捉开关，使用线创建图22-39中标示的封口图形，取消勾选"开始新图形"，继续创建其他的图形。

> **提示**
>
> 要依次创建图形以防遗漏。

39 为图形施加"编辑网格"修改器，将选择集定义为"线"，先调横向线，再调竖向线的位置，调整后的模型如图22-40所示。

提示

选点时要拖曳鼠标框选，不要单击点选，否则模型会出现缝隙。

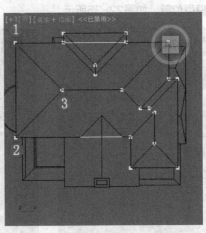

图22-38　　　　　　　　　　　　　图22-39

40 创建如图22-41所示的不封闭图形作为剖面图形，将选择集定义为"顶点"，选择顶点，右击鼠标，选择"设为首顶点"。

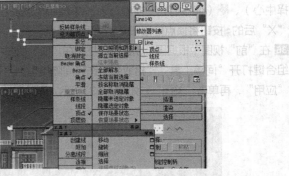

图22-40　　　　　　　　　　　　　图22-41

41 在"顶"视图中沿着墙体外侧创建封闭图形，为图形施加"倒角剖面"修改器，拾取剖面图形，将选择集定义为"剖面Gizmo"，调整Gizmo的角度，如图22-42所示。

42 将模型转换为"可编辑网格"，根据图纸调整模型的顶点，如图22-43所示。

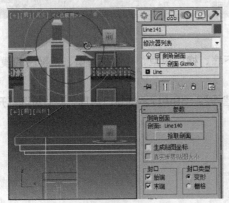
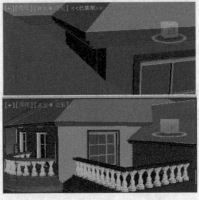

图22-42　　　　　　　　　　　　　图22-43

43 根据图纸创建线作为别墅的封口墙体，为线施加"挤出"，将模型转换为"可编辑网格"，调整模型的顶点，如图22-44所示。

44 在场景中选择如图22-45所示的模型，将模型转换为"可编辑多边形"，将选择集定义为"多边形"，选择顶部的两个多边形，在"编辑几何体"卷展栏中单击"分离"按钮，将模型分离出去。使用同样的方法将弧形墙上的瓦模型分离出来。

图22-44

图22-45

实例 196

别墅的材质、地形和渲染

● 案例场景位置 | DVD > 案例源文件 > Cha22 > 实例196
　　　　　　　　 别墅的材质、地形和渲染

● 贴图位置 | DVD > 贴图素材

● 视频教程 | DVD > 教学视频 > Cha22 > 实例196

● 视频长度 | 58分45秒

● 制作难度 | ★★★★★

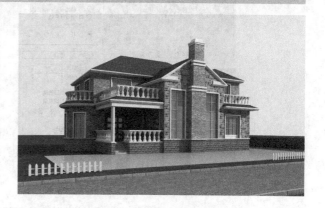

■ 操作步骤 ■

01 选择场景中同材质的模型，切换到"实用程序"选项卡，在"实用程序"卷展栏中单击"塌陷"按钮，在"塌陷"卷展栏中单击"塌陷选定对象"按钮即可，如图22-46所示，将模型按材质塌陷可减少模型物体个数，以保证场景的运行及渲染的流畅。

02 将场景中除了瓦材质的所有模型按材质塌陷，并按材质名称命名，如图22-47所示。

图22-46

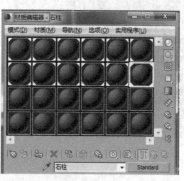

图22-47

03 在"顶"视图中创建"VR物理摄影机",将"透视"图转换为摄影机视图,在"基本参数"卷展栏中设置"焦距"为35、单击"猜测横向"后的"猜测横向"按钮,取消"曝光"和"光晕"选项的勾选,如图22-48所示。

04 在"顶"视图中创建平面作为地面,如图22-49所示。

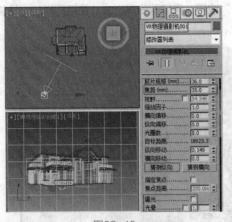
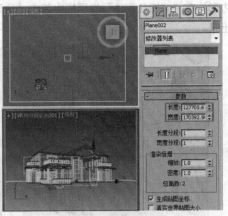

图22-48 图22-49

05 在"顶"视图中创建模型作为马路模型,如图22-50所示。

06 创建如图22-51所示的图形作为铺装模型,为模型施加"挤出"修改器,设置与马路同样的高度。

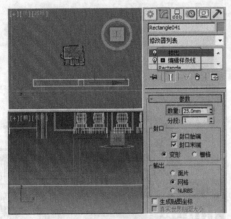

图22-50 图22-51

07 创建如图22-52所示的横向道牙模型,道牙的宽度一般为100mm、高度为150mm,需留出铺装出口位置。

08 继续创建竖向的道牙模型,如图22-53所示。

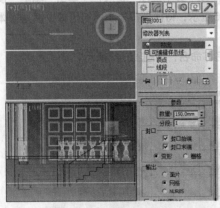
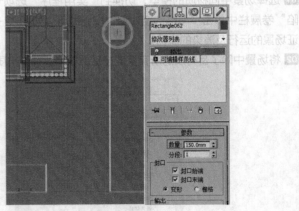

图22-52 图22-53

09 创建如图22-54所示的篱笆模型，篱笆模型的摆放应以不遮挡主体建筑为前提，如果不能避免遮挡建筑，必须留出建筑的入户位置。

> **提示**
>
> 在创建模型时，应同时将新的材质球指定给模型。

10 单击 ⚙（渲染设置）按钮或按<F10>键打开"渲染设置"面板，在"公用参数"卷展栏中设置一个较小的渲染尺寸，锁定图像纵横比，如图22-55所示。

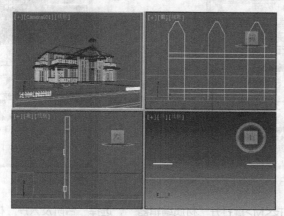

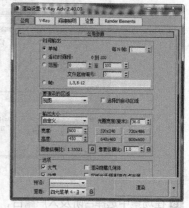

图22-54　　　　　　　　　　　　　　　　图22-55

11 切换到"V-Ray"选项卡，在"V-Ray全局开关"卷展栏中的"材质"组中设置"反射/折射"的"最大深度"为2并勾选，在"光线跟踪"组中设置"二次光线偏移"为0.001；在"V-Ray图像采样器（抗锯齿）"卷展栏中选择"图像采样器"的类型为固定，取消勾选"抗锯齿过滤器"的"开"将其关闭。如图22-56所示。

12 切换到"间接照明"选项卡，在"V-Ray间接照明"卷展栏中勾选"开"选项打开GI，设置"二次反弹"的"全局照明引擎"为"BF算法"，在"V-Ray发光图"卷展栏中先选择"当前预置"为"非常低"，再选择自定义，设置"最小比率"为-5、"最大比率"为-4、"半球细分"为20、"插值采样"为20，如图22-57所示。

图22-56　　　　　　　　　　　　　　图22-57

13 切换到"设置"选项卡，在"VR系统"卷展栏中设置"最大树形深度"为90、"动态内存限制"为当前电脑的内存大小，选择"默认几何体"为"动态"、"区域排序"为"上->下"，如想从下向上渲染可勾选"反向排序"，在"V-Ray日志"组中取消勾选"显示窗口"，如图22-58所示。

> **提示**
>
> 室外建筑由于受环境、灯光的影响较多，调整材质时先给较低的参数，以方便快速地调整材质。

14 在场景中选择围栏柱模型，选择"围栏柱"材质球，由于会受天光影响，白色围栏柱应受到一点色溢，所以稍微给点青蓝之间的色调，为了防止曝光，纯白色物体的亮度一般不会给满。在"Blinn基本参数"卷展栏中设置

"环境光"和"漫反射"的"色调"为149、"饱和度"为6、"亮度"为247,设置"高光级别"为20、"光泽度"为30,将材质指定给围栏柱模型,如图22-59所示。

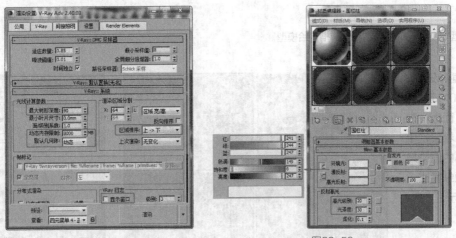

图22-58   图22-59

15 在场景中选择台阶及入户露台,按<M>键打开"材质编辑器",选择"台阶及入户"材质球,在"贴图"卷展栏中为"漫反射颜色"指定"位图"贴图,贴图为随书资源文件中的"贴图素材 > 方砖面.JPG"文件,进入"漫反射颜色"贴图层级面板,设置"模糊"值为0.6,如图22-60所示。

16 返回上一级,将"漫反射颜色"的位图贴图复制给"凹凸",设置"凹凸"的数量为10,将材质指定给模型,如图22-61所示。

17 为模型施加"UVW贴图"修改器,在"参数"卷展栏中选择贴图类型为"长方体",设置合适的长度、宽度、高度,将选择集定义为"Gizmo",调整下贴图在模型上的位置,如图22-62所示。

  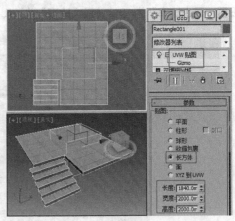

图22-60   图22-61   图22-62

18 在场景中选择门模型,选择"门"材质球,将材质转换为"VRayMtl"材质,在"基本参数"卷展栏中设置反射的"反射光泽度"为0.9,解锁"高光光泽度",高光光泽度为1时没有高光,可以防止曝光,如图22-63所示。

19 为反射指定"衰减"贴图,选择"衰减类型"为Fresnel,设置"折射率"为1.2,如图22-64所示。

20 为"漫反射"指定"位图"贴图,贴图为随书资源文件中的"贴图素材 > CHERRYWD007.jpg"文件,进入"漫反射贴图"层级面板,在"坐标"卷展栏中设置"模糊"为0.5,设置"角度"的W值为90,将材质指定给模型,如图22-65所示。

图22-63　　　　　　　　图22-64　　　　　　　　图22-65

21 为模型施加"UVW贴图"修改器，在"参数"卷展栏中选择贴图类型为长方体，设置合适的长度、宽度、高度，如图22-66所示。

22 在场景中选择玻璃模型，选择"玻璃"材质球，设置"环境光"和"漫反射"的"色调"为青蓝之间，"饱和度"一半左右，"亮度"为一半稍暗，设置"不透明度"为70，设置"高光级别"为100、"光泽度"为46，在"扩展参数"卷展栏中设置"过滤"颜色，设置"色调"为149、"饱和度"为20、"亮度"为75，如图22-67所示。

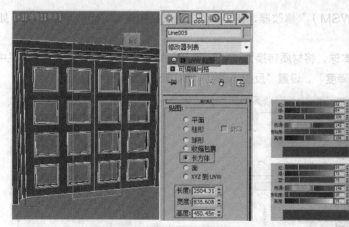

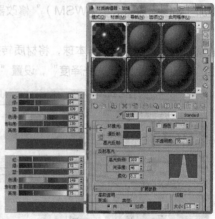

图22-66　　　　　　　　　　　图22-67

23 在"贴图"卷展栏中为"反射"指定"VR贴图"，设置"反射"的数量为40，将材质指定给玻璃模型，如图22-68所示。

24 在场景中选择檐口模型，选择"檐口"样本球，在"Blinn基本参数"卷展栏中设置"环境光"和"漫反射"的"亮度"为220，将材质指定给模型，如图22-69所示。

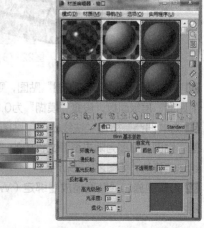

图22-68　　　　　　　　　　图22-69

25 在场景中选择屋顶模型，选择"屋顶"材质球，将材质转换为"VRayMtl"，在"基本参数"卷展栏中设置"反射"的"亮度"为26，设置"反射光泽度"为0.9，解锁"高光光泽度"，如图22-70所示。

26 为"漫反射"指定"位图"贴图，贴图为随书资源文件中的"贴图素材 > wa.jpg"文件，进入"漫反射贴图"层级面板，设置"模糊"为0.5，如图22-71所示。

27 为"凹凸"指定"位图"贴图，贴图为随书资源文件中的"贴图素材 > wa-2.jpg"文件，进入"凹凸贴图"层级面板，设置"模糊"为0.5，返回上一级，设置"凹凸"的数量为15，将材质指定给选定模型，如图22-72所示。

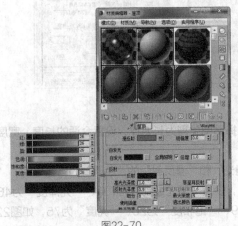

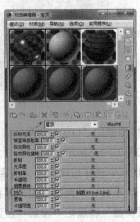

图22-70　　　　　　　　　图22-71　　　　　　　　　图22-72

28 为模型施加"贴图缩放器绑定（WSM）"修改器，在"参数"卷展栏中设置"比例"为1200，如图22-73所示。

29 选择底墙模型，选择"底墙"样本球，将材质转换为"VRayMtl"材质，在"基本参数"卷展栏中设置"反射"的"亮度"为26，解锁"高光光泽度"，设置"反射光泽度"为0.75，如图22-74所示。

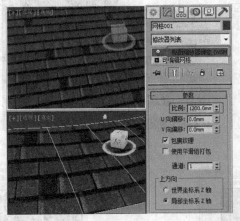

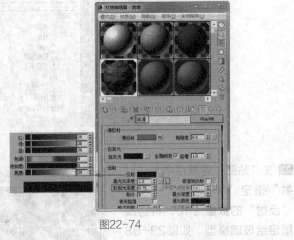

图22-73　　　　　　　　　　　　　　图22-74

30 为"漫反射"指定"位图"贴图，贴图为随书资源文件中的"贴图素材 > B-A-001#.jpg"文件，进入"漫反射贴图"层级面板，设置"模糊"为0.3，如图22-75所示。

31 为"凹凸"指定"法线凹凸"贴图，进入"凹凸贴图"层级面板，在"参数"卷展栏中为"法线"指定"位图"贴图，贴图为随书资源文件中的"贴图素材 > B-A-001_ NRM.png"文件，返回主材质面板，将材质指定给选定模型，如图22-76所示。

32 为模型施加"贴图缩放器绑定（WSM）"修改器，在"参数"卷展栏中设置"比例"为900，如图22-77所示。

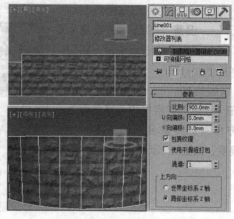

图22-75　　　　　　　　　　图22-76　　　　　　　　　　　图22-77

33 在场景中选择墙1模型，在材质编辑器中选择"墙1"材质球，在"Blinn基本参数"卷展栏中设置"高光级别"为20、"光泽度"为16，如图22-78所示。

34 为"漫反射"指定"位图"贴图，贴图文件为随书资源文件中的"贴图素材 > 墙01.jpg"文件，进入"漫反射颜色"层级面板，在"坐标"卷展栏中设置"模糊"为0.5，设置"角度"的W值为90，如图22-79所示。

35 将"漫反射颜色"的"位图"贴图复制给"凹凸"，设置"凹凸"的数量为-10，将材质指定给选定模型，如图22-80所示。

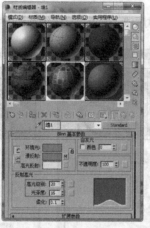

图22-78　　　　　　　　　　图22-79　　　　　　　　　　　图22-80

36 为模型施加"UVW贴图"修改器，在"参数"卷展栏中选择类型为"长方体"，设置合适的长度、宽度、高度，如图22-81所示。

37 在场景中选择墙2模型，在材质编辑器中选择"墙2"材质球，设置"高光级别"为12，如图22-82所示。

38 为"漫反射"指定"位图"贴图，贴图为随书资源文件中的"贴图素材 > amerca018.jpg"文件，设置"模糊"为0.5，如图22-83所示。

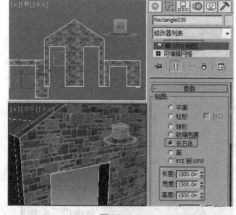

图22-81　　　　　　　　　　图22-82　　　　　　　　　　　图22-83

39 将"漫反射颜色"的贴图复制给"凹凸",设置"凹凸"的数量为-10,将材质指定给选定模型,如图22-84所示。

40 为模型施加"UVW贴图"修改器,在"参数"卷展栏中选择类型为"长方体",设置合适的长度、宽度、高度,如图22-85所示。

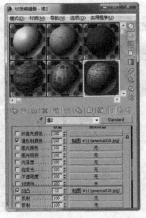 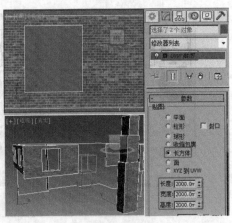

图22-84　　　　　　　　　　　　　　　　图22-85

41 在场景中选择窗框模型,在材质编辑器中选择"窗框"材质球,在"基本参数"卷展栏中设置"漫反射"的"亮度"为247,在反射组中解锁"高光光泽度",设置"反射光泽度"为0.88,如图22-86所示。

42 为"反射"指定"衰减"贴图,进入"反射贴图"层级面板,选择"衰减类型"为Fresnel,设置"折射率"为1.3,将材质指定给选定对象,如图22-87所示。

43 在场景中选择石柱模型,在材质编辑器中选择"石柱"材质球,设置"高光级别"为18、"光泽度"为13,如图22-88所示。

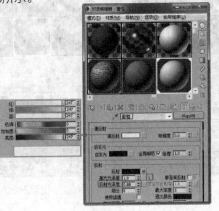  

图22-86　　　　　　　　　图22-87　　　　　　　　　图22-88

44 为"漫反射"指定"位图"贴图,贴图为随书资源文件中的"贴图素材 > dongshi.jpg"文件,设置"模糊"为0.3,如图22-89所示。

45 将"漫反射颜色"的贴图复制给"凹凸",设置"凹凸"的数量为10,将材质指定给模型,如图22-90所示。

46 为模型施加"UVW贴图"修改器,在"参数"卷展栏中选择类型为"长方体",设置合适的长度、宽度、高度,如图22-91所示。

  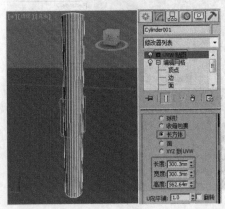

图22-89　　　　　　　　　图22-90　　　　　　　　　图22-91

47 在场景中选择地面模型，在材质编辑器中选择"草地"材质球，为"漫反射"指定"位图"贴图，贴图为随书资源文件中的"贴图素材 > cao.jpg"文件，进入"漫反射贴图"层级面板，设置"模糊"为0.3，将材质指定给选定模型，如图22-92所示。

48 为草地施加"UVW贴图"修改器，在"参数"卷展栏中选择类型为"平面"，设置合适的长度、宽度，如图22-93所示。

49 在场景编辑器中选择"道牙"材质球，设置"高光级别"为23、"光泽度"为15，如图22-94所示。

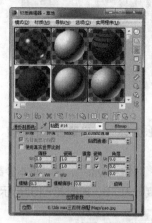
图22-92

图22-93

图22-94

50 为"漫反射"指定"位图"贴图，贴图为随书资源文件中的"贴图素材 > 路牙.jpg"文件，设置"模糊"为0.5，将材质指定给选定模型，如图22-95所示。

51 在场景中选择横向的道牙模型，为模型施加"UVW贴图"修改器，选择贴图类型为"长方体"，设置合适的长度、宽度、高度，如图22-96所示。

图22-95

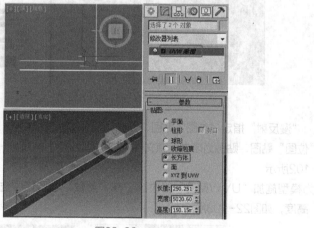
图22-96

52 鼠标右击"UVW贴图"修改器，在弹出的快捷菜单中选择"复制"，在场景中选择竖向的道牙模型，在修改器示例窗区域，右击鼠标，选择"粘贴"，将选择集定义为"Gizmo"，在"顶"视图中旋转Gzimo的角度，如图22-97所示。

53 在场景中选择公路模型，在材质编辑器中选择"公路"材质球，设置"高光级别"为10、"光泽度"为16，如图22-98所示。

54 为"漫反射"指定"位图"贴图，贴图为随书资源文件中的"贴图素材 > streets19.jpg"文件，设置"模糊"为0.5，将材质指定给选定模型，如图22-99所示。

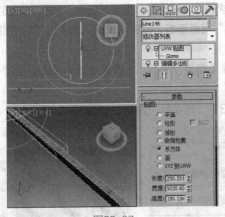

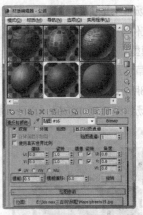

图22-97　　　　　　　　　　　图22-98　　　　　　　　　　　图22-99

55 为模型施加"UVW贴图"修改器，在"参数"卷展栏中选择贴图类型为"长方体"，设置合适的长度、宽度、高度，如图22-100所示。

56 在场景中选择铺装模型，在材质编辑器中选择"铺装"材质球，将材质转换为"VRayMtl"，在"基本参数"卷展栏中设置"反射"的"亮度"为20，解锁"高光光泽度"，设置"反射光泽度"为0.9，如图22-101所示。

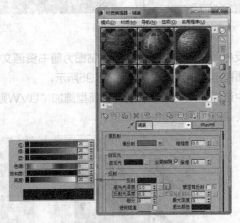

图22-100　　　　　　　　　　　　　　　图22-101

57 为"漫反射"指定"位图"贴图，贴图为随书资源文件中的"贴图素材 > 铺地-073.jpg"文件，为"凹凸"指定"位图"贴图，贴图为随书资源文件中的"贴图素材 > 铺地-073-2.jpg"文件，将材质指定给选定模型，如图22-102所示。

58 为模型施加"UVW贴图"修改器，在"参数"卷展栏中选择贴图类型为"长方体"，设置合适的长度、宽度、高度，如图22-103所示。

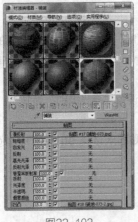

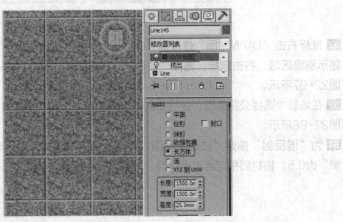

图22-102　　　　　　　　　　　　　　　图22-103

59 检查场景中模型的贴图坐标，按<Ctrl+A>组合键全选模型，右击鼠标，选择"对象属性"选项，在弹出的"对象属性"对话框中勾选"背面消隐"选项，单击"确定"，如图22-104所示。

60 发现场景中屋顶模型的法线反了，为模型施加"法线"修改器，如图22-105所示。

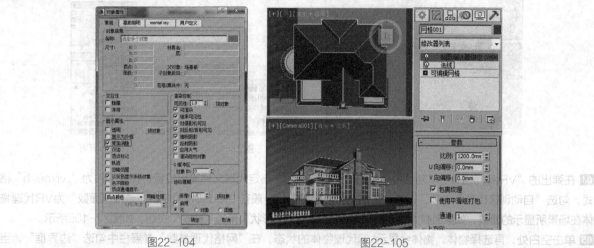

图22-104   图22-105

实例 197 别墅的园林小品及最终渲染

- **案例场景位置 |** DVD > 案例源文件 > Cha22 > 实例197 别墅的园林小品及最终渲染
- **贴图位置 |** DVD > 贴图素材
- **视频教程 |** DVD > 教学视频 > Cha22 > 实例197
- **视频长度 |** 46分08秒
- **制作难度 |** ★★★★★

◢ 操作步骤 ▏

01 单击 ▓（应用程序）按钮，选择"导入>合并"命令；或者直接将场景拖放入3ds Max，选择"合并"选项，导入带花的灌木，素材为随书资源文件中的"案例源文件 > Cha22 > 带花的灌木 > 带花的灌木.max"文件。带花灌木是由两种模型组成，由于模型的总面数较多，如果直接复制使用，会使场景非常不流畅，此时需要将模型转为VR代理物体。选择其中一种模型，将模型转换为"可编辑网格"，在"编辑几何体"卷展栏中单击"附加"按钮，附加另一个模型，如图22-106所示。

02 附加另一个模型时，会弹出"附加选项"对话框，保持选择"匹配材质ID到材质"，单击"确定"，如图22-107所示。

03 右击鼠标，在弹出的四元菜单中选择"V-Ray网格导出"命令，如图22-108所示。

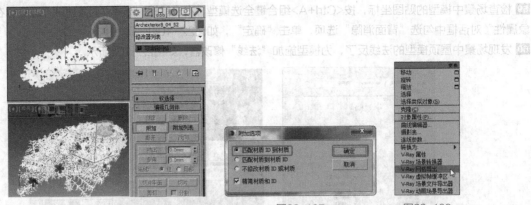

图22-106　　　　　　　　　　图22-107　　　　　　　　图22-108

04 在弹出的 "VRay网格导出" 对话框中单击 "浏览" 按钮，指定代理文件输出位置，代理文件为 ".vrmesh" 格式，勾选 "自动创建代理" 选项，设置合适的 "预览面数"，一般在1000~6000左右，"预览面数" 为VR代理物体在场景所显示的面数，如果面数太少会看不出VR代理物体的形状，单击 "确定" 按钮，如图22-109所示。

05 单击空白处，再选择物体，物体会显示VR代理物体的状态，在 "网格代理参数" 卷展栏中勾选 "边界框"，当前VR代理物体和 "实例" 方式复制的模型即会以六面方盒的方式显示。在调整好VR代理物体的大小、角度、位置后，勾选 "边界框" 会让场景流畅，如图22-110所示。

06 代理物体必须以 "实例" 的方式复制，如图22-111所示。

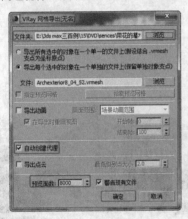
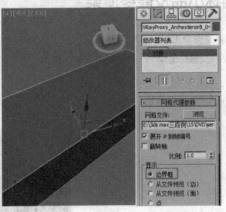

图22-109　　　　　　　　　　图22-110　　　　　　　　图22-111

07 将模型放置于如图22-112所示的位置，注意模型放置的位置，摆放时 应调整方向、位置、缩放，满足镜头需求。

08 以同样的方式导入 "灌木1"，素材为随书资源文件中的 "案例源文件 > Cha22 > 灌木1 > 灌木.max" 文件，并将其转为VR代理物体，调整模型的位置、大小和角度，调整后的效果如图22-113所示。

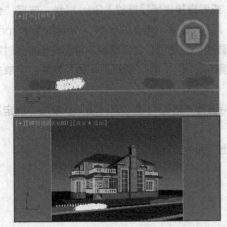

图22-112　　　　　　　　　　图22-113

09 导入合并"小树"素材，素材为随书资源文件中的"Scene > Cha22 > 小树 > 小树.max"文件，该素材是已转为代理的模型，选择小树模型，切换到 ☑（修改）命令面板，在"网格代理参数"卷展栏中单击"浏览"按钮，如图22-114所示。

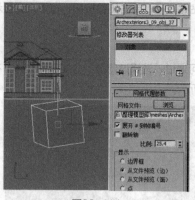

图22-114

图22-115

10 在弹出的"选择外部网格文件"对话框中，会在"文件名"处显示代理文件的名称，找到随书资源文件中的"案例源文件 > Cha22 > 实例197 > Archeteror3_09_tree_2.vrmesh"文件，双击打开，如图22-115所示。

11 放置一棵小树于弧形墙处作为别墅点缀，要以不遮挡主体建筑结构为原则，再放置一棵小树于右侧作为压角，如图22-116所示。

12 导入合并"树和绿篱"场景文件，按<Alt+Q>组合键孤立模型便于观察，选择导入的VR代理物体，显示为28个物体，如图22-117所示。

图22-116

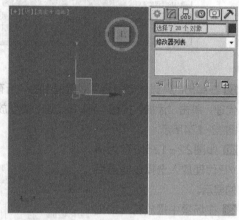

图22-117

13 对于需要导入多个VR代理的场景，如果依次指定代理文件，会非常麻烦，此处将运用一个小脚本完成一次性指定VR代理文件。在菜单栏中选择"MAXScript（X）>运行脚本"命令，如图22-118所示。

14 弹出"选择编辑器文件"对话框，该文件的路径为"C: > Program Files > Autodesk > 3ds Max 2014 > scripts"，该文件用于放置3ds Max的插件和脚本。双击"改VR代理路径.mse"打开脚本，或者也可在文件夹中直接将脚本文件拖至3ds Max中，如图22-119所示。

15 找到VR代理文件的根目录，单击路径，按<Ctrl+C>组合键复制，如图22-120所示。

图22-118

图22-119

图22-120

16 脚本打开后会弹出一个小窗口，未指定路径时在下方会显示"……/28"字样，表示选择了28个VR代理物体，未指定代理文件，鼠标单击路径框，按<Ctrl+V>组合键粘贴路径，单击笑脸按钮，在下方会显示代理物体被指定代理文件后的个数，如图22-121所示。

17 如图22-122所示为导入的代理模型。

18 在选择模型时由于物体太多，可能会误选模型，可通过"选择过滤器"分类选择物体。在工具栏的"选择过滤器"中单击下拉菜单，单击"组合"命令，如图22-123所示。

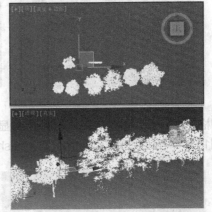

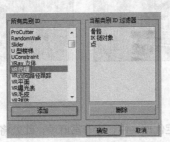

图22-121

图22-122

图22-123

19 在弹出的"过滤器组合"对话框中的"所有类型ID"组中，选择VR代理，单击"添加"按钮，将VR代理ID类型放入"选择过滤器"中，如图22-124所示。

20 如图22-125所示为将VR代理放入选择过滤器后的显示。

21 在场景中摆放花丛的位置，需三两成组，不要太多、太密，大致满足镜头需求即可，如图22-126所示。

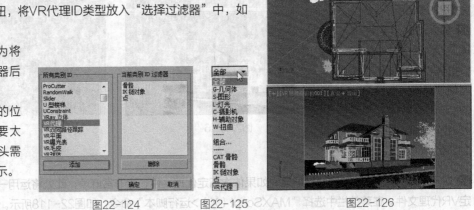

图22-124

图22-125

图22-126

22 在场景中摆放绿篱，在镜头中起到分界作用，如图22-127所示。

23 在场景中摆放如图22-128所示的树，树叶要放置于稍高于地面，这样在镜头中不会有太多漏底的画面，通过旋转、缩放、位移的调整在镜头中显示出高低错落，有疏有密的效果。注意控制树的数量。

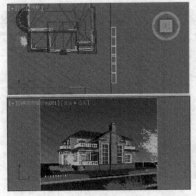

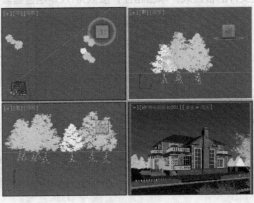

图22-127

图22-128

24 在镜头左侧放置一棵树作为压角，放置几棵树于绿篱后作为遮挡右侧远景树的补充，如图22-129所示。

25 放置如图22-130所示的两棵树作为左侧远景树的空白补充。

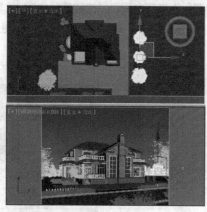

图22-129　　　　　　　　　　　　图22-130

26 导入汽车模型，本例导入的SUV车型高度在1700mm左右，注意车模不要遮挡主体建筑，车模最下的点应与地面平行或稍微低于地面20mm，否则渲染成图后车模会发飘或陷在地下，如图22-131所示。

27 导入所有配景后，切换到（实用程序）面板，单击（配置按钮集）按钮，在弹出的"配置按钮集"对话框中的左侧列表中选择"位图/光度学路径"，将其拖曳到右侧不常用的按钮上，或增加按钮总数再拖曳到空白按钮，单击"确定"按钮，如图22-132所示。

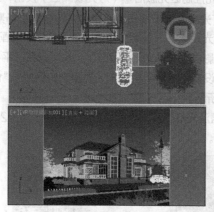

图22-131　　　　　　　　　　　　图22-132

28 在"实用程序"卷展栏中单击"位图/光度学路径"按钮，在"路径编辑器"中单击"编辑资源"按钮，如图22-133所示。

29 在弹出的对话框中单击"选择丢失的文件"按钮，丢失的贴图会以蓝色显示，单击"新建路径"后的（选择新路径）按钮，找到贴图所在的路径，双击其中一个贴图或单击"确定"按钮，单击"设置路径"按钮，再次单击"选择丢失的文件"按钮，以防未指定上，如图22-134所示。

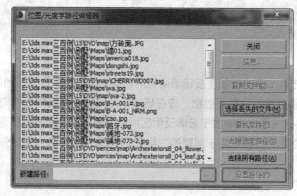

图22-133　　　　　　　　　　　　图22-134

30 按<8>键打开"环境和效果"面板，在"公用参数"卷展栏中单击"环境贴图"下的按钮，为环境指定"渐变"贴图，以实例的方式将"环境贴图"拖曳到一个新的材质球上，如图22-135所示。

31 在"渐变参数"卷展栏中设置"颜色#1"的颜色，"色调"为青蓝之间、"饱和度"为51、"亮度"为255；将"颜色#1"复制给"颜色#2"，更改"饱和度"为34；将"颜色#2"复制给"颜色#3"，更改"饱和度"为20，如图22-136所示。

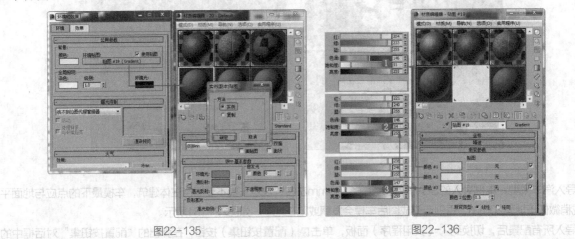

图22-135

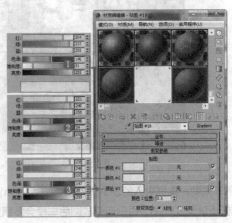

图22-136

32 单击"　（创建）>　（灯光）>标准>目标平行光"按钮，在"顶"视图中与摄影机角度大体呈90度夹角创建灯光，按<Shift+4>组合键切换到灯光视图，在右下角灯光控制区先激活　（灯光衰减区）按钮，上下拖曳鼠标标放大衰减区域，以能包含整个场景为标准，再用　（灯光聚光区）按钮调整聚光区包含整个场景，使用　（环绕子对象）按钮将灯光摇起，使用　（推拉灯光）调整灯光距离，一般至少直线距离为建筑群加配景的2倍以上。在"常规参数"卷展栏中勾选"启用"阴影选项，选择阴影类型为"VRay阴影"，也可以在"平行光参数"卷展栏中设置灯光包含范围，在"强度/颜色/衰减"卷展栏中设置"倍增"为0.8，设置灯光颜色的"色调"在红黄之间偏黄，"饱和度"以30~70，偏浅为宜，如图22-137所示。

33 如果场景中建筑的底面偏暗，可以在建筑下方创建一盏泛光灯，不开阴影，放置于底面下至少2.5倍建筑高的距离，设置灯光的颜色为浅蓝色，灯光倍增为0.1至0.2左右。

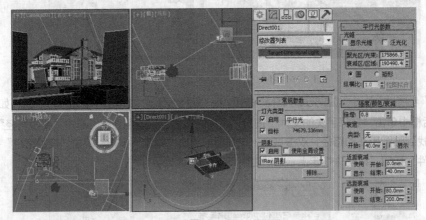

图22-137

34 激活摄影机视图，单击　（渲染产品）按钮渲染当前场景，渲染后的效果如图22-138所示。

35 渲染当前场景后发现别墅玻璃没有反射物，应在场景中使用枝叶繁茂的行道树作为反射物，将树干放置于地面下让玻璃只反射树叶，将树三两成组地放于玻璃反射区域，尽量让树之间高低错落、层次分明，通过测试渲染场景调整反射树在玻璃上的位置，一般不高于别墅的二层顶部，同时让马路上大部分区域处于树影中，如图22-139所示。

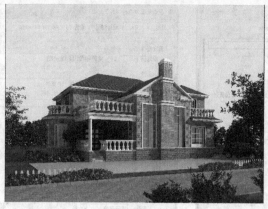

图22-138　　　　　　　　　　　　　　　　　　图22-139

36 渲染当前场景的效果如图22-140所示。

37 选择场景中的目标平行光，在"VRay阴影参数"卷展栏中勾选"区域阴影"使阴影边缘柔和，选择类型为"球体"，通过渲染当前场景观察树影，设置合适的参数，如图22-141所示。

38 渲染场景后的效果如图22-142所示。

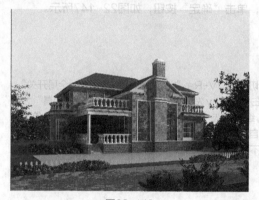

图22-140　　　　　　　　　　图22-141　　　　　　　　　　图22-142

39 选择目标平行光，在"VRay阴影参数"卷展栏中设置"细分"为16；按<M>键打开材质编辑器，设置VRay材质中的反射"细分"为12，如图22-143所示。

> **提示**
>
> "细分"根据"高光光泽度"及"反射光泽度"设置，如"反射光泽度"为0.88，相应的"细分"为12，如果"反射光泽度"为0.7，相应"细分"为30，最大不超过35。如果材质细分不够会出现噪点。

40 按<F10>键打开"渲染设置"面板，在"公用"选项卡中设置最终渲染尺寸，如图22-144所示。

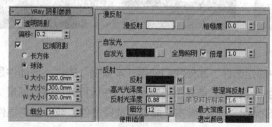

图22-143　　　　　　　　　　　　　　图22-144

41 切换到"V-Ray"选项卡，在"V-Ray图像采样器"卷展栏中选择"图像采样器"的类型为"自适应蒙特卡洛"，打开"抗锯齿过滤器"并选择类型为Catmull-Rom，在"V-Ray颜色贴图"卷展栏中勾选"子像素贴图"和"钳制输出"选项，如图22-145所示。

图22-145

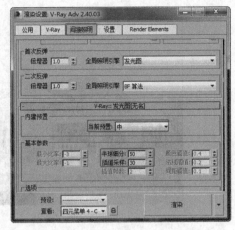

图22-146

42 切换到"间接照明"选项卡，在"V-Ray发光图"卷展栏中选择"当前预置"为中，设置"半球细分"为50、"插值采样"为30，如图22-146所示。

43 在"公用参数"卷展栏中单击"渲染输出"后的"文件"按钮，指定输出路径，选择"保存类型"为.tga，单击"保存"，在弹出的"图像控制"窗口中取消勾选"压缩"选项，单击"确定"按钮，如图22-147所示。

44 渲染完成的效果图如图22-148所示。

> **提示**
>
> 如果是渲染大图应先渲染光子图，设置尺寸最小为成图的四分之一；切换到"V-Ray"选项卡，在"V-Ray全局开关"卷展栏中勾选"不渲染最终的图像"；切换到"间接照明"选项卡，在"V-Ray发光图"卷展栏中选择"当前预置"为中，设置"半球细分"为50、"插值采样"为30，在"渲染结束后"组中勾选"自动保存""切换到保存的贴图"，单击"浏览"按钮指定光子图输出路径，渲染场景。渲染完光子图后，会自动弹出"加载发光图"窗口，选择光子图，单击"打开"，此时"模式"组中的"模式"变为从文件。然后取消勾选"不渲染最终的图像"，设置最终渲染，渲染成图即可。使用该方法在渲染大图时可节约灯光渲染的时间。

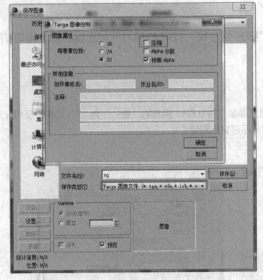

图22-147

图22-148

45 在后期制作中，需要一张或两张通道图在PS中确定选区，此处我们使用"本强强"插件，该插件是以材质球分色渲染，如场景中的树、车模型，渲染后同材质为一种颜色。首先将场景保存，在运行该插件后场景材质会转变，在使用本插件时不要保存场景文件。选择"MAXScript > 运行脚本"命令，选择插件，或直接将插件拖至场景文件中，如图22-149所示。

注意要将场景灯光删除，以及将"间接照明"选项卡中的 GI 关闭；在所有材质转为通道材质后，千万不要保存场景。

46 场景中出现相应窗口，在"场景整理"卷展栏中勾选"转换所有材质"，单击"转换为通道渲染场景"，此时材质编辑器中的材质球自动变为各种颜色的标准材质，并自动改为"自发光"为100，如图22-150所示。

图22-149　　　　　　　　　　　　　图22-150

47 将场景中所有灯光删除，打开"渲染设置"面板，在"间接照明"选项卡中将"GI"关闭，如图22-151所示。
48 更改渲染输出图像的名称，如"通道1"，渲染场景，渲染后的效果如图22-152所示。

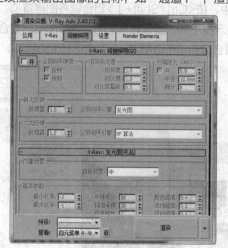

图22-151

图22-152

49 将场景中的别墅单独设置为一个材质，将植物素材设置为一个材质，将其他模型设置为一个材质，更改渲染输出图像的名称，渲染场景，渲染后的效果如图22-153所示。

图22-153

实 例
198
别墅的后期制作

- **案例场景位置┃**DVD > 案例源文件 > Cha22 > 实例198
  别墅的后期制作
- **贴图位置┃**DVD > 贴图素材
- **视频教程┃**DVD > 教学视频 > Cha22> 实例198
- **视频长度┃**38分29秒
- **制作难度┃**★★★★☆

┨ **操作步骤** ┠

01 打开Photoshop软件，将渲染的效果图和两张通道图拖入软件中，如图22-154所示。

02 将两张通道图拖出为窗口模式，选择其中一个，按<V>键激活►（移动工具），按住<Shift>键拖曳图像至效果图文件中，使用同样方法拖曳另一张通道图至效果图文件中。选择效果图文件，先将用不到的通道2取消可见性，选择"背景"图层，按<Ctrl+J>组合键复制图像到新的图层中，按<Ctrl+Shift+ 】>组合键将图层置顶，再按<Ctrl+J>组合键复制"背景 副本"图层，根据实际渲染效果（显示器不同，显像效果不同）选择图层的混合模式为"柔光"或"滤色"，本处选"柔光"，使图像更加鲜艳，设置合适的"不透明度"，如图22-155所示。

图22-154

03 添加柔光后整体画面会变暗，有些阴影处尤其是树木会变黑变暗，变得太暗处后期是无法处理的，按<E>键激活◢（橡皮擦）工具，选择柔边类型笔刷，使用<【>键和<】>键调整笔刷大小，按1到0调整笔刷的不透明度，设置合适的笔刷不透明度和大小，将场景中偏黑的树和入户门露台处擦除，如图22-156所示。

图22-155

图22-156

04 按<Ctrl+E>组合键向下合并图层，如图22-157所示。

05 右击 （指示图层可见性）图标，选择一种颜色标示图层以方便查找，如图22-158所示。

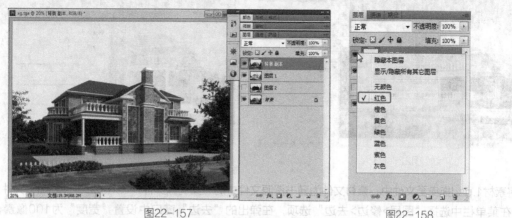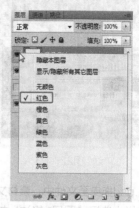

图22-157　　　　　　图22-158

06 拖入一张天空素材作为背景，按<Ctrl+T>组合键打开自由变换，先按住<Shift>键均匀缩放图片，再微调，按<Enter>键或双击图像确定调整，如图22-159所示。

07 选择"背景 副本"图层，如图22-160所示。

图22-159　　　　　　　　　　图22-160

08 切换到"通道"面板，选择"Alpha1"通道层，按住<Ctrl>键单击"通道缩览图"，此时选中除了天空背景外的区域，如图22-161所示。按<Ctrl+Shift+I>组合键反选区域，选择"RGB"通道，返回"图层"面板。

09 在图层面板下方单击 （添加图层蒙版）按钮添加图层蒙版，如图22-162所示。

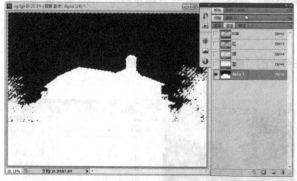

图22-161　　　　　　　　　　图22-162

10 发现天空中的云饱和度偏高，选择天空层的图层缩览图，按<W>键选择 （魔棒）工具，在工具属性栏中选择类型为 （添加到选区），设置"容差"值为70，单击云创建如图22-163所示的选区。

11 按<Ctrl+U>组合键打开"色彩/饱和度"，降低云的饱和度，如图22-164所示。

图22-163　　　　　　　　　　　　　　　　　　　图22-164

12 将素材1.psd拖曳至文件中，素材文件为随书资源文件中的"案例源文件 > Cha22 > 1.psd"文件。导入素材后，在菜单栏中选择"图层>修边>去边"选项，在弹出的"去边"窗口中设置"宽度"为100像素，单击"确定"，如图22-165所示。

13 按住<Ctrl>键单击天空层的图层蒙版缩览图选择选区，选择导入的树素材图层，单击 （添加图层蒙版）按钮添加图层蒙版，单击 （锁定）按钮解锁，选择图层缩览图，按住<Ctrl>键单击图层缩览图选择选区，将树素材作为远景树的补充，添加选区后按住<Alt>键拖曳图像，使用<Ctrl+T>组合键变换下素材的方向、大小、角度，使其富有变化，如图22-166所示。调整后按<Ctrl+D>组合键撤销选区。

图22-165　　　　　　　　　　　　　　　　　　　图22-166

14 导入素材2.psd，按<Ctrl+T>组合键调整素材的大小和位置，选择"图层2"并使其可见，按<W>键使用 （魔棒）工具，设置容差值为10，选择主体建筑区域，选择导入的素材2图层，按<Delete>键删除选区中的图像，如图22-167所示。

15 按<Ctrl+D>组合键取消选区，按<Ctrl+M>组合键，在弹出的"曲线"面板中，使用曲线压暗图像，如图22-168所示。

图22-167　　　　　　　　　　　　　　　　　　　图22-168

16 按<Ctrl+L>组合键打开色阶，增加明暗对比，如图22-169所示。

17 由于使用色阶增加了明暗对比的同时，饱和度也增加了，需要根据整体画面稍降饱和度，按<Ctrl+U>组合键弹出"色相/饱和度"对话框，降至合适的饱和度，如图22-170所示。

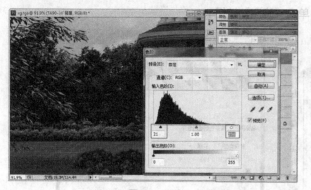
图22-169

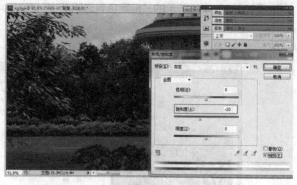
图22-170

18 选择"图层1"，按住<Alt>键单击 ◉（指示图层可见性）图标使仅图层1可见，按<W>键使用 ◪（魔棒）工具选择如图22-171所示的选区。

19 再按住<Alt>键单击"图层1"的 ◉（指示图层可见性）图标使所有图层可见，选择"背景 副本"图层，按<Ctrl+J>组合键复制选区图像到新的图层中，按<Ctrl+L>组合键加强色彩对比，按<Ctrl+J>组合键复制图像到新的图层中，为新的"图层4副本"图层选择混合模式为"滤色"，设置"不透明度"为20，如图22-172所示。

图22-171

图22-172

20 按住<Ctrl>键单击"图层4副本"创建选区，按住<Shift>键加选左侧房后树，单击 ◻（创建新图层）按钮创建空图层作为远景树雾效层，单击 ◙（添加图层蒙版）按钮添加图层蒙版，解除蒙版锁定，如图22-173所示。

图22-173

21 在工具栏中单击前景色色块，弹出"拾色器"窗口，移动鼠标指针至颜色较浅的天空处，指针会变为吸管，单击鼠标吸取颜色，单击"确定"，如图22-174所示。

22 按<G>键激活■（渐变工具）按钮，单击工具属性栏中的"点击可编辑渐变"色块，在弹出的"渐变编辑器"中选择如图22-175所示的"前景色到透明渐变"色块，单击"确定"按钮。

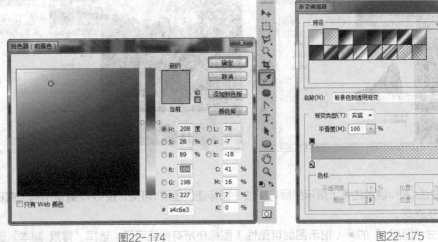
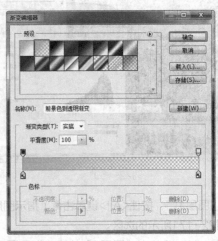

图22-174　　　　　　　　　　　　　　　　　图22-175

23 在雾效层中激活图层缩览图，按<G>键拉出渐变，选择图层的混合模式为"滤色"，设置合适的"不透明度"，也可以按<V>键使用■（移动工具）上下移动调整效果，如图22-176所示。

24 选择"通道"1图层，按<W>键使用■（魔棒）工具选择红砖选区，选择"背景 副本"图层，按<Ctrl+J>组合键将选区内的图像复制到一个新的图层中，双击图层名称将其命名为"红砖"，这样可以方便修改。使用"色阶""色相/饱和度"调整对比和饱和，按<M>键使用■（矩形选框）工具抠选阴影面，按<Ctrl+M>组合键使用曲线工具压暗暗面，如图22-177所示。

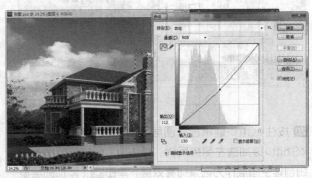

图22-176　　　　　　　　　　　　　　　　　图22-177

25 选择"通道1"图层，选择下层墙体区域，选择"背景 副本"图层，按<Ctrl+J>组合键复制图像到新的图层中，将其命名为下层墙，按<Ctrl+L>组合键使用色阶加强明暗对比和色彩饱和度，如图22-178所示。

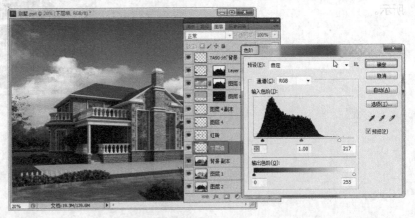

图22-178

26 按<Ctrl+U>组合键打开"色相/饱和度",稍降饱和度,如图22-179所示。

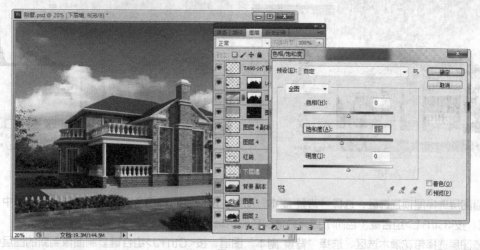

图22-179

27 使用通道图层选择中间的主墙体选区,选择"背景 副本"图层,按<Ctrl+J>组合键复制图像到新的图层中,并将其命名为主墙体,使用"色阶""色相/饱和度"调整图像,再按<L>键使用 (多边形套索)工具抠出如图22-180所示的暗面,按<Q>键进入快速蒙版,此时选中区域变红,按<W>使用 (魔棒)工具选择变红区域,按<G>键激活 (渐变工具)按钮,单击工具属性栏中的"点击可编辑渐变"色块,在弹出的"渐变编辑器"中选择第一种前景色到背景色渐变,从右至左拉出渐变,按<Q>键退出快速蒙版,按<Ctrl+M>键使用曲线工具稍稍提亮,使此处区域在受光面处稍亮,有较小的亮暗变化。

28 使用通道图层,选择围栏立柱,选择"背景 副本"图层,按<Ctrl+J>组合键复制图像到新的图层中,先用色阶加强下整体对比,再按<L>键使用 (多边形套索)工具抠出如图22-181所示区域,按<Ctrl+M>组合键利用曲线工具整体压暗一点。

图22-180

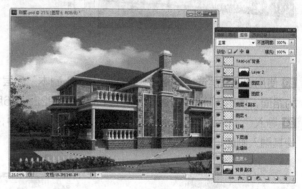

图22-181

29 按<L>键使用 (多边形套索)工具抠出如图22-182所示区域,先按<Ctrl+M>组合键用曲线压暗,再按<Ctrl+B>组合键(色彩平衡)为中间色加点蓝。

30 使用通道图层选择檐口选区,选择"背景 副本"图层,按<Ctrl+J>组合键复制图像到新的图层中,并将其命名为,按<Ctrl+L>组合键(色阶)增强明暗对比,如图22-183所示。

图22-182

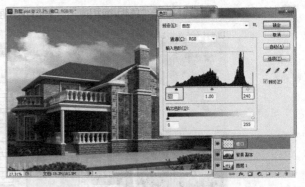

图22-183

31 使用通道图层选择屋顶瓦选区，选择"背景 副本"图层，按<Ctrl+J>组合键复制图像到新的图层中，并将其命名为屋顶瓦，按<Ctrl+L>组合键（色阶）提亮并增强色彩明暗对比，如图22-184所示。

32 使用通道图层选择带花灌木选区，选择"背景 副本"图层，按<Ctrl+J>组合键复制图像到新的图层中，并将其命名为路边花，先按<Ctrl+U>组合键（色相/饱和度）降低饱和，再按<Ctrl+L>组合键（色阶）提亮并增强色彩明暗对比，按<Ctrl+B>组合键打开色彩平衡调整中间色，加红、减绿、加黄，调整图像的色彩，如图22-185所示。

图22-184

图22-185

33 使用通道图层选择马路选区，选择"背景 副本"图层，按<Ctrl+J>组合键复制图像到新的图层中，并将其命名为路面，使用色阶加强明暗对比和饱和度，如图22-186所示。

34 导入"3.psd"素材，将其中的绿化图像拖入文件中，按<Ctrl+T>组合键（自由变换）调整大小，再稍微校色使其融入画面，如图22-187所示。

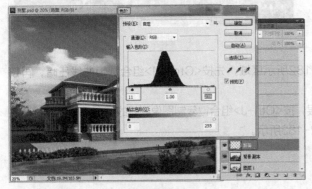

图22-186

图22-187

35 选择通道图层，按<W>键使用 （魔棒）工具选择栅栏区域，选择导入的素材图层，按<Delete>键删除选区中的图像，如图22-188所示。

36 导入ren.psd素材，先去边，再按<Ctrl+T>组合键（自由变换）调整大小和位置，高度与车同高或稍高于车，然后再稍微校色，如图22-189所示。

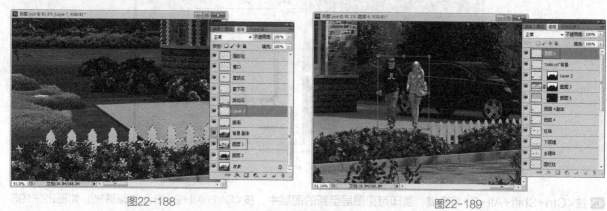

图22-188　　　　　　　　　　　　　　　　　图22-189

37 按<Ctrl+J>组合键键复制人物图层，按<Ctrl+[>键将副本图层放于人物图层下，按<Ctrl+T>组合键打开自由变换，按住<Ctrl>键调整上排中点，再稍调角度和位置，如图22-190所示。按回车键或双击确定调整。

38 按<Ctrl+U>组合键降低饱和度和明度，按<E>键使用（橡皮擦工具），设置工具属性的不透明度，擦除人物阴影的上半身，使阴影有由实至虚的变化，再根据图像显示设置图层的不透明度，如图22-191所示。

图22-190　　　　　　　　　　　　　　　　　图22-191

39 在菜单栏中选择"滤镜>模糊>动感模糊"命令，在弹出的窗口中根据影子的方向调整角度，设置合适的像素调整模糊值，如图22-192所示。

40 使用通道图层选择玻璃选区，选择"背景 副本"图层，按<Ctrl+J>组合键复制图像到新的图层中，并将其命名为玻璃，使用色阶加强对比，如图22-193所示。

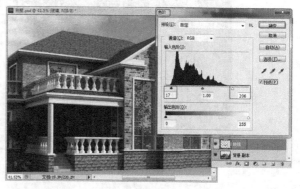

图22-192　　　　　　　　　　　　　　　　　图22-193

41 使用快速蒙版选择上面的玻璃，使用曲线调亮，如图22-194所示。再次使用快速蒙版选择下面的玻璃，使用曲线压暗。

图22-194

42 按<Ctrl+Shift+Alt+E>组合键，盖印可见图层至新的图层中，按<Ctrl+Alt+2>组合键调高光，如图22-195所示。

43 按<Ctrl+J>组合键复制高光至新层，选择图层的混合模式为"滤色"，设置合适的不透明度，在菜单栏中选择"滤镜>模糊>高斯模糊"命令，设置模糊"半径"为50，选择如图22-196所示。

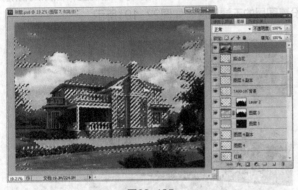

图22-195

图22-196

44 选择盖印图层，选择"滤镜>其他>高反差保留"，设置高反差保留的"半径"，如图22-197所示。
选择盖印图层的混合模式为"叠加"，如图22-198所示。

图22-197

图22-198

45 再次按<Ctrl+Shift+Alt+E>组合键，盖印可见图层至新的图层中，选择图层的混合模式为正片叠底，按<Ctrl+M>组合键使用曲线压暗图像，如图22-199所示。

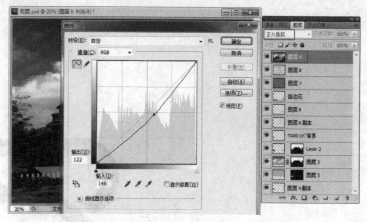

图22-199

46 按<E>键激活（橡皮擦工具），按<0>键设置不透明度为100%，选择一种柔边笔刷，按<】>键将笔刷放大，将中心区域的图像擦除，设置图层的不透明度为30%，这样可以做出四角压暗效果，如图22-200所示。

47 前面所有步骤中能保证整体画面在一个色调，在最后可再按<Ctrl+Shift+Alt+E>组合键盖印一层，按<Ctrl+B>组合键使用"色彩平衡"调一下色调，由于每个人使用的显示器存在色彩差异或者个人对色调有偏爱，这里就不调整了。

图22-200

第 **23** 章

效果图漫游动画的设置

建筑漫游动画就是将"虚拟现实"技术应用在城市规划、建筑
设计等领域。在建筑漫游动画应用中，人们能够在一个虚拟的
三维环境中，用动画交互的方式对未来的建筑或城区进行身临
其境的全方位审视，可以从任意角度、距离和精细程度观察场
景，能够给用户带来强烈、逼真的感官冲击，使其具有身临其
境的体验。

实例 199 室内浏览动画

- **案例场景位置 |** DVD > 案例源文件 > Cha23 > 实例199室内浏览动画
- **效果场景位置 |** DVD > 案例源文件 > Cha23 > 实例199室内浏览动画场景
- **贴图位置 |** DVD > 贴图素材
- **视频教程 |** DVD > 教学视频 > Cha23 > 实例199
- **视频长度 |** 3分50秒
- **制作难度 |** ★★☆☆☆

操作步骤

01 运行3ds Max 2014软件，打开随书资源文件中的"案例源文件 > Cha23 > 实例199室内浏览动画.max"场景文件，在该场景中创建了一盏VR物理摄影机，如图23-1所示。在此场景中选择物理摄影机。

02 打开"自动关键点"按钮，拖动时间滑块到50帧，在场景中调整摄影机镜头和目标点的位置，如图23-2所示。

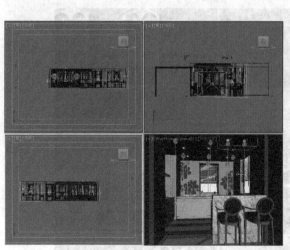

图23-1

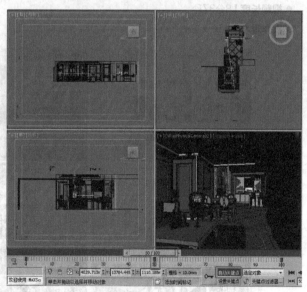

图23-2

03 拖动时间滑块到100帧，在场景中图23-3所示的位置调整目标点和摄影机镜头的位置。调整完成后，可以播放动画看一下效果，这样简单的摄影机动画就制作完成。

04 最后为摄影机设置一个渲染尺寸，如图23-4所示，并参考前面章节中最终渲染的参数，在最终渲染的参数上降低，提高渲染的速度即可，这里就不详细介绍了。

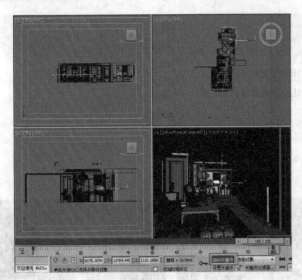

图23-3

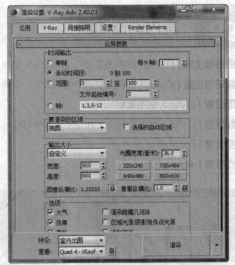

图23-4

实例
200

建筑浏览动画

- **案例场景位置** | DVD > 案例源文件 > Cha23 > 实例200 建筑浏览动画
- **效果场景位置** | DVD > 案例源文件 > Cha23 > 实例200 建筑浏览动画场景
- **贴图位置** | DVD > 贴图素材
- **视频教程** | DVD > 教学视频 > Cha23 > 实例200
- **视频长度** | 8分37秒
- **制作难度** | ★★★☆☆

│ 操作步骤 │

01 运行3ds Max2014软件，打开案例场景文件，在场景中图23-5所示的位置创建摄影机01。

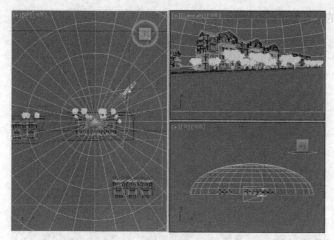

图23-5

02 在场景中图23-6所示的位置创建摄影机02。

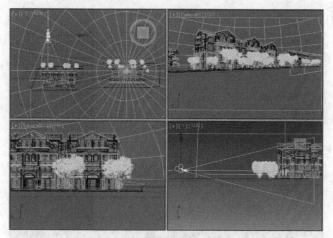

图23-6

03 打开"自动关键点",拖动时间滑块到100帧位置处,在场景中移动摄影机02,如图23-7所示。

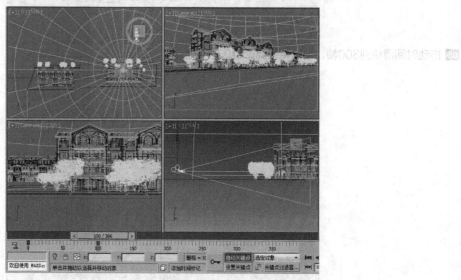

图23-7

04 在场景中图23-8所示的位置创建摄影机03。

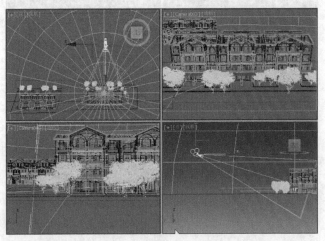

图23-8

05 拖动时间滑块到200帧，调整摄影机03的位置，如图23-9所示。

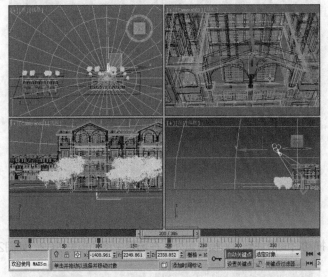

图23-9

06 拖动时间滑块到300帧，继续调整摄影机03，如图23-10所示。

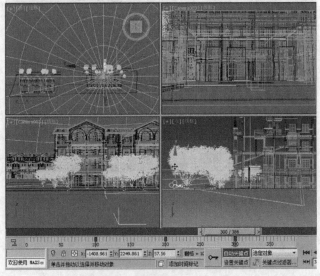

图23-10

07 确定时间滑块位于第300帧处，在场景中调整摄影机01，如图23-11所示。

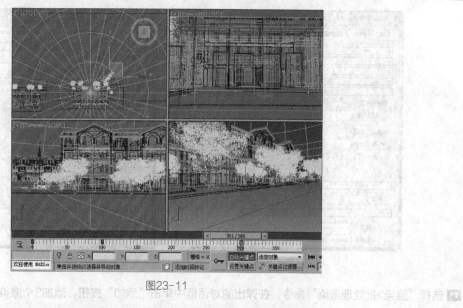

图23-11

08 选择摄影机01的第0帧处的关键点，将其拖曳到350帧的位置，如图23-12所示。

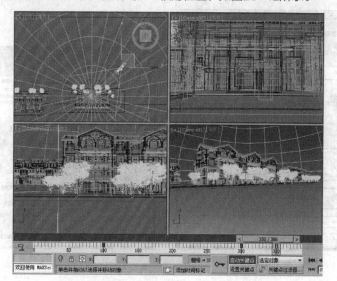

图23-12

09 设置一个渲染尺寸，如图23-13所示。

图23-13

的渲染参数，可以快速渲染动画，如图23-14、图23-15、图23-16所示。

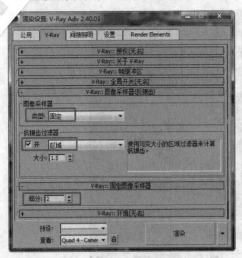

图23-14

图23-15

11 选择"渲染>批处理渲染"命令，在弹出的对话框中单击"添加"按钮，添加3个渲染视口，分别设置渲染的帧范围，设置输出路径，设置摄影机，如图23-17所示。

图23-16

图23-17